Lecture Notes in Physics

Edited by J. Ehlers, München, K. Hepp, Zürich
R. Kippenhahn, München, H. A. Weidenmüller, Heidelberg
and J. Zittartz, Köln
Managing Editor: W. Beiglböck, Heidelberg

150

Norbert Straumann

D1619207

Allgemeine Relativitätstheorie und relativistische Astrophysik

Springer-Verlag
Berlin Heidelberg New York 1981

Autor

Norbert Straumann
Institut für Theoretische Physik der Universität Zürich
Schönberggasse 9, CH-8001 Zürich

ISBN 3-540-11182-4 Springer-Verlag Berlin Heidelberg New York
ISBN 0-387-11182-4 Springer-Verlag New York Heidelberg Berlin

This work is subject to copyright. All rights are reserved, whether the whole or part of the material is concerned, specifically those of translation, reprinting, re-use of illustrations, broadcasting, reproduction by photocopying machine or similar means, and storage in data banks. Under § 54 of the German Copyright Law where copies are made for other than private use, a fee is payable to "Verwertungsgesellschaft Wort", Munich.

© by Springer-Verlag Berlin Heidelberg 1981
Printed in Germany

Printing and binding: Beltz Offsetdruck, Hemsbach/Bergstr.
2153/3140-543210

V O R W O R T

Im Sommer und Winter 1979 hielt ich im Nachdiplom-Zyklus der ETH und der Universität Zürich, sowie im Rahmen des Troisième Cycle der Westschweizer-Universitäten in Lausanne Vorlesungen über allgemeine Relativitätstheorie und relativistische Astrophysik. Der vorliegende Band enthält die fast unveränderten Notizen, die den Studierenden während der Kurse verteilt wurden, um ihnen das Mitschreiben zu ersparen. Bei deren Abfassung habe ich nicht an eine weitere Verbreitung gedacht. Positive Reaktionen von verschiedener Seite, sowie eine Empfehlung von J. Ehlers, haben dazu geführt, dass das Vorlesungsskriptum in die Lecture Note Serie aufgenommen wurde. (Den kosmologischen Teil habe ich allerdings weggelassen.)

In Respektierung von Sprachenminoritäten wurden die späteren Teile ursprünglich auf englisch verfasst. Auf Wunsch von J. Ehlers habe ich diese, allerdings mit beträchtlicher Verzögerung, mit einigen Aenderungen ins Deutsche zurückübersetzt.

Ich hoffe, damit einen kleinen Beitrag dazu geleistet zu haben, dass die allgemeine Relativitätstheorie auch im deutschen Sprachraum wieder vermehrt gelernt und unterrichtet wird. Es ist doch ziemlich grotesk, wenn ein ausgebildeter Physiker in der 2. Hälfte des 20. Jahrhunderts von dieser grossartigen Theorie und deren faszinierenden Anwendungen nicht mehr weiss als eine Katze vom Vaterunser.

J. Ehlers danke ich für eine Reihe von wertvollen Verbesserungsvorschlägen. Meinen Mitarbeitern M. Camenzind, M. Schweizer und A. Wipf bin ich für viele Diskussionen und ihre Hilfe beim Korrekturenlesen zu grossem Dank verpflichtet. Danken möchte ich auch G. Wanders für die Einladung, in Lausanne Vorlesungen zu halten. Mein Dank gilt ferner Frau D. Oeschger für ihre Mühe beim Tippen des Manuskripts und meiner Frau Maria für ihre Geduld.

I N H A L T S V E R Z E I C H N I S

TEIL 1 :

DIFFERENTIALGEOMETRISCHE HILFSMITTEL DER ALLGEMEINEN RELATIVITAETSTHEORIE

In diesem rein mathematischen Teil stellen wir die wichtigsten differentialgeometrischen Hilfsmittel der ART zusammen.

Die folgende Darstellung entspricht einigermassen den heutigen Gebräuchen im Mathematik-Unterricht (ich werde aber z.B. auf die Benutzung von Faserbündeln verzichten). Die moderne differentialgeometrische Sprache und der intrinsische Kalkül auf Mannigfaltigkeiten haben sich in den letzten Jahren auch bei den "allgemeinen Relativisten" durchgesetzt und beginnen in Lehrbücher über ART einzudringen. Dies hat verschiedene Vorteile. Dazu gehören:

(i) Es wird möglich, die mathematische Literatur zu lesen und eventuell für physikalische Fragestellungen nutzbar zu machen.

(ii) Die grundlegenden Begriffe, wie differenzierbare Mannigfaltigkeit, Tensorfelder, affiner Zusammenhang, etc., erhalten eine klare (intrinsische) Formulierung.

(iii) Physikalische Aussagen und Begriffsbildungen werden nicht durch Abhängigkeiten der Koordinatenwahl verdunkelt. Zugleich wird die Rolle der Koordinaten bei physikalischen Anwendungen geklärt. (Diese lassen sich z.B. an intrinsische Symmetrien adaptieren.)

(iv) Auch für praktische Rechnungen ist beispielsweise der äussere Kalkül für Differentialformen ein sehr kräftiges Hilfsmittel, welches oft schneller zum Ziele führt als die älteren Methoden.

§ 1. Differenzierbare Mannigfaltigkeiten

Eine Mannigfaltigkeit ist ein topologischer Raum, der "lokal so aussieht" wie der $\mathbb{R}^n$ mit der üblichen Topologie.

Definition 1: Eine n-dimensionale topologische Mannigfaltigkeit M ist ein topologischer Hausdorff-Raum mit abzählbarer Basis der Topologie, der lokal homöomorph zum $\mathbb{R}^n$ ist. Die letzte Bedingung bedeutet, dass es zu jedem Punkt $p \in M$ eine offene Umgebung U von p und einen Homöomorphismus

$$h : U \longrightarrow U'$$

mit einer offenen Menge $U' \subset \mathbb{R}^n$ gibt.

Nur nebenbei erwähnen wir, dass eine topologische Mannigfaltigkeit M auch die folgenden topologischen Eigenschaften hat:

(i) M ist σ- kompakt

(ii) M ist parakompakt und die Zahl der Zusammenhangskomponenten ist höchstens abzählbar.

Die Eigenschaft (ii) ist vor allem für die Integrationstheorie wichtig. (Für einen Beweis siehe z.B. [2], Kap. II, § 15.)

Definition 2: Ist M^n eine topologische Mannigfaltigkeit und $h: U \to U'$ ein Homöomorphismus einer offenen Teilmenge $U \subset M$ mit der offenen Teilmenge $U' \subset \mathbb{R}^n$, so heisst h eine Karte von M, und U das zugehörige Kartengebiet. Eine Menge von Karten $\{h_\alpha | \alpha \in I\}$ mit Gebieten U_α heisst Atlas von M, wenn $\bigcup_{\alpha \in I} U_\alpha = M$. Zu zwei Karten h_α, h_β sind auf dem Durchschnitt ihrer Gebiete $U_{\alpha\beta} := U_\alpha \cap U_\beta$ beide Homöomorphismen h_α, h_β definiert, und man erhält daher einen Kartenwechsel $h_{\alpha\beta}$ als Homöomorphismus zwischen offenen Mengen des $\mathbb{R}^n$ durch das kommutative Diagramm:

$$\begin{array}{ccc} & U_{\alpha\beta} & \\ {\scriptstyle h_\alpha} \swarrow & & \searrow {\scriptstyle h_\beta} \\ U'_\alpha \supset h_\alpha(U_{\alpha\beta}) & \xrightarrow{\;h_{\alpha\beta}\;} & h_\beta(U_{\alpha\beta}) \subset U'_\beta \end{array}$$

also $h_{\alpha\beta} = h_\beta \circ h_\alpha^{-1}$, wo letztere Abbildung definiert ist. [Zeichne eine Figur.] Gelegentlich ist es günstig, auch das Definitionsgebiet einer Abbildung, insbesondere einer Karte, mitzunotieren; wir schreiben dann (h, U) für die Abbildung $h: U \longrightarrow U'$.

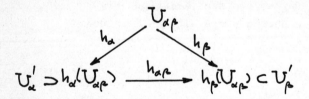

Definition 3: Ein Atlas einer Mannigfaltigkeit heisst differenzierbar, wenn alle seine Kartenwechsel differenzierbar sind. Dabei wollen wir der Einfachheit halber unter einer differenzierbaren Abbildung des $\mathbb{R}^n$ hier und im folgenden eine C^∞-Abbildung verstehen [d.h. eine Abbildung, deren sämtliche partielle Ableitungen existieren und stetig sind]. Weil für Kartenwechsel offenbar (wo die jeweiligen Abbildungen definiert sind) gilt:

$$h_{\alpha\alpha} = \mathrm{Id.} \quad , \; h_{\beta\gamma} \circ h_{\alpha\beta} = h_{\alpha\gamma} \Longrightarrow h_{\alpha\beta}^{-1} = h_{\beta\alpha}$$

so sind auch die Inversen der Kartenwechsel differenzierbar, d.h. die Kartenwechsel sind Diffeomorphismen.

Ist $\mathfrak{A}$ ein differenzierbarer Atlas auf der Mannigfaltigkeit M, so enthalte der Atlas $\mathfrak{D}(\mathfrak{A})$ genau alle jene Karten, für die jeder Kartenwechsel mit einer Karte aus $\mathfrak{A}$ differenzierbar ist. Der Atlas $\mathfrak{D}(\mathfrak{A})$ ist dann ebenfalls differenzierbar, denn lokal kann man einen Kartenwechsel $h_{\beta\gamma}$ in $\mathfrak{D}(\mathfrak{A})$ als Zusammensetzung $h_{\beta\gamma} = h_{\alpha\gamma} \circ h_{\beta\alpha}$ von Kartenwechseln mit einer Karte $h_\alpha \in \mathfrak{A}$ schreiben, und Differenzierbarkeit ist eine lokale Eigenschaft. Der Atlas $\mathfrak{D}(\mathfrak{A})$ ist unter den differenzierbaren Atlanten offenbar maximal: $\mathfrak{D}(\mathfrak{A})$ kann nicht durch Hinzunahme weiterer Karten vergrössert werden und ist der grösste differenzierbare Atlas, der $\mathfrak{A}$ enthält. So bestimmt jeder differenzierbare Atlas $\mathfrak{A}$ eindeutig einen maximalen differenzierbaren Atlas $\mathfrak{D}(\mathfrak{A})$, so dass $\mathfrak{A} \subset \mathfrak{D}(\mathfrak{A})$; und $\mathfrak{D}(\mathfrak{A}) = \mathfrak{D}(\mathfrak{B})$ genau dann, wenn der Atlas $\mathfrak{A} \cup \mathfrak{B}$ differenzierbar ist.

Definition 4: Eine differenzierbare Struktur auf einer topologischen Mannigfaltigkeit ist ein maximaler differenzierbarer Atlas. Eine differenzierbare Mannigfaltigkeit ist eine topologische Mannigfaltigkeit, zusammen mit einer differenzierbaren Struktur.

Um eine differenzierbare Struktur auf einer Mannigfaltigkeit anzugeben, hat man einen differenzierbaren Atlas anzugeben. Diesen wird man im allgemeinen nicht maximal, sondern vielmehr möglichst klein wählen. Von allen Karten und Atlanten einer differenzierbaren Mannigfaltigkeit mit differenzierbarer Struktur $\mathfrak{D}$ wollen wir fortan stillschweigend annehmen, dass sie in $\mathfrak{D}$ enthalten sind. In der Bezeichnung schreiben wir kurz M, und nicht $(M,\mathfrak{D})$ für eine differenzierbare Mannigfaltigkeit.

Beispiele: (a) $M = \mathbb{R}^n$. Die Karte (M, Id) liefert einen Atlas und definiert die übliche differenzierbare Struktur des $\mathbb{R}^n$.

(b) Eine offene Teilmenge einer differenzierbaren Mannigfaltigkeit besitzt eine offensichtliche differenzierbare Struktur.

Definition 5: Eine stetige Abbildung $\varphi : M \to N$ zwischen zwei diffb. Mannigfaltigkeiten heisst differenzierbar im Punkte $p \in M$, wenn für eine (und damit für jede !) Karte $h : U \to U'$, $p \in U$ und $k : V \to V'$, $\varphi(p) \in V$, von M bzw. von N die Zusammensetzung $k \circ \varphi \circ h^{-1}$ differenzierbar im Punkte $h(p) \in U'$ ist; beachte, dass diese Abbildung in der Umgebung $h(\varphi^{-1}(V) \cap U)$ von $h(p)$ definiert ist [mache eine Zeichnung]. Die Abbildung φ heisst differenzierbar, wenn sie in jedem Punkte $p \in M$ differenzierbar ist. Mit andern Worten: $k \circ \varphi \circ h^{-1}$ ist der "Koordinatenausdruck" von φ bezüglich der Karten h und k, und für diesen ist klar, was differenzierbar bedeutet.

Bemerkung: Die Identität und die Zusammensetzung von differenzierbaren Abbildungen sind differenzierbar. Deshalb bilden die differenzierbaren Mannigfaltigkeiten eine Kategorie.

Bezeichnungen: Es sei $C^\infty(M,N)$ = Menge der diffb. Abbildungen $M \to N$,

$$\mathcal{F}(M) = C^\infty(M) := C^\infty(M,\mathbb{R}).$$

Definition 6: Ein Diffeomorphismus ist eine diffb. bijektive Abbildung φ, deren Inverse φ^{-1} ebenfalls diffb. ist.

Jede Karte $h : U \to U'$ von M ist ein Diffeomorphismus zwischen U und U', wo U' die Standardstruktur als offene Menge des $\mathbb{R}^n$ trägt. Die Differentialtopologie handelt von Eigenschaften, die bei Anwendung von Diffeomorphismen unverändert bleiben.

Nebenbemerkung: Es ist eine sehr schwierige Frage, ob auf einer topologischen Mannigfaltigkeit sich zwei verschiedene differenzierbare Strukturen so einführen lassen, dass die entstehenden diffb. Mannigfaltigkeiten nicht diffeomorph sind. Man weiss z.B. (Kervaire + Milnor 1963), dass die topologische 7-Sphäre genau 15 verschiedene, untereinander nicht diffeomorphe Strukturen besitzt.

Definition 7: Eine differenzierbare Abbildung $\varphi : M \to N$ heisst eine Immersion, falls in der Definition 5 die Karten $h : U \to U' \subset \mathbb{R}^m$, $k : V \to V' \subset \mathbb{R}^n$ so gewählt werden können, dass $k \circ \varphi \circ h^{-1} : h(U) \to k(V')$ die Inklusion ist, wenn wir $\mathbb{R}^m$ als $\mathbb{R}^m \times 0 \subset \mathbb{R}^n$ auffassen (s.Fig.)

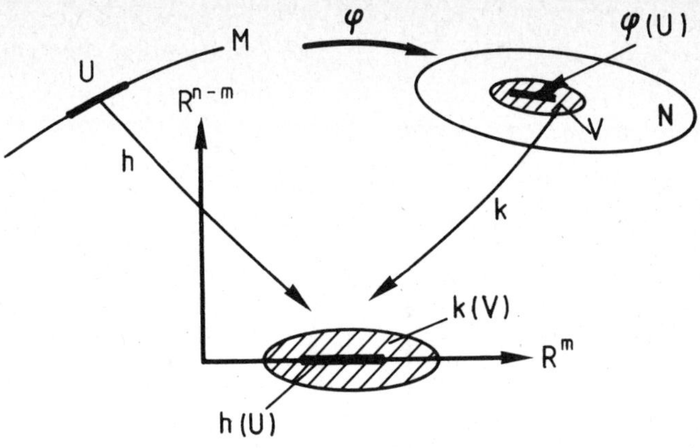

Mit anderen Worten: In geeigneten Koordinaten lautet die Koordinatendarstellung von φ lokal: $(x^1,\ldots,x^m) \longmapsto (x^1,\ldots,x^m,0,\ldots 0)$.

Bemerkungen:

(i) Eine Immersion ist lokal injektiv, sie braucht aber nicht (global) injektiv zu sein.

(ii) Ist $\varphi: M \longrightarrow N$ eine injektive Immersion, so braucht $\varphi: M \longrightarrow \varphi(M) \subset N$ kein Homöomorphismus zu sein [wobei $\varphi(M)$ die induzierte Topologie hat]. Ist φ auch ein Homöomorphismus, so nennen wir φ eine Einbettung.

Definition 8: Seien M und N differenzierbare Mannigfaltigkeiten. M heisst Untermannigfaltigkeit von N , wenn

(i) $M \subset N$ (als Mengen)

(ii) Die Inklusion $M \longrightarrow N$ ist eine Einbettung.

Bemerkung: Die Begriffe Einbettung und Untermannigfaltigkeit werden in der Literatur nicht einheitlich gefasst.

Da die Inklusion i in der Definition 8 insbesondere eine Immersion ist, kann man nach Def. 7 um einen Punkt $p \in M \subset N$ Karten $h: U \longrightarrow U' \subset \mathbb{R}^m$ und $k: V \longrightarrow V' \subset \mathbb{R}^n$ so wählen, dass lokal i die Darstellung $i: (x^1,\ldots,x^m) \longrightarrow (x^1,\ldots,x^m,0,\ldots 0)$ hat. Da M die induzierte Topologie hat (i ist eine Einbettung, d.h. insbesondere ein Homöomorphismus), so hat U die Form $U = \tilde{V} \cap M$, wobei $\tilde{V}$ eine offene Umgebung von p in N ist. Beschränken wir die Karte k auf das Kartengebiet $W := \tilde{V} \cap V$ so sehen wir, dass

$$W \cap M = \{q \in W \mid k(q) \in \mathbb{R}^m \times 0 \subset \mathbb{R}^n\}$$

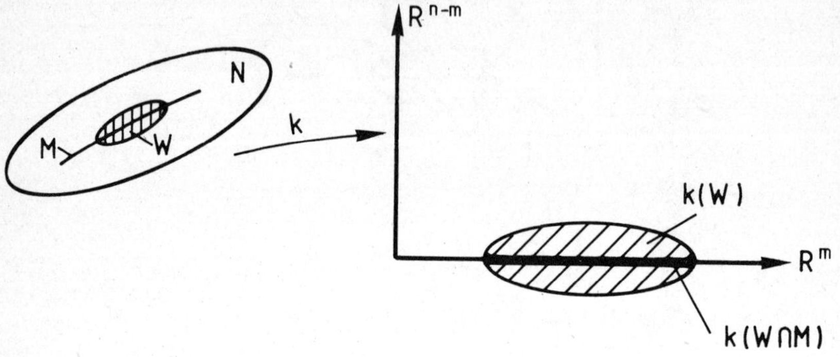

Man sagt dafür kurz: Die Untermannigfaltigkeit M liegt in N lokal wie $\mathbb{R}^m$ in $\mathbb{R}^n$ $(m<n)$.

Zu zwei differenzierbaren Mannigfaltigkeiten M^m und N^n kann man die Produktmannigfaltigkeit $M \times N$ bilden. Der unterliegende topologische Raum ist das kartesische Produkt der beiden topologischen Räume. Die differenzierbare Struktur ist wie folgt definiert: Sind $h : U \longrightarrow U'$, $k : V \longrightarrow V'$ Karten von M und N, so ist

$$h \times k : U \times V \longrightarrow U' \times V' \subset \mathbb{R}^m \times \mathbb{R}^n = \mathbb{R}^{m+n}$$

eine Karte von $M \times N$ und die Menge all dieser Karten definiert die differenzierbare Struktur von $M \times N$.

§2. Tangentialvektoren, Vektor- und Tensorfelder

In jedem Punkt p einer diffb. Mannigfaltigkeit M lässt sich ein linearer Raum, der sogenannte Tangentialraum $T_p(M)$ einführen. Ueber jedem dieser Räume können wir Tensoren betrachten.
Wählen wir in differenzierbarer Weise zu jedem $p \in M$ einen Tensor von einem festen Typ über $T_p(M)$, so erhalten wir ein Tensorfeld vom betreffenden Typ.

2.1. Der Tangentialraum

Bevor wir den Tangentialraum definieren, führen wir einige Begriffe ein. Wir betrachten dazu für zwei diffb. Mannigfaltigkeiten M und N die Menge der differenzierbaren Abbildungen

$$\{\varphi \mid \varphi : U \longrightarrow N \text{ , für eine Umgebung } U \text{ von } p \in M\}$$

und führen die folgende Aequivalenzrelation ein:

$$\varphi \sim \psi \iff \text{es gibt eine Umgebung } V \text{ von } p \text{ , so dass } \varphi|V = \psi|V.$$

<u>Definition 1:</u> Eine Aequivalenzklasse dieser Relation heisst <u>Keim</u> einer Abbildung $M \to N$ um $p \in M$. Wir bezeichnen einen durch φ repräsentierten solchen Keim durch $\bar{\varphi} : (M,p) \to N$, oder auch $\bar{\varphi}$: $(M,p) \longrightarrow (N,q)$, wenn $\varphi(p) = q$ ist. Funktionskeime lassen sich in offensichtlicher Weise <u>zusammensetzen</u> (mit Hilfe von Repräsentanten).
Ein <u>Funktionskeim</u> ist ein differenzierbarer Keim $(M,p) \longrightarrow \mathbb{R}$. Die Menge aller Funktionskeime um $p \in M$ sei mit $\mathfrak{F}(p)$ bezeichnet.
$\mathfrak{F}(p)$ hat die Struktur einer reellen Algebra, wenn die Operationen in naheliegender Weise mit Repräsentanten definiert werden. Ein differenzierbarer Keim $\bar{\varphi} : (M,p) \longrightarrow (N,q)$ definiert durch Zusammensetzen den Homomorphismus von Algebren

$$\varphi^* : \mathfrak{F}(q) \longrightarrow \mathfrak{F}(p) \ , \ \bar{f} \longmapsto \bar{f} \circ \bar{\varphi} \tag{1}$$

Es gilt

$$Id^* = Id \ , \ (\psi \circ \varphi)^* = \varphi^* \circ \psi^* \tag{2}$$

Ist $\bar{\varphi}$ insbesondere ein invertierbarer Keim: $\bar{\varphi} \circ \bar{\varphi}^{-1} = Id$ so folgt $\varphi^* \circ (\varphi^{-1})^* = Id$, d.h. φ^* ist ein Isomorphismus.
Für jeden Punkt $p \in M^n$ einer diffb. Mannigf. M^n definiert eine Karte h um p einen invertierbaren Keim $\bar{h} : (M,p) \longrightarrow (\mathbb{R}^n, 0)$, also einen Isomorphismus

$$h^*: \mathcal{F}_n \longrightarrow \mathcal{F}(p) \; ; \; \mathcal{F}_n = \text{Menge der Keime } (\mathbb{R}^n,0) \longrightarrow \mathbb{R}.$$

Nun geben wir drei äquivalente Definitionen des Tangentialraumes in einem Punkt $p \in M$. Zwischen diesen soll man sich frei bewegen können. Besonders hantlich ist die "Definition des Algebraikers":

Definition 2: Der Tangentialraum $T_p(M)$ der differenzierbaren Mannigf. M im Punkte p ist der reelle Vektorraum der Derivationen von $\mathcal{F}(p)$. Eine Derivation von $\mathcal{F}(p)$ ist eine lineare Abbildung $X: \mathcal{F}(p) \longrightarrow \mathbb{R}$, welche die Produktregel

$$X(\bar{f}\bar{g}) = X(\bar{f})\bar{g}(p) + \bar{f}(p)X(\bar{g}) \tag{3}$$

erfüllt. Ein differenzierbarer Keim $\bar{\varphi}: (M,p) \longrightarrow (N,q)$, also insbesondere eine differenzierbare Abbildung $\varphi: M \longrightarrow N$, induziert einen Algebrenhomomorphismus $\varphi^*: \mathcal{F}(q) \longrightarrow \mathcal{F}(p)$, und damit die lineare Tangentialabbildung (das Differential) von φ in p :

$$\begin{aligned} T_p\varphi : T_p(M) &\longrightarrow T_q(N), \\ X &\longmapsto X \circ \varphi^* . \end{aligned} \tag{4}$$

Es ist offensichtlich, dass die Derivationen einen Vektorraum bilden. Aus der Produktregel folgt ferner $X(1) = X(1\cdot 1) = X(1) + X(1) \Longrightarrow X(1) = 0$, für die konstante Funktion mit dem Wert 1 . Wegen der Linearität folgt daraus $X(c) = 0$ für jede Konstante c .

Die Definition des Differentials bedeutet für einen Keim $\bar{f}: (N,q) \longrightarrow \mathbb{R}$

$$T_p\varphi(X)(\bar{f}) = X \circ \varphi^*(\bar{f}) = X(\bar{f} \circ \bar{\varphi}), \; X \in T_p(M). \tag{5}$$

Daraus, oder aus (2) folgt für eine Zusammensetzung

$$(M,p) \xrightarrow{\;\bar{\varphi}\;} (N,q) \xrightarrow{\;\bar{\psi}\;} (L,r)$$

die Funktoreigenschaft

$$T_p(\bar{\psi} \circ \bar{\varphi}) = T_q\bar{\psi} \circ T_p\bar{\varphi} \tag{6}$$

der Tangentialabbildung. Die Linearität der Tangentialabbildung folgt direkt aus der Definition.

Ist nun $\bar{h}: (N,p) \longrightarrow (\mathbb{R}^n,0)$ Keim einer Karte, so ist die induzierte Abbildung $h^*: \mathcal{F}_n \longrightarrow \mathcal{F}(p)$ eine Isomorphie, daher auch die Tangentialabbildung $T_p h: T_p N \longrightarrow T_0\mathbb{R}^n$. Um den letzteren Vektorraum zu beschreiben, machen wir Gebrauch von folgendem

Lemma 1: Sei U eine offene Kugel um den Ursprung von $\mathbb{R}^n$ oder $\mathbb{R}^n$ selbst, und $f: U \to \mathbb{R}^n$ eine differenzierbare Funktion, dann existieren differenzierbare Funktionen $f_1, \ldots, f_n : U \longrightarrow \mathbb{R}$, so dass

$$f(x) = f(0) + \sum_{i=1}^{n} f_i(x)\, x^i$$

Beweis:

$$f(x) - f(0) = \int_0^1 \frac{d}{dt} f(tx^1, \ldots, tx^n)\, dt$$
$$= \sum_{i=1}^{n} x^i \int_0^1 D_i f(tx^1, \ldots, tx^n)\, dt,$$

wobei D_i die partielle Ableitung nach der i^{ten} Variablen bezeichnet. Die Behauptung folgt also für

$$f_i(x) := \int_0^1 D_i f(tx^1, \ldots, tx^n)\, dt. \qquad \square$$

Spezielle Derivationen von $\mathcal{F}_n$ sind die partiellen Ableitungen im Nullpunkt

$$\frac{\partial}{\partial x^i} : \mathcal{F}_n \longrightarrow \mathbb{R}, \; \bar{f} \longrightarrow \frac{\partial}{\partial x^i} f(0)$$

Folgerung: Die $\partial/\partial x^i, i = 1, \ldots, n$ bilden eine Basis des Vektorraumes $T_0\mathbb{R}^n$ der Derivationen von $\mathcal{F}_n$.

Beweis: (a) Lineare Unabhängigkeit: Ist die Derivation $\sum a^i \partial/\partial x^i = 0$, so erhält man durch Anwendung auf den Keim $\bar{x}^j$ der j-ten Koordinatenfunktion

$$a^j = \sum a^i \frac{\partial}{\partial x^i}(\bar{x}^j) = 0 ,$$

für alle j ; d.h. die $\partial/\partial x^i$ sind linear unabhängig.

b) Sei nun $X \in T_0\mathbb{R}^n$. Wir setzen $a^i = X(\bar{x}^i)$ und zeigen

$$X = \sum a^i \partial/\partial x^i$$

Dazu bilden wir die Derivation $Y := X - \sum a^i \partial/\partial x^i$ und notieren zuerst $Y(\bar{x}^i) = 0$ (nach Konstruktion) für jede Koordinatenfunktion x^i . Ist nun $\bar{f} \in \mathcal{F}_n$ irgendein Funktionskeim, so ist dieser nach dem Lemma 1 von der Form $\bar{f} = \bar{f}(0) + \sum f_i \bar{x}^i$ und folglich gilt nach der Produktregel

$$Y(\bar{f}) = Y(f(0)) + \sum f_i(0)\, Y(\bar{x}^i) = 0. \qquad \square$$

<u>Bemerkung.</u> Die Dimension des Tangentialraumes einer n-dimensionalen diffb. Mannigfaltigkeit ist nach dem bewiesenen gleich n, woraus folgt, dass die Dimension eindeutig definiert ist. [Im topologischen Fall ist dies auch wahr, aber nicht so einfach zu sehen.]

Nach Einführung lokaler Koordinaten $(x^1, x^2, \dots x^n)$ um den Punkt $p \in N^n$ können wir auch die Vektoren in $T_p(N)$ explizit als Linearkombinationen der $\partial/\partial x^i$ angeben. Vermöge des Isomorphismus $T_p h: T_p N \to T_0 \mathbb{R}^n$ fassen wir $\partial/\partial x^i$ auch als Elemente von $T_p N$ auf; nach (5) ist für ein $\bar{f} \in F(p)$ mit dieser Auffassung

$$\left(\frac{\partial}{\partial x^i}\right)_p \cdot \bar{f} = (\underbrace{f \circ h^{-1}}_{\text{Koordinatendarstellung von } f})(h(p))$$

Ist $\bar{\varphi}: (N^n, p) \longrightarrow (M^m, q)$ ein differenzierbarer Keim, und führen wir auch um q lokale Koordinaten $y^1, \dots, y^m$ ein, so lässt sich $\bar{\varphi}$ als Keim $(\mathbb{R}^n, 0) \longrightarrow (\mathbb{R}^m, 0)$ ausdrücken, den wir auch einfach mit $\bar{\varphi}$ bezeichnen:

$$\begin{array}{ccc} (N,p) & \xrightarrow{\quad \bar{\varphi} \quad} & (M,q) \\ \text{Karte} \downarrow & & \downarrow \text{Karte} \\ (\mathbb{R}^n, 0) & \xrightarrow{\quad \text{"}\bar{\varphi}\text{"} \quad} & (\mathbb{R}^m, 0) \end{array}$$

Die Tangentialabbildung $T_0 \bar{\varphi}$ berechnet sich folgendermassen: Ist $\bar{f} \in F_m$, so gilt nach (5) und der Kettenregel [wir setzen $\varphi(x^1, \dots x^n) = (\varphi^1(x^1, .., x^n), \dots \varphi^m(x^1, .., x^n))$]

$$T_0 \bar{\varphi}(\partial/\partial x^i)(\bar{f}) = \frac{\partial}{\partial x^i}(\bar{f} \circ \bar{\varphi}) = \frac{\partial f}{\partial y^j}(0) \frac{\partial \varphi^j}{\partial x^i}(0)$$

Also

$$T_0 \bar{\varphi}(\partial/\partial x^i) = \frac{\partial \varphi^j}{\partial x^i} \partial/\partial y^j \tag{7}$$

Die Matrix

$$D\varphi := \left(\frac{\partial \varphi^i}{\partial x^j}\right) \tag{8}$$

ist die <u>Jacobimatrix</u> der Abbildung $\bar{\varphi}$.

Wir können das Ergebnis (7) auch so schreiben: Ist $v = \sum a^i \partial/\partial x^i$,

so ist $T_0\overline{\varphi}(v) = \sum b^j \partial/\partial y^j$,
wobei

$$b = D\varphi_0 \cdot a \qquad (9)$$

Wir fassen zusammen:

<u>Satz 1:</u> Führt man um $p \in N^n$ und $q \in M^m$ lokale Koordinaten $(x^1,..,x^n)$ bzw. $(y^1,..,y^m)$ ein, so bilden die Derivationen $\partial/\partial x^i$ bzw. $\partial/\partial y^j$ Vektorraumbasen von T_pN und T_qM , und die Tangentialabbildung eines Keimes $\overline{\varphi}: (N,p) \to (M,q)$ ist bezüglich dieser Basen durch

$$D\varphi_0 : \mathbb{R}^n \longrightarrow \mathbb{R}^m$$

gegeben.

Nun kommen wir zur <u>"Definition des Physikers".</u>

Diese benutzt den Satz 1 als Ausgangspunkt. Etwas kurz wird dabei gesagt: "Ein kontravarianter Vektor ist ein reelles n-Tupel, das sich durch Anwenden der Jacobimatrix transformiert". Wir wollen dies präzisieren.

Sind $\overline{h}, \overline{k}: (N,p) \longrightarrow (\mathbb{R}^n,0)$ Keime von Karten, so ist der Kartenwechsel $\overline{g} := \overline{k} \circ \overline{h}^{-1}: (\mathbb{R}^n,0) \longrightarrow (\mathbb{R}^n,0)$ ein invertierbarer differenzierbarer Keim. Die sämtlichen invertierbaren Keime $(\mathbb{R}^n,0) \longrightarrow (\mathbb{R}^n,0)$, also alle möglichen Kartenwechsel, bilden unter der Zusammensetzung eine Gruppe G , und es gibt zu zwei Kartenkeimen $\overline{h}, \overline{k}$ genau ein $\overline{g} \in G$, so dass $\overline{g} \circ \overline{h} = \overline{k}$. Jedem $\overline{g} \in G$ ordnen wir die Jacobimatrix Dg_0 im Ursprung zu. Dadurch ist ein Homomorphismus von Gruppen,

$$G \longrightarrow GL(n,\mathbb{R}) , \quad \overline{g} \longmapsto Dg_0$$

von G in die lineare Gruppe der invertierbaren Matrizen definiert. Damit können wir nun die "Definition des Physikers" präzise formulieren.

<u>Definition 3:</u> Ein <u>Tangentialvektor</u> im Punkte $p \in N^n$ ist eine Zuordnung, die jedem Kartenkeim $\overline{h}: (N,p) \longrightarrow (\mathbb{R}^n,0)$ um $p \in N$ einen Vektor $v = (v^1, v^2, ..., v^n) \in \mathbb{R}^n$ so zuordnet, dass dem Kartenkeim $\overline{g} \circ \overline{h}$ der Vektor $Dg_0 \cdot v$ entspricht.

Bezeichnen wir also mit K_p die Menge der Keime von Karten $\overline{h}: (N,p) \longrightarrow (\mathbb{R}^n,0)$ so ist der Tangentialraum des Physikers $T_p(N)_{Phys.}$ gleich der Menge der Abbildungen

$$v: K_p \longrightarrow \mathbb{R}^n \text{ , für die}$$

$$v(\overline{g} \circ \overline{h}) = Dg_0 \cdot v(\overline{h}) \text{ , für alle } \overline{g} \in G.$$

Diese Abbildungen bilden einen Vektorraum, weil Dg_0 eine lineare Abbildung ist. Für eine feste Karte h kann man den Vektor $v \in \mathbb{R}^n$ offensichtlich beliebig wählen, und dadurch ist die Wahl auf allen anderen Kartenkeimen festgelegt; der Vektorraum $T_p(N)_{Phys.}$ ist isomorph zu $\mathbb{R}^n$. Ein Isomorphismus ist durch die Wahl eines lokalen Koordinatensystems gegeben. Dar kanonische Isomorphismus

$$T_p(N) \longrightarrow T_p(N)_{Phys}$$

mit dem algebraisch definierten Tangentialraum (Def. 2), ordnet bei gegebener Karte $\bar{h} = (\bar{h}^1, \ldots, \bar{h}^n) : (N,p) \to (\mathbb{R}^n, 0)$ der Derivation $X \in T_p(N)$ den Vektor $(X(\bar{h}^1), \ldots, X(\bar{h}^n)) \in \mathbb{R}^n$ zu. Die Komponenten dieses Vektors sind gerade die Koeffizienten von X bezüglich der Basis $\partial/\partial x^i$; sie werden bei Kartenwechsel nach (9) mit der Jacobimatrix transformiert.

Am anschaulichsten ist die "Definition des Geometers".
Sie identifiziert Tangentialvektoren mit "Geschwindigkeitsvektoren" von Bahnen durch den Punkt p in diesem Punkt.

Definition 4: Auf der Menge W_p der Keime differenzierbarer Abbildungen

$$\bar{w} : (\mathbb{R}^1, 0) \longrightarrow (N, p)$$

[Wege durch p] erklären wir die Aequivalenzrelation $\bar{w} \sim \bar{v} \iff$ für jeden Funktionskeim $\bar{f} \in \mathcal{F}(p)$ ist

$$\frac{d}{dt}(\bar{f} \circ \bar{w})(0) = \frac{d}{dt}(\bar{f} \circ \bar{v})(0). \tag{10}$$

Eine Aequivalenzklasse $[w]$ dieser Relation ist ein Tangentialvektor im Punkte p .
Zwei Wegkeime definieren genau dann den gleichen Tangentialvektor, wenn sie die gleiche "Ableitung von Funktionen in Richtung der Kurve" definieren. Jeder Aequivalenzklasse $[w]$ ist damit eindeutig die folgende Derivation X_w von $\mathcal{F}(p)$ zugeordnet:

$$X_w(\bar{f}) := \frac{d}{dt} \bar{f} \circ \bar{w}(0)$$

Die Zuordnung definiert eine injektive Abbildung

$$W_p/\sim =: T_p(M)_{Geom} \longrightarrow T_p(N), \; [w] \longmapsto X_w$$

der Menge der Aequivalenzklassen von Wegkeimen in den Tangentialraum. Diese Abbildung ist auch surjektiv, denn ist in lokalen Koordinaten $w(t) = (ta^1, \ldots, ta^n)$, so ist $X_w = \sum a^i \partial/\partial x^i$.
Natürlich ist $X_w = X_v$ genau dann, wenn für ein lokales Koordinatensystem $(d/dt) w^i(0) = (d/dt) v^i(0)$.

Die Tangentialabbildung ist in dieser geometrischen Definition sehr anschaulich: Ein Keim $\varphi : (N,p) \longrightarrow (M,q)$ induziert die Abbildung

$$T_p(N)_{Geom} \longrightarrow T_q(M)_{Geom}\,, \quad [w] \longrightarrow [\varphi\circ w]$$

Dass diese Definition der Tangentialabbildung mit derjenigen in Def. 2 verträglich ist, zeigt die Gleichung (benutze (5)):

$$X_{\varphi\circ w}(\bar f) = \frac{d}{dt}\,\bar f\circ(\bar\varphi\circ\bar w)(0) = X_w(\bar f\circ\bar\varphi)$$

$$\overset{(5)}{=} T_p\varphi(X_w)(\bar f)$$

d.h.

$$X_{\varphi\circ w} = T_p\varphi\cdot X_w$$

Im folgenden werden wir zwischen den verschiedenen Definitionen des Tangentialraumes nicht mehr unterscheiden, sondern je nach Zweckmässigkeit die eine oder andere benutzen.

Definition 5: Der Rang einer differenzierbaren Abbildung φ : $M \longrightarrow N$ im Punkte $p\in M$ ist die Zahl

$$rg_p\varphi := \text{Rang}\,(T_p\varphi)$$

Bemerkung: Der Rang einer Abbildung ist unterhalbstetig: Ist $rg_p\varphi = r$, so gibt es eine Umgebung U von p , so dass $rg_q\varphi \geq r$ für alle $q\in U$.

Beweis: Wir wählen Karten und betrachten die Jacobimatrix $D\varphi$, welche zu φ gehört, in der Umgebung $p\in V\subset \mathbb{R}^m$. Die Komponenten dieser Matrix beschreiben eine differenzierbare Abbildung $V \longrightarrow \mathbb{R}^{m\cdot n}$, $q \longmapsto \partial\varphi^i/\partial x^j\,(q)$. Weil $rg_p\varphi = r$, gibt es eine $r\times r$ - Untermatrix von $D\varphi_p$ (ohne Beschränkung der Allgemeinheit die ersten r Zeilen und Spalten), deren Determinante im Punkte p nicht verschwindet. Deshalb verschwindet die Abbildung

$$V \longrightarrow \mathbb{R}^{m\cdot n} \longrightarrow \mathbb{R}^{r\cdot r} \longrightarrow \mathbb{R}$$

$$q \longmapsto D\varphi_q \longmapsto \text{Untermatrix} \longmapsto \text{Determinante}$$

im Punkte p nicht, also auch nicht in einer Umgebung von p ; der Rang kann also dort nicht fallen.□

Meistens definiert man eine Immersion wie folgt:

<u>Definition 6:</u> Eine differenzierbare Abbildung $\varphi: M \longrightarrow N$ heisst eine <u>Immersion</u>, wenn $rg_p\varphi = \dim M$, für alle $p \in M$.

Man kann zeigen, dass diese Definition mit derjenigen im § 1 (Def. 7) <u>äquivalent</u> ist. Dies ist der Inhalt des sog. Rangsatzes, welcher seinerseits auf dem Satz über die Umkehrfunktion beruht [siehe z.B. [6], p. 55].

2.2. Vektorfelder

Ordnen wir jedem Punkt p einer differenzierbaren Mannigfaltigkeit einen Tangentialvektor $X_p \in T_p(M)$ zu, so nennen wir die Zuordnung $X: p \longmapsto X_p$ ein <u>Vektorfeld</u> auf M.

Bezeichnen $(x^1, \ldots, x^n)$ lokale Koordinaten auf einer offenen Menge U von M, so kann X_p in jedem Punkt $p \in U$ eindeutig wie folgt dargestellt werden:

$$X_p = \xi^i(p)\left(\frac{\partial}{\partial x^i}\right)_p \tag{11}$$

Die n Funktionen $\xi^i\ (i=1,\ldots,n)$ auf U sind die <u>Komponenten</u> von X bezüglich des lokalen Koordinatensystems $(x^1, \ldots, x^n)$. Betrachten wir ein zweites lokales Koordinatensystem auf U, und sind $\bar{\xi}^i$ die Komponenten von X bezüglich $(\bar{x}^1, \ldots, \bar{x}^n)$, so haben wir nach den Ergebnissen von § 2.1

$$\bar{\xi}^i(p) = \frac{\partial \bar{x}^i}{\partial x^j}(p)\, \xi^j(p), \quad p \in U \tag{12}$$

Daraus folgt: Die Aussage, dass die Komponenten von X stetig oder von der Klasse C^r bei einem Punkt sind, hängt nicht vom lokalen Koordinatensystem ab. Falls X stetig oder von der Klasse C^r in jedem Punkt von M ist, sagen wir, das Vektorfeld sei stetig oder von der Klasse C^r auf M.

Im weiteren betrachten wir nur C^∞-Vektorfelder (falls nicht ausdrücklich das Gegenteil gesagt wird) und bezeichnen die Menge dieser Felder mit $\mathfrak{X}(M)$. $\mathcal{F}(M)$ oder $C^\infty(M)$ bezeichne wie früher die Menge der C^∞-Funktionen auf M.

Für $X, Y \in \mathfrak{X}(M)$ und $f \in \mathcal{F}(M)$ definieren die Zuordnungen

$$p \longmapsto f(p)\, X_p \quad , \quad p \longmapsto X_p + Y_p$$

neue Vektorfelder auf M. Wir bezeichnen diese mit fX und $X+Y$.

Es gelten die folgenden Regeln: Falls $f, g \in \mathcal{F}(M)$ und $X, Y \in \mathfrak{X}(M)$ dann

$$f(gX) = (fg)X$$

$$f(X+Y) = fX + fY \quad , \quad (f+g)X = fX + gX$$

Für $X \in \mathfrak{X}(M)$, $f \in \mathfrak{F}(M)$ definieren wir die Funktion Xf auf M durch

$$(Xf)(p) = X_p f \qquad (p \in M)$$

In lokalen Koordinaten ist

$$X = \xi^i \frac{\partial}{\partial x^i}$$

wo ξ^i C^∞- Funktionen sind. Da

$$(Xf)(p) = \xi^i(p) \frac{\partial f}{\partial x^i}(p)$$

folgt, dass Xf wieder eine C^∞- Funktion ist.
Xf ist die Ableitung von f mit dem Vektorfeld X.
Es gelten die folgenden Regeln

$$X(f+g) = Xf + Xg$$
$$X(fg) = (Xf)g + f(Xg)$$

In algebraischer Sprache: $\mathfrak{X}(M)$ ist ein Modul über der assoziativen Algebra $\mathfrak{F}(M)$.
Setzen wir

$$D_X f = Xf \qquad (f \in \mathfrak{F}(M), X \in \mathfrak{X}(M))$$

so ist D_X eine Derivation der Algebra $\mathfrak{F}(M)$.
Man kann beweisen [siehe [6], p. 73], dass umgekehrt jede Derivation von $\mathfrak{F}(M)$ von der Form D_X für ein Vektorfeld X ist.
Mit zwei Derivationen D_1 und D_2 einer Algebra $\mathfrak{A}$ ist auch der Kommutator $[D_1, D_2]$:

$$[D_1, D_2]a := D_1(D_2 a) - D_2(D_1 a) \quad , \quad a \in \mathfrak{A} \; ,$$

eine Derivation, wie man leicht nachrechnet.
Dieser ist schief

$$[D_1, D_2] = -[D_2, D_1]$$

und erfüllt die Jacobi Identität

$$[D_1, [D_2, D_3]] + \text{zyklisch} = 0$$

Diese Bemerkung legt es nahe, den Kommutator zweier Vektorfelder X und Y zu definieren

$$[X,Y]f := X(Yf) - Y(Xf)$$

Man beweist leicht die Regeln

$$[X+Y, Z] = [X,Z] + [Y,Z]$$
$$[X,Y] = -[Y,X]$$
$$[fX, gY] = fg[X,Y] + f(Xg)Y - g(Yf)X \quad , f,g \in \mathcal{F}(M)$$
$$[X,[Y,Z]] + \text{zyklisch} = 0. \tag{13}$$

Mit dem Kommutator Produkt bilden die Vektorfelder $\mathfrak{X}(M)$ offensichtlich eine <u>$\mathbb{R}$ - Lie Algebra.</u>

In lokalen Koordinaten sei

$$X = \xi^i \frac{\partial}{\partial x^i} \quad , \quad Y = \eta^j \frac{\partial}{\partial x^j}$$

Man findet leicht

$$[X,Y] = \left(\xi^i \frac{\partial \eta^j}{\partial x^i} - \eta^i \frac{\partial \xi^j}{\partial x^i}\right) \frac{\partial}{\partial x^j} \tag{14}$$

<u>2.3. Tensorfelder</u>

Im folgenden setzen wir die multilineare Algebra im Umfang voraus, wie wir sie etwa in der SRT ausgeführt haben (siehe Skriptum, § II.8).

Neben dem Tangentialraum $T_p(M)$ in einem Punkt $p \in M$ betrachten wir auch den dualen Raum $T_p^*(M)$ (= Kotangentialraum).

Sei f eine differenzierbare Funktion, welche auf einer offenen Menge $U \subset M$ definiert ist. Für $p \in U$, und ein beliebiges $v \in T_p(M)$ setzen wir

$$(df)_p(v) := v(f) \tag{15}$$

Die Abbildung $(df)_p : T_p(M) \longrightarrow \mathbb{R}$ ist offensichtlich linear, also ist $(df)_p \in T_p^*(M)$. Die lineare Funktion $(df)_p$ ist das <u>Differential</u> (<u>Gradient</u>) von f im Punkte p.

Für ein lokales Koordinatensystem $(x^1, \ldots x^n)$ in einer Umgebung von p gilt

$$(df)_p \cdot \left(\frac{\partial}{\partial x^i}\right)_p = \frac{\partial f}{\partial x^i}(p) \tag{16}$$

Speziell ist für die Komponentenfunktion $x^i : q \longmapsto x^i(q)$

$$(dx^i)_p\left(\frac{\partial}{\partial x^j}\right)_p = \delta^i_j \tag{17}$$

d.h. $\{(dx^1)_p, \ldots, (dx^n)_p\}$ ist eine Basis von $T_p^*(M)$ welche dual zur Basis $\{(\partial/\partial x^1)_p, \ldots (\partial/\partial x^n)_p\}$ von $T_p(M)$ ist.

Wir können $(df)_p$ als Linearkombination der $(dx^i)_p$ schreiben: $(df)_p = \lambda_j (dx^j)_p$. Nun gilt

$$(df)_p\left(\frac{\partial}{\partial x^i}\right)_p = \lambda_j (dx^j)_p\left(\frac{\partial}{\partial x^i}\right)_p = \lambda_i$$

Nach (16) ist deshalb $\lambda_i = \frac{\partial f}{\partial x^i}(p)$ und wir haben

$$(df)_p = \frac{\partial f}{\partial x^i}(p)\,(dx^i)_p \tag{19}$$

Es seien

$T_p(M)^r_s$ = Menge der Tensoren vom Typ (r,s) über $T_p(M)$ (r-fach kontravariant, s-fach kovariant)

Ordnen wir jedem $p \in M$ einen Tensor $t_p \in T_p(M)^r_s$ zu, so ist die Zuordnung $t : p \longmapsto t_p$ ein Tensorfeld vom Typ (r,s).

Die algebraischen Operationen von Tensorfeldern sind punktweise definiert; z.B. ist die Summe zweier Felder vom gleichen Typ definiert durch

$$(t+s)_p := t_p + s_p$$

Ebenso definiert man Tensorprodukte von Feldern, sowie Kontraktionen. Ein Tensorfeld t kann man auch mit einer Funktion $f \in \mathcal{F}(M)$ multiplizieren

$$(ft)_p := f(p)\, t_p$$

Die Menge $\mathcal{T}^r_s(M)$ von Tensorfeldern vom Typ (r,s) wird damit zu einem $\mathcal{F}(M)$ - Modul.

In einer Koordinatenumgebung U mit Koordinaten $(x^1, \ldots, x^n)$ können wir ein Tensorfeld wie folgt entwickeln

$$t = t^{i_1 \ldots i_r}_{j_1 \ldots j_s}\left(\frac{\partial}{\partial x^{i_1}} \otimes \cdots \otimes \frac{\partial}{\partial x^{i_r}}\right) \otimes (dx^{j_1} \otimes \cdots \otimes dx^{j_s}) \tag{19}$$

Die $t^{i_1 \dots i_r}_{j_1 \dots j_s}$ sind die Komponenten von t bezüglich des Koordinatensystems $(x^1, \dots, x^n)$. Beim Uebergang zu einem neuen Koordinatensystem $(\bar{x}^1, \dots, \bar{x}^n)$ lautet das Transformationsgesetz der Komponenten von t

$$\bar{t}^{i_1 \dots i_r}_{j_1 \dots j_s} = \frac{\partial \bar{x}^{i_1}}{\partial x^{k_1}} \cdots \cdots \frac{\partial \bar{x}^{i_r}}{\partial x^{k_r}} \frac{\partial x^{l_1}}{\partial \bar{x}^{j_1}} \cdots \cdots \frac{\partial x^{l_s}}{\partial \bar{x}^{j_s}} t^{k_1 \dots k_r}_{l_1 \dots l_s} \tag{20}$$

Die Eigenschaft, dass die Komponenten von t C^r- Funktionen sind, hängt also nicht von der Wahl des Koordinatensystems ab. Ein Tensorfeld ist von der Klasse C^r falls alle Komponenten von t von der Klasse C^r sind. Falls dies für Tensorfelder t und s der Fall ist, so auch für $s + t$ und $s \otimes t$. Im folgenden betrachten wir nur C^∞-Tensorfelder.

Die kovarianten Tensoren 1. Stufe nennen wir auch <u>1-Formen.</u> Ihre Gesamtheit bezeichnen wir mit $\mathfrak{X}^*(M)$. Eine wichtige Rolle spielen die total schiefsymmetrischen kovarianten Tensoren höherer Stufe (Differentialformen). Auf diese werden wir in § 4 ausführlich eingehen.

Es sei $t \in \mathcal{T}^r_s(M)$, $X_1, \dots X_s \in \mathfrak{X}(M)$, $\omega^1, \dots, \omega^r \in \mathfrak{X}^*(M)$.

Wir betrachten in jedem Punkt $p \in M$

$$F(p) := t_p(\omega^1(p), \dots, \omega^r(p), X_1(p), \dots, X_s(p))$$

$p \longmapsto F(p)$ ist offensichtlich eine C^∞- Funktion. Diese Funktion bezeichnen wir mit $t(\omega^1, \dots, \omega^r, X_1, \dots, X_s)$. Die Zuordnung $(\omega^1, \dots \omega^r, X_1, \dots \dots X_s) \to t(\omega^1, \dots, X_s)$, ist $\mathcal{F}(M)$-multilinear. Zu jedem Tensorfeld $t \in \mathcal{T}^r_s(M)$ gehört also eine $\mathcal{F}(M)$- multilineare Abbildung

$$\underbrace{\mathfrak{X}^*(M) \times \cdots \times \mathfrak{X}^*(M)}_{r \text{ mal}} \times \underbrace{\mathfrak{X}(M) \times \cdots \times \mathfrak{X}(M)}_{s \text{ mal}} \longrightarrow \mathcal{F}(M)$$

Man kann zeigen (siehe [6], p. 137), dass sich jede solche Abbildung auf die beschriebene Art erhalten lässt. Insbesondere kann man jede 1-Form als $\mathcal{F}(M)$- lineare Funktion auf den Vektorfeldern auffassen.

Sei $\varphi : M \longrightarrow N$ eine differenzierbare Abbildung. Eine 1-Form ω auf N können wir wie folgt auf M zurückziehen:

$$(\varphi^*\omega)_p(X_p) := \omega_{\varphi(p)}(T_p\varphi \cdot X_p) , \quad X_p \in T_p(M) \tag{21}$$

Entsprechend definieren wir für ein kovariantes Tensorfeld $t \in \mathcal{T}^0_s(N)$ das "zurückgezogene Feld" (pullback)

$$(\varphi^* t)_p(v_1, \dots, v_s) = t_{\varphi(p)}(T_p\varphi . v_1, \dots T_p\varphi . v_s) \,, \qquad v_1, \dots, v_s \in T_p(M) \tag{22}$$

Für eine Funktion $f \in \mathcal{F}(N)$ gilt

$$\varphi^*(df) = d(\varphi^* f) \tag{23}$$

denn für $v \in T_p(M)$ ist nach (1.5)

$$(\varphi^* df)_p(v) = df_{\varphi(p)}(T_p\varphi . v) = T_p\varphi(v)\, f = v(f \circ \varphi)$$
$$= v(\varphi^*(f)) = d(\varphi^* f)(v).$$

* * *

<u>Definition 7:</u> Eine <u>pseudo-Riemannsche Metrik</u> auf einer differenzierbaren Mannigfaltigkeit M ist ein Tensorfeld $g \in \mathcal{T}^0_2(M)$ mit den folgenden Eigenschaften:

(i) $g(X,Y) = g(Y,X)$, für alle $X, Y \in \mathfrak{X}(M)$

(ii) Für jeden Punkt $p \in M$ ist g_p eine nicht ausgeartete Bilinearform auf $T_p(M)$.

Ist g_p für jedes p positiv definit, so ist g eine <u>Riemannsche Metrik.</u>

Das Paar (M, g) nennen wir eine <u>(pseudo-) Riemannsche Mannigfaltigkeit.</u>

Bezeichnet $(\theta^i;\ i = 1, \dots, \dim M)$ eine Basis von 1-Formen in einer Umgebung von M, so schreiben wir

$$g = g_{ik}\, \theta^i \otimes \theta^k \tag{24}$$

oder auch

$$ds^2 = g_{ik}\, \theta^i \theta^k \,, \quad [\theta^i \theta^k := \tfrac{1}{2}(\theta^i \otimes \theta^k + \theta^k \otimes \theta^i)] \tag{25}$$

Natürlich ist

$$g_{ik} = g(e_i, e_k) \tag{26}$$

wenn (e_i) die zu (θ^i) duale Basis von (lokalen) Vektorfeldern bezeichnet.

§3. Die Lie'sche Ableitung

Bevor wir die Lie'sche Ableitung von Tensorfeldern definieren, stellen wir noch einige Hilfsmittel bereit.

3.1. Integralkurven und Fluss eines Vektorfeldes

Sei X ein Vektorfeld (wie immer C^∞).

Definition 1: Eine differenzierbare Kurve $\gamma: J \longrightarrow M$ (J offenes Intervall) heisst Integralkurve von X, mit Anfangspunkt $x \in M$, wenn

$$\dot\gamma(t) = X(\gamma(t)), \text{ für jedes } t \in J;$$
$$\gamma(0) = x.$$

Es gilt der

Satz 1: Zu jedem $x \in M$ existiert eine eindeutig bestimmte maximale Integralkurve der Klasse C^∞ mit Anfangspunkt x.
Diese bezeichnen wir mit $\Phi_x: J_x \longrightarrow M$.
Es sei

$$\mathcal{D} := \{(t,x) : x \in M, t \in J_x\} \subset \mathbb{R} \times M$$

und für jedes $t \in \mathbb{R}$

$$\mathcal{D}_t := \{x \in M : (t,x) \in \mathcal{D}\} = \{x \in M : t \in J_x\}$$

Definition 2: Die Abbildung $\Phi: \mathcal{D} \longrightarrow M$, $(t,x) \longmapsto \Phi_x(t)$ heisst der (globale) Fluss von X.
Es gilt der

Satz 2:
(i) $\mathcal{D}$ ist offen in $\mathbb{R} \times M$ und $\{0\} \times M \subset \mathcal{D}$ ($\Rightarrow \mathcal{D}_t$ offen in M);
(ii) $\Phi: \mathcal{D} \longrightarrow M$ ist ein C^∞-Morphismus;
(iii) Für jedes $t \in \mathbb{R}$ ist
$\Phi_t: \mathcal{D}_t \longrightarrow M$, $x \longmapsto \Phi(t,x)$ ein Diffeomorphismus von $\mathcal{D}_t$ auf $\mathcal{D}_{-t}$ mit Inversem Φ_{-t}.

Folgerung: Zu jedem $a \in M$ gibt es ein offenes Intervall J mit $0 \in J$, eine offene Umgebung U von a in M, derart, dass $J \times U \subset \mathcal{D}$.

Definition 3: $\Psi := \Phi | J \times U : J \times U \longrightarrow M$
heisst ein lokaler Fluss von X in a.
Es gilt der

Satz 3: Für einen lokalen Fluss $\Psi: J \times U \longrightarrow M$ von X in a gilt

(i) $\psi_x : J \longrightarrow M$, $t \longmapsto \psi(t,x)$
ist Integralkurve von X mit Anfangspunkt x :
$\dot{\psi}_x(t) = X(\psi_x(t)), t \in J, \psi_x(0) = x$;

(ii) $\psi_t : U \longrightarrow M$, $x \longmapsto \psi(t,x)$
ist ein Diffeomorphismus von U auf $\psi_t(U)$;

(iii) Sei $s \in \mathbb{R}, t \in \mathbb{R}, x \in U$, so dass
$s, t \in J, s+t \in J, \psi_t(x) \in U$, dann ist $\psi_{s+t}(x) = \psi_s(\psi_t(x))$,

d.h. $$\psi_s \circ \psi_t = \psi_{s+t} .$$

Bemerkung: Man nennt ψ deshalb auch eine lokale einparametrige Gruppe lokaler Diffeomorphismen.

Definition 4: Falls $\mathcal{D} = \mathbb{R} \times M$, so heisst X vollständig.
In diesem Fall haben wir den

Satz 4: Ist X vollständig und $\Phi : \mathbb{R} \times M \longrightarrow M$ der globale Fluss von X , so ist $\mathcal{D}_t = M$ für jedes $t \in \mathbb{R}$ und es gilt

(i) $\Phi_t : M \longrightarrow M$ ist ein Diffeomorphismus;

(ii) $\Phi_s \circ \Phi_t = \Phi_{s+t}$, $s,t \in \mathbb{R}$.

Dies bedeutet: Die Zuordnung $t \longmapsto \Phi_t$ ist ein Gruppenhomomorphismus: $\mathbb{R} \longrightarrow \mathrm{Diff}(M)$[= Gruppe aller Diffeomorphismen von M]; $(\Phi_t)_{t\in\mathbb{R}}$ ist eine einparametrige Gruppe von Diffeomorphismen von M .
Man kann zeigen, dass ein Vektorfeld auf einer kompakten Mannigfaltigkeit vollständig ist.

Für vollständige Beweise der Sätze in §3.1 siehe z.B. [4], §2.1.

3.2. Abbildungen und Tensorfelder

Es sei $\varphi : M \longrightarrow N$ eine differenzierbare Abbildung. Diese induziert eine Abbildung in den zugehörigen kovarianten Tensorfeldern durch folgende (siehe auch §2)

Definition 5 (pull-back): $\varphi^* : \mathcal{T}^0_q(N) \longrightarrow \mathcal{T}^0_q(M)$
ist definiert durch
$$(\varphi^* t)_x(u_1, .., u_q) = t_{\varphi(x)}(T_x\varphi \cdot u_1, .., T_x\varphi \cdot u_q) ,$$
für $t \in \mathcal{T}^0_q(N)$ und für beliebige $x \in M, u_1, .., u_q \in T_x(M)$.

Bemerkungen: (i) Für q = 0 definieren wir $\varphi^* : \mathcal{F}(N) \longrightarrow \mathcal{F}(M)$ durch $\varphi^*(f) = f \circ \varphi$, $f \in \mathcal{F}(N)$.

(ii) Für q = 1 ist $(\varphi^*\omega)(x) = (T_x\varphi)^* \omega(\varphi(x))$, für $\omega \in \mathcal{T}^0_1(N), x \in M$.
Hier bezeichnet $(T_x\varphi)^*$ die zu $T_x\varphi$ duale lineare Transformation.

Satz 5:

$$\varphi^*: \bigoplus_{q=0}^{\infty} \mathcal{T}_q^0(N) \longrightarrow \bigoplus_{q=0}^{\infty} \mathcal{T}_q^0(M)$$

ist ein $\mathbb{R}$- Algebra-Homomorphismus (der kovarianten Tensoralgebren).

Definition 6: Die Vektorfelder $X \in \mathfrak{X}(M), Y \in \mathfrak{X}(N)$ heissen φ-verknüpft, wenn

$$T_x\varphi \cdot X_x = Y_{\varphi(x)} \quad \text{, für jedes } x \in M.$$

Satz 6: Seien $X_1, X_2 \in \mathfrak{X}(M), Y_1, Y_2 \in \mathfrak{X}(N)$

Falls X_i, Y_i $(i=1,2)$ φ-verknüpft sind, so sind auch $[X_1,X_2], [Y_1,Y_2]$ φ-verknüft.

Ferner gilt der

Satz 7: Sei $t \in \mathcal{T}_q^0(N), X_i \in \mathfrak{X}(M), Y_i \in \mathfrak{X}(N), i=1,\dots,q$.

Seien die X_i, Y_i φ-verknüpft, i = 1,...q.

Dann gilt

$$((\varphi^* t)(X_1,\dots,X_q) = \varphi^*(t(Y_1,\dots,Y_q)).$$

Nun betrachten wir speziell Diffeomorphismen.

Zunächst eine Vorbemerkung aus der linearen Algebra: Seien E und F zwei Vektorräume und E_s^r, F_s^r die Vektorräume der Tensoren vom Typ (r,s) über diesen Räumen. Sei ferner $A: E \to F$ ein Vektorraum-Isomorphismus. Dieser induziert einen Isomorphismus

$$A_s^r: E_s^r \longrightarrow F_s^r$$

welcher wie folgt definiert ist: Für $t \in E_s^r$ und beliebige $y_1^*,\dots, y_r^* \in F^*, y_1,\dots,y_s \in F$

sei

$$(A_s^r t)(y_1^*,\dots, y_r^*, y_1,\dots,y_s) := t(A^* y_1^*,\dots, A^* y_r^*, A^{-1}y_1,\dots, A^{-1}y_s)$$

Beachte: $A_0^1 = A,\ A_1^0 = (A^{-1})^*$.

Wir setzen ferner $A_0^0 = Id_{\mathbb{R}}$.

Nun sei $\varphi: M \longrightarrow N$ ein Diffeomorphismus.

Wir definieren zueinander inverse induzierte Abbildungen

$$\varphi_* : \mathcal{T}_s^r(M) \longrightarrow \mathcal{T}_s^r(N)$$

$$\varphi^* : \mathcal{T}_s^r(N) \longrightarrow \mathcal{T}_s^r(M)$$

durch $(T^r_s\varphi := (T\varphi)^r_s)$:

$$(\varphi_* t)_{\varphi(p)} = T^r_s\varphi\,(t_p)\ ,\quad t \in \mathcal{T}^r_s(M)$$

$$(\varphi^* t)_p = T^r_s\varphi^{-1}\,(t_{\varphi(p)}),\quad t \in \mathcal{T}^r_s(N)\ .$$

Daraus folgt, dass $X \in \mathfrak{X}(M)$ und $\varphi_* X \in \mathfrak{X}(N)$ φ-verknüpft sind. Die lineare Erweiterung von φ_* und φ^* auf die vollen Tensoralgebren liefert zueinander inverse $\mathbb{R}$ -Algebra-Isomorphismen, die wir wieder mit φ_* bzw. φ^* bezeichnen.

Falls $\varphi^* t = t$, für ein Tensorfeld t , so sagen wir dieses sei invariant unter dem Diffeomorphismus φ . Ist $\phi_t^* s = s$ für jedes t einer 1-parametrigen Gruppe, so sagen wir s sei invariant unter der 1-parametrigen Gruppe $(\phi_t)_{t\in\mathbb{R}}$.

Uebungsaufgabe: Schreibe die Wirkung von φ_* und φ^* in Koordinaten aus.

3.3. Die Lie'sche Ableitung

Sei $X \in \mathfrak{X}(M)$ und ϕ_t der Fluss von X.

Definition 7: Für ein beliebiges $T \in \mathcal{T}(M)$ [= gemischte Algebra der Tensorfelder auf M] heisst

$$L_X T := \frac{d}{dt}\phi_t^* T\Big|_{t=0} = \lim_{t\to 0} \frac{1}{t}[\phi_t^* T - T]$$

die Lie'sche Ableitung von T bezüglich X.

Satz 8: $L_X : \mathcal{T}(M) \longrightarrow \mathcal{T}(M)$ hat die folgenden Eigenschaften:

(i) L_X ist $\mathbb{R}$ -linear;

(ii) $L_X(T\otimes S) = (L_X T)\otimes S + T\otimes L_X S$;

(iii) $L_X(\mathcal{T}^r_s(M)) \subseteq \mathcal{T}^r_s(M)$;

(iv) L_X vertauscht mit den Kontraktionen;

(v) $L_X f = Xf = \langle df, X\rangle,\ f \in \mathcal{F}(M) \equiv \mathcal{T}^0_0(M)$;

(vi) $L_X Y = [X,Y]\ ,\quad Y \in \mathfrak{X}(M)$.

Satz 9: Für $X, Y \in \mathfrak{X}(M)$, $\lambda \in \mathbb{R}$ gelten

(i) $L_{X+Y} = L_X + L_Y\ ,\ L_{\lambda X} = \lambda L_X$;

(ii) $L_{[X,Y]} = [L_X, L_Y] := L_X \circ L_Y - L_Y \circ L_X$.

Satz 10: Seien $X,Y\in\mathfrak{X}(M)$ und seien ϕ,ψ die Flüsse von X,Y. Folgende Aussagen sind äquivalent

(i) $[X,Y]=0$;

(ii) $L_X\circ L_Y=L_Y\circ L_X$;

(iii) $\phi_s\circ\psi_t=\psi_t\circ\phi_s$ für jedes s,t (soweit beide Seiten definiert sind).

Satz 11: Es sei ϕ_t eine 1-parametrige Transformationsgruppe und X das zugehörige Vektorfeld ("infinitesimale Transformation"). Ein Tensorfeld T auf M ist invariant unter ϕ_t ($\phi_t^*T=T$, für alle t) genau dann, wenn $L_XT=0$.

Satz 12: Für ein kovariantes Tensorfeld $T\in\mathcal{T}_q^0(M)$ gilt für $X_1,\ldots,X_q\in\mathfrak{X}(M)$:

$$(L_XT)(X_1,\ldots,X_q)=X(T(X_1,\ldots,X_q))-\sum_{k=1}^{q}T(X_1,\ldots,[X,X_k],\ldots X_q) \tag{1}$$

Für Beweise der Aussagen dieses Paragraphen siehe, z.B., [5], § I.3. Als Beispiel wollen wir den Satz 12 beweisen.

Beweis von Satz 12:

Man bilde

$$L_X(T\otimes X_1\otimes\cdots\otimes X_q)=(L_XT)\otimes X_1\otimes\cdots\otimes X_q+$$
$$+T\otimes L_XX_1\otimes X_2\otimes\cdots\otimes X_q+\cdots T\otimes X_1\otimes\cdots\otimes L_XX_q$$

und danach die vollständige Kontraktion. Da L_X mit den Kontraktionen vertauscht, so erhält man

$$L_X(T(X_1,\ldots,X_q))=(L_XT)(X_1,\ldots,X_q)+T(\underbrace{L_XX_1}_{[X,X_1]},X_2,\ldots,X_q)+$$
$$+\cdots+T(X_1,\ldots,L_XX_q)$$

was mit (1) übereinstimmt.

Beispiel: Sei $\omega\in\mathfrak{X}^*(M)$, $Y\in\mathfrak{X}(M)$, dann

$$(L_X\omega)(Y)=X\langle\omega,Y\rangle-\omega([X,Y]) \tag{2}$$

Als Anwendung von (2) zeigen wir

$$L_Xdf=dL_Xf\ ,\quad f\in\mathcal{F}(M). \tag{3}$$

Beweis: Nach (2) ist

$$\langle L_Xdf,Y\rangle=X\langle df,Y\rangle-df([X,Y])=XYf-[X,Y]f$$
$$=YXf=YL_Xf=\langle dL_Xf,Y\rangle.\quad\square$$

Koordinatenausdrücke der Lie'schen Ableitung:

Wir wählen ein Koordinatensystem $\{x^i\}$ sowie die dualen Basen $\{\partial_i := \partial/\partial x^i\}$ und $\{dx^i\}$.

Zunächst notieren wir

$$L_X dx^i = d L_X x^i = X^i_{,j} dx^j \tag{4}$$

und

$$L_X \partial_i = [X, \partial_i] = -X^j_{,i} \partial_j \tag{5}$$

Sei jetzt $T \in \mathcal{T}^r_s(M)$. Um die Komponenten von $L_X T$ zu bestimmen, gehe man analog vor wie im Beweis von Satz 12. Man bilde für $\omega^k = dx^{i_k}$ und $Y_l = \partial_{j_l}$

$$L_X (T \otimes \omega^1 \otimes \dots \otimes \omega^r \otimes Y_1 \otimes \dots \otimes Y_s),$$

verwende die Produktregel und bilde die vollständige Kontraktion.
Wir erhalten

$$\underbrace{L_X (T(dx^{i_1}, \dots, dx^{i_r}, \partial_{j_1}, \dots, \partial_{j_s})}_{T^{i_1 \dots i_r}_{j_1 \dots j_s}} = (L_X T)(dx^{i_1}, \dots, \partial_{j_s}) + \Big| + T(L_X dx^{i_1}, \dots, \partial_{j_s}) + \dots + T(dx^{i_1}, \dots, [X, \partial_{j_s}])$$

Setzen wir hier (4) und (5) ein, so kommt

$$\begin{aligned} (L_X T)^{i_1 \dots i_r}_{j_1 \dots j_s} = {} & X^i \, T^{i_1 \dots i_r}_{j_1 \dots j_s, i} \; - \\ & - T^{k i_2 \dots i_r}_{j_1 \dots j_s} \cdot X^{i_1}_{,k} - \text{(alle oberen Indizes)} \\ & + T^{i_1 \dots i_r}_{k j_2 \dots j_s} \cdot X^k_{,j_1} + \text{(alle unteren Indizes)} \end{aligned} \tag{6}$$

Speziell für $\omega \in \mathfrak{X}^*(M)$

$$(L_X \omega)_i = X^k \omega_{i,k} + \omega_k X^k_{,i} \tag{7}$$

§ 4. Differentialformen

Der Cartansche Kalkül der Differentialformen kann in der ART besonders nützlich eingesetzt werden. Für seine Entwicklung beginnen wir mit einigen algebraischen Vorbereitungen.

4.1. Aeussere Algebra

Es seien A eine kommutative, assoziative, unitäre $\mathbb{R}$-Algebra und E ein A-Modul. Im folgenden ist entweder $A = \mathbb{R}$ und E ein $\mathbb{R}$-Vektorraum endlicher Dimension, oder $A = \mathcal{F}(M)$, M diffb. Mannigfaltigkeit und $E = \mathcal{X}(M)$.

Ueber E betrachten wir den Raum $T_p(E)$ der A-wertigen p-Multilinearformen und darin den Unterraum $\Lambda_p(E)$ der total antisymmetrischen Multilinearformen;

$$\Lambda_0(E) := T_0(E) := A \ ,$$

$$\Lambda_1(E) = T_1(E) = E^* \quad (= \text{dualer Raum von } E\ )$$

Die Elemente von $\Lambda_p(E)$ nennen wir die äusseren Formen der Stufe p. Wir definieren in $T_p(E)$ den Alternierungsoperator:

$$(\mathcal{A}T)(v_1, \ldots, v_p) := \frac{1}{p!} \sum_{\sigma \in \mathcal{S}_p} (\operatorname{sgn} \sigma)\, T(v_{\sigma(1)}, \ldots, v_{\sigma(p)}) \ , \quad (T \in T_p(E)\ ). \tag{1}$$

In (1) erstreckt sich die Summe über die Permutationsgruppe $\mathcal{S}_p$ von p Objekten; $\operatorname{sgn} \sigma$ bezeichnet die Signatur der Permutation $\sigma \in \mathcal{S}_p$. Die folgenden Aussagen dieses Abschnitts haben wir in der SRT bewiesen (siehe SRT, §II 8.5). Zunächst gilt

(i) $\mathcal{A}$ bildet $T_p(E)$ linear auf $\Lambda_p(E)$ ab:

$$\mathcal{A}(T_p(E)) = \Lambda_p(E);$$

(ii) $\mathcal{A} \circ \mathcal{A} = \mathcal{A}$.

Insbesondere ist $\mathcal{A}\omega = \omega$ für $\omega \in \Lambda_p(E)$.

Sei jetzt $\omega \in \Lambda_p(E), \eta \in \Lambda_q(E)$. Wir definieren das äussere Produkt durch

$$\omega \wedge \eta := \frac{(p+q)!}{p!\,q!} \mathcal{A}(\omega \otimes \eta) \tag{2}$$

Wie in der SRT gezeigt, hat das äussere Produkt die folgenden Eigenschaften:

(i) $\wedge$ ist bilinear:

$$(\omega_1+\omega_2)\wedge\eta = \omega_1\wedge\eta + \omega_2\wedge\eta\,;$$
$$\omega\wedge(\eta_1+\eta_2) = \omega\wedge\eta_1 + \omega\wedge\eta_2\,;$$
$$a\,\omega\wedge\eta = \omega\wedge(a\eta) = a(\omega\wedge\eta),\ a\in A\,;$$

(ii)
$$\omega\wedge\eta = (-1)^{pq}\,\eta\wedge\omega\,;$$

(iii)
$$(\omega_1\wedge\omega_2)\wedge\omega_3 = \omega_1\wedge(\omega_2\wedge\omega_3)\,. \tag{3}$$

Es gilt der

Satz 1. Sei $\theta^i,\ i=1,2,\ldots n<\infty$, eine Basis von E^*. Dann ist die Menge

$$\theta^{i_1}\wedge\theta^{i_2}\wedge\ldots\wedge\theta^{i_p}\ ,\ 1\le i_1<i_2<\ldots<i_p\le n \tag{4}$$

eine Basis des Raumes $\Lambda_p(E)$, $p\le n$, welcher demnach die Dimension

$$\binom{n}{p} = \frac{n!}{p!(n-p)!} \tag{5}$$

hat. Für $p>n$ ist $\Lambda_p(E)=\{0\}$.

Beweis siehe SRT (§ II.8.5).

Die Grassman Algebra $\Lambda(E)$ (oder äussere Algebra) ist definiert als die direkte Summe

$$\Lambda(E) := \bigoplus_{p=0}^{n} \Lambda_p(E)\,,$$

wobei das äussere Produkt bilinear auf ganz $\Lambda(E)$ ausgedehnt wird. Damit wird $\Lambda(E)$ zu einer gradierten, assoziativen, unitären A-Algebra.

Inneres Produkt

Für jedes $p\in\mathbb{N}_0$ definieren wir die Abbildung $E\times\Lambda_p(E)\longrightarrow\Lambda_{p-1}(E)$, $(v,\omega)\longmapsto i_v\omega$,

wo

$$(i_v\omega)(v_1,\ldots,v_{p-1}) = \omega(v,v_1,\ldots,v_{p-1})$$
$$i_v\omega = 0\,,\quad \omega\in\Lambda_0(E)\,. \tag{6}$$

Die Zuordnung $(v,\omega)\longmapsto i_v\omega$ heisst inneres Produkt von v mit ω. Für jedes p ist das innere Produkt eine A-bilineare Abbildung und kann als solche in eindeutiger Weise erweitert werden zu einer A-bilinearen Abbildung

$$E \times \Lambda(E) \longrightarrow \Lambda(E) : (v,\omega) \longmapsto i_v\omega .$$

Für den Beweis des folgenden Satzes und weiterer nicht bewiesener Behauptungen von §4 verweisen wir z.B. auf [6], Kap. III.

Satz 2. Für jedes feste $v \in E$ hat die Abbildung

$$i_v : \Lambda(E) \longrightarrow \Lambda(E)$$

die Eigenschaften

(i) i_v ist A-linear;

(ii) $i_v(\Lambda_p(E)) \subseteq \Lambda_{p-1}(E)$;

(iii) $i_v(\alpha\wedge\beta) = (i_v\alpha)\wedge\beta + (-1)^p\alpha\wedge i_v\beta$

für $\alpha \in \Lambda_p(E)$.

Man sagt dafür kurz: i_v ist eine Antiderivation vom Grade - 1 auf $\Lambda(E)$.

* * *

4.2. Aeussere Differentialformen

Sei jetzt M eine C^∞- Mannigfaltigkeit der Dimension n . Für jedes p = 0,1,...n und jedes $x \in M$ bilden wir die Räume

$$\Lambda_p(T_xM) \subset T_x(M)^0_p$$

Speziell

$$\Lambda_0(T_xM) = \mathbb{R},\ \Lambda_1(T_x(M)) = T_x(M)^*$$

Ferner sei

$$\Lambda(T_x(M)) = \bigoplus_{p=0}^{n} \Lambda_p(T_x(M))$$

die äussere Algebra über $T_x(M)$ [Dimension 2^n] .

Definition 1: Unter einer (äusseren) Differentialform vom Grade p auf M versteht man ein differenzierbares kovariantes Tensorfeld der Stufe p , welches in jedem Punkt $x \in M$ ein Element aus $\Lambda_p(T_x(M))$ ist. Statt Differentialform vom Grade p sagt man auch kürzer p-Form. Alle in § 2 gemachten Aussagen über Tensorfelder gelten natürlich auch für Differentialformen.

Es bezeichne $\Lambda_p(M)$ den $\mathfrak{F}(M)$-Modul der p-Formen. Ferner sei $\Lambda(M) = \bigoplus_{p=0}^{n} \Lambda_p(M)$ die äussere Algebra der Differentialformen auf M . In $\Lambda(M)$ erklären wir natürlich die algebraischen Operationen punktweise, insbesondere das äussere Produkt.

Wie in § 2.3 können wir einem $\omega \in \Lambda_p(M)$ und Vektorfeldern $X_1,..,X_p$ die Funktion

$$F(x) := \omega_x(X_1(x),..,X_p(x))$$

zuordnen. Diese bezeichnen wir mit $\omega(X_1,...,X_p)$. Die Zuordnung $(X_1,..,X_p) \longmapsto \omega(X_1,...X_p)$ ist $\mathfrak{F}(M)$ -multilinear und total antisymmetrisch. Auf diese Weise haben wir jedem $\omega \in \Lambda_p(M)$ in natürlicher Weise ein Element der äusseren Algebra über dem $\mathfrak{F}(M)$-Modul $\mathfrak{X}(M)$ zugeordnet. Letztere bezeichnen wir mit $\Lambda(\mathfrak{X}(M))$ und $\Lambda_p(\mathfrak{X}(M))$ bezeichne die p^{te} Stufe. Man kann zeigen, dass die betrachtete Zuordnung ein <u>Isomorphismus</u> <u>auf</u> ist, der alle algebraischen Strukturen respektiert. Ausserdem gilt für das innere Produkt

$$(i_X\omega)(x) = i_{X(x)}\omega(x) \;,\; X \in \mathfrak{X}(M), \omega \in \Lambda(M), x \in M.$$

Sei $(x^1,..,x^n)$ ein lokales Koordinatensystem auf U, dann kann $\omega \in \Lambda_p(M)$ auf U so dargestellt werden

$$\omega = \sum_{i_1<\cdots<i_p} \omega_{i_1\ldots i_p} dx^{i_1} \wedge dx^{i_2} \wedge \cdots \wedge dx^{i_p}$$

$$= \frac{1}{p!} \sum_{i_1,\ldots,i_p} \omega_{i_1\ldots i_p} dx^{i_1} \wedge \cdots \wedge dx^{i_p} \tag{7}$$

Hier sind $\{\omega_{i,..ip}\}$ die <u>Komponenten</u> von ω. In der 2. Zeile von (7) sind diese total antisymmetrisch.

<u>Differentialformen und Abbildungen</u>

Sei $\varphi: M \longrightarrow N$ ein Morphismus.

Die induzierte Abbildung φ^* im Raume der kovarianten Tensoren (siehe § 3) definiert eine Abbildung (die wir gleich bezeichnen)

$$\varphi^*: \Lambda(N) \longrightarrow \Lambda(M)$$

Mit Hilfe von Satz 5 in § 3 ist es leicht zu sehen, dass

$$\varphi^*(\omega \wedge \eta) = \varphi^*\omega \wedge \varphi^*\eta \quad , \quad \omega, \eta \in \Lambda(N)$$

φ^* ist also ein $\mathbb{R}$-Algebra-Homomorphismus. Ist φ ein Diffeomorphismus, so ist φ^* ein $\mathbb{R}$-Algebra-Isomorphismus.

4.3. Derivationen und Antiderivationen

Sei M eine differenzierbare Mannigfaltigkeit der Dimension n und $\Lambda(M) = \bigoplus_{p=0}^{n} \Lambda_p(M)$ die gradierte $\mathbb{R}$-Algebra der äusseren Differentialformen auf M .

Definition 2: Eine Abbildung $\theta : \Lambda(M) \longrightarrow \Lambda(M)$ heisst eine Derivation (Antiderivation) vom Grade $k \in \mathbb{N}_0$, wenn folgendes gilt:

(i) θ ist $\mathbb{R}$-linear;

(ii) $\theta(\alpha\wedge\beta) = \theta\alpha\wedge\beta + \alpha\wedge\theta\beta$, $\alpha,\beta \in \Lambda(M)$

$(\theta(\alpha\wedge\beta) = \theta\alpha\wedge\beta + (-1)^p\alpha\wedge\theta\beta$, $\alpha \in \Lambda_p(M), \beta \in \Lambda(M))$;

(iii) $\theta(\Lambda_p(M)) \subset \Lambda_{p+k}(M)$ für p = 0,.. n.

Satz 3. Sind θ, θ' Antiderivationen vom Grade k , k' von $\Lambda(M)$, so ist $\theta\circ\theta' + \theta'\circ\theta$ eine Derivation vom Grade k + k' von $\Lambda(M)$.

Beweis: Unmittelbare Verifikation.

Satz 4: Jede Derivation (Antiderivation) von $\Lambda(M)$ ist lokal, d.h. für jedes $\alpha \in \Lambda(M)$ und jede offene Untermannigfaltigkeit U von M gilt

$$\alpha | U = 0 \Longrightarrow \theta\alpha | U = 0$$

Beweis: Sei $x \in U$. Es existiert *) eine Funktion $h \in \mathfrak{F}(M)$ mit h(x) = 1 und h = 0 auf $M \setminus U$. Folglich ist hα = 0 und damit $\theta(h\alpha) = 0$, d.h.

$$\theta(h)\wedge\alpha + h\,\theta(\alpha) = 0$$

Nehmen wir diese Gleichung an der Stelle x so folgt $\theta(\alpha)(x) = 0$. □

Folgerung: Seien $\alpha, \alpha' \in \Lambda(M)$; falls

$$\alpha | U = \alpha' | U$$

dann

$$\theta(\alpha) | U = \theta(\alpha') | U$$

Damit können wir die Einschränkung $\theta | U$ auf $\Lambda(U)$ definieren. Dazu

*) Die Existenz einer solchen Funktion wird z.B. in [6], p. 69, bewiesen. -

wähle man für $p\in U$ zu $\alpha\in\Lambda(U)$ ein $\tilde{\alpha}\in\Lambda(M)$ mit $\tilde{\alpha}=\alpha$ für eine Umgebung des Punktes p und setze

$$(\theta|U)(\alpha)(p) := (\theta\tilde{\alpha})(p)$$

Nach der obigen Folgerung ist diese Definition unabhängig von der Erweiterung $\tilde{\alpha}$. Die Existenz einer Erweiterung beruht auf dem folgenden

<u>Fortsetzungslemma:</u> Seien U eine offene Untermannigfaltigkeit von M und K eine kompakte Teilmenge von U. Zu jedem $\beta\in\Lambda(U)$ gibt es ein $\alpha\in\Lambda(M)$ derart, dass $\beta|K=\alpha|K$ und $\alpha|M\setminus U=0$.

<u>Beweis:</u> Es existiert eine Funktion $h\in\mathcal{F}(M)$ mit $h(x)=1$ für alle $x\in K$ und $h=0$ auf $M\setminus U$ (d.h. supp $h\subseteq U$). [Für einen Beweis dazu siehe [6], p. 92]. Mit dieser definiere man $\alpha\in\Lambda(M)$ durch

$$\alpha(x)=\begin{cases} h(x)\beta(x), & x\in U \\ 0, & \text{ausserhalb } U. \end{cases}$$

Diese Form erfüllt die geforderten Eigenschaften.

Wir formulieren das Resultat im folgenden

<u>Satz 5:</u> Sei θ eine Derivation (Antiderivation) von $\Lambda(M)$, und sei U eine offene Untermannigfaltigkeit von M. Dann existiert genau eine Derivation (Antiderivation) θ_U auf $\Lambda(U)$, derart, dass für jedes $\alpha\in\Lambda(M)$ gilt

$$\theta_U(\alpha|U)=(\theta\alpha)|U$$

θ_U heisst die von θ auf U <u>induzierte Derivation</u> (<u>Antiderivation</u>) von $\Lambda(U)$.

Neben dem obigen Lokalisierungssatz benötigen wir auch einen Globalisierungssatz.

<u>Satz 6:</u> Sei $(U_i)_{i\in I}$ eine offene Ueberdeckung von M. Für jedes $i\in I$ sei θ_i eine Derivation (Antiderivation) von $\Lambda(U_i)$; es bezeichne θ_{ij} die von θ_i auf $U_i\cap U_j$ induzierte Derivation (Antiderivation) von $\Lambda(U_i\cap U_j)$. Für jedes $(i,j)\in I\times I$ sei $\theta_{ij}=\theta_{ji}$. Dann existiert genau eine Derivation (Antiderivation) θ von $\Lambda(M)$, derart, dass $\theta|U_i=\theta_i$, für jedes $i\in I$.

<u>Beweis:</u> Für jedes $\alpha\in\Lambda(M)$ und jedes $i\in I$ definiere man

$$(\theta\alpha)|U_i=\theta_i(\alpha|U_i)$$

Wegen

$$((\theta\alpha)|U_i)|U_j=\theta_{ij}(\alpha|U_i\cap U_j)=\theta_{ji}(\alpha|U_i\cap U_j)=$$
$$=((\theta\alpha)|U_j)|U_i\;,$$

für $(i,j) \in I \times I$ ist $\theta\alpha \in \Lambda(M)$ wohldefiniert und $\theta : \alpha \longmapsto \theta\alpha$ ist eine Derivation (Antiderivation), welche nach Konstruktion auf jedem U_i den Operator θ_i induziert. □

Weiter unten ist auch der folgende Satz nützlich:

Satz 7: Sei θ eine Derivation (Antiderivation) von $\Lambda(M)$ vom Grade k . Sei $\theta f = 0$ und $\theta(df) = 0$ für jedes $f \in F(M)$. Dann ist $\theta\alpha = 0$ für jedes $\alpha \in \Lambda(M)$.

Beweis: Sei $(h_i, U_i)_{i \in I}$ ein Atlas von M und sei $\theta_i := \theta | U_i$ (nach Satz 5). Jedes θ_i genügt den Voraussetzungen des Satzes, d.h. $\theta_i f_i = 0$ und $\theta_i df_i = 0$, für jedes $f_i \in F(U_i)$. Sei $\alpha \in \Lambda_p(M)$, $i \in I$. $\alpha | U_i$ hat die Form

$$\alpha | U_i = \sum_{i_1 < \cdots < i_p} \alpha_{i_1 \ldots i_p} dx^{i_1} \wedge \cdots \wedge dx^{i_p}$$

Es folgt, da θ eine Derivation ist,

$$(\theta\alpha) | U_i = \theta_i(\alpha | U_i) = \sum_{i_1 < \cdots < i_p} [\theta_i \alpha_{i_1 \ldots i_p} \wedge dx^{i_1} \wedge \cdots \wedge dx^{i_p} +$$
$$+ \alpha_{i_1 \ldots i_p} \sum_{k=1}^{p} dx^{i_1} \wedge \cdots \wedge \theta_i dx^k \wedge \cdots \wedge dx^{i_p}] = 0$$

Analog wenn θ eine Antiderivation ist. □

Folgerung: Eine Derivation (Antiderivation) θ von $\Lambda(M)$ ist bereits eindeutig bestimmt durch ihre Werte auf $\Lambda_0(M) = F(M)$ und $\Lambda_1(M)$, ja sogar durch ihre Werte auf $F(M)$ und allen Gradienten von $F(M)$.

4.4. Die äussere Ableitung

Satz 8: Es gibt genau eine Abbildung

$$d : \Lambda(M) \longrightarrow \Lambda(M)$$

mit den folgenden Eigenschaften :

(i) d ist eine Antiderivation von $\Lambda(M)$ vom Grade 1 ;

(ii) d o d = 0 ;

(iii) df ist der Gradient von f für jedes $F(M)$, d.h. es ist

$$\langle df, X \rangle = Xf \ , \ f \in F(M), X \in \mathfrak{X}(M).$$

d heisst die äussere Ableitung.

Beweis: 1) Die Einzigkeit von d folgt aus dem Satz 7 von Nr. 3.

2) Sei $h : U \to U'$ eine Karte von M . Die äussere Ableitung (falls sie

existiert) induziert nach Satz 5 von Nr. 3 eine äussere Ableitung auf U , die ebenfalls mit d bezeichnet sei. Für

$$\alpha = \sum_{i_1 < \dots < i_p} \alpha_{i_1 \dots i_p} \, dx^{i_1} \wedge \dots \wedge dx^{i_p} \in \Lambda_p(U)$$

hat man nach (i) und (ii)

$$d\alpha = \sum d\alpha_{i_1 \dots i_p} \wedge dx^{i_1} \wedge \dots \wedge dx^{i_p} \in \Lambda_{p+1}(U)$$

oder wegen (iii)

$$d\alpha = \sum_{i_0 < i_1 < \dots < i_p} \sum_{k=0}^{p} (-1)^k \frac{\partial}{\partial x^{i_k}} \alpha_{i_0 \dots \hat{i}_k \dots i_p} \, dx^{i_0} \wedge \dots \wedge dx^{i_p} \tag{8}$$

d.h. es muss sein

$$(d\alpha)_{i_0 \dots i_p} = \sum_{k=0}^{p} (-1)^k \frac{\partial}{\partial x^{i_k}} \alpha_{i_0 \dots \hat{i}_k \dots i_p}, \quad (i_0 < i_1 < \dots < i_p) \tag{9}$$

3) Für jedes r, $0 \leq r \leq n$ und jedes $\alpha \in \Lambda_p(U)$ definiere man $d\alpha$ durch obige Formel. Durch direkte Rechnung weist man nach (Uebungsaufgabe), dass $d: \Lambda(U) \to \Lambda(U)$ die Eigenschaften (i), (ii), (iii) des Satzes besitzt, d.h. eine äussere Ableitung auf U ist.

4) Sei $(h_i, U_i)_{i \in I}$ ein Atlas von M . Für jedes $i \in I$ bezeichne $d_i: \Lambda(U_i) \longrightarrow \Lambda(U_i)$ die äussere Ableitung auf U_i . Für $(i,j) \in I \times I$ induzieren d_i und d_j je eine äussere Ableitung d_{ij} bzw. d_{ji} auf $U_i \cap U_j$. Nach 1) hat man $d_{ij} = d_{ji}$. Gemäss Satz 6 aus Nr. 3 existiert eine (und nur eine) Antiderivation d auf $\Lambda(M)$ die in U_i für jedes $i \in I$, die äussere Ableitung d_i induziert. Offensichtlich gilt auch $d \circ d = 0$ und df = Gradient von f , für jedes $f \in \mathcal{F}(M)$.□

<u>Definition 3:</u> Eine Differentialform α heisst <u>geschlossen</u>, wenn $d\alpha = 0$. Eine Differentialform heisst <u>exakt</u>, wenn es eine Differentialform β so gibt, dass $\alpha = d\beta$.

Aus $d \circ d = 0$ folgt, dass jede exakte Differentialform $\alpha = d\beta$ geschlossen ist: $d\alpha = d(d\beta) = 0$. Lokal gilt auch die Umkehrung:

<u>Lemma von Poincaré:</u> Sei α eine geschlossene Differentialform auf M . Dann gibt es zu jedem $x \in M$ eine offene Umgebung U von x , so dass $\alpha | U$ exakt ist.

<u>Beweis:</u> Siehe z.B. [6], p. 151.

<u>Morphismen und äussere Ableitung:</u> Sei $\varphi: M \longrightarrow N$ ein Mannigfaltigkeits-Morphismus. Dann ist das folgende Diagramm kommutativ

$$\begin{array}{ccc} \Lambda(M) & \xleftarrow{\varphi^*} & \Lambda(N) \\ d \downarrow & & \downarrow d \\ \Lambda(M) & \xleftarrow{\varphi^*} & \Lambda(N) \end{array}$$

d.h. $$d \circ \varphi^* = \varphi^* \circ d . \qquad (10)$$

<u>Beweis:</u> Für Funktionen wurde dies bereits in § 2.3 gezeigt. Damit gilt aber auch

$$(d \circ \varphi^*) df = d \circ d(\varphi^* f) = 0 = \varphi^* \circ d(df)$$

d.h. Gleichung (10) gilt auch auf den Gradienten von $\mathcal{F}(M)$. Nun bilden aber beide Seiten eine Antiderivation auf $\Lambda(N)$. Nach Satz 7 von Nr. 3 sind sie deshalb gleich. □

4.5. <u>Beziehungen zwischen den Operatoren d, i_X, L_X</u>

Zwischen der Derivation L_X und den Antiderivationen i_X und d bestehen wichtige Identitäten (Gleichungen von H. Cartan). Die wichtigste ist

$$L_X = d \circ i_X + i_X \circ d \qquad (11)$$

<u>Beweis:</u> 1) Die Operation $\theta := d \circ i_X + i_X \circ d : \Lambda(M) \longrightarrow \Lambda(M)$ ist eine Derivation vom Grade 0 .
Für $f \in \mathcal{F}(M)$ findet man

$$\theta f = d(i_X f) + i_X(df) = i_X df = \langle df, X\rangle = Xf,$$
$$\theta\, df = d(i_X df) + i_X d(df) = d(i_X df) = d(Xf)$$

2) Die Lie'sche Ableitung $L_X : \Lambda(M) \longrightarrow \Lambda(M)$ bezüglich X ist eine Derivation vom Grade 0 und für $f \in \mathcal{F}(M)$ gilt (siehe § 3)

$$L_X f = Xf$$
$$(L_X df)(Y) = L_X(df(Y)) - df(L_X Y) = L_X(Yf) - df([X,Y])$$
$$= X(Yf) - [X,Y]f = YXf = \langle d(Xf), Y\rangle$$

woraus folgt

$$L_X df = d(Xf)$$

3) Aus 1) und 2) folgt nach Satz 7 von Nr. 3 $L_X = \Theta$. □

Folgerung: Aus (11) folgt

$$d \circ L_X = L_X \circ d \tag{12}$$

Uebungsaufgabe: Beweise analog die Identität

$$i_{[X,Y]} = [L_X, i_Y], \quad (X,Y \in \mathfrak{X}(M)) \tag{13}$$

Als Anwendung von (11) beweisen wir die folgende explizite Formel für die äussere Ableitung: Sei $\omega \in \Lambda_p(M)$, dann gilt:

$$d\omega(X_1,\ldots,X_{p+1}) = \sum_{1\le i\le p+1} (-1)^{i+1} X_i\, \omega(X_1,\ldots,\hat{X}_i,\ldots,X_{p+1}) + \\ + \sum_{i<j} (-1)^{i+j} \omega([X_i,X_j], X_1,\ldots,\hat{X}_i,\ldots\hat{X}_j,\ldots X_{p+1}) \tag{14}$$

Beweis von (14):

1) Für $p = 0$ lautet (14)

$$df(X) = Xf \quad , f \in \mathfrak{F}(M),$$

was offensichtlich richtig ist.

2) Für $\omega \in \Lambda_1(M)$ erhalten wir aus (11)

$$(L_X\omega)(Y) = i_X d\omega(Y) + d(i_X\omega)(Y) = i_X d\omega(Y) + (d\omega(X))(Y) \\ = d\omega(X,Y) + Y\omega(X)$$

Benutzen wir § 3 für $L_X\omega$, so folgt daraus

$$d\omega(X,Y) = (L_X\omega)(Y) - Y\omega(X) = X\omega(Y) - Y\omega(X) - \omega([X,Y])$$

Dies stimmt mit der rechten Seite von (14) überein.

3) Nun führe man einen Induktionsbeweis: Man nehme an, die Formel (14) stimme für alle Differentialformen bis zum Grade p-1. Für ein $\omega \in \Lambda_p(M)$ schreibe man die Formel (11) auf, benutze die Induktionsvoraussetzung für $i_X\omega$ und die explizite Formel für L_X in § 3. Eine kurze Rechnung zeigt, dass die Formel (14) auch für Differentialformen vom Grade p gilt. □

Kovariante Ableitung und äussere Ableitung

Es sei $\omega \in \Lambda_p(M)$ und $\nabla\omega$ die kovariante Ableitung von ω bezüglich eines symmetrischen affinen Zusammenhangs (siehe § 5). Wenden wir auf $\nabla\omega$ den Alternierungsoperator $\mathfrak{A}$ an, so gilt

$$\mathfrak{A}(\nabla\omega) = \frac{(-1)^p}{p+1} d\omega \tag{15}$$

Beweis: Es ist nach § 5

$$(-1)^p \nabla\omega(X_1,\dots,X_{p+1}) = X_1\,\omega(X_2,\dots,X_{p+1}) - \sum \omega(X_2,\dots,\nabla_{X_1}X_j,\dots,X_{p+1})$$

Also

$$(-1)^p \mathfrak{A}(\nabla\omega)(X_1,\dots,X_{p+1}) = \frac{1}{p+1}\Big\{\sum (-1)^{i+1} X_i\,\omega(X_1,\dots,\hat{X}_i,\dots X_{p+1}) +$$

$$+ \sum_{i<j} (-1)^{i+j}\,\omega\big((\nabla_{X_i}X_j - \nabla_{X_j}X_i), X_1,\dots,\hat{X}_i,\dots,\hat{X}_j,\dots X_{p+1}\big)\Big\}$$

Da die Torsion verschwindet, gilt

$$\nabla_{X_i}X_j - \nabla_{X_j}X_i = [X_i, X_j]$$

Die Formel (14) für $d\omega$ zeigt damit, dass (15) richtig ist. □

4.6. Die *-Operation und das Codifferential

4.6.1. Orientierte Mannigfaltigkeiten

Wir sagen, ein Atlas $\mathfrak{A}$ einer differenzierbaren Mannigfaltigkeit M ist orientiert, falls für jedes Paar von Karten (h,U), (k,V) von $\mathfrak{A}$ die Jacobi Matrix für den Kartenwechsel $k \circ h^{-1}$ positiv ist.

Nicht jede Mannigfaltigkeit hat einen orientierten Atlas (Möbiusband !)

Einne Mannigfaltigkeit ist orientierbar, falls sie einen orientierten Atlas hat. Zwei Atlanten $\mathfrak{A}_1$ und $\mathfrak{A}_2$ von M haben dieselbe Orientierung, falls $\mathfrak{A}_1 \cup \mathfrak{A}_2$ wieder ein orientierter Atlas ist. Dies ist eine Aequivalenzrelation. Eine Aequivalenzklasse von orientierten Atlanten nennt man eine Orientierung der Mannigfaltigkeit M. Eine orientierbare Mannigfaltigkeit, zusammen mit der Wahl einer Orientierung, nennt man eine orientierte Mannigfaltigkeit. Eine Karte (h,U) von M nennt man positiv (negativ), falls für jede Karte (k,V), welche zu irgendeinem der orientierten Atlanten gehört, die die Orientierung von M definieren, die Jacobimatrix zu $k \circ h^{-1}$ positiv (negativ) ist.

Ohne Beweis zitieren wir den

Satz 9: Sei M eine parakompakte orientierbare Mannigfaltigkeit der Dimension n. Dann existiert auf M eine (C^∞) n-Form, welche nirgends auf M verschwindet.

[Beweis: Siehe [6], p. 258]

Eine n-Form auf M, die nirgends verschwindet, nennt man ein Volumenelement von M.

Wir betrachten jetzt eine pseudo-Riemannsche Mannigfaltigkeit (M,g).

Es seien g_{ij} die Komponenten von g bezüglich eines Koordinatensystems $(x^1,\dots,x^n)$.
Wir setzten

$$|g| := |\mathrm{Det}(g_{ij})| \tag{16}$$

Im neuen Koordinaten $(y^1,\dots,y^n)$ bezeichnen wir die Komponenten von g mit $\bar{g}_{ij}$ und den Betrag der zugehörigen Determinante mit $|\bar{g}|$.
Aus dem Transformationsgesetz

$$\bar{g}_{ij} = \frac{\partial x^k}{\partial y^i}\frac{\partial x^l}{\partial y^j}\, g_{kl}$$

folgt

$$|\bar{g}| = [\mathrm{Det}(\partial x^k/\partial y^i)]^2\, |g|$$

Sei jetzt M orientiert und beide Koordinatensysteme seien positiv.
Dann gilt

$$\mathrm{Det}(\partial x^k/\partial y^i) > 0$$

und

$$\sqrt{|\bar{g}|} = \mathrm{Det}(\partial x^k/\partial y^i)\sqrt{|g|} \tag{17}$$

Betrachten wir anderseits eine n-Form ω und sei

$$\omega = a(x)\, dx^1\wedge dx^2\wedge\dots\wedge dx^n = b(y)\, dy^1\wedge\dots\wedge dy^n$$

so gilt

$$a = b\cdot \mathrm{Det}(\partial y^i/\partial x^j) \tag{18}$$

Deshalb wird durch

$$\eta := \sqrt{|g|}\, dx^1\wedge dx^2\wedge\dots\dots\wedge dx^n \quad \text{, für ein positives Koord.system} \tag{19}$$

eine n-Form auf M definiert. Nach (17) und (18) ist diese Definition vom Koordinatensystem unabhängig. Ausserdem ist η ein Volumenelement.

4.6.2. Die * - Operation

Sei (M,g) eine n-dimensionale orientierte pseudo-Riemannsche Mannigfaltigkeit und $\eta\in\Lambda_n(M)$ das zu g gehörige Volumenelement (19). Mit Hilfe von η wollen wir im folgenden jeder Form $\omega\in\Lambda_p(M)$ eine Form $*\omega\in\Lambda_{n-p}(M)$ zuordnen. Dazu betrachten wir ein positives lokales Koordinatensystem $(x^1,\dots,x^n)$ und schreiben ω in der Form

$$\omega = \frac{1}{p!}\,\omega_{i_1 \ldots i_p}\, dx^{i_1} \wedge \ldots \wedge dx^{i_p} \tag{20}$$

($\omega_{i_1 \ldots i_p}$: total schiefsymmetrisch).
Analog sei

$$\eta = \frac{1}{n!}\,\eta_{i_1 \ldots i_n}\, dx^{i_1} \wedge \ldots \wedge dx^{i_n} \tag{21}$$

Nach (19) ist

$$\eta_{i_1 \ldots i_n} = \sqrt{|g|}\,\varepsilon_{i_1 \ldots i_n} \tag{22}$$

wo

$$\varepsilon_{i_1 \ldots i_n} = \begin{cases} +1 \; (-) , & \text{falls } (i_1 .. i_n) \text{ eine gerade (ungerade) Permutation von } (1,..,n) \text{ ist.} \\ 0 , & \text{sonst.} \end{cases}$$

Nun definieren wir

$$(*\omega)_{i_{p+1} \ldots i_n} = \frac{1}{p!}\,\eta_{i_1 \ldots i_n}\,\omega^{i_1 \ldots i_p} \tag{23}$$

wo

$$\omega^{i_1 \ldots i_p} = g^{i_1 j_1} \ldots g^{i_p j_p}\,\omega_{j_1 \ldots j_p}$$

Die Definition (23) ist offensichtlich unabhängig vom Koordinatensystem. [Sie liesse sich auch koordinatenfrei geben]. Die Zuordnung $\omega \longmapsto *\omega$ definiert eine lineare Abbildung : $\Lambda_p(M) \longrightarrow \Lambda_{n-p}(M)$.
Es gilt, wie man leicht nachrechnet

$$*(*\omega) = (-1)^{p(n-p)}\,\mathrm{sgn}(g)\,\omega \tag{24}$$

Wir notieren noch die kontravarianten Komponenten von

$$\eta^{i_1 \ldots i_n} = \mathrm{sgn}(g)\,\frac{1}{\sqrt{|g|}}\,\varepsilon_{i_1 \ldots i_n} \tag{25}$$

Ergänzungen zur * - Operation bringen die folgenden Uebungsaufgaben

1) Sei $\omega \in \Lambda_p(M)$ und $\theta \in \Lambda_p(M)$. Zeige

$$\theta \wedge * \omega = (\theta, \omega)\eta \,, \quad \theta \wedge * \omega = \omega \wedge * \theta$$

wo

$$(\theta, \omega) = \frac{1}{p!} \theta_{i_1 \dots i_p} \omega^{i_1 \dots i_p}$$

das in $\Lambda_p(M)$ induzierte Skalarprodukt ist.

Lösung:

Vorbemerkung: Sei $\alpha \in \Lambda_p, \beta \in \Lambda_q, \; p+q=n$

und

$$\alpha = \frac{1}{p!} \alpha_{i_1 \dots i_p} dx^{i_1} \wedge \dots \wedge dx^{i_p}$$

$$\beta = \frac{1}{q!} \beta_{i_{p+1} \dots i_n} dx^{i_{p+1}} \wedge \dots \wedge dx^{i_n}$$

Dann ist

$$\alpha \wedge \beta = \frac{1}{p!\,q!} \alpha_{i_1 \dots i_p} \beta_{i_{p+1} \dots i_n} dx^{i_1} \wedge \dots \wedge dx^{i_n}$$

$$= \frac{1}{n!} \frac{n!}{p!\,q!} \alpha_{[i_1 \dots i_p} \beta_{i_{p+1} \dots i_n]} dx^{i_1} \wedge \dots \wedge dx^{i_n}$$

wobei die eckige Klammer Antisymmetrisierung in den eingeklammerten Indizes bedeutet. Also gilt

$$(\alpha \wedge \beta)_{i_1 \dots i_n} = \frac{n!}{p!\,q!} \alpha_{[i_1 \dots i_p} \beta_{i_{p+1} \dots i_n]}$$

Nun ist sicher ($\Lambda_n(M)$ ist eindimensional !):

$$\theta \wedge * \omega = f \eta \,, \quad f \in F(M)$$

Also

$$(\theta \wedge * \omega, \eta) = f(\eta, \eta) = f \,\mathrm{sgn}(g)$$

und folglich

$$\theta \wedge * \omega = \mathrm{sgn}(g)\, (\theta \wedge * \omega, \eta)\, \eta$$

Es bleibt die Berechnung des Skalarproduktes rechts

$$(\theta \wedge * \omega, \eta) = \frac{1}{n!} \eta^{i_1 \dots i_n} (\theta \wedge * \omega)_{i_1 \dots i_n}$$

$$= \frac{1}{n!} \eta^{i_1 \dots i_n} \frac{n!}{p!\,q!} \theta_{[i_1 \dots i_p} (*\omega)_{i_{p+1} \dots i_n]}$$

Die eckige Klammer dürfen wir weglassen. Setzen wir die Def. (25) für $*\omega$ ein, so kommt

$$(\theta\wedge *\omega,\eta) = \frac{1}{n!}\,\frac{n!}{p!\,q!}\,\frac{1}{p!}\,\eta^{i_1\dots i_n}\,\theta_{i_1\dots i_p}\,\eta_{j_1\dots j_p i_{p+1}\dots i_n}\,\omega^{j_1\dots j_p}$$

$$= \frac{1}{p!\,q!}\,\frac{1}{p!}\,\mathrm{sgn}(g)\,\theta_{i_1\dots i_p}\,\varepsilon_{i_1\dots i_n}\,\varepsilon_{j_1\dots j_p i_{p+1}\dots i_n}\,\omega^{j_1\dots j_p}$$

Nun gilt

$$\varepsilon_{i_1\dots i_p i_{p+1}\dots i_n}\,\varepsilon_{j_1\dots j_p i_{p+1}\dots i_n} = q!\,p!\,\delta^{i_1}_{[j_1}\,\delta^{i_2}_{j_2}\dots\delta^{i_p}_{j_p]} \qquad (*)$$

denn die beiden Seiten sind bis auf einen Proportionalitätsfaktor einander offensichtlich gleich. Letzteren bestimmt man dadurch, dass man $i_1 = j_1, \dots\ i_p = j_p$ setzt und über diese Indizes summiert. Dann wird die linke Seite gleich $n!$ und die rechte Seite gleich $q!\ p!\binom{n}{p} = n!$. Mit dieser Hilfsformel wird jetzt

$$(\theta\wedge *\omega,\eta) = (\theta,\omega)\,\mathrm{sgn}(g)$$

und damit

$$\theta\wedge *\omega = (\theta,\omega)\,\eta$$

Die rechte Seite ist symmetrisch in θ und ω , also folgt

$$\theta\wedge *\omega = \omega\wedge *\theta \qquad \square$$

2) Sei $\omega,\theta\in\Lambda_p(M)$. Zeige

$$(*\theta,*\omega) = \mathrm{sgn}(g)\,(\theta,\omega)$$

<u>Lösung:</u> Nach Definition ist

$$(*\theta,*\omega) = \frac{1}{(n-p)!}\,(*\theta)_{i_{p+1}\dots i_n}\,(*\omega)^{i_{p+1}\dots i_n}$$

$$= \frac{1}{(n-p)!\,p!}\,\eta_{i_1\dots i_n}\,\theta^{i_1\dots i_p}\,\frac{1}{p!}\,\eta^{j_1\dots j_p i_{p+1}\dots i_n}\,\omega_{j_1\dots j_p}$$

Mit der Hilfsformel (*) folgt daraus

$$(*\theta,*\omega) = \mathrm{sgn}(g)\,\frac{1}{(n-p)!\,(p!)^2}\,\delta^{i_1}_{j_1}\dots\delta^{i_p}_{j_p}\,\cdot$$

$$\cdot\,\theta^{i_1\dots i_p}\,\omega_{j_1\dots j_p} = \mathrm{sgn}(g)\,(\theta,\omega)\,. \qquad \square$$

3) Zeige, dass für $\theta \in \Lambda_p(M)$, $\varphi \in \Lambda_{n-p}(M)$:

$$(\theta \wedge \varphi, \eta) = (*\theta, \varphi)$$

<u>Lösung:</u> In den Aufgaben 1),2), setze man $*\omega = \varphi \in \Lambda_{n-p}(M)$. Dann gilt

$$(\theta\wedge\varphi,\eta) = (\theta\wedge *\omega,\eta) = \mathrm{sgn}(g)\,(\theta,\omega)$$
$$= (*\theta,*\omega) = (*\theta,\varphi)\,. \qquad \square$$

4) Sei umgekehrt θ' eine (n-p) - Form und es gelte für alle $\varphi \in \Lambda_{n-p}(M)$

$$(\theta',\varphi) = (\theta\wedge\varphi,\eta)$$

Dann ist $\theta' = *\theta$.

<u>Lösung:</u> Nach Voraussetzung und Aufgabe 3) gilt $(*\theta - \theta',\varphi) = 0$, für alle $\varphi \in \Lambda_{n-p}(M)$. Also ist $\theta' = *\theta$, weil das Skalarprodukt nicht entartet ist. $\square$

5) Es sei $\theta^1,\dots,\theta^n$ eine orientierte Basis von 1-Formen (in einer Umgebung $U \subset M$). Zeige, dass η wie folgt dargestellt werden kann

$$\eta = \sqrt{|g|}\,\theta^1\wedge\dots\wedge\theta^n$$

wo $|g|$ die Determinante von $g_{ik} = (e_i,e_k)$ ist,
$\{e_i\}$: duale Basis von $\{\theta^i\}$.

<u>Lösung:</u> Wir setzen $\theta^i = a^i_j\,dx^j$, $\{x^j\}$: positives Koordinatensystem. Dann ist

$$\sqrt{|g|}\,\theta^1\wedge\dots\wedge\theta^n = \sqrt{|g|}\,a^1_{j_1}\cdots a^n_{j_n}\,dx^{j_1}\wedge\dots\wedge dx^{j_n}$$
$$= \sqrt{|g|}\,\varepsilon_{j_1\dots j_n}\,a^1_{j_1}\cdots a^n_{j_n}\,dx^1\wedge dx^2\wedge\dots\wedge dx^n$$
$$= \sqrt{|g|}\,\mathrm{Det}(a^i_j)\,dx^1\wedge\dots\wedge dx^n$$

(Beachte $\det(a^i_j) > 0$) . Nun ist aber

$$\partial/\partial x^j = a^i_j\,e_i$$

$$(\partial/\partial x^i,\partial/\partial x^j) = a^k_i\,a^l_j\,(e_k,e_l) = a^k_i\,a^l_j\,g_{kl}$$

Deshalb gilt

$$\left|\mathrm{Det}\left(\frac{\partial}{\partial x^i},\frac{\partial}{\partial x^j}\right)\right|^{1/2} = \sqrt{|g|}\,\mathrm{Det}\,(a^i_k)$$

Setzen wir dies oben ein, so folgt die Behauptung. □

Wir notieren noch, dass $g^{ij} = (\theta^i, \theta^j)$ die zu $g_{ij} = (e_i, e_j)$ inverse Matrix ist.

6) Beweise die Formel (Bezeichnungen von Aufgabe 5):

$$*(\theta^{i_1}\wedge\dots\wedge\theta^{i_p}) = \sqrt{|g|}\,\frac{1}{(n-p)!}\,\varepsilon_{j_1\dots j_n}\,g^{j_1 i_1}\dots g^{j_p i_p}\,\theta^{j_{p+1}}\wedge\dots\wedge\theta^{j_n}$$

Lösung: Nach Aufgabe 4) genügt es, folgendes zu zeigen:

$$\sqrt{|g|}\,\frac{1}{(n-p)!}\,\varepsilon_{j_1\dots j_n}\,g^{j_1 i_1}\dots g^{j_p i_p}\,(\theta^{j_{p+1}}\wedge\dots\wedge\theta^{j_n},\ \theta^{i_{p+1}}\wedge\dots\wedge\theta^{i_n})$$
$$= (\theta^{i_1}\wedge\dots\wedge\theta^{i_p}\wedge\theta^{i_{p+1}}\wedge\dots\wedge\theta^{i_n}, \eta)$$

Die rechte Seite dieser Gleichung ist aber nach Aufgabe 5) gleich

$$\sqrt{|g|}\,(\theta^{i_1}\wedge\dots\wedge\theta^{i_n}, \theta^1\wedge\dots\wedge\theta^n)$$
$$= \frac{1}{\sqrt{|g|}}\,\varepsilon_{i_1\dots i_n}\,(\eta,\eta) = \mathrm{sgn}(g)\,\frac{1}{\sqrt{|g|}}\,\varepsilon_{i_1\dots i_n}$$

Die linke Seite ist hingegen gleich

$$\sqrt{|g|}\,\varepsilon_{j_1\dots j_n}\,g^{j_1 i_1}\dots g^{j_n i_n} = \mathrm{sgn}(g)\,\frac{1}{\sqrt{|g|}}\,\varepsilon_{i_1\dots i_n}$$

d.h. beide Seiten stimmen miteinander überein. □

4.6.3. Das Codifferential

Wir definieren das Codifferential $\delta : \Lambda_p(M) \longrightarrow \Lambda_{p-1}(M)$ durch

$$\delta = \mathrm{sgn}(g)(-1)^{np+n} * d * \tag{26}$$

Aus dod = 0 folgt

$$\delta \circ \delta = 0 \tag{27}$$

Die Gleichung $\delta\omega = 0$ bedeutet, $d*\omega = 0$. Lokal existiert daher nach dem Poincaré Lemma eine Form φ mit $*\omega = d\varphi$. Also ist $\omega = \pm * d\varphi = \delta\psi$, wobei $\psi = \pm * \varphi$.

Wir sehen: Aus $\delta\omega = 0$ folgt die lokale Existenz einer Form ψ mit $\omega = \delta\psi$.

Koordinaten-Ausdruck für $\delta\omega$: Wir wollen zeigen, dass für $\omega \in \Lambda_p(M)$

$$(\delta\omega)^{i_1 \dots i_{p-1}} = |g|^{-1/2} \left(|g|^{1/2} \omega^{k i_1 \dots i_{p-1}} \right)_{,k} \tag{28}$$

Beweis: Wir bilden zunächst $(q := n-p)$:

$$(*d*\omega)^{k_1 \dots k_{p-1}} = \frac{1}{(q+1)!} \eta^{j_1 \dots j_{q+1} k_1 \dots k_{p-1}} (d*\omega)_{j_1 \dots j_{q+1}} \tag{29}$$

Die rechte Seite dieser Gleichung folgt aus (23).
Nun gilt allgemein für eine Form $\alpha \in \Lambda_s(M)$

$$\alpha = \frac{1}{s!} \alpha_{i_1 \dots i_s} dx^{i_1} \wedge \dots \wedge dx^{i_s}$$

$$d\alpha = \frac{1}{s!} \alpha_{i_1 \dots i_s, i_{s+1}} dx^{i_{s+1}} \wedge dx^{i_1} \wedge \dots \wedge dx^{i_s}$$

$$= \frac{1}{(s+1)!} (s+1)(-1)^s \alpha_{[i_1 \dots i_s, i_{s+1}]} dx^{i_1} \wedge \dots \wedge dx^{i_{s+1}}$$

d.h.

$$(d\alpha)_{i_1 \dots i_{s+1}} = (-1)^s (s+1) \alpha_{[i_1 \dots i_s, i_{s+1}]} \tag{30}$$

Dies benutzen wir in (29)

$$(*d*\omega)^{k_1 \dots k_{p-1}} = \frac{1}{(q+1)!} \eta^{j_1 \dots j_{q+1} k_1 \dots k_{p-1}} (-1)^q (q+1) \cdot$$
$$\cdot (*\omega)_{[j_1 \dots j_q, j_{q+1}]} \tag{31}$$

Darin können wir das Antisymmetrisierungszeichen wieder weglassen. Benutzen wir nochmals (23), so folgt

$$(*d*\omega)^{k_1\ldots k_{p-1}} = (-1)^q \frac{1}{q!}\frac{1}{p!}\left(\eta_{i_1\ldots i_p j_1\ldots j_q}\,\omega^{i_1\ldots i_p}\right)_{,j_{q+1}} \cdot \eta^{j_1\ldots j_{q+1} k_1\ldots k_{p-1}}$$

$$= (-1)^q \frac{1}{p!\,q!}\,\mathrm{sgn}(g)\,\frac{1}{\sqrt{|g|}}\left(\sqrt{|g|}\,\omega^{i_1\ldots i_p}\right)_{,j_{q+1}} \cdot \underbrace{\varepsilon_{j_1\ldots j_{q+1} k_1\ldots k_{p-1}}}_{(-1)^{p-1}\varepsilon_{j_1\ldots j_q k_1\ldots k_{p-1} j_{q+1}}}\ \underbrace{\varepsilon_{i_1\ldots i_p j_1\ldots j_q}}_{(-1)^{pq}\varepsilon_{j_1\ldots j_q i_1\ldots i_p}} \tag{32}$$

Nun ist (siehe (*), Seite 40)

$$\varepsilon_{j_1\ldots j_q k_1\ldots k_p}\,\varepsilon_{j_1\ldots j_q i_1\ldots i_p} = q!\,p!\,\delta^{k_1}_{[i_1}\delta^{k_2}_{i_2}\ldots\delta^{k_p}_{i_p]} \tag{33}$$

Setzen wir dies in (32) ein, so kommt

$$(*d*\omega)^{k_1\ldots k_{p-1}} = (-1)^q\,\mathrm{sgn}(g)\,(-1)^{p-1}(-1)^{pq} \cdot \frac{1}{\sqrt{|g|}}\left(\sqrt{|g|}\,\omega^{k_1\ldots k_p}\right)_{,k_p} \tag{34}$$

Nun ist nach Definition

$$\delta\omega = \mathrm{sgn}(g)(-1)^{np+n} * d * \omega \quad \Longrightarrow$$

$$\delta\omega^{k_1\ldots k_{p-1}} = (-1)^{np+n}(-1)^q(-1)^{p-1}(-1)^{pq}\,\frac{1}{\sqrt{|g|}}\left(\sqrt{|g|}\,\omega^{k_1\ldots k_p}\right)_{,k_p}$$

woraus die Gleichung (28) folgt. □

4.7 Die Integralsaätze von Stokes und Gauss

4.7.1. Integration von Differentialformen

Es sei M eine orientierte diffb. Mannigfaltigkeit der Dimension n. Wir wollen Integrale der

$$\int_M \omega \quad , \quad \omega \in \Lambda_n(M)$$

definieren.

Zunächst sei der Träger von ω in einem Kartengebiet U enthalten. Es seien $(x^1,..,x^n)$ positive Koordinaten dieses Gebietes. [Alle Koordinaten seien im folgenden positiv.] Sei

$$\omega = f\,dx^1\wedge\cdots\wedge dx^n \quad , \quad f\in\mathcal{F}(U)$$

dann definieren wir

$$\int_M \omega := \int_U f(x^1,\dots,x^n)\,dx^1\cdots dx^n$$

wo rechts ein gewöhnliches Lebesquesches (Riemannsches) n-faches Integral gemeint ist. Diese Definition ist sinnvoll, denn sei supp ω in einem zweiten Kartengebiet $(y^1,..,y^n)$ enthalten und sei

$$\omega = g\,dy^1\wedge\cdots\wedge dy^n$$

so ist (da beide Koordinatensysteme positiv sind)

$$\int g\,dy^1\cdots dy^n = \int g\circ\varphi\,\mathrm{Det}(\partial y^i/\partial x^k)\,dx^1\cdots dx^n$$

wenn φ den Kartenwechsel bezeichnet. Nun ist aber

$$f(x^1,\dots,x^n) = (g\circ\varphi)(x^1,\dots,x^n)\,\mathrm{Det}(\partial y^i/\partial x^k)$$

Folglich ist das Integral (35) unabhängig vom Koordinatensystem. Nun betrachten wir ein beliebiges $\omega\in\Lambda_n(M)$ mit kompaktem Träger.

Es sei $(U_i,g_i)_{i\in I}$ ein C^∞-Atlas von M, so dass $(U_i)_{i\in I}$ eine lokal-endliche Ueberdeckung ist (d.h. zu jedem $x\in M$ existiert eine Umgebung U in M, so dass $U\cap U_i$ nur für endlich viele $i\in I$ nicht leer ist).

Ferner sei $(h_i)_{i\in I}$ eine zugeordnete Partition der Eins, d.h. eine Familie $(h_i)_{i\in I}$ von differenzierbaren Funktionen auf M mit folgenden Eigenschaften

(i) $h_i(x)\geq 0$, für alle $x\in M$;

(ii) $\mathrm{supp}\,h_i\subseteq U_i$;

(iii) $\sum_{i\in I} h_i(x) = 1$, für alle $x\in M$.

Beachte: Die Summe in (iii) ist wegen (ii) und der Lokal-Endlichkeit der Ueberdeckung sinnvoll, da nur <u>endlich</u> viele Terme beitragen.

Bemerkungen: Nach Definition (siehe §1) hat M eine abzählbare Basis. Man kann zeigen, dass dann M eine lokal endliche Ueberdeckung besitzt, und weiter, dass zu jeder solchen eine zugeordnete Partition der Eins existiert [Für Beweise siehe [6], §§ II, 14, 15].

Da supp ω kompakt ist und $\{U_i\}_{i\in I}$ eine lokal-endliche Ueberdeckung ist, ist die Anzahl der U_i mit $U_i \cap \operatorname{supp}\omega \neq \emptyset$ endlich. Für $h_i \cdot \omega \neq 0$ ist supp $h_i\omega \subset U_i$. Da ferner $\sum_{i\in I} h_i = 1$ gilt

$$\omega = \sum_{i\in I} h_i \omega$$

Also ist ω eine endliche Summe von n-Formen, deren Träger je in einem Kartengebiet U_i enthalten sind. Wir definieren deshalb

$$\int_M \omega := \sum_{i\in I} \int_M h_i \omega \tag{36}$$

(endliche Summe von Termen $\neq 0$)

Diese Definition ist <u>unabhängig</u> von der Zerlegung der Eins. Denn sei $(f_j, V_j)_{j\in J}$ ein weiterer C^∞-Atlas von M, so dass $(V_j)_{j\in J}$ eine lokalendliche Ueberdeckung von M ist, und sei $(k_j)_{j\in J}$ eine zu dieser Ueberdeckung zugeordnete Partition der Eins. Dann ist

$\{U_i \cap V_j\}_{(i,j)\in I\times J}$ ebenfalls ein C^∞-Atlas von M, wobei
$(U_i \cap V_j)_{(i,j)\in I\times J}$ eine lokalendliche Ueberdeckung ist und
$(h_i \cdot k_j)_{(i,j)\in I\times J}$ ist eine zugeordnete Partition der Eins.

Nun ist

$$\sum_{i\in I} \int h_i \omega = \sum_{(i,j)\in I\times J} \int k_j h_i \omega$$

$$\sum_{j\in J} \int k_j \omega = \sum_{(i,j)\in I\times J} \int h_i k_j \omega$$

was zeigt, dass (36) nicht von der Partition der Eins abhängt. Das Integral hat folgende Eigenschaften: Sei $\Lambda_n^c(M)$ die Menge der n-Formen mit kompaktem Träger, dann gilt

(i) $$\int_M (a_1\omega_1 + a_2\omega_2) = a_1 \int_M \omega_1 + a_2 \int_M \omega_2 ,$$

$$a_1, a_2 \in \mathbb{R},\ \omega_1, \omega_2 \in \Lambda_n^c(M);$$

(ii) Ist $\Phi : M \longrightarrow N$ ein orientierungstreuer Diffeomorphismus, so gilt

$$\int_M \Phi^* \omega = \int_N \omega \quad , \quad \omega \in \Lambda_n^c(N)$$

(iii) Aendert man die Orientierung θ von M, so ändert das Vorzeichen des Integrals

$$\int_{(M,-\theta)} \omega = - \int_{(M,\theta)} \omega$$

4.7.2. Der Satz von Stokes

Es sei D ein Bereich (d.h. eine offene zusammenhängende Teilmenge) einer differenzierbaren Mannigfaltigkeit der Dimension n. Man sagt, der Bereich D habe einen glatten Rand, falls für jeden Punkt $p \in \partial D$ (Randpunkte von D) eine offene Umgebung U von p in M und ein lokales Koordinatensystem $(x^1,..,x^n)$ auf U existieren, so dass (siehe Fig.)

$$U \cap \bar{D} = \{ q \in U \mid x^n(q) \geq x^n(p) \} \tag{37}$$

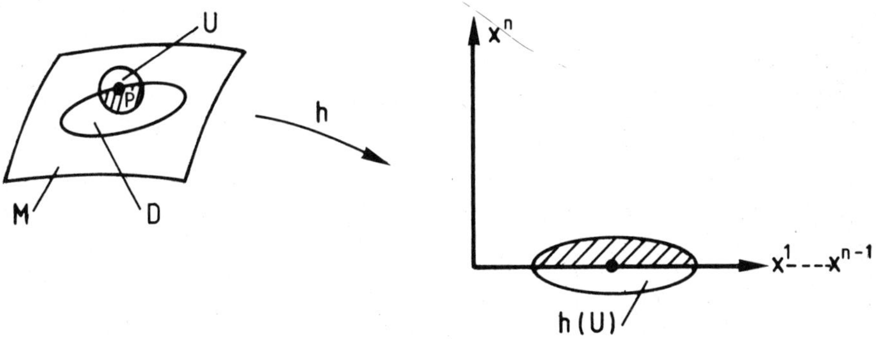

Man kann zeigen (siehe [6], § V.5), dass ∂D eine (n-1)-dimensionale abgeschlossene Untermannigfaltigkeit von M ist. Ist ferner M orientierbar, so ist auch ∂D orientierbar. Dabei zeigt sich folgendes: Ist $(x^1,..,x^n)$ ein positives Koordinatensystem, welches (37) erfüllt, so können wir auf ∂D eine Orientierung so wählen, dass $(x^1,..,x^{n-1})$ ein positives Koordinatensystem von ∂D ist. Die folgende Konvention ist aber geeigneter: Für n gerade ist $(x^1,..,x^{n-1})$ positiv und für n ungerade ist $(x^1,..,x^{n-1})$ negativ.

Eine solche Orientierung auf ∂D nennt man die (durch die Orientierung auf M) <u>induzierte Orientierung</u> auf ∂D.

Für ein kompaktes $\bar{D}$ und $\omega \in \Lambda_n(M)$ definieren wir

$$\int_D \omega = \int_M \chi_D \omega$$

wo χ_D die charakteristische Funktion von $\bar{D}$ ist.

Der Beweis des folgenden Satzes ist nun nicht mehr schwierig (siehe [6], §V.5)

<u>Satz (Stokes):</u> Sei M eine n-dimensionale, orientierte, differenzb. Mannigfaltigkeit (mit abzählbarer Basis) und sei D ein Bereich von M mit glattem Rand und $\bar{D}$ sei kompakt.
Für jede Form $\omega \in \Lambda_{n-1}(M)$ gilt

$$\boxed{\int_D d\omega = \int_{\partial D} \omega} \tag{38}$$

[Genauer gilt $\int_D d\omega = \int_{\partial D} i^*(\omega)$, wo $i: \partial D \longrightarrow M$ die kanonische Injektion ist.]

In (38) ist auf ∂D die induzierte Orientierung gewählt.

<u>Anwendung</u>

Sei Ω ein Volumenelement auf M ($\Longrightarrow$ M orientierbare Mannigfaltigkeit) und $X \in \mathfrak{X}(M)$ ein Vektorfeld. Wir definieren $\operatorname{div} X$ durch

$$L_X \Omega = (\operatorname{div} X)\,\Omega \tag{39}$$

Nun ist

$$L_X = d \circ i_X + i_X \circ d$$

also

$$L_X \Omega = d(i_X \Omega) \tag{40}$$

Aus dem Stokes'schen Satz erhalten wir deshalb

$$\int_D \operatorname{div} X \cdot \Omega = \int_{\partial D} i_X \Omega \tag{41}$$

$i_X \Omega$ definiert ein Mass $d\mu_X$ auf ∂D; $d\mu_X$ hängt linear von X ab. Wir schreiben deshalb auch

$$d\mu_X = \langle X, d\sigma \rangle$$

wo $d\sigma$ eine massuertige 1-Form ist. Mit diesen Bezeichnungen gilt der Satz von Gauss:

$$\int_D \operatorname{div} X \cdot \Omega = \int_{\partial D} \langle X, d\sigma \rangle \tag{42}$$

Diese Formeln gelten speziell in einer pseudo-Riemannschen Mannigfaltigkeit mit

$$\Omega = \eta = \sqrt{|g|}\, dx^1 \wedge \ldots \wedge dx^n \qquad \text{(in lokalen Koordinaten)}$$

Koordinatenausdruck für div X

Sei in lokalen Koordinaten

$$\Omega = a(x)\, dx^1 \wedge \cdots \wedge dx^n$$
$$X = X^i \frac{\partial}{\partial x^i}$$

dann ist

$$L_X \Omega = (Xa)\, dx^1 \wedge \cdots \wedge dx^n + a \sum_{i=1}^{n} dx^1 \wedge \ldots \wedge d(Xx^i) \wedge \cdots \wedge dx^n$$
$$= \sum_{i=1}^{n} (X^i a_{,i} + a X^i_{,i})\, dx^1 \wedge \ldots \wedge dx^n$$
$$= \frac{1}{a} \sum_{i=1}^{n} (a X^i)_{,i}\, \Omega$$

Folglich gilt lokal

$$\operatorname{div} X = \frac{1}{a} (a X^i)_{,i}$$

Bemerkung: Die obige Herleitung des Satzes von Gauss aus dem Stokesschen Satz gilt naturgemäss nur für orientierbare Mannigfaltigkeiten. Der Gauss'sche Satz ist aber auch für nichtorientierbare Mannigfaltigkeiten gültig (siehe z.B.: Loomis + Sternberg, Advanced Calculus, Adddison + Wesley 1968, Seite 419).

§ 5. Affine Zusammenhänge

In diesem Abschnitt führen wir eine wichtige Zusatzstruktur auf diffb. Mannigfaltigkeiten ein, welche es gestattet, eine "kovariante Ableitung" zu definieren, die Tensorfelder in Tensorfelder überführt.

5.1. Kovariante Ableitung eines Vektorfeldes

Definition 1. Ein affiner (linearer) Zusammenhang ∇ auf einer Mannigfaltigkeit M ist eine Abbildung, die jedem Paar von C^∞-Vektorfeldern X und Y auf M wieder ein C^∞-Vektorfeld $\nabla_X Y$ zuordnet, wobei die beiden folgenden Eigenschaften gelten sollen:

(i) $\nabla_X Y$ ist $\mathbb{R}$-bilinear in X und Y ;

(ii) für $f \in \mathcal{F}(M)$ ist

$$\nabla_{fX} Y = f\nabla_X Y, \quad \nabla_X(fY) = f\nabla_X Y + X(f)Y$$

Lemma 1. Sei ∇ ein affiner Zusammenhang auf M und U eine offene Teilmenge von M . Falls X oder Y auf U verschwinden, dann verschwindet auch $\nabla_X Y$ auf U .

Beweis. Y verschwinde auf U . Sei $p \in U$. Man wähle eine Funktion $h \in \mathcal{F}(M)$ mit $h(p) = 0$ und $h = 1$ auf $M \setminus U$. Aus $hY = Y$ folgt

$$\nabla_X Y = \nabla_X(hY) = X(h)Y + h\nabla_X Y$$

und dieser Ausdruck verschwindet in p . Aehnlich beweist man die Aussage für X . □

Damit induziert ein affiner Zusammenhang ∇ auf M einen solchen auf jeder offenen Untermannigfaltigkeit U von M . Denn seien $X, Y \in \mathfrak{X}(U)$. Für $p \in U$ existieren Vektorfelder $\tilde{X}, \tilde{Y} \in \mathfrak{X}(M)$, welche mit X bzw. Y auf einer offenen Umgebung von p übereinstimmen (vergl. das Fortsetzungslemma in § 4.3). Wir setzen dann

$$(\nabla | U)_X Y = (\nabla_{\tilde{X}} \tilde{Y}) | U$$

Nach dem Lemma 1 hängt die rechte Seite nicht von der Wahl von $\tilde{X}, \tilde{Y}$ ab. $\nabla | U$ ist trivialerweise ein affiner Zusammenhang auf U .

Lemma 2. Sei $X, Y \in \mathfrak{X}(M)$. Falls X in p verschwindet, dann gilt dies auch für $\nabla_X Y$.

Beweis. Sei U eine Koordinatenumgebung von p . Auf U haben wir die Darstellung

$$X = \xi^i(\partial/\partial x^i), \quad \xi^i \in \mathcal{F}(U)$$

wobei $\xi^i(p) = 0$. Damit gilt

$$(\nabla_X Y)_p = \xi^i(p)\,(\nabla_{\partial/\partial x^i} Y)_p = 0 . \qquad \square$$

Relativ zu einer Karte $(U,x^1,..,x^n)$ setzen wir

$$\boxed{\nabla_{\partial/\partial x^i}(\partial/\partial x^j) = \Gamma^k_{ij}\,\partial/\partial x^k} \tag{1}$$

Die n^3 Funktionen Γ^k_{ij} aus $\mathcal{F}(U)$ sind die sog. <u>Christoffel-Symbole</u> des Zusammenhangs ∇ (in der gegebenen Karte). Die Christoffel-Symbole sind nicht die Komponenten eines Tensors. Ihr Transformationsgesetz beim Uebergang zu einer zweiten Karte $(V,\bar{x}^1,..,\bar{x}^n)$ ergibt sich durch die folgende Rechnung.

Einerseits gilt

$$\nabla_{\partial/\partial\bar{x}^a}\left(\frac{\partial}{\partial\bar{x}^b}\right) = \bar{\Gamma}^c_{ab}\frac{\partial}{\partial\bar{x}^c} = \bar{\Gamma}^c_{ab}\frac{\partial x^k}{\partial\bar{x}^c}\frac{\partial}{\partial x^k} \tag{2}$$

und anderseits ist

$$\nabla_{\partial/\partial\bar{x}^a}\left(\frac{\partial}{\partial\bar{x}^b}\right) = \nabla_{\frac{\partial x^i}{\partial\bar{x}^a}\frac{\partial}{\partial x^i}}\left(\frac{\partial x^j}{\partial\bar{x}^b}\frac{\partial}{\partial x^j}\right)$$

$$= \frac{\partial x^i}{\partial\bar{x}^a}\left[\frac{\partial x^j}{\partial\bar{x}^b}\Gamma^k_{ij}\frac{\partial}{\partial x^k} + \frac{\partial}{\partial x^i}\left(\frac{\partial x^j}{\partial\bar{x}^b}\right)\frac{\partial}{\partial x^j}\right]$$

$$= \frac{\partial x^i}{\partial\bar{x}^a}\frac{\partial x^j}{\partial\bar{x}^b}\Gamma^k_{ij}\frac{\partial}{\partial x^k} + \frac{\partial^2 x^j}{\partial\bar{x}^a\partial\bar{x}^b}\frac{\partial}{\partial x^j}$$

Durch Vergleich mit (2) ergibt sich

$$\frac{\partial x^k}{\partial\bar{x}^c}\bar{\Gamma}^c_{ab} = \frac{\partial x^i}{\partial\bar{x}^a}\frac{\partial x^j}{\partial\bar{x}^b}\Gamma^k_{ij} + \frac{\partial^2 x^k}{\partial\bar{x}^a\partial\bar{x}^b} \tag{3}$$

oder

$$\bar{\Gamma}^c_{ab} = \frac{\partial x^i}{\partial\bar{x}^a}\frac{\partial x^j}{\partial\bar{x}^b}\frac{\partial\bar{x}^c}{\partial x^k}\Gamma^k_{ij} + \frac{\partial^2 x^k}{\partial\bar{x}^a\partial\bar{x}^b}\frac{\partial\bar{x}^c}{\partial x^k} \tag{4}$$

Gibt es umgekehrt zu jeder Karte n^3 Funktionen Γ^k_{ij}, welche sich unter Kartenwechsel gemäss (4) transformieren, so existiert ein eindeutiger affiner Zusammenhang ∇ auf M, welcher (1) erfüllt. Zu einem Vektorfeld X gehört das folgende Tensorfeld $\nabla X \in \mathcal{T}^1_1(M)$:

$$\nabla X(Y,\omega) = \langle \omega, \nabla_Y X \rangle \quad , \quad (\omega: 1\text{-Form}) \tag{5}$$

∇X ist die <u>kovariante Ableitung</u> (das <u>absolute Differential</u>) von X. In einer Karte $(U,x^1,\ldots,x^n)$ sei

$$X = \xi^i \partial_i \qquad \left(\partial_i := \frac{\partial}{\partial x^i}\right)$$

$$\nabla X = \xi^i_{;j}\, dx^j \otimes \partial_i$$

Es ist

$$\xi^i_{;j} = \nabla X(\partial_j, dx^i) = \langle dx^i, \nabla_{\partial_j}(\xi^k \partial_k)\rangle$$

$$= \langle dx^i, \xi^k_{,j}\partial_k + \xi^k \Gamma^s_{jk}\partial_s \rangle = \xi^i_{,j} + \Gamma^i_{jk}\xi^k ,$$

d.h.

$$\boxed{\xi^i_{;j} = \xi^i_{,j} + \Gamma^i_{jk}\xi^k} \tag{6}$$

5.2. <u>Parallelverschiebung längs einer Kurve</u>

Es sei $\gamma: J \longrightarrow M$ eine Kurve auf M. X sei ein Vektorfeld, welches auf einer offenen Umgebung von $\gamma(J)$ definiert sei. Wir sagen X sei <u>autoparallel längs</u> γ, falls

$$\nabla_{\dot\gamma} X = 0 \tag{7}$$

auf γ. An Stelle von $\nabla_{\dot\gamma} X$ schreibt man auch DX/dt (<u>kovariante Ableitung längs</u> γ).

In Koordinaten ist

$$X = \xi^i \frac{\partial}{\partial x^i} \quad , \quad \dot\gamma = \frac{dx^i}{dt}\frac{\partial}{\partial x^i}$$

$$\nabla_{\dot\gamma} X = \left(\frac{d\xi^k}{dt} + \Gamma^k_{ij}\frac{dx^i}{dt}\xi^j\right)\frac{\partial}{\partial x^k} \tag{8}$$

Diese Formel zeigt, dass $\nabla_{\dot\gamma} X$ nur von den Werten von X längs γ

abhängt. In Koordinaten lautet (7)

$$\frac{d\xi^k}{dt} + \Gamma^k_{ij} \frac{dx^i}{dt} \xi^j = 0 \tag{9}$$

Zu einer gegebenen Kurve $\gamma(t)$ und $X_0 \in T_{\gamma(0)}(M)$ existiert ein eindeutiges autoparalleles Feld $X(t)$ längs γ mit $X(t) \in T_{\gamma(t)}(M)$ und $X(0) = X_0$. Da die Gleichung für $X(t)$ linear ist, gibt es keine Einschränkung an t. Für jede Kurve γ und zwei beliebige Punkte $\gamma(t)$ und $\gamma(s)$ gibt es deshalb einen linearen Isomorphismus

$$\tau_{t,s} : T_{\gamma(s)}(M) \longrightarrow T_{\gamma(t)}(M)$$

welcher einen Vektor v in $\gamma(s)$ in den parallel verschobenen Vektor $v(t)$ in $\gamma(t)$ überführt (siehe Fig.).

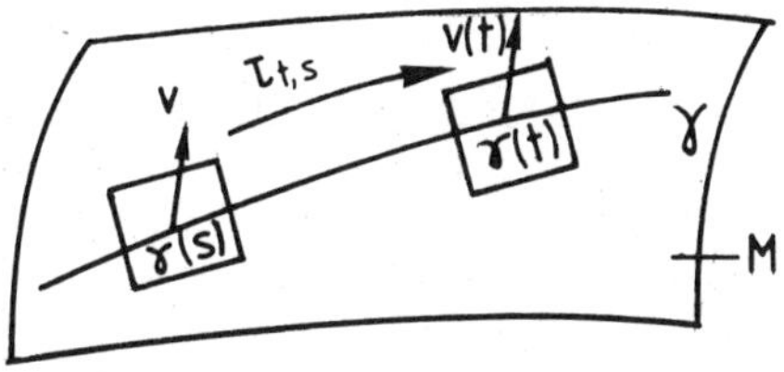

Die Abbildung $\tau_{t,s}$ ist die Parallelverschiebung längs γ von $\gamma(s)$ nach $\gamma(t)$. Aus dem Eindeutigkeitssatz für gewöhnliche Differentialgl. folgt

$$\tau_{t,s} \circ \tau_{s,r} = \tau_{t,r}$$

$$\tau_{s,s} = \text{Identität} \tag{10}$$

Satz 1. X sei ein Vektorfeld längs γ. Dann ist

$$\nabla_{\dot\gamma} X(\gamma(t)) = \frac{d}{ds} \tau_{t,s} X(\gamma(s))\Big|_{s=t} \tag{11}$$

Beweis: Wir arbeiten in einer Karte. Nach Konstruktion erfüllt $v(t) = \tau_{t,s} v_0$, $v_0 \in T_{\gamma(s)}(M)$ die Gleichung

$$\dot v^i + \Gamma^i_{kj} \dot x^k v^j = 0$$

Schreiben wir $(\tau_{t,s} v_0)^i = (\tau_{t,s})^i_j v_0^j$, so gilt deshalb

$$\frac{d}{dt} (\tau_{t,s})^i_j \Big|_{t=s} = - \Gamma^i_{kj} \dot x^k$$

Da $\tau_{t,s} = \tau_{s,t}^{-1}$ und $\tau_{s,s} = Id$ so folgt

$$\frac{d}{ds}\Big|_{s=t}(\tau_{t,s}X(\gamma(s)))^i = \frac{d}{ds}\Big|_{s=t}(\tau_{s,t}^{-1}X(\gamma(s)))^i$$

$$= -\frac{d}{ds}\Big|_{s=t}(\tau_{s,t})^i_j X^j + \frac{d}{ds}\Big|_{s=t} X^i(\gamma(s))$$

$$= \Gamma^i_{kj}\dot{x}^k X^j + \frac{d}{ds}\Big|_{s=t} X^i(\gamma(s)) = \left(\frac{DX}{dt}\right)^i . \qquad \square$$

5.3. Geodäten, Exponentialabbildung und normale Koordinaten

Eine Kurve γ ist eine Geodäte, falls $\dot{\gamma}$ längs γ autoparallel ist. In Koordinaten bedeutet dies nach (9)

$$\boxed{\ddot{x}^k + \Gamma^k_{ij}\dot{x}^i\dot{x}^j = 0} \qquad (12)$$

Zu gegebenen $\gamma(0)$, $\dot{\gamma}(0)$ existiert eine eindeutige maximale Geodäte $\gamma(t)$, wie aus dem Existenz- und Eindeutigkeitssatz für gewöhnliche Differentialgleichungen sofort folgt. Wenn $\gamma(t)$ eine Geodäte ist, so ist auch $\gamma(at), a \in \mathbb{R}$ eine Geodäte mit der Anfangsgeschwindigkeit $a \cdot \dot{\gamma}(0)$. Deshalb sind in einer Umgebung V von $0 \in T_x(M)$ die zugehörigen Geodäten für $t \in [0,1]$ definiert. Die Abbildung $\exp_x$ bildet $v \in V$ in den Punkt $\gamma_v(1)$ ab, wobei $\dot{\gamma}_v(0) = v$ und $\gamma_v(t)$ eine Geodäte ist. Offensichtlich ist $\gamma_{tv}(s) = \gamma_v(ts)$. Setzen wir darin $s = 1$, so folgt $\exp_x(tv) = \gamma_v(t)$. Die Abbildung $\exp_x$ ist in $v = 0$ differenzierbar *) und aus der letzten Gleichung folgt

*) da $\gamma_v(t)$ differenzierbar von den Anfangsbedingungen abhängt.-

$T\exp_x(0)$ = Identität [denn $T\exp_x(0) = d/dt\, \exp_x(tv)|_{t=0} = \dot{\gamma}_v(0) = v$, für jedes $v \in T_xM$]. Als Anwendung des impliziten Funktionentheorems erhalten wir deshalb den

<u>Satz 2.</u> Die Abbildung $\exp_x$ ist ein Diffeomorphismus von einer Umgebung von $0 \in T_xM$ auf eine Umgebung von $x \in M$.

Dieser Satz ermöglicht die Einführung spezieller Koordinaten. Wählen wir nämlich in T_xM eine Basis $e_1, .. e_n$, so können wir eine Umgebung von x eindeutig durch $\exp_x(x^i e_i)$ darstellen. $(x^1,..,x^n)$ nennt man <u>normale</u> oder <u>Gauss'sche Koordinaten</u>. Da $\exp_x(tv) = \gamma_v(t)$ hat $\gamma_v(t)$ die normalen Koordinaten $x^i = v^i t$, wobei $v = v^i e_i$. Für diese Koordinaten lautet (12) $\Gamma^k_{ij} v^i v^j = 0$; deshalb gilt $\Gamma^k_{ij}(0) + \Gamma^k_{ji}(0) = 0$. Für einen <u>symmetrischen</u> Zusammenhang $(\Gamma^k_{ij} = \Gamma^k_{ji})$ ist also $\underline{\Gamma^k_{ij}(0) = 0}$.

5.4. Kovariante Ableitung von Tensorfeldern

Wir erklären zunächst die Parallelverschiebung $\tau_{t,s}$ von §5.2 auch für beliebige Tensoren. Für $\alpha \in T^*_{\gamma(s)}(M)$ definieren wir $\tau_{t,s}\alpha \in T^*_{\gamma(t)}M$ durch

$$\langle \tau_{t,s}\alpha, \tau_{t,s}v \rangle = \langle \alpha, v \rangle, \quad \text{für alle } v \in T_{\gamma(s)}(M) \tag{13}$$

oder

$$\langle \tau_{t,s}\alpha, w \rangle = \langle \alpha, \tau^{-1}_{t,s} w \rangle, \quad w \in T_{\gamma(t)}M$$

Für einen Tensor $t \in (T_{\gamma(s)}M)^r_s$ sei

$$(\tau_{t,s}\, t)(\alpha_1,..,\alpha_r, v_1,..,v_s)$$
$$= t(\tau^{-1}_{t,s}\alpha_1, \dots, \tau^{-1}_{t,s}\alpha_r, \tau^{-1}_{t,s} v_1, \dots \tau^{-1}_{t,s} v_s),$$
$$(\alpha_i \in T^*_{\gamma(t)}M, \; v_i \in T_{\gamma(t)}M) \tag{14}$$

Nun sei X ein Vektorfeld und $\gamma(t)$ eine Integralkurve von X mit Anfangspunkt p ($\gamma(0) = p$). Für ein Tensorfeld $t \in \mathcal{T}^r_s(M)$ definieren wir die kovariante Ableitung in Richtung X durch $(\tau_s := \tau_{s,0})$:

$$(\nabla_X t)_p = \frac{d}{ds}\, \tau_s^{-1} t_{\gamma(s)}\Big|_{s=0} \tag{15}$$

Diese Formel verallgemeinert (11). [Falls $X(p) = 0$ setzen wir $(\nabla_X t)_p = 0$]. Für eine Funktion $f \in \mathfrak{F}(M)$ definieren wir $\nabla_X f = Xf$.

Proposition 1. ∇_X kann eindeutig zu einer Derivation der Tensoralgebra $\mathfrak{T}(M)$ ausgedehnt werden.

Beweis: Offensichtlich ist $\tau_s(t_1 \otimes t_2) = (\tau_s t_1) \otimes (\tau_s t_2)$ und daraus ergibt sich die Derivationsregel wie folgt:

$$(\nabla_X(t_1 \otimes t_2))_p = \frac{d}{ds}\Big|_{s=0} \tau_s^{-1}(t_1(\gamma(s)) \otimes t_2(\gamma(s)))$$

$$= \frac{d}{ds}\Big|_{s=0} (\tau_s^{-1} t_1(\gamma(s)) \otimes \tau_s^{-1} t_2(\gamma(s)))$$

$$= \frac{d}{ds}\Big|_{s=0} \tau_s^{-1} t_1(\gamma(s)) \otimes t_2(p) + t_1(p) \otimes \frac{d}{ds}\Big|_{s=0} \tau_s^{-1} t_2(\gamma(s))$$

$$= (\nabla_X t_1)_p \otimes t_2(p) + t_2(p) \otimes (\nabla_X t_2)(p) \qquad \square$$

Proposition 2. ∇_X vertauscht mit den Kontraktionen.

Beweis: Wir beweisen dies für den Spezialfall $t = Y \otimes \omega$, $Y \in \mathfrak{X}(M)$, $\omega \in \mathfrak{X}^*(M)$; der allgemeine Fall geht völlig analog.

Bezeichnet C die Kontraktion, so gilt

$$C\, \tau_s^{-1}(Y \otimes \omega)_{\gamma(s)} = C(\tau_s^{-1} Y_{\gamma(s)} \otimes \tau_s^{-1} \omega_{\gamma(s)})$$

$$= \langle \tau_s^{-1} \omega_{\gamma(s)}, \tau_s^{-1} Y_{\gamma(s)} \rangle \overset{(13)}{=} \langle \omega_{\gamma(s)}, Y_{\gamma(s)} \rangle$$

Folglich

$$C\left\{ \frac{1}{s} [\tau_s^{-1}(Y \otimes \omega)_{\gamma(s)} - (Y \otimes \omega)_p] \right\} = \frac{1}{s} [\langle \omega, Y \rangle_{\gamma(s)} - \langle \omega, Y \rangle_p]$$

Im Limes $s \longrightarrow 0$ ergibt sich mit (15)

$$C[\nabla_X(Y \otimes \omega)] = \nabla_X [C(Y \otimes \omega)] \qquad \square$$

Anwendung: Da nach Proposition 1

$$\nabla_X(Y \otimes \omega) = (\nabla_X Y) \otimes \omega + Y \otimes \nabla_X \omega$$

ist, folgt durch Anwendung der Kontraktion, mit der Proposition 2,

$$\nabla_X(\omega(Y)) = \omega(\nabla_X Y) + (\nabla_X \omega)(Y) \quad ,$$

oder

$$\boxed{(\nabla_X \omega)(Y) = X\,\omega(Y) - \omega(\nabla_X Y)} \qquad (16)$$

Diese Gleichung gibt die kovariante Ableitung einer 1-Form. Beachte, dass $\nabla_X \omega$ $\mathcal{F}(M)$-linear in X ist. Wegen der Derivationseigenschaft ist damit ∇_X auch $\mathcal{F}(M)$-linear auf der ganzen Tensoralgebra:

$$\nabla_{fX} t = f\,\nabla_X t \quad , \quad f \in \mathcal{F}(M),\; t \in \mathcal{T}(M)$$

Durch

$$(\nabla t)(X_1, \dots, X_{p+1}, \omega_1, \dots, \omega_q) = (\nabla_{X_{p+1}} t)(X_1, \dots, X_p, \omega_1, \dots \omega_q) \qquad (17)$$

wird deshalb eine Abbildung $\nabla : \mathcal{T}^q_p(M) \longrightarrow \mathcal{T}^q_{p+1}(M)$ definiert. ∇t ist die <u>kovariante Ableitung</u> des Tensorfeldes t .

Wir bekommen leicht eine allgemeine Formel für $\nabla t,\; t \in \mathcal{T}^r_s(M)$, wenn wir die obige Ueberlegung verallgemeinern:

Mit 1-Formen ω_i und Vektorfeldern Y_j ist

$$\nabla_X(Y_1 \otimes \dots \otimes Y_s \otimes \omega_1 \otimes \dots \otimes \omega_r \otimes t) = \nabla_X Y_1 \otimes Y_2 \otimes \dots \otimes t \; +$$
$$+ \dots + Y_1 \otimes \dots \otimes Y_s \otimes \nabla_X \omega_1 \otimes \dots \otimes t + Y_1 \otimes \dots \otimes \omega_r \otimes \nabla_X t$$

Darauf wenden wir die vollständige Kontraktion an

$$\nabla_X[t(Y_1, \dots, Y_s, \omega_1, \dots, \omega_r)] = t(\nabla_X Y_1, \dots, \omega_r) + \dots + t(Y_1, \dots, \nabla_X \omega_r)$$
$$+ (\nabla_X t)(Y_1, \dots, \omega_r)$$

Dies gibt die folgende Formel für

$$\boxed{\begin{aligned}(\nabla_X t)(Y_1, \dots, Y_s, \omega_1, \dots, \omega_r) &= X(t(Y_1, \dots, Y_s, \omega_1, \dots, \omega_r)) - \\ - t(\nabla_X Y_1, Y_2, \dots, \omega_r) &- \dots - t(Y_1, \dots, \nabla_X \omega_r)\end{aligned}} \qquad (18)$$

Schliesslich geben wir noch die lokalen Ausdrücke für die kovariante Ableitung. Es sei $(U, x^1, \dots, x^n)$ eine Karte , $t \in \mathcal{T}^p_q(U)$,

$$t = t^{i_1 \dots i_p}_{j_1 \dots j_q}\, \partial_{i_1} \otimes \dots \otimes \partial_{i_p} \otimes dx^{j_1} \otimes \dots \otimes dx^{j_q}$$

$$X = X^i \partial_i$$

Nun gilt $$X\, t^{i_1 \dots i_p}_{j_1 \dots j_q} = X^k\, t^{i_1 \dots i_p}_{j_1 \dots j_q , k} \tag{19}$$

und $$\nabla_X(\partial_i) = X^k \nabla_{\partial_k}(\partial_i) = X^k \Gamma^l{}_{ki}\, \partial_l$$

sowie $$(\nabla_X dx^j)(\partial_i) \overset{(16)}{=} X \underbrace{\langle dx^j, \partial_i \rangle}_{\delta^j_i} - \langle dx^j, \nabla_X \partial_i \rangle$$

$$= - X^k \Gamma^j{}_{ki} ,$$

oder $$\nabla_X dx^j = - X^k \Gamma^j{}_{ki}\, dx^i \tag{21}$$

Benutzen wir (19) - (21) in (18) für $\omega_j = dx^j, Y_i = \partial_i$ so erhalten wir für die Komponenten $t^{i_1 \dots i_p}_{j_1 \dots j_q ; k} \equiv \nabla_k\, t^{i_1 \dots i_p}_{j_1 \dots j_q}$ von ∇t :

$$t^{i_1 \dots i_p}_{j_1 \dots j_q ; k} = t^{i_1 \dots i_p}_{j_1 \dots j_q , k} + \Gamma^{i_1}{}_{kl}\, t^{l i_2 \dots i_p}_{j_1 \dots j_q} + \dots \text{(mit jedem oberen Index)}$$
$$- \Gamma^l{}_{k j_1}\, t^{i_1 \dots i_p}_{l j_2 \dots j_q} - \dots \text{(mit jedem unteren Index)} \tag{22}$$

Daraus sieht man auch, dass ∇t differenzierbar ist.
Insbesondere gilt für kontravariante und kovariante Vektorfelder

$$\xi^i{}_{;k} = \xi^i{}_{,k} + \Gamma^i{}_{kl}\, \xi^l$$
$$\eta_{i;k} = \eta_{i,k} - \Gamma^l{}_{ki}\, \eta_l \tag{23}$$

Ferner verschwindet die kovariante Ableitung des Kronecker-Tensors

$$\delta^i{}_{j;k} = 0 ,$$

was die Proposition 2 reflektiert.

5.5. Krümmung und Torsion eines affinen Zusammenhanges, Bianchi-Identitäten

Es sei ∇ ein affiner Zusammenhang auf M. Die Torsion ist die Abbildung

$$T: \mathfrak{X}(M) \times \mathfrak{X}(M) \longrightarrow \mathfrak{X}(M)$$
$$T(X,Y) = \nabla_X Y - \nabla_Y X - [X,Y] \tag{24}$$

und die Krümmung ist die Abbildung

$$R: \mathfrak{X}(M) \times \mathfrak{X}(M) \times \mathfrak{X}(M) \longrightarrow \mathfrak{X}(M)$$
$$R(X,Y)Z = \nabla_X(\nabla_Y Z) - \nabla_Y(\nabla_X Z) - \nabla_{[X,Y]} Z \tag{25}$$

Beachte

$$T(X,Y) = -T(Y,X) \quad , \quad R(X,Y) = -R(Y,X) \tag{26}$$

Ferner verifiziert man leicht

$$T(fX, gY) = fg\, T(X,Y) \; , \; R(fX, gY)hZ = fgh\, R(X,Y)Z$$

für alle $f,g,h \in \mathcal{F}(M)$.

Die Abbildung $\mathfrak{X}^*(M) \times \mathfrak{X}(M) \times \mathfrak{X}(M) \longrightarrow \mathcal{F}(M)$, $(\omega, X, Y) \mapsto \langle \omega, T(X,Y) \rangle$ ist deshalb ein Tensorfeld in $\mathcal{T}^1_2(M)$, der sog. Torsionstensor. Entsprechend ist die Abbildung $(\omega, Z, X, Y) \mapsto \langle \omega, R(X,Y)Z \rangle$ ein Tensorfeld in $\mathcal{T}^1_3(M)$. Dieser Krümmungstensor spielt in der ART eine wichtige Rolle.

In einer Karte lauten die Komponenten des Torsionstensors

$$T^k_{ij} = \langle dx^k, T(\partial_i, \partial_j) \rangle = \langle dx^k, \nabla_{\partial_i} \partial_j - \nabla_{\partial_j} \partial_i \rangle$$

also nach (1)

$$T^k_{ij} = \Gamma^k_{ij} - \Gamma^k_{ji} \tag{27}$$

Verschwindet die Torsion, so gilt also $\Gamma^k_{ij} = \Gamma^k_{ji}$ in jeder Karte. In Gauss'schen Koordinaten ist deshalb $\Gamma^k_{ij}(0) = 0$ (siehe das Ende von §5.3).

Die Komponenten des Krümmungstensors sind (beachte die Reihenfolge der Indizes)

$$\begin{aligned} R^i_{jkl} &= \langle dx^i, R(\partial_k, \partial_l)\partial_j \rangle = \langle dx^i, (\nabla_{\partial_k}\nabla_{\partial_l} - \nabla_{\partial_l}\nabla_{\partial_k})\partial_j \rangle \\ &= \langle dx^i, \nabla_{\partial_k} \Gamma^s_{lj} \partial_s - \nabla_{\partial_l} \Gamma^s_{kj} \partial_s \rangle \\ &= \Gamma^i_{lj,k} - \Gamma^i_{kj,l} + \Gamma^s_{lj} \Gamma^i_{ks} - \Gamma^s_{kj} \Gamma^i_{ls} \end{aligned}$$

Wir halten dieses wichtige Resultat fest

$$R^i_{jkl} = \Gamma^i_{lj,k} - \Gamma^i_{kj,l} + \Gamma^s_{lj}\Gamma^i_{ks} - \Gamma^s_{kj}\Gamma^i_{ls} \tag{29}$$

Der Ricci-Tensor ist eine Kontraktion des Krümmungstensors. Seine Komponenten sind

$$R_{jl} = R^i_{jil} = \Gamma^i_{lj,i} - \Gamma^i_{ij,l} + \Gamma^s_{lj}\Gamma^i_{is} - \Gamma^s_{ij}\Gamma^i_{ls} \tag{30}$$

Zur Formulierung des nächsten Satzes benötigen wir die folgende Vorbereitung. Eine $\mathfrak{F}(M)$ -multilineare Abbildung

$$K: \underbrace{\mathfrak{X}(M) \times \cdots \times \mathfrak{X}(M)}_{p \text{ mal}} \longrightarrow \mathfrak{X}(M)$$

können wir als Tensorfeld $\tilde{K} \in \mathcal{T}^1_p(M)$ auffassen:

$$\tilde{K}(\omega, X_1, \ldots, X_p) = \langle \omega, K(X_1, \ldots, X_p) \rangle$$

Die kovariante Ableitung von K definieren wir naheliegenderweise durch

$$\langle \omega, (\nabla_X K)(X_1, \ldots, X_p) \rangle = (\nabla_X \tilde{K})(\omega, X_1, \ldots, X_p)$$

Nun ist die rechte Seite nach (18)

$$(\nabla_X \tilde{K})(\omega, X_1, \ldots, X_p) = X\,\tilde{K}(\omega, X_1, \ldots, X_p) - \tilde{K}(\nabla_X \omega, X_1, \ldots, X_p) -$$
$$- \tilde{K}(\omega, \nabla_X X_1, \ldots, X_p) - \cdots\cdots - \tilde{K}(\omega, X_1, \ldots, \nabla_X X_p)$$

Da $(\nabla_X \omega)(Y) = X\,\omega(Y) - \omega(\nabla_X Y)$ ist die rechte Seite gleich

$$\langle \omega, \nabla_X (K(X_1, \ldots, X_p)) - \sum_i K(X_1, \ldots, \nabla_X X_i, \ldots, X_p) \rangle .$$

Nun können wir uns von ω wieder befreien und erhalten

$$(\nabla_X K)(X_1, \ldots, X_p) = \nabla_X (K(X_1, \ldots, X_p)) - \sum_i K(X_1, \ldots, \nabla_X X_i, \ldots, X_p) \tag{31}$$

Satz 3. Es seien T und R die Torsion und die Krümmung eines affinen Zusammenhanges ∇. Für Vektorfelder X, Y, Z gilt die

1. Bianchi-Identität:

$$\sum_{\text{zyklisch}} \{R(X,Y)Z\} = \sum_{\text{zyklisch}} \{T(T(X,Y),Z) + (\nabla_X T)(Y,Z)\} \tag{32}$$

und die

2. Bianchi-Identität:

$$\sum_{\text{zyklisch}} \{(\nabla_X R)(Y,Z) + R(T(X,Y),Z)\} = 0 \qquad (33)$$

Beweis: Nach (31) gilt

$$(\nabla_X R)(Y,Z) = \nabla_X(R(Y,Z)) - R(\nabla_X Y, Z) - R(Y, \nabla_X Z) - R(Y,Z)\nabla_X$$

Die zyklische Summe der beiden mittleren Terme ist

$$- [R(\nabla_X Y, Z) + R(Y, \nabla_X Z) + R(\nabla_Y Z, X) + R(Z, \nabla_Y X)$$
$$+ R(\nabla_Z X, Y) + R(X, \nabla_Z Y)]$$
$$= - [R(\nabla_X Y, Z) + R(Z, \nabla_Y X) \quad + \text{zykl. Vertauschungen}]$$
$$= - R(T(X,Y),Z) - R([X,Y],Z) \quad + \text{zykl. Vert.}$$

Damit wird die linke Seite von (33) gleich

$$\nabla_X(R(Y,Z)) - R([X,Y],Z) - R(Y,Z)\nabla_X \quad + \text{zykl. Vert.}$$
$$= \nabla_X(\nabla_Y\nabla_Z - \nabla_Z\nabla_Y - \nabla_{[Y,Z]})$$
$$- (\nabla_Y\nabla_Z - \nabla_Z\nabla_Y - \nabla_{[Y,Z]})\nabla_X$$
$$- (\nabla_{[X,Y]}\nabla_Z - \nabla_Z\nabla_{[X,Y]} - \nabla_{[[X,Y],Z]}) \quad + \text{zykl. Vert.}$$

Benutzt man die Jacobi-Identität, so fällt der letzte Term in der zyklischen Summe weg. Die übrigen Terme gehen je paarweise, bis aufs Vorzeichen, durch eine zyklische Vertauschung ineinander über und heben sich deshalb in der zyklischen Summe weg. Dies beweist die 2. Bianchi-Identität.

Als nächstes beweisen wir die 1. Bianchi-Identität für $T = 0$.
Dann ist die linke Seite von (32)

$$(\nabla_X\nabla_Y - \nabla_Y\nabla_X)Z + (\nabla_Y\nabla_Z - \nabla_Z\nabla_Y)X + (\nabla_Z\nabla_X - \nabla_X\nabla_Z)Y -$$
$$- \nabla_{[X,Y]}Z - \nabla_{[Y,Z]}X - \nabla_{[Z,X]}Y$$
$$= \nabla_X[Y,Z] - \nabla_{[Y,Z]}X \quad + \text{zykl. Vert.}$$
$$= [X,[Y,Z]] \quad + \text{zykl. Vert.} = 0$$

□

5.6. Riemannsche Zusammenhänge

Definition 2. Es sei (M,g) eine pseudo-Riemannsche Mannigfaltigkeit. Ein affiner Zusammenhang ist metrisch, falls die Parallelverschiebung längs jeder glatten Kurve γ in M das Skalarprodukt erhält: Für autoparallele Felder $X(t), Y(t)$ längs γ ist $g_{\gamma(t)}(X(t),Y(t))$ unabhängig von t .

Proposition 3. Der affine Zusammenhang ∇ ist genau dann metrisch, wenn

$$\nabla g = 0 \tag{34}$$

ist.

Beweis: Nach Definition ist der affine Zusammenhang genau dann metrisch, wenn (für alle γ, Y, Z)

$$\frac{d}{dt} g_{\gamma(t)}(\tau_{t,s} Y_{\gamma(s)}, \tau_{t,s} Z_{\gamma(s)}) = 0 \tag{35}$$

Wegen der Gruppeneigenschaft für $\tau_{t,s}$ ist dies äquivalent zur gleichen Bedingung für $t = s$. Letztere ist aber nach (14) und (15) äquivalent zu $\nabla_{\dot\gamma} g = 0$. □

Bemerkung: Nach (18) ist $\nabla g = 0$ gleichbedeutend mit der sog. Ricci-Identität

$$Xg(Y,Z) = g(\nabla_X Y, Z) + g(Y, \nabla_X Z) \tag{36}$$

Nun beweisen wir den wichtigen

Satz 4. Auf einer pseudo-Riemannschen Mannigfaltigkeit (M,g) existiert genau ein affiner Zusammenhang ∇ , welcher die folgenden Eigenschaften erfüllt:

(i) Torsion = 0 (∇ ist symmetrisch)

(ii) ∇ ist metrisch.

Beweis: Aus der Ricci-Identität (36) und (i) folgt

(a) $$Xg(Y,Z) = g(\nabla_Y X, Z) + g([X,Y],Z) + g(Y, \nabla_X Z)$$

Durch zyklische Permutationen erhalten wir daraus

(b) $$Yg(Z,X) = g(\nabla_Z Y, X) + g([Y,Z],X) + g(Z, \nabla_Y X)$$

(c) $$Zg(X,Y) = g(\nabla_X Z, Y) + g([Z,X],Y) + g(X, \nabla_Z Y)$$

Bilden wir (b) + (c) - (a) , so folgt

$$2g(\nabla_Z Y, X) = -Xg(Y,Z) + Yg(Z,X) + Zg(X,Y) -$$
$$- g([Z,X],Y) - g([Y,Z],X) + g([X,Y],Z) \quad (37)$$

Die rechte Seite hängt nicht von ∇ ab. Da g nicht ausgeartet ist, ergibt sich aus (37) die Eindeutigkeit von ∇.

Existenz: Wir definieren die Abbildung $\omega: \mathfrak{X}(M) \longrightarrow \mathfrak{F}(M)$, $\omega(X) =$ rechte Seite von (37). ω ist sicher additiv; es ist aber auch $\mathfrak{F}(M)$-homogen, $\omega(fX) = f\omega(X)$, wie eine einfache Rechnung zeigt. Zur 1-Form ω gehört ein eindeutiges Vektorfeld $\nabla_Z Y$, mit $g(\nabla_Z Y, X) = \omega(X)$. Die so definierte Abbildung $\nabla: \mathfrak{X}(M) \times \mathfrak{X}(M) \longrightarrow \mathfrak{X}(M)$ erfüllt die Eigenschaften eines affinen Zusammenhangs (Definition 1): Die Additivität in Y und Z ist klar, die Homogenität in Z prüft man durch eine direkte Rechnung. Wir verifizieren die Derivationsregel (für $g(X,Y)$ schreiben wir $\langle X,Y \rangle$):

$$2\langle \nabla_Z fY, X\rangle = -X\langle fY, Z\rangle + fY\langle Z,X\rangle + Z\langle X, fY\rangle$$
$$- \langle [Z,X], fY\rangle - \langle [fY,Z], X\rangle + \langle [X,fY], Z\rangle$$
$$= 2\langle f\nabla_Z Y, X\rangle - (Xf)\langle Y,Z\rangle + (Zf)\langle X,Y\rangle + (Zf)\langle Y,X\rangle + (Xf)\langle Y,Z\rangle$$
$$= 2[\langle f\nabla_Z Y, X\rangle + (Zf)\langle Y,X\rangle] = 2\langle f\nabla_Z Y + (Zf)Y, X\rangle$$

Dies beweist die Derivationsregel

$$\nabla_Z(fY) = f\nabla_Z Y + (Zf)Y$$

Der konstruierte affine Zusammenhang hat eine verschwindende Torsion: Aus (37) folgt unmittelbar

$$\langle \nabla_Z Y, X\rangle = \langle \nabla_Y Z, X\rangle + \langle [Z,Y], X\rangle$$

Ferner ist die Ricci-Identität erfüllt, wie man durch Addition der rechten Seiten von (37) für $2\langle \nabla_Z Y, X\rangle + 2\langle \nabla_Z X, Y\rangle$ leicht sieht. $\square$

Definition 3. Der nach Satz 4 eindeutig definierte Zusammenhang auf (M,g) ist der Riemannsche Zusammenhang (Zusammenhang von Levi-Cività).

Lokale Ausdrücke: Wir bestimmen die Christoffel-Symbole des Riemannschen Zusammenhangs in einer Karte $(U, x^1, \ldots, x^n)$.

Dazu setzen wir in (37) $X = \partial_k$, $Y = \partial_j$, $Z = \partial_i$

und benutzen $[\partial_i,\partial_j] = 0$, sowie $\langle\partial_i,\partial_j\rangle = g_{ij}$:

$$2\langle\nabla_{\partial_i}\partial_j,\partial_k\rangle = 2\Gamma^l_{ij}\, g_{lk} = -\partial_k\langle\partial_j,\partial_i\rangle + \partial_j\langle\partial_i,\partial_k\rangle + \partial_i\langle\partial_k,\partial_j\rangle ,$$

$$g_{lk}\Gamma^l_{ij} = \tfrac{1}{2}(g_{jk,i} + g_{ik,j} - g_{ij,k}) \tag{38}$$

Bezeichnet (g^{ij}) die zu (g_{ij}) inverse Matrix, so folgt aus (38)

$$\Gamma^l_{ij} = \tfrac{1}{2} g^{lk}(g_{ki,j} + g_{kj,i} - g_{ij,k} \tag{39}$$

Proposition 4. Die Krümmung zum Riemannschen Zusammenhang hat die folgenden zusätzlichen Symmetrieeigenschaften

$$\langle R(X,Y)Z,U\rangle = -\langle R(X,Y)U,Z\rangle \tag{40}$$

$$\langle R(X,Y)Z,U\rangle = \langle R(Z,U)X,Y\rangle \tag{41}$$

Beweis: Es genügt, diese Identität für Vektorfelder mit paarweise verschwindenden Lie-Klammern zu zeigen, da man die Relationen nur lokal, also z.B. für Basisfelder einer Karte, zu prüfen braucht.
(40) ist äquivalent zu

$$\langle R(X,Y)Z,Z\rangle = 0 \tag{40'}$$

Da ∇ ein Riemannscher Zusammenhang ist, gilt

$$\langle\nabla_X\nabla_Y Z,Z\rangle = X\langle\nabla_Y Z,Z\rangle - \langle\nabla_Y Z,\nabla_X Z\rangle$$

und

$$\langle\nabla_Y Z,Z\rangle = \tfrac{1}{2} Y\langle Z,Z\rangle$$

Daraus folgt

$$2\langle R(X,Y)Z,Z\rangle = XY\langle Z,Z\rangle - YX\langle Z,Z\rangle = 0$$

was (40) beweist.
Auf Grund der 1. Bianchi-Identität (32) für $T = 0$, ist

$$\begin{aligned}\langle R(X,Y)Z,U\rangle &= -\langle R(Y,X)Z,U\rangle \\ &= \langle R(X,Z)Y,U\rangle + \langle R(Z,Y)X,U\rangle\end{aligned} \tag{*}$$

Aus (40) und der 1. Bianchi-Identität folgt ausserdem

$$\begin{aligned}\langle R(X,Y)Z,U\rangle &= -\langle R(X,Y)U,Z\rangle \\ &= \langle R(Y,U)X,Z\rangle + \langle R(U,X)Y,Z\rangle\end{aligned} \tag{**}$$

Addition von (*) und (**) ergibt

$$2\langle R(X,Y)Z,U\rangle = \langle R(X,Z)Y,U\rangle + \langle R(Z,Y)X,U\rangle$$
$$+ \langle R(Y,U)X,Z\rangle + \langle R(U,X)Y,Z\rangle$$

Wird darin X mit Z und Y mit U vertauscht, so kommt

$$2\langle R(Z,U)X,Y\rangle = \langle R(Z,X)U,Y\rangle + \langle R(X,U)Z,Y\rangle$$
$$+ \langle R(U,Y)Z,X\rangle + \langle R(Y,Z)U,X\rangle$$

Benutz man noch $R(X,Y) = -R(Y,X)$ und (40), so sieht man, dass die rechten Seiten der beiden letzten Gleichungen übereinstimmen. □

Bemerkungen.

1) Mit dem g-Tensorfeld können wir in einer pseudo-Riemannschen Mannigfaltigkeit $\mathfrak{X}(M)$ eindeutig auf $\mathfrak{X}^*(M)$ abbilden,

$$\#: \mathfrak{X}(M) \longrightarrow \mathfrak{X}^*(M),\ X^\#(Z) = g(X,Z)\quad \text{, für alle } Z \in \mathfrak{X}(M).$$

Damit können wir z.B. einem Feld $t \in \mathcal{T}^0_2(M)$ eindeutig ein solches aus $\mathcal{T}^1_1(M)$ zuordnen:

$$\tilde{t}(X, Y^\#) = t(X,Y)$$

In lokalen Koordinaten entspricht dies dem Herauf- und Hinunterziehen von Indizes mit dem metrischen Tensor.

2) Wegen $g_{ij}\, g^{jk} = \delta^k_i$ folgt auch $g^{ij}{}_{;k} = 0$ (beachte $\delta_i{}^j{}_{;k} = 0$).

Wir wollen die Identitäten des Krümmungstensors für einen Riemannschen Zusammenhang noch in Komponenten ausdrücken. Diese lauten ($\sum\limits_{(ijk)}$ = zyklische Summe):

$$\sum_{(jkl)} R^i{}_{jkl} = 0 \qquad \text{(1. Bianchi-Identität)} \qquad (42a)$$

$$\sum_{(klm)} R^i{}_{jkl;m} = 0 \qquad \text{(2. Bianchi-Identität)} \qquad (42b)$$

$$R^i{}_{jkl} = -R^i{}_{jlk} \qquad (42c)$$

$$R_{ijkl} = -R_{jikl} \qquad (42d)$$

$$R_{ijkl} = R_{klij} \qquad (42e)$$

Beweis: Nach (28) ist

$$R^i{}_{jkl} = \langle dx^i, R(\partial_k,\partial_l)\partial_j \rangle \Rightarrow R_{ijkl} = \langle \partial_i, R(\partial_k,\partial_l)\partial_j \rangle \qquad (43)$$

Daraus ergibt sich (42c) auf Grund von $R(X,Y) = -R(Y,X)$, (42a) folgt aus der 1. Bianchi-Identität (32) für T = 0 , (42b) folgt aus der 2. Bianchi-Identität (33) für T = 0 , (42d) und (42e) ergeben sich aus (40) und (41) .

Kontrahierte Bianchi-Identität

Bezeichnet R_{ik} , wie in (30), den Ricci-Tensor und

$$R = g^{ik} R_{ik} \qquad (44)$$

die skalare Riemannsche Krümmung, so gilt die kontrahierte Bianchi-Identität

$$(R_i{}^k - \tfrac{1}{2}\delta_i{}^k R)_{;k} = 0 \qquad (45)$$

Ferner ist der Ricci-Tensor symmetrisch

$$R_{ik} = R_{ki} \qquad (46)$$

Beweis: Die Symmetrie von R_{ik} folgt aus (vergl. Gl.(38))

$$R_{jl} = g^{ik} R_{ijkl} \qquad (47)$$

und (42e).

Nun betrachten wir

$$R_j{}^m{}_{;m} = g^{ml} R_{jl;m} = g^{ml} g^{ik} R_{ijkl;m} \overset{(42e)}{=} g^{ml} g^{ik} R_{klij;m}$$

Darin benutzen wir die 2. Bianchi-Identität (42b) und erhalten

$$R_j{}^m{}_{;m} = -g^{ml} g^{ik} (R_{kljm;i} + R_{klmi;j})$$

Der erste Term rechts ist nach (42c), (42d), sowie (47) gleich

$$-g^{ik} R_{kj;i} = -R_j{}^l{}_{;l}$$

Der zweite Term ist nach (42d), (47) gleich $g^{ik} R_{ki;j} = R_{,j}$

Also gilt

$$R_i{}^k{}_{;k} = \tfrac{1}{2} R_{,i} = \tfrac{1}{2}(\delta_i{}^k R)_{;k} \qquad \square$$

Der Einstein-Tensor ist

$$G_{ik} = R_{ik} - \tfrac{1}{2} g_{ik} R \qquad (48)$$

Nach (45) erfüllt er die kontrahierte Bianchi-Identität

$$\boxed{G_i{}^k{}_{j\,k} = 0} \tag{49}$$

* * *

5.7. Die Cartanschen Strukturgleichungen

Es sei M eine differenzierbare Mannigfaltigkeit mit affinem Zusammenhang ∇ . Auf einer offenen Teilmenge U (z.B. dem Bereich einer Karte) sei $(e_1,\ldots,e_n)$ eine Basis von C^∞-Vektorfeldern und $(\theta^1,\ldots,\theta^n)$ bezeichne die dazu gehörende duale Basis von 1-Formen. Wir definieren Zusammenhangsformen $\omega^i{}_j \in \Lambda_1(U)$ durch die folgende Gleichung

$$\nabla_X e_j = \omega^i{}_j(X)\, e_i \tag{50}$$

Die Christoffel-Symbole (relativ zur Basis $\{e_i\}$) erklären wir durch die folgende Verallgemeinerung von (1)

$$\nabla_{e_k} e_j = \Gamma^i{}_{kj}\, e_i = \omega^i{}_j(e_k)\, e_i$$

Damit ist

$$\omega^i{}_j = \Gamma^i{}_{kj}\, \theta^k \tag{51}$$

Da ∇_X mit den Kontraktionen vertauscht, gilt nach (50)

$$0 = \nabla_X \langle \theta^i, e_j\rangle = \langle \nabla_X \theta^i, e_j\rangle + \langle \theta^i, \nabla_X e_j\rangle$$

$$= \langle \nabla_X \theta^i, e_j\rangle + \underbrace{\langle \theta^i, \omega^k{}_j(X)\, e_k\rangle}_{\omega^i{}_j(X)}$$

d.h.

$$\nabla_X \theta^i = -\omega^i{}_j(X)\, \theta^j \tag{52}$$

oder

$$\nabla \theta^i = -\theta^j \otimes \omega^i{}_j \tag{52'}$$

Ist α eine allgemeine 1-Form, $\alpha = \alpha_i \theta^i$, $\alpha_i \in \mathcal{F}(U)$, so folgt aus (52)

$$\nabla_X \alpha = (X\alpha_i)\,\theta^i + \alpha_i \nabla_X \theta^i = \langle d\alpha_i - \alpha_l\, \omega^l{}_i, X\rangle\, \theta^i$$

d.h.

$$\nabla\alpha = \theta^i \otimes (d\alpha_i - \omega^k{}_i\, \alpha_k) \tag{53}$$

Analog findet man für ein Vektorfeld $X = X^i e_i$

$$\nabla X = e_i \otimes (dX^i + \omega^i{}_k X^k) \tag{54}$$

Die Torsion und die Krümmung definieren Differentialformen Θ^i, bzw. $\Omega^i{}_j$, durch

$$T(X,Y) = \Theta^i(X,Y)\, e_i \tag{55}$$

$$R(X,Y)e_j = \Omega^i{}_j(X,Y)\, e_i \tag{56}$$

(Θ^i : Torsionsformen, $\Omega^i{}_j$: Krümmungsformen).

<u>Satz 5.</u> Die Torsions- und Krümmungsformen erfüllen die Cartanschen Strukturgleichungen

$$d\theta^i + \omega^i{}_j \wedge \theta^j = \Theta^i \tag{57}$$

$$d\omega^i{}_j + \omega^i{}_k \wedge \omega^k{}_j = \Omega^i{}_j \tag{58}$$

<u>Beweis:</u> Nach Definition und (50) ist

$$\begin{aligned}
\Theta^i(X,Y)e_i &= \nabla_X Y - \nabla_Y X - [X,Y] \\
&= \nabla_X(\theta^j(Y)e_j) - \nabla_Y(\theta^j(X)e_j) - \theta^j([X,Y])e_j \\
&= \{X\theta^j(Y) - Y\theta^j(X) - \theta^j([X,Y])\}e_j + \\
&\quad + \{\theta^j(Y)\,\omega^i{}_j(X) - \theta^j(X)\,\omega^i{}_j(Y)\}\, e_i \\
&= d\theta^i(X,Y)\, e_i + (\omega^i{}_j \wedge \theta^j)(X,Y)\, e_i
\end{aligned}$$

Daraus folgt Gl. (57). Ganz analog leiten wir (58) her. Nach Definition und (50) ist

$$\Omega^i{}_j(X,Y)e_i = \nabla_X\nabla_Y e_j - \nabla_Y\nabla_X e_j - \nabla_{[X,Y]} e_j =$$

$$= \nabla_X(\omega^i_j(Y)e_i) - \nabla_Y(\omega^i_j(X)e_i) - \omega^i_j([X,Y])e_i$$

$$= \{X\omega^i_j(Y) - Y\omega^i_j(X) - \omega^i_j([X,Y])\}e_i$$

$$+ \{\omega^i_j(Y)\omega^k_i(X) - \omega^i_j(X)\omega^k_i(Y)\}e_k$$

$$= d\omega^i_j(X,Y)e_i + (\omega^i_k \wedge \omega^k_j)(X,Y)e_i$$

Vergleich der Komponenten gibt Gl. (58). □

Wir entwickeln

$$\Omega^i_j = \frac{1}{2} R^i_{jkl}\,\theta^k \wedge \theta^l \,, \quad R^i_{jkl} = -R^i_{jlk} \tag{59}$$

Da

$$\langle\theta^i, R(e_k,e_l)e_j\rangle = \langle\theta^i, \Omega^s_j(e_k,e_l)e_s\rangle = \Omega^i_j(e_k,e_l)$$

Gilt

$$\boxed{R^i_{jkl} = \langle\theta^i, R(e_k,e_l)e_j\rangle} \tag{60}$$

Nach (43) stimmt R^i_{jkl} für $e_i = \partial/\partial x^i$ mit den Komponenten des Riemann-Tensors überein. Gl. (60) definiert diese Komponenten für eine beliebige Basis $\{e_i\}$. Diese ergeben sich, mit (59), aus der Kenntnis der Krümmungsformen.

Analog ist auch

$$\Theta^i = \frac{1}{2} T^i_{kl}\,\theta^k \wedge \theta^l \,, \quad T^i_{kl} = \langle\theta^i, T(e_k,e_l)\rangle \tag{60'}$$

<u>Proposition 5.</u> Ein affiner Zusammenhang ∇ ist genau dann metrisch, wenn

$$\omega_{ik} + \omega_{ki} = dg_{ik} \tag{61}$$

wobei

$$\omega_{ik} = g_{ij}\,\omega^j{}_k \,, \quad g_{ik} = g(e_i,e_k)$$

<u>Beweis:</u> Nach § 5.6 (Bemerkung zu Prop. 3) ist der Zusammenhang genau dann metrisch, wenn die Ricci-Identität gilt:

$$dg_{ik}(X) = Xg_{ik} = X\langle e_i, e_k\rangle = \langle \nabla_X e_i, e_k\rangle + \langle e_i, \nabla_X e_k\rangle$$

$$\overset{(50)}{=} \omega^j{}_i(X)\langle e_j, e_k\rangle + \omega^j{}_k(X)\langle e_i, e_j\rangle$$

$$= g_{jk}\,\omega^j{}_i(X) + g_{ij}\,\omega^j{}_k(X). \qquad \square$$

Für einen Riemannschen Zusammenhang haben wir die folgenden Gleichungen

$$\boxed{\begin{aligned} \omega_{ij} + \omega_{ji} &= dg_{ij} \\ d\theta^i + \omega^i{}_j \wedge \theta^j &= 0 \\ d\omega^i{}_j + \omega^i{}_k \wedge \omega^k{}_j &= \Omega^i{}_j = \tfrac{1}{2} R^i{}_{jkl}\,\theta^k \wedge \theta^l \end{aligned}} \tag{63}$$

<u>Lösung der Strukturgleichungen</u>

Wir entwickeln $d\theta^i$ nach der Basis θ^i:

$$d\theta^i = -\tfrac{1}{2} C^i{}_{jk}\,\theta^j \wedge \theta^k \;, \quad C^i{}_{jk} = -C^i{}_{kj} \tag{64}$$

Dies, sowie (51) setzen wir in die 1. Cartansche Strukturgleichung (2. Gleichung von (63)) ein

$$\left(-\tfrac{1}{2} C^i{}_{jk} + \Gamma^i{}_{jk}\right)\theta^j \wedge \theta^k = 0$$

Daraus folgt

$$\boxed{\Gamma^i{}_{kl} - \Gamma^i{}_{lk} = C^i{}_{kl}} \tag{65}$$

[Für $\theta^i = dx^i$ ist $C^i{}_{kl} = 0$ und die $\Gamma^i{}_{kl}$ sind in k,l symmetrisch].

Wir setzen ferner

$$dg_{ij} = g_{ij,k}\,\theta^k \;, \quad g_{ij,k} = e_k(g_{ij}) \tag{66}$$

Da nach (51)

$$\omega_{ij} = g_{is}\,\Gamma^s{}_{lj}\,\theta^l$$

ist, so folgt aus der 1. Gleichung in (63)

$$g_{ij,k} = g_{is}\Gamma^s{}_{kj} + g_{js}\Gamma^s{}_{ki} \tag{67}$$

Darin vertauschen wir zyklisch

$$g_{jk,i} = g_{js}\Gamma^s{}_{ik} + g_{ks}\Gamma^s{}_{ij} \tag{68}$$

$$g_{ki,j} = g_{ks}\Gamma^s{}_{ji} + g_{is}\Gamma^s{}_{jk} \tag{69}$$

Bilden wir (67) + (68) - (69) , so kommt mit (65)

$$g_{ij,k} + g_{jk,i} - g_{ki,j} = g_{is}C^s{}_{kj} + g_{js}(\Gamma^s{}_{ki} + \Gamma^s{}_{ik}) + g_{ks}C^s{}_{ij}$$

Diese Gleichung multiplizieren wir mit g^{lj} und erhalten

$$\Gamma^l{}_{ki} + \Gamma^l{}_{ik} = g^{lj}(g_{ij,k} + g_{jk,i} - g_{ki,j}) - g^{lj}g_{is}C^s{}_{kj} - g^{lj}g_{ks}C^s{}_{ij}$$

Benutzen wir noch (65), so folgt schliesslich

$$\boxed{\Gamma^l{}_{ki} = \frac{1}{2}(C^l{}_{ki} - g_{is}g^{lj}C^s{}_{kj} - g_{ks}g^{lj}C^s{}_{ij}) + \frac{1}{2}g^{lj}(g_{ij,k} + g_{jk,i} - g_{ki,j})} \tag{70}$$

In orthonormierten Basen verschwindet die 2. Zeile.
Nun ist nach (51)

$$d\omega^i{}_j = d\Gamma^i{}_{lj}\wedge\theta^l + \Gamma^i{}_{lj}\,d\theta^l$$

Wir setzen $d\Gamma^i{}_{lj} = \Gamma^i{}_{lj,s}\theta^s$ $(\Gamma^i{}_{lj,s} = e_s\Gamma^i{}_{lj})$ und benutzen (64).
Damit ist

$$d\omega^i{}_j = \Gamma^i{}_{lj,s}\,\theta^s\wedge\theta^l - \frac{1}{2}\Gamma^i{}_{lj}C^l{}_{ab}\,\theta^a\wedge\theta^b$$

oder

$$d\omega^i{}_j = \frac{1}{2}(\Gamma^i{}_{bj,a} - \Gamma^i{}_{aj,b} - \Gamma^i{}_{lj}C^l{}_{ab})\,\theta^a\wedge\theta^b$$

Folglich wird aus der 2. Cartanschen Strukturgleichung (3. Gleichung in (63))

$$d\omega^i{}_j + \omega^i{}_l \wedge \omega^l{}_j = \frac{1}{2}\left(\Gamma^i{}_{bj,a} - \Gamma^i{}_{aj,b} - \Gamma^i{}_{lj}\, C^l{}_{ab}\right)\theta^a \wedge \theta^b$$

$$+ \left(\Gamma^i{}_{al}\Gamma^l{}_{bj} - \Gamma^i{}_{bl}\Gamma^l{}_{aj}\right)\theta^a \wedge \theta^b$$

$$= \Omega^i{}_j = \frac{1}{2} R^i{}_{jab}\, \theta^a \wedge \theta^b$$

Die Komponenten des Krümmungstensors lauten also

$$\boxed{R^i{}_{jab} = \Gamma^i{}_{bj,a} - \Gamma^i{}_{aj,b} - \Gamma^i{}_{lj}\, C^l{}_{ab} + \Gamma^i{}_{al}\Gamma^l{}_{bj} - \Gamma^i{}_{bl}\Gamma^l{}_{aj}} \tag{71}$$

* * *

5.8. Die Bianchi-Identitäten für die Krümmungs- und Torsionsformen

Wir betrachten im folgenden wieder einen beliebigen affinen Zusammenhang ∇ auf einer Mannigfaltigkeit M. $\{e_i\}$, $\{\theta^i\}$ seien, wie oben, zueinander duale Basen und $\omega^i{}_j$ bezeichne die Zusammenhangsformen.

Proposition 6. Unter einer Basistransformation

$$\bar{\theta}^i(x) = A^i{}_j(x)\,\theta^j(x) \tag{72}$$

transformiert sich $\omega = (\omega^i{}_j)$ inhomogen: In Matrixschreibweise gilt

$$\bar{\omega} = A\omega A^{-1} - dA\, A^{-1} \tag{73}$$

Beweis: Nach (52) ist (in einer offensichtlichen Matrixschreibweise)

$$\nabla_X \bar{\theta} = -\bar{\omega}(X)\bar{\theta} = \nabla_X(A\theta) = dA(X)\,\theta + A\nabla_X\theta$$

$$= dA(X)\,\theta - A\omega(X)\theta = dA(X)A^{-1}\bar{\theta} - A\omega(X)A^{-1}\bar{\theta}$$

Daraus folgt die Behauptung. □

Definition. Eine tensorwertige p-Form vom Typ (r,s) ist eine multilineare Abbildung

$$\Phi : \underbrace{\mathfrak{X}^*(M) \times \cdots\cdots \times \mathfrak{X}^*(M)}_{r \text{ mal}} \times \underbrace{\mathfrak{X}(M) \times \cdots\cdots \mathfrak{X}(M)}_{s \text{ mal}} \longrightarrow \Lambda_p(M)$$

Die p-Formen

$$\Phi^{i_1 \ldots i_r}_{j_1 \ldots j_s} = \Phi(\theta^{i_1}, \ldots, \theta^{i_r}, e_{j_1}, \ldots, e_{j_s})$$

sind die Komponenten der tensorwertigen p-Form (relativ zur Basis θ^i).

Proposition 7. Zu einer tensorwertigen p-Form, Φ, vom Typ (r,s) gibt es eine eindeutige tensorwertige (p+1)-Form, $D\Phi$, vom Typ (r,s), welche relativ zu einer Basis $\{\theta^i\}$ die folgenden Komponenten hat

$$(D\Phi)^{i_1 \ldots i_r}_{j_1 \ldots j_s} = d\Phi^{i_1 \ldots i_r}_{j_1 \ldots j_s} + \omega^{i_1}{}_{l} \wedge \Phi^{l i_2 \ldots i_r}_{j_1 \ldots j_s} + \ldots \quad \text{(für jeden oberen Index)}$$

$$- \omega^{l}{}_{j_1} \wedge \Phi^{i_1 \ldots i_r}_{l j_2 \ldots j_s} - \ldots \quad \text{(für jeden unteren Index)} \tag{74}$$

Beweis: Es genügt zu zeigen, dass sich die rechte Seite von (74) bei Basiswechsel, $\bar{\theta}(x) = A(x)\,\theta(x)$, wie die Komponenten eines Tensors vom Typ (r,s) transformiert. Da jedes Paar von oberen und unteren Indizes in (74) in gleicher Weise eingeht, betrachten wir eine tensorwertige p-Form $\Phi^i{}_j$ vom Typ (1,1). Die transformierten Komponenten $\bar{\Phi} = (\bar{\Phi}^i{}_j)$ sind $\bar{\Phi} = A\Phi A^{-1}$. Ferner ist

$$D\bar{\Phi} = d\bar{\Phi} + \bar{\omega} \wedge \bar{\Phi} - (-1)^p \bar{\Phi} \wedge \bar{\omega}$$

oder nach (73), sowie $dA\, A^{-1} = -A\, dA^{-1}$

$$D\bar{\Phi} = d(A\Phi A^{-1}) + [A\omega A^{-1} - dA\, A^{-1}] \wedge A\Phi A^{-1}$$

$$- (-1)^p A\Phi A^{-1} \wedge [A\omega A^{-1} - dA\, A^{-1}]$$

$$= dA\Phi A^{-1} + A d\Phi A^{-1} + (-1)^p A\Phi dA^{-1}$$

$$+ [A\omega - dA] \wedge \Phi A^{-1} - (-1)^p A\Phi \wedge [\omega A^{-1} + dA^{-1}]$$

$$= A[d\Phi + \omega \wedge \Phi - (-1)^p \Phi \wedge \omega] A^{-1} = A(D\Phi)A^{-1} \qquad \square$$

Die tensorwertige (p+1)-Form $D\phi$ in Proposition 7 ist das <u>absolute äussere Differential</u> der tensorwertigen p-Form ϕ .

Spezialfälle.

1) Für eine "gewöhnliche" p-Form (tensorwertige Form vom Typ (0,0)) ist $D = d$.

2) Für eine tensorwertige 0-Form t vom Typ (r,s) (d.h. ein Tensorfeld $t \in \mathcal{T}^r_s(M)$) ist

$$Dt = \nabla t \tag{75}$$

In der Tat reduziert sich (74) in einer Koordinatenbasis $\theta^i = dx^i$ mit Gleichung (51) auf die Formel (22).

Aus (74) folgt für zwei tensorwertige Formen trivialerweise die Derivationsregel:

$$D(\phi \wedge \psi) = D\phi \wedge \psi + (-1)^p \phi \wedge D\psi$$

($\wedge$: äussere Multiplikation der Komponenten)

Bemerkungen:

1) Ein Zusammenhang ist genau dann metrisch, wenn $Dg = 0$ ist.

2) Die Basis θ^i ist eine tensorwertige 1-Form vom Typ (1,0) . Aus (74) entnimmt man, dass die 1. Strukturgleichung wie folgt geschrieben werden kann

$$D\theta^i = \Theta^i .$$

Nun können wir die Bianchi-Identitäten in einer sehr kompakten Weise formulieren. Offensichtlich sind Θ^i und $\Omega^i{}_j$ tensorwertige 2-Formen vom Typ (1,0) bzw. (1,1) (siehe die Definitionen (55) und (56)).

Proposition 8. Die Torsions- und Krümmungsformen erfüllen die folgenden Identitäten

$$D\Theta^i = \Omega^i{}_j \wedge \theta^j \qquad \text{(1. Bianchi-Identität)} \tag{76}$$

$$D\Omega^i{}_j = 0 \qquad \text{(2. Bianchi-Identität)} \tag{77}$$

Beweis: Nach (74) und den Cartanschen Strukturgleichungen ist (in Matrixschreibweise)

$$D\Theta = d\Theta + \omega \wedge \Theta = d(d\theta + \omega \wedge \theta) + \omega \wedge (d\theta + \omega \wedge \theta)$$

$$= d\omega \wedge \theta - \omega \wedge d\theta + \omega \wedge d\theta + \omega \wedge \omega \wedge \theta = \Omega \wedge \theta$$

Analog ist

$$D\Omega = d\Omega + \omega\wedge\Omega - \Omega\wedge\omega = d\Omega + \omega\wedge d\omega - d\omega\wedge\omega$$

$$d\Omega = d(d\omega + \omega\wedge\omega) = d\omega\wedge\omega - \omega\wedge d\omega$$

und damit

$$D\Omega = 0 . \qquad \square$$

Wir zeigen, dass (76) und (77) äquivalent zu den früher formulierten Bianchi-Identitäten (vergl. (32), (33)) sind.

In einer natürlichen Basis $\Theta^i = dx^i$ lautet (76) (siehe auch 60')):

$$D\Theta^i = d\Theta^i + \omega^i{}_j \wedge \Theta^j = d\left(\tfrac{1}{2}T^i{}_{k\ell}\, dx^k\wedge dx^\ell\right) +$$

$$+ \omega^i{}_j \wedge \tfrac{1}{2} T^j{}_{k\ell}\, dx^k\wedge dx^\ell$$

$$= \Omega^i{}_j \wedge \Theta^j = \tfrac{1}{2} R^i{}_{jk\ell}\, dx^k\wedge dx^\ell\wedge dx^j$$

oder

$$(T^i{}_{k\ell,j} + \Gamma^i{}_{js} T^s{}_{k\ell})\, dx^j\wedge dx^k\wedge dx^\ell = R^i{}_{jk\ell}\, dx^j\wedge dx^k\wedge dx^\ell$$

d.h.

$$\sum_{(jk\ell)} T^i{}_{k\ell,j} = \sum_{(jk\ell)} (R^i{}_{jk\ell} - \Gamma^i{}_{js} T^s{}_{k\ell})$$

Nun ist aber mit (27)

$$\sum_{(jk\ell)} T^i{}_{k\ell;j} = \sum_{(jk\ell)} (T^i{}_{k\ell,j} + \Gamma^i{}_{js} T^s{}_{k\ell} - \Gamma^s{}_{jk} T^i{}_{s\ell} - \Gamma^s{}_{j\ell} T^i{}_{ks})$$

$$= \sum_{(jk\ell)} (T^i{}_{k\ell,j} + \Gamma^i{}_{js} T^s{}_{k\ell} + T^s{}_{j\ell} T^i{}_{ks})$$

und damit

$$\sum_{(jk\ell)} R^i{}_{jk\ell} = \sum_{(jk\ell)} (T^i{}_{k\ell;j} - T^s{}_{j\ell} T^i{}_{ks}) \tag{78}$$

Diese Gleichung gilt aber in jedem Bezugssystem (θ^i) und ist nichts anderes als die Komponentenform von (32).

Ebenso findet man aus (77)

$$\sum_{(klm)} R^i{}_{jkl;m} = \sum_{(klm)} T^s{}_{km} R^i{}_{jsl} \tag{79}$$

und dies ist die Komponentenform von (33).

Ergänzung

Es sei ϕ eine tensorwertige p-Form. Die zweifache Anwendung des absoluten äusseren Differentials gibt, mit (74) und der 2. Strukturgleichung, sofort

$$\begin{aligned}(\mathcal{D}^2\phi)^{i_1\ldots i_p}_{j_1\ldots j_s} &= \Omega^{i_1}{}_l \wedge \phi^{l i_2\ldots i_p}_{j_1\ldots j_s} + \ldots \\ &- \Omega^l{}_{j_1} \wedge \phi^{i_1\ldots i_p}_{l j_2\ldots j_s} - \ldots\end{aligned} \tag{80}$$

Beispiele:

1) Insbesondere gilt für eine Funktion f

$$\mathcal{D}^2 f = 0$$

Nun ist $\mathcal{D}f = df = f_{,i}dx^i = f_{;i}dx^i$ und nach der Derivationsregel ist

$$\mathcal{D}^2 f = \mathcal{D}f_{;i} \wedge dx^i + f_{;i} \wedge \mathcal{D}dx^i$$

Nach der 1. Strukturgleichung ist jedoch $\mathcal{D}dx^i = \Theta^i = \frac{1}{2}T^i{}_{kl}dx^k \wedge dx^l$.
Deshalb ist (beachte 75)

$$\mathcal{D}^2 f = f_{;i;k}\, dx^k \wedge dx^i + \frac{1}{2} f_{;s} T^s{}_{kl} dx^k \wedge dx^l$$

d.h.

$$f_{;i;k} - f_{;k;i} = T^s{}_{ik} f_{;s} \tag{81}$$

2) Für ein Vektorfeld ξ^i lautet (80)

$$\mathcal{D}^2 \xi^i = \Omega^i{}_l\, \xi^l = \frac{1}{2} R^i{}_{jkl}\, \xi^j dx^k \wedge dx^l$$

Anderseits ist

$$\begin{aligned}\mathcal{D}^2 \xi^i &= D(\xi^i{}_{;l} dx^l) = D\xi^i{}_{;l} \wedge dx^l + \xi^i{}_{;s}\, \Theta^s \\ &= \xi^i{}_{;l;k}\, dx^k \wedge dx^l + \xi^i{}_{;s}\, \frac{1}{2} T^s{}_{kl}\, dx^k \wedge dx^l\end{aligned}$$

Durch Vergleich ergibt sich

$$\xi^i{}_{j;l;k} - \xi^i{}_{j;k;l} = R^i{}_{jkl}\,\xi^j + T^s{}_{lk}\,\xi^i{}_{;s} \tag{82}$$

Für $\Theta = 0$ erhalten wir insbesondere

$$f_{;i;k} = f_{;k;i} \tag{81'}$$

$$\xi^i{}_{;l;k} - \xi^i{}_{;k;l} = R^i{}_{jkl}\,\xi^j \tag{82'}$$

* * *

5.9. Lokal flache Mannigfaltigkeiten

Definition. Es seien (M,g), (N,h) zwei pseudo-Riemannsche Mannigfaltigkeiten. Ein Diffeomorphismus $\varphi: M \longrightarrow N$ ist eine Isometrie, wenn $\varphi^* h = g$ ist. Jede pseudo-Riemannsche Mannigfaltigkeit, welche isometrisch zu $(\mathbb{R}^n, \mathring{g})$,

$$\mathring{g} = \sum_{i=1}^{n} \varepsilon_i\, dx^i\, dx^i\,, \quad \varepsilon_i = \pm 1 \tag{83}$$

ist, nennt man flach. Ist ein Raum lokal isometrisch zum flachen Raum, so nennt man ihn lokal flach.

Satz 6. Ein pseudo-Riemannscher Raum ist genau dann lokal flach, wenn die Krümmung zum Riemannschen Zusammenhang verschwindet.

Beweis: Ist der Raum lokal flach, so verschwindet die Krümmung. Um dies zu sehen, wähle man in der Umgebung eines Punktes eine Karte für die die Metrik die Form (83) hat. Dann verschwinden die Christoffel-Symbole und damit die Krümmung in der betrachteten Umgebung.

Für die Umkehrung verwenden wir den nachfolgenden Satz 7. Danach ist für $\Omega^i{}_j = 0$ die Parallelverschiebung lokal wegunabhängig. Deshalb können wir eine Basis von Vektoren in $T_pM, p \in M$, nach allen Punkten einer Umgebung von p parallel verschieben. Wir erhalten so lokale Basisfelder e_i, deren kovariante Ableitungen verschwinden. Für die zu (e_i) gehörende duale Basis (θ^i) ist

$$d\theta^i(e_j, e_k) = -\theta^i([e_j, e_k])$$

Für einen symmetrischen Zusammenhang ist aber

$$[e_j, e_k] = \nabla_{e_j} e_k - \nabla_{e_k} e_j = 0$$

Folglich ist $d\theta^i = 0$. Nach dem Poincare-Lemma existieren deshalb lokale Funktionen $x^i : U \longrightarrow \mathbb{R}, p \in U$, mit $\theta^i = dx^i$.
Wählen wir die x^i als Koordinaten, so ist $e_i = \partial / \partial x^i$ und

$$0 = \nabla_{e_i} e_j = \Gamma^k{}_{ij} e_k$$

Deshalb verschwinden die $\Gamma^k{}_{ij}$ im Koordinatensystem $\{x^i\}$ identisch in einer Umgebung von p . Ist der Zusammenhang speziell pseudo-Riemannsch, so folgt (z.B. aus (61)), dass die metrischen Koeffizienten g_{ik} in der Umgebung U konstant sind. Deshalb lassen sie sich in einem geeigneten Koordinatensystem in der Umgebung auf die Normalform (83) transformieren. □

Satz 7. Für einen affinen Zusammenhang ist die Parallelverschiebung genau dann lokal wegunabhängig, wenn der Krümmungstensor verschwindet. Wir beweisen diesen Satz im Anschluss an die folgende heuristische Betrachtung:

Es sei $\gamma : [0,1] \longrightarrow M$ ein geschlossener Weg, $\gamma(0) = p$. Wir verschieben einen beliebigen Anfangsvektor $v_0 \in T_p M$ parallel längs γ und erhalten so die Schar $v(t) = \tau_t v_0$, $v(t) \in T_{\gamma(t)} M$. Der geschlossene Weg sei genügend klein, dass wir in einer Karte arbeiten können. Dann ist $\dot{v}^i = -\Gamma^i{}_{jk} \dot{x}^j v^k$. Wir interessieren uns für

$$\Delta v^i = v^i(1) - v^i(0) = \int_0^1 \dot{v}^i dt = -\int_0^1 \Gamma^i{}_{jk}(\gamma(t)) v^k \dot{x}^j dt$$

$$= -\int_\gamma \Gamma^i{}_{kj} v^j dx^k = -\int_\gamma \omega^i{}_j v^j . \tag{84}$$

Wir denken uns das Koordinatensystem geodätisch im Punkte $p = \gamma(0)$.
Nun werten wir das Wegintegral (84) für eine infinitesimale Schleife aus. Dazu benutzen wir

$$\omega^i{}_j v^j = \omega^i{}_j (v^j - v_0^j) + \omega^i{}_j v_0$$

und ersetzen im ersten Term rechts $\omega^i{}_j$ durch $\Gamma^i{}_{kj}(p) dx^k = 0$.
Mit dem Stokes'schen Satz und der 2. Strukturgleichung folgt, wenn f eine durch γ eingeschlossene Fläche bezeichnet

$$\Delta v^i \simeq -\int_\gamma \omega^i{}_j v_0^j = -\int_f d\omega^i{}_j v_0^j$$

$$\simeq -\frac{1}{2} R^i{}_{jkl}(p) v_0^j \int_f dx^k \wedge dx^l$$

Wir halten dieses Ergebnis fest.(Leite dieses auch ohne Verwendung eines geodätischen Systems her.)

$$\Delta v^i \simeq -\frac{1}{2} R^i{}_{jkl}(\gamma(0)) v_0^j \int_f dx^k \wedge dx^l \tag{85}$$

In einer heuristischen Weise folgt aus dieser Formel auch der Satz 7. Für diesen geben wir zum Schluss einen strengen Beweis.

Beweis von Satz 7:

Wir betrachten eine Kurvenschar $H(t,s)$, $(\alpha \leq t \leq \beta)$, $s \in J$, mit $H(\alpha,s) = p$, $H(\beta,s) = q$, $(s \in J)$.

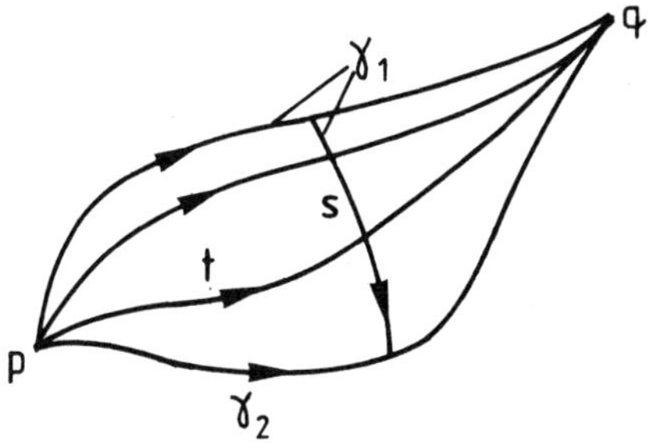

Sei $v \in T_p M$ und $Y(t,s)$ die Schar von Vektoren, welche man erhält, indem man v längs $t \longmapsto H(t,s)$, für jedes feste s, parallel verschiebt. D_1 sei das Feld, welches tangential an die Kurven $t \mapsto H(t,s)$ ist und D_2 dasjenige tangential an die Kurven $s \mapsto H(t,s)$ (für jedes feste t). Mit diesen Bezeichnungen gilt $Y(\alpha,s) = v$, $(s \in J)$ und

$$(\nabla_{D_1} Y)_{t,s} = 0 \quad , \quad (\nabla_{D_2} Y)_{\alpha,s} = 0 \tag{86}$$

Natürlich ist $[D_1, D_2] = 0$ (Ableitungen nach s und t vertauschen). Nun sei die Krümmung gleich Null. Dann folgt aus (86)

$$\nabla_{D_1} \nabla_{D_2} Y \big|_{t,s} = \nabla_{D_2} \nabla_{D_1} Y \big|_{t,s} = 0 \, ,$$

d.h. die Schar $t \mapsto \nabla_{D_2} Y$ ist längs $t \mapsto H(t,s)$ parallel verschoben. Aus (86) folgt dann aber

$$\nabla_{D_2} Y \big|_{t,s} = 0 \tag{87}$$

Man erhält also dasselbe Resultat, wenn man v längs dem Wegstück γ_1 oder γ_2 (siehe Fig.) parallel verschiebt.

Durch Grenzübergang sieht man, dass die Parallelverschiebung nach q unabhängig vom Weg ist.
Umgekehrt sei die Parallelverschiebung lokal wegunabhängig; dann schliessen wir in umgekehrter Richtung:
Zunächst ist dann (87) gültig und daraus schliessen wir

$$(\nabla_{D_1}\nabla_{D_2} - \nabla_{D_2}\nabla_{D_1})Y = R(D_1, D_2)Y = 0 \quad \text{, für alle } t, s$$

und deshalb ist $\Omega = 0$. □

*   *   *

TEIL 2 :

ALLGEMEINE RELATIVITAETSTHEORIE

Einleitung

Die Entdeckung der allgemeinen Relativitätstheorie (ART) wurde mit Recht schon oft als eine der grössten geistigen Leistungen eines einzelnen Menschen gerühmt. W. Pauli sagte bei der Einweihung der von Hubacher geschaffenen Büste Einsteins hier in Zürich:
"Die damals vollendete allgemeine Relativitätstheorie, anders als die spezielle ohne gleichzeitige Beiträge anderer Forscher von Einstein allein aufgebaut, wird für immer das Musterbeispiel einer Theorie von vollendeter Schönheit der mathematischen Struktur bleiben".

Lassen Sie mich auch M. Born zitieren:

"(Die allgemeine Relativitätstheorie) erschien und erscheint mir auch heute noch als die grösste Leistung menschlichen Denkens über die Natur, die erstaunlichste Vereinigung von philosophischer Tiefe, physikalischer Intuition und mathematischer Kunst. Ich bewundere sie wie ein Kunstwerk".

Die Entstehung der ART ist umso bemerkenswerter, als vom Experiment her keine Notwendigkeit bestand, über die Newtonsche Gravitationstheorie hinauszugehen, wenn wir von der winzigen Periheldrehung des Merkurs, welche nach Abzug aller Störungen in der Newtonschen Theorie noch unerklärt übrig blieb, einmal absehen. Massgebend für die Entwicklung der ART waren allein theoretische Erwägungen. Das Newtonsche Gravitationsgesetz ist - als ein Fernwirkungsgesetz - mit der speziellen Relativitätstheorie (SRT) nicht vereinbar. Deshalb sahen sich Einstein und andere Forscher gezwungen, eine relativistische Gravitationstheorie zu entwickeln. Erstaunlicherweise kam Einstein sehr bald zur Ueberzeugung, dass die Gravitation im Rahmen der SRT keinen Platz findet. In seinem Vortrag "Einiges über die Entstehung der allgemeinen Relativitätstheorie" führt Einstein dazu folgendes aus:
"Ich kam der Lösung des Problems zum erstenmal einen Schritt näher als ich versuchte, das Gravitationsgesetz im Rahmen der speziellen Relativitätstheorie zu behandeln. Wie die meisten damaligen Autoren versuchte ich, ein Feldgesetz für die Gravitation aufzustellen, da ja die Einführung unvermittelter Fernwirkung wegen der Abschaffung des absoluten Gleichzeitigkeitsbegriffs nicht mehr oder wenigstens nicht mehr in irgendwie natürlicher Weise möglich war.

Das Einfachste war natürlich, das Laplacesche skalare Potential der Gravitation beizubehalten und die Poissonsche Gleichung durch ein nach der Zeit differenziertes Glied in naheliegender Weise so zu ergänzen, dass der speziellen Relativitätstheorie Genüge geleistet wurde. Auch musste das Bewegungsgesetz des Massenpunktes im Gravitationsfeld der speziellen Relativitätstheorie angepasst werden. Der Weg hierfür war weniger eindeutig vorgeschrieben, weil ja die träge Masse eines Körpers vom Gravitationspotential abhängen konnte. Dies war sogar wegen des Satzes von der Trägheit der Energie zu erwarten.
Solche Untersuchungen führten aber zu einem Ergebnis, das mich in hohem Mass misstrauisch machte. Gemäss der klassischen Mechanik ist nämlich die Vertikalbeschleunigung eines Körpers im vertikalen Schwerefeld von der Horizontalkomponente der Geschwindigkeit unabhängig. Hiermit hängt es zusammen, dass die Vertikalbeschleunigung eines mechanischen Systems, bzw. dessen Schwerpunktes, in einem solchen Schwerefeld unabhängig herauskommt von dessn innerer kinetischer Energie. Nach der von mir versuchten Theorie war aber die Unabhängigkeit der Fallbeschleunigung von der Horizontalgeschwindigkeit, bzw. von der inneren Energie eines Systems nicht vorhanden.
Dies passte nicht zur alten Erfahrung, dass die Körper alle dieselbe Beschleunigung in einem Gravitationsfeld erfahren. Dieser Satz, der auch als der Satz von der Gleichheit der trägen und schweren Masse formuliert werden kann, leuchtete mir nun in seiner tiefen Bedeutung ein. Ich wunderte mich im höchsten Grade über sein Bestehen und vermutete, dass in ihm der Schlüssel für ein tieferes Verständnis der Trägheit und Gravitation liegen müsse. An seiner strengen Gültigkeit habe ich auch ohne Kenntnis des Resultates der schönen Versuche von Eötvös, die mir - wenn ich mich richtig erinnere - erst später bekannt wurden, nicht ernsthaft gezweifelt. Nun verwarf ich den Versuch der oben angedeuteten Behandlung des Gravitationsproblems im Rahmen der speziellen Relativitätstheorie als inadäquat. Er wurde offenbar gerade der fundamentalsten Eigenschaft der Gravitation nicht gerecht ..."

Im ersten Kapitel werden wir mehrere Argumente anführen, die zeigen sollen, dass im Rahmen der SRT kein Platz für eine befriedigende Theorie der Gravitation ist.

* * *

Nach fast zehnjähriger harter Arbeit fand Einstein schliesslich die ART. Wie sehr er um diese Theorie gerungen hat, geht aus der folgenden Briefstelle von Einstein an A. Sommerfeld hervor:

"... Ich beschäftige mich jetzt ausschliesslich mit dem Gravitationsproblem und glaube nun mit Hilfe eines hiesigen befreundeten Mathematikers (Marcel Grossmann) aller Schwierigkeiten Herr zu werden. Aber das eine ist sicher, dass ich mich im Leben noch nicht annähernd so geplagt habe, und dass ich grosse Hochachtung für die Mathematik eingeflösst bekommen habe, die ich bis jetzt in ihren subtileren Teilen in meiner Einfalt für puren Luxus ansah ! Gegen dies Problem ist die ursprüngliche Relativitätstheorie eine Kinderei... "

In der Allgemeinen Relativitätstheorie (ART) wird die Raum-Zeit-Struktur der SRT verallgemeinert. Zu dieser Verallgemeinerung kam Einstein auf Grund seines <u>Aequivalenzprinzips</u>, nach welchem sich die Gravitation in einem freifallenden, nichtrotierenden System <u>"lokal" wegtransformieren</u> lässt. (Im Zeitalter der Raumflüge ist dies zur Selbstverständlichkeit geworden.) Dies bedeutet, dass im Infinitesimalen, bezüglich <u>lokalen</u> Inertialsystemen der beschriebenen Art, immer noch die SRT gilt. Die metrische Form der SRT variiert aber in endlichen Raum-Zeit-Gebieten. In mathematischer Sprache: Die Raum-Zeit Mannigfaltigkeit wird durch eine (differenzierbare) pseudo-Riemannsche Mannigfaltigkeit beschrieben. Das metrische Feld g ist von der Signatur *) (+ - - -) und beschreibt nicht nur die metrischen Eigenschaften von Raum und Zeit, sowie deren Kausalitätseigenschaften, sondern zugleich auch das Gravitationsfeld und wird damit zu einem <u>dynamischen Element</u>. Die ART unifiziert also Geometrie und Gravitation. Es ist eine mathematische Tatsache, dass in einer Lorentz-Mannigfaltigkeit sich Koordinaten so einführen lassen, dass in einem gegebenen Punkt x folgendes gilt:

$$\text{(i)} \qquad (g_{\mu\nu}(x)) = \begin{pmatrix} 1 & & & \\ & -1 & & 0 \\ & & -1 & \\ & 0 & & -1 \end{pmatrix}$$

$$\text{(ii)} \qquad g_{\mu\nu,\lambda}(x) = 0 \, .$$

*) In diesem Falle nennen wir die pseudo-Riemannsche Mannigfaltigkeit eine <u>Lorentz-Mannigfaltigkeit</u>.

Bezüglich eines solchen Bezugssystems ist das Gravitationsfeld lokal (bis auf Inhomogenitäten höherer Ordnung) wegtransformiert. Die kinematische Struktur der ART lässt also lokale Inertialsysteme zu. In diesen sollen nach dem Aequivalenzprinzip die bekannten Gesetze der SRT (z.B. die Maxwellschen Gleichungen) gelten. Diese Forderung erlaubt es, die speziell relativistischen Gesetze auch in Anwesenheit von Gravitationsfeldern zu formulieren. Das Aequivalenzprinzip diktiert demnach die Kopplung von mechanischen und elektrodynamischen Systemen an äussere Gravitationsfelder. Mit Hilfe des Aequivalenzprinzips hat Einstein, lange vor der Vollendung der Theorie, wichtige Folgerungen abgeleitet (z.B. die Rotverschiebung des Lichtes beim Durchgang durch ein Gravitationsfeld).

Das g-Feld hängt von den vorhandenen gravitierenden Massen und Energien ab. Diese Abhängigkeit findet in den Einsteinschen Feldlgeichungen, dem eigentlichen Kernstück der Theorie, ihren quantitativen Ausdruck. Diese Feldgleichungen verkoppeln das metrische Feld mit dem Energie-Impuls Tensor der Materie durch partielle, nicht-lineare Differentialgleichungen. Einstein hat sie erst nach jahrelangem mühevollem Suchen gefunden und gezeigt, dass sie durch wenige Forderungen (fast) eindeutig bestimmt sind. Zugleich konnte er zeigen, dass seine Theorie für langsame Bewegungen der felderzeugenden Massen und schwache Felder in 1-ter Näherung in die Newtonsche Theorie übergeht, aber in höheren Näherungen z.B. die Periheldrehung des Merkurs richtig beschreibt. Zu diesen grossartigen Errungenschaften bemerkte Einstein einmal:

"Im Lichte bereits erlangter Erkenntnis erscheint das glücklich Erreichte fast wie selbstverständlich, und jeder intelligente Student erfasst es ohne zu grosse Mühe. Aber das ahnungsvolle, Jahre währende Suchen im Dunkeln mit seiner gespannten Sehnsucht, seiner Abwechslung von Zuversicht und Ermattung und seinem endlichen Durchbrechen zur Wahrheit, das kennt nur, wer es selber erlebt hat."

Die ART hatte auf die weitere Entwicklung der Physik, im Gegensatz zu den ursprünglichen Erwartungen, (zunächst) wenig Einfluss. Die Theorie der Materie und des Elektromagnetismus nahm mit der Quantenmechanik seit 1925 eine Richtung, welche mit dem Ideenkreis der ART wenig Berührungspunkte hat. (Einstein selber, sowie einige andere bedeutende Physiker, nahmen allerdings an diesen Entwicklungen nicht teil und hielten am klassischen Feldbegriff fest.) Für diese Phänomene gibt es keinerlei Anzeichen, die darauf hindeuten, dass sie nicht im Rahmen der SRT Platz finden sollten.

Die ART wurde in der Folge nur von einem relativ kleinen Kreis von

hauptsächlich mathematisch orientierten Spezialisten studiert.
Die ART ist eine sehr spezielle nicht-Abelsche Eichtheorie. Dies zeigt, dass die Einsteinsche Gravitationstheorie sehr eng mit modernen Entwicklungen der theoretischen Physik zusammenhängt, hoffen doch zur Zeit viele Physiker, dass die heute bekannten fundamentalen Wechselwirkungen im Rahmen von nicht-Abelschen Eichtheorien (möglicherweise unifiziert) beschrieben werden können.

Die bedeutenden astronomischen Entdeckungen der 60iger und 70iger Jahre haben die ART und die relativistische Astrophysik zu zentralen Themen der physikalischen Forschung gemacht. Wir wissen heute, dass es im Weltraum Objekte gibt, die ausserordentlich starke Gravitationsfelder besitzen. Katastrophale Ereignisse, wie der Kollaps von Sternen oder Explosionen in Zentren von Galaxien, erzeugen nicht nur starke, sondern auch schnellveränderliche Gravitationsfelder. Hier findet die ART ihre eigentlichen Anwendungen. Für genügend massive Objekte gewinnt die Gravitation, dank ihres universell anziehenden und langreichweitigen Charakters früher oder später über alle anderen Wechselwirkungen. Keine noch so repulsiven Kernkräfte können den endgültigen katastrophalen Kollaps auf ein schwarzes Loch verhindern. Dabei bilden sich sogenannte Horizonte der Raum-Zeit Geometrie, hinter denen die Materie verschwindet und damit, in einem für die Physik und Astrophysik realen Sinne, aufhört zu existieren. Bei diesen dramatischen Ereignissen kommt die ART in ihrer ganzen Tragweite - und nicht bloss als kleine Korrektur zur Newtonschen Theorie - zur Anwendung. Die wahrscheinliche Entdeckung eines schwarzen Loches im Jahre 1972 wird deshalb, falls die letzten Zweifel beseitigt werden können, als eines der bedeutendsten Ereignisse in die Geschichte der Astronomie eingehen.

Unter dem Einfluss der astronomischen Beobachtungen haben die Theoretiker relevante Untersuchungen über die Stabilität von gravitierenden Systemen, den Gravitationskollaps und die Physik der schwarzen Löcher gemacht.

KAPITEL I. DAS AEQUIVALENZPRINZIP

In der Einleitung wurde bereits angedeutet, dass das Aequivalenzprinzip ein Grundpfeiler der ART ist. Dieses Prinzip führt zwangslos zum kinematischen Rahmen der ART und legt die Kopplung von physikalischen Systemen an äussere Gravitationsfelder weitgehend fest. Dies soll in diesem Kapitel vor allem ausgeführt werden.

§1. Charakteristische Eigenschaften der Gravitation

Die fundamentalen Wechselwirkungen, welche die heutige Physik kennt, lassen sich in vier Klassen einteilen: Die starken und schwachen Wechselwirkungen, der Elektromagnetismus und die Gravitation. Nur die beiden letzteren haben eine lange Reichweite und lassen deshalb für makroskopische Systeme als Grenzfall eine klassische Beschreibung zu. (Wir besitzen heute zwar eine erfolgreiche Quantenelektrodynamik, aber die Quantentheorie der Gravitation ist immer noch ausstehend.)

1.1. Stärke der Gravitation

Unter allen vier Wechselwirkungen ist die Gravitation bei weitem die schwächste. Vergleichen wir etwa die gravitative und die elektromagnetische Kraft zwischen zwei Protonen, so finden wir

$$\frac{G m_p^2}{r^2} = 0.8 \times 10^{-36} \; \frac{e^2}{r^2}$$

Diese Formel legt es nahe, neben der dimensionslosen Feinstrukturkonstanten $\alpha = e^2/\hbar c \simeq 1/137$ auch eine "Feinstrukturkonstante der Gravitation" einzuführen:

$$\alpha_G := \frac{G m_p^2}{\hbar c} = 5.9 \times 10^{-39}$$

Um die Bedeutung dieser winzigen Zahl vor Augen zu haben, vergleichen wir etwa den Bohrschen Radius a_B eines H-Atoms mit dem entsprechenden gravitativen Radius $(a_B)_G$. Es ist

$$a_B = \frac{\hbar^2}{me^2} = 0.5 \times 10^{-8} \text{ cm}$$

$$(a_B)_G = \frac{\hbar^2}{mGm_pm} = a_B \frac{e^2}{Gm_pm} = \frac{\alpha}{\alpha_G}\frac{m_p}{m} a_B$$

$$\sim 10^{31} \text{ cm} \sim 10^{13} \text{ Lichtjahre} \gg \text{"Radius des Universums"}$$

Die Gravitation wird erst bei relativ grossen Massen wichtig. Für genügend massive Objekte dominiert sie sogar früher oder später über alle anderen Wechselwirkungen und führt zum Kollaps auf ein schwarzes Loch. Man kann zeigen (siehe Kap. VI), dass dies der Fall ist für Sterne, deren Masse grösser ist als etwa

$$\alpha_G^{-3/2} m_p \simeq 2 M_\odot$$

Die Gravitation kann deshalb gewinnen, weil sie nicht nur langreichweitig, sondern auch universell anziehend ist. (Die elektromagnetischen Wechselwirkungen neutralisieren sich dagegen auf Grund der beiden Ladungsvorzeichen weitgehend.) Hinzu kommt, dass nicht nur die Materie, sondern auch die Antimaterie, die kinetische Energie, eben jede Form von Energie Quelle von Gravitationsfeldern ist. Zugleich wirkt die Gravitation auf jede Form von Energie.

1.2. Universalität der Gravitation

Seit Galilei wissen wir, dass alle Körper gleich schnell fallen. Dies bedeutet, dass bei geeigneter Wahl der Massstäbe die träge Masse gleich der schweren Masse ist (Einstein hat sich über diese Tatsache sehr verwundert; siehe das Zitat in der Einleitung). Die Gleichheit von träger und schwerer Masse ist heute bis auf eine Genauigkeit von 1 in 10^{12} experimentell geprüft (Bessel, Eötvös, Dicke, Braginski + Panov).
Diese bemerkenswerte Eigenschaft legt die Gültigkeit der folgenden Universalitätseigenschaft nahe.

Universalität: Die Bewegung eines Probekörpers in einem Gravitationsfeld ist, bei gegebenen Anfangsbedingungen, unabhängig von seiner Masse und Komposition (wenn man von der Wechselwirkung des Spins und des Quadrupolmomentes mit dem Gradienten des Feldes absieht).

In der Newtonschen Theorie ist diese Universalität natürlich eine Folge der Gleichheit von träger und schwerer Masse. Wir postulieren, dass sie allgemein gilt, insbesondere auch für grosse Geschwindigkeiten und starke Felder.

1.3. Formulierung des Aequivalenzprinzips

Die Gleichheit von träger und schwerer Masse ist auch eine experimentelle Stütze des Aequivalenzprinzips. Darunter verstehen wir folgendes:

(Einsteinsches) Aequivalenzprinzip: Keine lokalen Experimente können ein, in einem Gravitationsfeld freifallendes, nichtrotierendes System (lokales Inertialsystem) von einem gleichförmig bewegten System im gravitationsfreien Raum unterscheiden. Etwas kürzer kann man auch sagen: Die Gravitation kann lokal wegtransformiert werden. Dies ist dem heutigen Fernsehzuschauer von Raumflügen eine geläufige Tatsache.

Bemerkungen:

1) Das Aequivalenzprinzip impliziert unter anderem, dass sich Trägheit und Schwere nicht eindeutig trennen lassen.

2) Die gegebene Formulierung des Aequivalenzprinzips ist etwas vage, da nicht so ganz klar ist, was unter lokalen Experimenten zu verstehen ist. An dieser Stelle hat das Prinzip noch einen mehr heuristischen Charakter. Später (siehe §3) werden wir das Aequivalenzprinzip durch eine mathematische Forderung ersetzen, die als eine idealisierte Form dieses heuristischen Prinzips aufgefasst werden kann.

3) Man könnte auf den ersten Blick denken, dass die Universalitätseigenschaft der Gravitation das Aequivalenzprinzip impliziert. Dies ist aber nicht so, wie das folgende Gegenbeispiel zeigt. Man betrachte eine fiktive Welt, in der die elektrische Ladung, bei geeigneter Wahl der Massstäbe, gleich der Masse ist und in der es keine negativen Ladungen gibt. Im klassischen Rahmen ist gegen eine solche Theorie nichts einzuwenden und sie erfüllt - nach Definition - die Universalität. Das Aequivalenzprinzip ist in dieser Theorie aber nicht erfüllt. Um dies zu sehen, betrachten wir ein homogenes $\underline{B}$-Feld. Da die Radien und Achsen der Spiralbewegungen beliebig sind, gibt es keine Transformation auf ein beschleunigtes Bezugssystem, welche die Wirkung des Magnetfeldes auf alle Teilchen gleichzeitig beseitigt.

Uebungsaufgabe: Man betrachte ein homogenes elektrisches Feld und freifallende Teilchen mit $e = m$. Zeige, dass ein ursprünglich ruhendes Teilchen schneller fällt als ein Teilchen, welches sich anfänglich in horizontaler Richtung bewegt.

1.4. Die gravitative Rotverschiebung als Evidenz für die Gültigkeit des Aequivalenzprinzips

Nach dem Aequivalenzprinzip sind alle Effekte eines homogenen Gravitationsfeldes identisch mit denjenigen in einem gleichförmig beschleunigten System im gravitationsfreien Raum.
Wir betrachten deshalb zwei Experimentatoren in einem Raumschiff, welches eine gleichförmige Beschleunigung g aufrechterhält. Der Abstand zwischen den beiden Beobachtern in Richtung g sei h (s. Fig.).

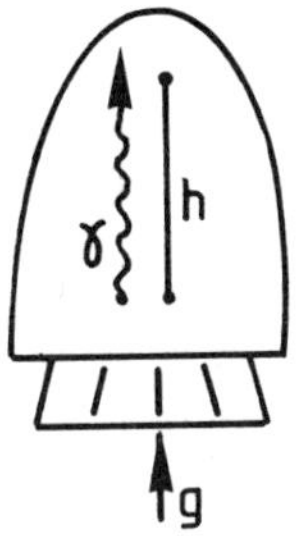

Zur Zeit $t = 0$ schicke der untere Beobachter ein Photon in Richtung des oberen Beobachters ab. Wir wollen annehmen, dass zur Zeit $t = 0$ das Raumschiff bezüglich eines Inertialsystems ruht. In der Zeit $t \simeq h/c$ erreicht das Photon den oberen Beobachter. (Wir vernachlässigen konsequent Korrekturen der Ordnung v/c). In diesem Zeitpunkt hat dieser aber bereits eine Geschwindigkeit $v = g\,t \simeq gh/c$ erreicht.
Er wird deshalb das Photon mit einer Dopplerverschiebung
$z := \Delta\lambda/\lambda \simeq v/c$, d.h. $z = gh/c^2$ beobachten. Nach dem Aequivalenzprinzip ist dieselbe Rotverschiebung auch in einem homogenen Gravitationsfeld g zu erwarten. In diesem Falle können wir statt gh/c^2 auch schreiben

$$z = \frac{\Delta\Phi}{c^2}\,, \quad \Phi:\ \text{Newtonsches Potential} \qquad (1)$$

Die Formel (1) wurde tatsächlich durch terrestrische Experimente mit Hilfe des Mössbauer Effektes auf 1 % Genauigkeit bestätigt (Pound + Snider 1965).
Zur Zeit von Einstein (∼ 1911) konnte die Voraussage (1) natürlich nicht verifiziert werden. Einstein konnte sich aber von der Gültigkeit des Aequivalenzprinzips indirekt überzeugen, da die Formel (1) auch mit Hilfe einer Energiebetrachtung gefolgert werden kann.

Wir betrachten dazu wieder zwei Punkte A und B in einem homogenen Gravitationsfeld g im Abstand h (s. Fig.).

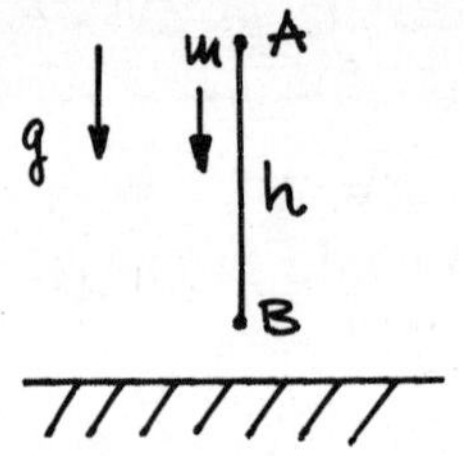

Eine Masse m falle mit der Anfangsgeschwindigkeit 0 von A nach B. Im Punkte B hat sie (nach der Newtonschen Theorie) eine kinetische Energie mgh . Nun stellen wir uns vor, dass die gesamte Energie des fallenden Körpers (Ruheenergie plus kinetische Energie) im Punkte B in ein Photon annihiliert wird. Dieses Photon bewege sich im Gravitationsfeld zum Punkte A zurück. Hätte das Photon keine Wechselwirkung mit dem Gravitationsfeld, so könnten wir es dort wieder in eine Masse m verwandeln und würden bei diesem Kreisprozess die Energie mgh gewinnen. Um den Energiesatz zu retten, muss deshalb das Photon nach rot verschoben werden. Für die Photonenergie muss gelten

$$E_{\text{unten}} = E_{\text{oben}} + mgh = mc^2 + mgh = E_{\text{oben}}(1 + gh/c^2)$$

Dies bedeutet für die Aenderung der Wellenlänge

$$1 + z = \frac{\lambda_{\text{oben}}}{\lambda_{\text{unten}}} = \frac{h\nu_{\text{unten}}}{h\nu_{\text{oben}}} = \frac{E_{\text{unten}}}{E_{\text{oben}}} = 1 + gh/c^2$$

Dies stimmt in der Tat mit (1) überein.

* * *

§ 2. Spezielle Relativitätstheorie und Gravitation

Einstein hat sehr früh erkannt, dass die Gravitation im Rahmen der SRT keinen (natürlichen) Platz hat (siehe das Zitat in der Einleitung). In diesem Abschnitt wollen wir einige Argumente dafür anführen.

2.1. Die gravitative Rotverschiebung ist mit der SRT nicht vereinbar

In der SRT zeigt eine längs einer zeitartigen Weltlinie $x^\mu(\lambda)$ mitbewegte Uhr die folgenden Zeitunterschiede an

$$\Delta\tau = \int_{\lambda_1}^{\lambda_2} \sqrt{\eta_{\mu\nu} \frac{dx^\mu}{d\lambda} \frac{dx^\nu}{d\lambda}} \, d\lambda \tag{1}$$

wo

$$(\eta_{\mu\nu}) := \begin{pmatrix} 1 & & & 0 \\ & -1 & & \\ & & -1 & \\ 0 & & & -1 \end{pmatrix}$$

Diese Formel kann in Anwesenheit von Gravitationsfeldern nicht mehr gelten, wie das folgende Argument zeigt.
Wir betrachten das Rotverschiebungsexperiment im Erdfeld und nehmen an, es gebe eine speziell relativistische Theorie für die Gravitation, die weiter nicht näher spezifiziert zu werden braucht. Für dieses Experiment können wir alle Massen, ausser der Erde, vernachlässigen und die Erde bezüglich eines Inertialsystems als ruhend ansehen. In einem Raum-Zeit Diagramm (Höhe z über der Erde — Zeit) bewegen sich die Erdoberfläche, der Sender und der Absorber längs Weltlinien zu konstantem z (s. Fig.).

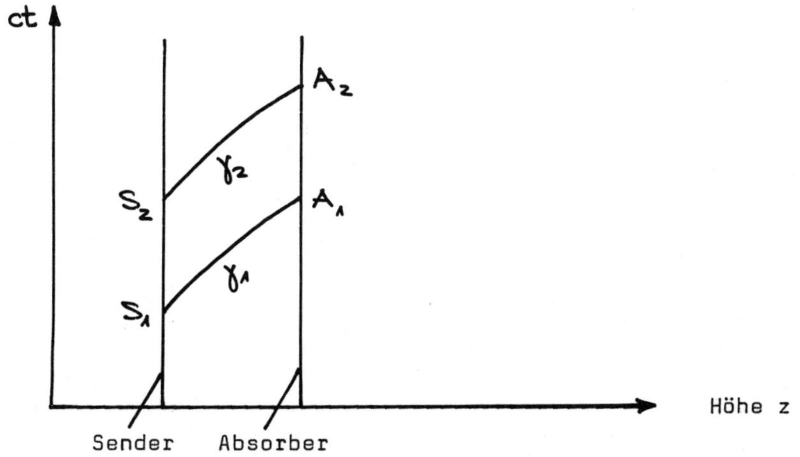

Der Sender emittiere von S_1 bis S_2 bei einer festen Frequenz. Die Photonen bewegen sich längs Weltlinien, die auf Grund einer möglichen Wechselwirkung mit dem Gravitationsfeld keine 45^0-Linien zu sein brauchen. Da aber eine statische Situation vorliegt, sind die Weltlinien γ_1 und γ_2 notwendigerweise parallel. Falls also die flache Minkowski-Geometrie gültig wäre und die Zeitmessung mit der Formel (1) erfolgt, so müsste der Zeitunterschied von S_1 und S_2 gleich dem Zeitunterschied von A_1 und A_2 sein. Dann würde es aber keine Rotverschiebung geben. Dies zeigt, dass zumindest die Formel (1) nicht mehr gelten kann. Die Metrik $g_{\mu\nu}$ könnte aber immer noch konform flach sein (siehe § 2.3).

2.2. Globale Inertialsysteme lassen sich in Anwesenheit von Gravitationsfeldern nicht realisieren.

In der Galilei-Newtonschen Mechanik und in der SRT zeichnet das Trägheitsgesetz eine Klasse von Bezugssystemen (Inertialsysteme) aus, die alle gleichberechtigt sind.

Auf Grund der Universalität der Gravitation gibt es - in Anwesenheit von Gravitationsfeldern - als ausgezeichneten Bewegungen nur die freien Fallbewegungen von (elektrisch neutralen) Probekörpern. Diese erfahren aber relative Beschleunigungen. Für diese gilt also das Trägheitsgesetz nicht mehr und wir haben damit keine Möglichkeit, den Begriff des Inertialsystems in operationeller Weise zu definieren. Es ist uns somit eine wesentliche Grundlage der SRT entzogen.

Wir haben keinen Grund mehr, die Raum-Zeit durch einen linearen Raum zu beschreiben. Die affine Struktur (im Sinne der linearen Algebra) der Raum-Zeit Mannigfaltigkeit in der Galilei-Newtonschen Mechanik und in der SRT wird ja gerade durch das Trägheitsgesetz nahegelegt.

2.3. Die Bedeutung der Lichtablenkung

Aus dem Aequivalenzprinzip scheint, bei oberflächer Betrachtung zu folgen, dass das Licht in Gravitationsfeldern abgelenkt wird. Das Argument verläuft wie folgt. Wir betrachten den berühmten freifallenden Lift von Einstein in einem Liftschacht auf der Erde. In der Kabine werde ein Lichtstrahl senkrecht zur Bewegungsrichtung ausgesandt. Nach dem Aequivalenzprinzip muss sich dieser innerhalb der Kabine (auf diese bezogen) geradlinig fortpflanzen. Da aber der Lift bezüglich der Erde beschleunigt ist, wird sich der Lichtstrahl bezüglich der Erde parabolisch fortpflanzen ?

Das Fragezeichen soll andeuten, dass wir möglicherweise einem Trugschluss zum Opfer gefallen sind. Wir werden später sehen, dass sich eine Theorie formulieren lässt, die das Aequivalenzprinzip erfüllt, in der es aber keine Lichtablenkung gibt. Wo steckt der Fehler, bzw. wo werden versteckte Zusatzannahmen gemacht ?

Empirisch gibt es aber jedenfalls eine Lichtablenkung. (Im folgenden kommt es nicht auf die Grösse des Effektes an.) Dies impliziert, dass die Metrik (falls eine solche "existiert") in Anwesenheit von Gravitationsfeldern nicht konform flach sein kann, d.h. sie kann sich nicht von der flachen Metrik bloss um eine ortsabhängige Skalenfunktion unterscheiden. Eine Metrik der Form $g_{\mu\nu}(x) = \lambda(x)\,\eta_{\mu\nu}$ (in geeigneten Koordinaten) definiert nämlich denselben Lichtkegel wie $\eta_{\mu\nu}$ und steht deshalb im Widerspruch zur empirischen Lichtablenkung.

2.4. Gravitationstheorien im flachen Raum

Trotz der bereits vorgebrachten Argumente kann man sich fragen - und das haben manche Leute getan - wie weit man mit einer Gravitationstheorie im Minkowski-Raum, etwa nach dem Muster der Elektrodynamik kommt, auch wenn man die Unbeobachtbarkeit der flachen Metrik zugibt. Solche Versuche haben gezeigt, dass sich bei konsequenter Durchführung am Ende die flache Metrik eliminieren lässt und die Theorie durch eine "krumme" Metrik beschrieben werden kann, welche eine direkte physikalische Interpretation hat. Die ursprünglich postulierte Poincaré-Invarianz erweist sich als physikalisch bedeutungslos und spielt überhaupt keine nützliche Rolle in der Theorie (siehe dazu [21].
Zusammenfassend lässt sich folgendes sagen:

In Anwesenheit von Gravitationsfeldern haben wir nicht mehr die Möglichkeit, den Minkowski-Raum empirisch zu realisieren. Verlangt man daher von der Theorie, dass die in ihr auftretenden Bestimmungsstücke eine empirisch verifizierbare Bedeutung haben, so ist es sinnvoll, die Aussagen nicht auf einen unbeobachtbaren Minkowski-Raum zu beziehen, sondern auf die wirklichen Bahnen von Massenpunkten, Lichtstrahlen, etc.

Bei all diesen Ueberlegungen soll man aber nie vergessen, dass sich eine Theorie nicht aus dem empirischen Material deduzieren lässt. In diesem Zusammenhang sind die folgenden Worte von Einstein bedenkenswert:

"(Der Wissenschafter) erscheint als Realist insofern, als er eine von den Akten der Wahrnehmung unabhängige Welt darzustellen sucht; als Idealist insofern, als er die Begriffe und Theorien als freie Erfindungen des menschlichen Geistes ansieht (nicht logisch ableitbar aus dem empirisch Gegebenen); als Positivist insofern, als er seine Begriffe und Theorien nur insoweit für begründet ansieht, als sie eine logische

Darstellung von Beziehungen zwischen sinnlichen Erlebnissen liefern. Er kann sogar als Platoniker oder Pythagoräer erscheinen, insofern er den Gesichtspunkt der logischen Einfachheit als unentbehrliches und wirksames Werkzeug seines Forschens betrachtet."

(A. Einstein)

In den vorangegangenen Abschnitten haben wir in erster Linie eine positivistische Haltung eingenommen. Die anderen Einstellungen werden im Laufe der Vorlesung alle auch zu ihrem Recht kommen.

* * *

§ 3. Raum und Zeit als Lorentzsche Mannigfaltigkeit. Mathematische Formulierung des Aequivalenzprinzips.

"Es muss also entweder das dem Raume zugrunde liegende Wirkliche eine diskrete Mannigfaltigkeit bilden, oder der Grund der Massverhältnisse ausserhalb, in darauf wirkenden bindenden Kräften, gesucht werden". (B. Riemann)

Die Ueberlegungen von § 2 haben gezeigt, dass sich Raum und Zeit in Anwesenheit von Gravitationsfeldern nicht durch einen Minkowski-Raum darstellen lässt. Da aber nach dem Aequivalenzprinzip infinitesimal immer noch die SRT gültig ist, wird in jedem Punkt ein metrischer Tensor ausgezeichnet sein. Dieser Tensor $g_{\mu\nu}(x)$ wird aber von Punkt zu Punkt so variieren, dass es nicht möglich sein wird, ein Koordinatensystem zu finden, in welchem $g_{\mu\nu}(x)$ gleich $\eta_{\mu\nu}$ in einem endlichen Raum-Zeit Gebiet ist. Dies wird nur dann möglich sein, wenn keine echten Gravitationsfelder vorhanden sind.
Wir postulieren also:

<u>Das mathematische Modell für Raum und Zeit (d.h. für die Menge der Ereignisse) in Anwesenheit von Gravitationsfeldern ist eine pseudo-Riemannsche Mannigfaltigkeit M, deren Metrik g die gleiche Signatur wie die Minkowski Metrik hat.</u>

Das Paar (M,g) nennen wir eine <u>Lorenzt-Mannigfaltigkeit</u>. (Für präzise Definitionen siehe Teil 1, Ende von § 2.)

Die Metrik g legt, ähnlich wie im Minkowski-Raum, die Kausalitätsverhältnisse fest: Die im Weltpunkt $x \in M$ abgeschickten Lichtsignale erzeugen die Mantelfläche des Vorkegels zu g (siehe § 4.1). (Die Auszeichnung des Vorkegels gegenüber dem Nachkegel sei in stetiger Weise möglich, d.h. die Mannigfaltigkeit sei <u>zeitlich orientierbar</u>.) Entsprechend ist der Tangentialvektor für die Weltlinien $\gamma(s)$ eines Massenpunktes zeitartig und im Vorkegel für jeden Punkt $\gamma(s)$ (s. Fig.).

Lichtkegel

P: Weltlinie eines Teilchens

Die Metrik g interpretieren wir zugleich als Gravitationsfeld (bzw. Gravitationspotential).

Das Gravitationsfeld, die metrischen Eigenschaften und die Kausalitätsverhältnisse von Raum und Zeit werden in der ART durch ein und dieselbe Grösse g beschrieben.

In einer Lorentz-Mannigfaltigkeit gibt es im allgemeinen keine ausgezeichneten Koordinatensysteme (ausser in besonders symmetrischen Situationen). Es ist deshalb eine selbstverständliche Forderung, dass die physikalischen Gesetze kovariant sind gegenüber der Gruppe $K(M)$ von differenzierbaren (z.B. C^∞) Koordinatentransformationen, im Sinne der folgenden

Definition: Ein Gleichungssystem ist kovariant bezüglich $K(M)$ (wir sagen statt dessen auch allgemein kovariant), falls zu jedem Element von $K(M)$ den in den Gleichungen vorkommenden Grössen neue Grössen so zugeordnet werden können, dass

(i) die Zuordnung die Gruppenstruktur von $K(M)$ respektiert;

(ii) auch die transformierten Grössen (mit den ursprünglichen) das gegebene Gleichungssystem erfüllen.

Nur allgemein kovariante Gesetze haben eine intrinsische Bedeutung in der Lorentz-Mannigfaltigkeit. Mit einem geeigneten Kalkül lassen sich solche Gesetze auch koordinatenfrei formulieren.

Es ist eine mathematische Tatsache (siehe Teil 1, § 5.3), dass in der Umgebung jedes Punktes x_o ein Koordinatensystem (geodätisches, oder normales System) existiert, mit

$$\text{(i)}\quad g_{\mu\nu}(x_0) = \eta_{\mu\nu} \,, \qquad \text{(ii)}\quad g_{\mu\nu,\lambda}(x_0) = 0 \,. \tag{3}$$

Ein solches System interpretieren wir als lokales Inertialsystem. Die Metrik g beschreibt das Verhalten von Uhren und Massstäben in diesem lokalen Inertialsystem, genauso wie in der SRT. (Diese Bemerkung ist z.B. in § 6 sehr wichtig.) In ihm sollen für elektrodynamische, mechanische und andere Systeme lokal die üblichen speziell-relativistischen Gesetze gelten. Die Form dieser Gesetze in einem beliebigen System ist durch die folgenden beiden Forderungen weitgehend bestimmt (auf gewisse Mehrdeutigkeiten werden wir in § 4 eingehen) :

(A1) Die Gleichungen dürfen, neben der Metrik und ihren Ableitungen, nur Grössen enthalten, die schon in der speziell-relativistischen Form vorkommen *) .

(A2) Sie müssen allgemein kovariant sein und sich in einem geodätischen System (3) auf die speziell-relativistische Form reduzieren.

Die Forderungen (A1) und (A2) drücken in mathematischer Weise das Aequivalenzprinzip aus.

*) Es ist also nicht gestattet, ausser $g_{\mu\nu}$ noch weitere "äussere" (absolute) Elemente, wie z.B. eine von g unabhängige flache Metrik zu benutzen.

§4. Die physikalischen Gesetze in Anwesenheit von Gravitationsfeldern

Wir machen nun Gebrauch von der mathematischen Formulierung des Aequivalenzprinzips, wie sie im letzten Abschnitt gegeben wurde. Am Schluss dieses Paragraphen werden wir auf mögliche Mehrdeutigkeiten eingehen.

Im folgenden wird der Begriff der kovarianten Ableitung eines Tensorfeldes vorausgesetzt (siehe Teil 1, §5.1-6).

4.1. Bewegungsgleichung eines Probekörpers im Gravitationsfeld, Bahnen von Lichtstrahlen

In einem lokalen Inertialsystem um den Punkt $p \in M$ gilt für die Bahn $x^\mu(s)$ eines Probekörpers durch p, der keinen äusseren (nichtgravitativen) Kräften unterworfen ist, nach dem Aequivalenzprinzip die Gleichung

$$\frac{d^2x^\mu}{ds^2} = 0 \qquad (\text{in } p), \tag{1}$$

wenn s die Bogenlänge ist, d.h. falls gilt

$$g_{\mu\nu} \frac{dx^\mu}{ds} \frac{dx^\nu}{ds} = 1 \tag{2}$$

Mit den Christoffel Symbolen

$$\Gamma^\mu_{\alpha\beta} = \frac{1}{2} g^{\mu\nu}\left(g_{\alpha\nu,\beta} + g_{\beta\nu,\alpha} - g_{\alpha\beta,\nu}\right) \tag{3}$$

können wir statt (1) im Punkte p (da $\Gamma^\mu_{\alpha\beta}(p)=0$) auch schreiben

$$\frac{d^2x^\mu}{ds^2} + \Gamma^\mu_{\alpha\beta} \frac{dx^\alpha}{ds} \frac{dx^\beta}{ds} = 0 \tag{4}$$

Diese Gleichung (Gleichung einer Geodäte) ist aber allgemein kovariant und gilt folglich in jedem System und auch in jedem Punkt der Bahn (da p beliebig ist). Beachte, dass die Bedingung (2) mit (3) verträglich ist. Aus (4) folgt nämlich (Uebungsaufgabe)

$$\frac{d}{ds}\left(g_{\mu\nu} \frac{dx^\mu}{ds} \frac{dx^\nu}{ds}\right) = 0$$

Für die Bahnen von Lichtstrahlen ergeben sich, mit denselben Argumenten, die folgenden Gleichungen, wenn λ ein affiner Parameter ist

$$\frac{d^2x^\mu}{d\lambda^2} + \Gamma^\mu_{\alpha\beta}\,\frac{dx^\alpha}{d\lambda}\,\frac{dx^\beta}{d\lambda} = 0 \tag{5}$$

$$g_{\mu\nu}\,\frac{dx^\mu}{d\lambda}\cdot\frac{dx^\nu}{d\lambda} = 0 \tag{6}$$

Nach dem Gesagten ist (5) mit (6) verträglich.

Gleichung (4) kann man als Verallgemeinerung des Galileischen Trägheitsgesetzes in Anwesenheit von Gravitationsfeldern ansehen. In dieser Form hat man es nicht nötig, die träge und die schwere Masse einzuführen, bloss um sie später wieder zu identifizieren. Auf diese Weise wird ein gewisses magisches Element der Newtonschen Theorie beseitigt.

4.2. "Energie-Impuls Erhaltung" in Anwesenheit eines (äusseren) Gravitationsfeldes.

In der SRT gilt für den Energie-Impuls Tensor, $T^{\mu\nu}$, eines abgeschlossenen Systems der Erhaltungssatz

$$T^{\mu\nu}{}_{,\nu} = 0$$

In Anwesenheit eines g-Feldes definieren wir das entsprechende Tensorfeld über (M,g), so, dass es sich in einem lokalen Inertialsystem auf den speziell-relativistischen Ausdruck reduziert.

Beispiel: Für eine ideale Flüssigkeit ist für $c = 1$:

$$T^{\mu\nu} = (p+\rho)\,u^\mu u^\nu - p\,g^{\mu\nu} \tag{7}$$

Hier ist p der Druck, ρ die Energiedichte und u^μ das Geschwindigkeitsfeld, mit

$$g_{\mu\nu}\,u^\mu u^\nu = 1 \tag{8}$$

(Eine allgemeine Konstruktion von $T^{\mu\nu}$ im Rahmen eines Lagrangeschen Formalismus werden wir später besprechen.)

In einem lokalen Inertialsystem um den Punkt $p \in M$ gilt nach dem Aequivalenzprinzip

$$T^{\mu\nu}{}_{,\nu} = 0 \quad , \quad \text{in } p .$$

Statt dessen können wir schreiben

$$T^{\mu\nu}{}_{;\nu} = 0 \qquad , \quad \text{in } p ,$$

wo der Strichpunkt die kovariante Ableitung des Tensorfeldes bezeichnet. Diese Gleichung ist aber allgemein kovariant und gilt folglich in einem beliebigen Koordinatensystem

$$\boxed{T^{\mu\nu}{}_{;\nu} = 0} \tag{9}$$

Wir entnehmen diesem Beispiel:

Die physikalischen Gesetze der SRT ändern sich in Anwesenheit von Gravitationsfeldern lediglich dadurch, dass gewöhnliche Ableitungen durch kovariante Ableitungen ersetzt werden (Kommas $\longrightarrow$ Strichpunkte). Dies ist der Ausdruck des Aequivalenzprinzips. Die Kopplung des Gravitationsfeldes an physikalische Systeme ist damit in denkbar einfacher Weise festgelegt.

Die Gleichung (9) kann wie folgt geschrieben werden:

Nach allgemeinen Regeln ist

$$T^{\mu\nu}{}_{;\sigma} = T^{\mu\nu}{}_{,\sigma} + \Gamma^{\mu}{}_{\sigma\lambda} T^{\lambda\nu} + \Gamma^{\nu}{}_{\sigma\lambda} T^{\mu\lambda}$$

und folglich

$$T^{\mu\nu}{}_{;\nu} = T^{\mu\nu}{}_{,\nu} + \Gamma^{\mu}{}_{\nu\lambda} T^{\lambda\nu} + \Gamma^{\nu}{}_{\nu\lambda} T^{\mu\lambda}$$

Nun ist aber *)

$$\Gamma^{\nu}{}_{\nu\lambda} = \frac{1}{\sqrt{-g}} \partial_\lambda \sqrt{-g}$$

*) Für die Determinante g gilt, da $g g^{\mu\nu}$ der Minor von $g_{\mu\nu}$ ist,

$$\partial_\alpha g = g g^{\mu\nu} \partial_\alpha g_{\mu\nu}$$

Folglich ist

$$\Gamma^{\nu}{}_{\nu\alpha} = g^{\mu\nu} \frac{1}{2} \left(\partial_\alpha g_{\mu\nu} + \partial_\nu g_{\mu\alpha} - \partial_\mu g_{\nu\alpha} \right) = \frac{1}{2} g^{\mu\nu} \partial_\alpha g_{\mu\nu}$$

$$= \frac{1}{2g} \partial_\alpha g = \frac{1}{\sqrt{-g}} \partial_\alpha \sqrt{-g} .$$

wobei g die Determinante von $(g_{\mu\nu})$ bezeichnet. Damit ist Gl. (9) äquivalent zu

$$\frac{1}{\sqrt{-g}}\partial_\nu\left(\sqrt{-g}\,T^{\mu\nu}\right)+\Gamma^\mu_{\nu\lambda}T^{\lambda\nu}=0 \tag{10}$$

Auf Grund des 2. Terms in (10) ist dies <u>kein Erhaltungssatz</u>: Wir können mit (10) keine erhaltenen Integrale bilden. Dies ist auch nicht zu erwarten, da das betrachtete System mit dem Gravitationsfeld Energie und Impuls austauschen wird.

Für den Ausdruck (7) sind die Gleichungen (9) (bzw. (10)) die hydrodynamischen Grundgleichungen für eine ideale Flüssigkeit in einem Gravitationsfeld.

Die Gleichung (9) wird bei der Aufstellung der Feldgleichungen für das g-Feld eine wichtige Rolle spielen.

4.3. Elektrodynamik

Die Maxwellschen Gleichungen lauten (für c = 1), in Abwesenheit von Gravitationsfeldern,

$$F^{\mu\nu}{}_{,\nu}=-4\pi j^\mu \tag{11}$$

$$F_{\mu\nu,\lambda}+F_{\nu\lambda,\mu}+F_{\lambda\mu,\nu}=0 \tag{12}$$

wo

$$(F^{\mu\nu})=\begin{pmatrix}0&-E_1&-E_2&-E_3\\E_1&0&-B_3&B_2\\E_2&B_3&0&-B_1\\E_3&-B_2&B_1&0\end{pmatrix} \tag{13}$$

und j^μ der 4er-Strom ist

$$j^\mu=(\rho,\mathbf{J}) \tag{14}$$

In Anwesenheit eines g-Feldes definieren wir $F^{\mu\nu}$ und j^μ so, dass sie sich (1) wie Tensorfelder transformieren und (2) in lokalen Inertialsystemen auf die speziell-relativistischen Ausdrücke (13) und (14) reduzieren.

Mit denselben Argumenten wie in §4.2 lauten deshalb die Maxwellschen Gleichungen in Anwesenheit eines g-Feldes

$$F^{\mu\nu}{}_{;\nu} = -4\pi j^{\mu} \tag{15}$$

$$F_{\mu\nu;\lambda} + F_{\nu\lambda;\mu} + F_{\lambda\mu;\nu} = 0 \tag{16}$$

wobei jetzt

$$F_{\mu\nu} = g_{\mu\alpha} g_{\nu\beta} F^{\alpha\beta} \tag{17}$$

Da $F^{\mu\nu}$ und $F_{\mu\nu}$ antisymmetrisch sind, können wir auch schreiben (Uebung):

$$\frac{1}{\sqrt{-g}} \partial_{\nu}(\sqrt{-g}\, F^{\mu\nu}) = -4\pi j^{\mu} \tag{18}$$

$$F_{\mu\nu,\lambda} + F_{\nu\lambda,\mu} + F_{\lambda\mu,\nu} = 0 \tag{19}$$

Aus (15) oder (18) folgt der Erhaltungssatz

$$j^{\mu}{}_{;\mu} = 0 \tag{20}$$

oder

$$\partial_{\mu}(\sqrt{-g}\, j^{\mu}) = 0 \tag{21}$$

Die Gleichung (19) ist nach dem Poincaré Lemma (siehe Teil 1, § 4) die Integrabilitätsbedingung für die lokale Existenz von elektromagnetischen Potentischen A_{μ},

$$F_{\mu\nu} = A_{\mu,\nu} - A_{\nu,\mu} \tag{22}$$

In diesen lautet (15)

$$A^{\mu;\nu}{}_{;\nu} - A^{\nu;\mu}{}_{;\nu} = -4\pi j^{\mu} \tag{23}$$

Der Energie-Impuls Tensor des elektromagnetischen Feldes lautet

$$T^{\mu\nu} = \frac{1}{4\pi}\left[F^{\mu}{}_{\lambda} F^{\lambda\nu} + \frac{1}{4} g^{\mu\nu} F^{\sigma\lambda} F_{\sigma\lambda} \right] \tag{24}$$

Entsprechend überträgt sich die Lorentzsche Bewegungsgleichung für einen geladenen Massenpunkt

$$m\left(\frac{d^2x^\mu}{ds^2}+\Gamma^\mu_{\alpha\beta}\frac{dx^\alpha}{ds}\frac{dx^\beta}{ds}\right)=eF^\mu{}_\nu\frac{dx^\nu}{ds} \tag{25}$$

<u>Formulierung der ED im schiefen Kalkül</u>

Es sei F die 2-Form

$$F=\frac{1}{2}F_{\mu\nu}\,dx^\mu\wedge dx^\nu \tag{26}$$

Die homogenen Maxwell Gleichungen (19) lassen sich wie folgt schreiben

$$\boxed{dF=0} \tag{27}$$

Die Strom-Form, J , ist definiert durch

$$J=j_\mu dx^\mu \tag{28}$$

Da (vgl. Teil 1, § 4.6.3) das Codifferential die folgende Koordinatendarstellung

$$(\delta F)^\mu=-\frac{1}{\sqrt{-g}}\left(\sqrt{-g}\,F^{\mu\nu}\right)_{,\nu}$$

hat, so können die inhomogenen Maxwellgleichungen so geschrieben werden

$$\boxed{\delta F=4\pi J} \tag{29}$$

Dies ist genauso wie in der SRT, <u>lediglich die *-Operation ändert ihre Bedeutung</u>.

Mit $\delta\circ\delta=0$ folgt aus (29) die Stromerhaltung

$$\delta J=0 \tag{30}$$

Gl. (27) impliziert (Poincaré Lemma), dass lokal ein Potential $A=A_\mu dx^\mu$ mit

$$F=dA \tag{31}$$

existiert.

4.4. Mehrdeutigkeiten

Im Anschluss an (23) möchten wir auf gewisse Mehrdeutigkeiten hinweisen, welche in der Anwendung des Aequivalenzprinzips auftreten können.

Im flachen Raum lautet (23)

$$A^{\mu,\nu}{}_{,\nu} - A^{\nu,\mu}{}_{,\nu} = -4\pi j^{\mu} \tag{32}$$

Da partielle Ableitungen miteinander vertauschen, können wir auch schreiben

$$A^{\mu,\nu}{}_{,\nu} - A^{\nu}{}_{,\nu}{}^{,\mu} = -4\pi j^{\mu} \tag{33}$$

Ersetzen wir aber in (32) und (33) Kommas durch Strichpunkte, so erhalten wir verschiedene Gleichungen, nämlich

$$A^{\mu;\nu}{}_{;\nu} - A^{\nu;\mu}{}_{;\nu} = -4\pi j^{\mu} \tag{32'}$$

$$A^{\mu;\nu}{}_{;\nu} - A^{\nu}{}_{;\nu}{}^{;\mu} = -4\pi j^{\mu} \tag{33'}$$

Kovariante Ableitungen vertauschen aber nicht ! Es ist (siehe Teil 1, Ende von § 5.8)

$$A^{\nu;\mu}{}_{;\nu} = A^{\nu}{}_{;\nu}{}^{;\mu} + R^{\mu}{}_{\nu} A^{\nu}$$

wo $R^{\mu}{}_{\nu}$ der Ricci-Tensor ist. Anstelle von (33') können wir deshalb auch schreiben

$$A^{\mu;\nu}{}_{;\nu} - A^{\nu;\mu}{}_{;\nu} + R^{\mu}{}_{\nu} A^{\nu} = -4\pi j^{\mu} \tag{33''}$$

Gegenüber (33') ergibt sich also der Zusatz $R^{\mu}{}_{\nu} A^{\nu}$, welcher 2. Ableitungen von $g_{\mu\nu}$ enthält.

Da kovariante Ableitungen nicht miteinander vertauschen, existiert also beim Uebergang von der SRT zur ART grundsätzlich eine Mehrdeutigkeit für Gleichungen, die höhere Ableitungen enthalten. Diese Mehrdeutigkeit hat eine gewisse Analogie mit der Frage der Reihenfolge von Operatoren beim Uebergang von der klassischen Mechanik zur Quantenmechanik.

In der Praxis ergeben sich aber kaum Unsicherheiten. So soll man z.B. nicht (32) als eine fundamentale Gleichung ansehen, die es zu übersetzen gilt, sondern die ursprüngliche Maxwellschen Gleichungen (11) und (12). Ein allgemeines Rezept lässt sich aber nicht geben.

§ 5. Der Newtonsche Grenzfall

Um den Anschluss an die Newtonsche Theorie herzustellen, betrachten wir ein Teilchen, welches sich langsam in einem schwachen Gravitationsfeld bewegt.

Für ein schwaches Feld können wir ein Koordinatensystem einführen, das global fast Lorentzsch ist. In diesem gilt

$$g_{\mu\nu} = \eta_{\mu\nu} + h_{\mu\nu} \quad , \quad |h_{\mu\nu}| \ll 1 \tag{1}$$

In diesen Koordinaten ist für ein langsam bewegtes Teilchen $dx^0/ds \simeq 1$ und in (4.4) dürfen wir dx^i/ds, $i = 1,2,3$ gegen dx^0/ds vernachlässigen und erhalten

$$\frac{d^2x^i}{dt^2} \simeq \frac{d^2x^i}{ds^2} = -\Gamma^i{}_{\alpha\beta}\frac{dx^\alpha}{ds}\frac{dx^\beta}{ds} \simeq -\Gamma^i{}_{00} \tag{2}$$

Es kommen also nur die Komponenten $\Gamma^i{}_{00}$ in der Bewegungsgleichung vor. Nun ist aber

$$\Gamma^i{}_{00} \simeq \frac{1}{2}h_{00,i} - h_{0i,0} \tag{3}$$

Jetzt nehmen wir zusätzlich an, dass das Gravitationsfeld stationär oder quasistationär ist. Dann dürfen wir den 2. Term rechts in (3) vernachlässigen und erhalten aus (2) und (3) für $\underline{x} = (x^1,x^2,x^3)$

$$\frac{d^2\underline{x}}{dt^2} = -\frac{1}{2}\underline{\nabla} h_{00} \tag{4}$$

Dies stimmt mit dem Newtonschen Bewegungsgesetz

$$\ddot{\underline{x}} = -\underline{\nabla}\phi$$

überein, wenn $h_{00} = 2\phi + \text{const.}$ ist.

Da ϕ und h_{00} weit weg von allen Massen verschwinden, ist

$$\boxed{g_{00} = 1 + 2\phi/c^2} \tag{5}$$

wobei wir für einmal c wieder eingesetzt haben. Der Raum ist danach erst stark gekrümmt, wenn ϕ/c^2 nicht sehr viel kleiner als 1 ist. Gl. (5) zeigt, dass im Newtonschen Grenzfall nur die Komponente g_{00} der Metrik eine Rolle spielt. Dies bedeutet nicht, dass die anderen Komponenten von $h_{\mu\nu}$ im Vergleich zu h_{00} klein sind.

Einige Zahlen:

$$\Phi/c^2 \sim \begin{cases} 10^{-9} & \text{auf der Oberfläche der Erde} \\ 10^{-6} & \text{" " " der Sonne} \\ 10^{-4} & \text{" " " eines weissen Zwerges} \\ 10^{-1} & \text{" " " eines Neutronensternes} \\ 10^{-39} & \text{" " " eines Protons} \end{cases}$$

Aus den Einsteinschen Feldgleichungen wird in Newtonscher Näherung auch die Laplace Gleichung für Φ folgen.

---

§ 6. Die Rotverschiebung in statischen Gravitationsfeldern

Wir betrachten zunächst eine Uhr in einem beliebigen Gravitationsfeld, welche sich längs einer beliebigen zeitartigen Weltlinie (nicht notwendig in freiem Fall) bewegt. Von einem momentanen lokalen Inertialsystem aus gesehen wird (nach dem Aequivalenzprinzip) der Gang dieser Uhr durch das Gravitationsfeld nicht geändert. Sei Δt die Periode zwischen zwei "Schlägen" einer, bezüglich eines Inertialsystems ruhenden Uhr, in Abwesenheit eines Gravitationsfeldes. Im betrachteten lokalen Inertialsystem $\{\xi^\mu\}$ gilt dann für die Koordinatendifferentiale $d\xi^\mu$ zwischen zwei Schlägen

$$\Delta t = (\eta_{\mu\nu}\, d\xi^\mu d\xi^\nu)^{1/2}$$

In einem beliebigen Koordinatensystem gilt offensichtlich

$$\Delta t = (g_{\mu\nu}\, dx^\mu dx^\nu)^{1/2}$$

Also ist

$$\frac{dt}{\Delta t} = \left(g_{\mu\nu}\frac{dx^\mu}{dt}\frac{dx^\nu}{dt}\right)^{-1/2} \tag{1}$$

wo $dt = dx^0$ das Zeitintervall zwischen zwei Uhrenschlägen bezüglich des Systems $\{x^\mu\}$ bezeichnet. Falls die Uhr bezüglich dieses Systems ruht $(dx^i/dt = 0)$, so gilt insbesondere

$$dt/\Delta t = (g_{00})^{-1/2} \tag{2}$$

Dies ist für jede Uhr wahr. Deshalb können wir die Formel (1) oder (2) nicht lokal verifizieren. Wir können aber die Zeitdilatationen in zwei verschiedenen Punkten miteinander vergleichen. Dazu spezialisieren wir die Diskussion auf ein stationäres Feld. Die Koordinaten x^μ seien so gewählt, dass die $g_{\mu\nu}$ t-unabhängig sind. Nun betrachten wir zwei ruhende Uhren in den Punkten 1 und 2. (Man überzeuge sich, dass die Uhren auch in jedem anderen Koordinatensystem ruhen, bezüglich welchem die $g_{\mu\nu}$ zeitunabhängig sind. Der Begriff "in Ruhe" hat für ein stationäres Feld eine intrinsische Bedeutung (für eine geometrische Diskussion siehe § 9)).

Vom Punkt 2 werde eine periodische Welle ausgesandt. Da das Feld stationär ist, ist die Zeit (bezüglich unseres adaptierten Koordinatensystems), welche ein Wellenbuckel für die Reise von 2 nach 1 braucht, konstant *). Die Zeit zwischen der Ankunft von aufeinanderfolgenden Wellenbuckeln in 1 ist also gleich der Zeit dt_2 zwischen ihrem Abgang in 2, d.h. nach (2)

$$dt_2 = \Delta t / \sqrt{g_{00}(x_2)}$$

Betrachten wir anderseits denselben Atomübergang in 1, dann ist nach (2) die Zeit dt_1 zwischen zwei Wellenbuckeln, welche in 1 beobachtet werden

$$dt_1 = \Delta t / \sqrt{g_{00}(x_1)}$$

Für einen gegebenen Atomübergang ist deshalb das Verhältnis der in 1 beobachteten Frequenzen für das Licht von Punkt 2 zu dem von Punkt 1 gleich

$$\frac{\nu_2}{\nu_1} = \sqrt{\frac{g_{00}(x_2)}{g_{00}(x_1)}} \tag{3}$$

Für schwache Gravitationsfelder: $g_{00} \simeq 1 + 2\phi$, $|\phi| \ll 1$, erhalten wir für $\Delta\nu/\nu = \nu_2/\nu_1 - 1$

$$\Delta\nu/\nu \simeq \phi(x_2) - \phi(x_1) \tag{4}$$

Dies stimmt mit unseren früheren Ergebnissen überein.

Als Beispiel wenden wir (4) auf das Licht von der Sonne an, wenn dieses auf der Erde beobachtet wird. Für die Sonne erhält man $\phi_\odot = -2.12 \times 10^{-6}$. Dagegen ist das Gravitationsfeld auf der Erde vernachlässigbar. Wir erhalten also eine Rotverschiebung von 2 Teilen in einer Million. Dies ist aber schwierig zu beobachten, da thermische Effekte (Doppler-Verschiebung) die gravitative Rotverschiebung überdecken. Wie schon erwähnt, konnte aber die Rotverschiebung terrestrisch sehr genau nachgewiesen werden. Wir werden in § 9 die Rotverschiebung mit differentialgeometrischen Methoden wesentlich eleganter nochmals ableiten.

*) Aus $g_{\mu\nu} dx^\mu dx^\nu = 0$ folgt

$$dt = \frac{1}{g_{00}} \left[-g_{i0} dx^i - \sqrt{(g_{i0} g_{j0} - g_{ij} g_{00}) dx^i dx^j} \right]$$

Die erwähnte Zeit ist gleich dem Integral der rechten Seite von 2 bis 1 und also konstant.

§ 7. Das Fermatsche Prinzip für statische Gravitationsfelder

Wir wollen im folgenden die Bewegung von Lichtstrahlen in einem statischen Gravitationsfeld genauer studieren. Ein statisches Feld ist dadurch charakterisiert, dass bei Benutzung geeigneter Koordinaten die metrische Form wie folgt spaltet

$$ds^2 = g_{00}(\underline{x})dt^2 + g_{ik}(\underline{x})dx^i dx^k \tag{1}$$

Es gibt also keine nichtdiagonalen Elemente g_{0i} und die $g_{\mu\nu}$ sind von t unabhängig. (Wir werden in § 9 eine intrinsische Definition eines statischen Feldes geben.)

Für die Bewegung von Lichtstrahlen $x^\mu(\lambda)$ gilt, falls λ ein affiner Parameter ist, das Variationsprinzip (Uebungsaufgabe)

$$\delta \int_1^2 g_{\mu\nu} \frac{dx^\mu}{d\lambda}\frac{dx^\nu}{d\lambda} d\lambda = 0 , \tag{2}$$

wobei bei der Variation der Bahn die Enden festzuhalten sind. Ferner haben wir die Gleichung

$$g_{\mu\nu} \frac{dx^\mu}{d\lambda}\frac{dx^\nu}{d\lambda} = 0 \tag{3}$$

Die Metrik sei jetzt von der Form (1). Zunächst variieren wir nur $t(\lambda)$

$$\begin{aligned}\delta \int_1^2 g_{\mu\nu} \frac{dx^\mu}{d\lambda}\frac{dx^\nu}{d\lambda} d\lambda &= \int_1^2 2 g_{00} \frac{dt}{d\lambda}\,\delta\frac{dt}{d\lambda}\, d\lambda \\ &= \int_1^2 2 g_{00} \frac{dt}{d\lambda}\frac{d}{d\lambda}(\delta t)\, d\lambda = 2 g_{00}\frac{dt}{d\lambda}\delta t\Big|_1^2 - \\ &\quad - 2\int_1^2 \frac{d}{d\lambda}\left(g_{00}\frac{dt}{d\lambda}\right)\delta t\, d\lambda\end{aligned} \tag{4}$$

Das Variationsprinzip (2) impliziert deshalb

$$g_{00} \cdot \frac{dt}{d\lambda} = \text{konst}$$

Wir wählen λ so, dass

$$g_{00}\,\frac{dt}{d\lambda} = 1 \tag{5}$$

Nun betrachten wir eine allgemeine Variation der Bahn $x^\mu(\lambda)$, bei der nur die Enden der räumlichen Bahn $x^i(\lambda)$ festgehalten werden, aber $\delta t = 0$ an den Enden fallengelassen wird. Für eine solche Variation erhalten wir aus (4) und (5), wenn wir das Variationsprinzip (2) benutzen,

$$\delta \int_1^2 g_{\mu\nu}\,\frac{dx^\mu}{d\lambda}\,\frac{dx^\nu}{d\lambda}\,d\lambda = 2\delta t\,\Big|_1^2 = 2\,\delta \int_1^2 dt \tag{6}$$

Wird die variierte Bahn insbesondere gleichfalls wie die ursprüngliche mit Lichtgeschwindigkeit durchlaufen, so ist die linke Seite von (6) gleich Null und für die variierte Bahn gilt ebenfalls

$$\sqrt{g_{00}}\,dt = d\sigma, \tag{7}$$

$$d\sigma^2 = \gamma_{ik}\,dx^i dx^k\,, \quad \gamma_{ik} = -g_{ik} \tag{8}$$

($d\sigma^2$: 3-dimensionale Riemannsche Metrik).

Nach dem Gesagten ist

$$\delta \int_1^2 dt = 0 = \delta \int_1^2 \frac{d\sigma}{\sqrt{g_{00}}} \tag{9}$$

Dies ist das Fermatsche Prinzip der raschesten Ankunft. Durch die 2. Gleichung in (9) wird die räumliche Lage des Lichtstrahles festgelegt. In dieser Formulierung ist die Zeit ganz eliminiert; sie gilt für ein beliebiges Stück der Bahn des Lichtstrahles, wenn diese im Raum unter Festhalten der Enden beliebig variiert wird.

Der Vergleich mit dem Fermatschen Prinzip in der Optik zeigt, dass $1/\sqrt{g_{00}}$ die Rolle des Brechungsindexes übernimmt.

Gl.(9) besagt, dass die Bahn eines Lichtstrahles eine Geodäte der 3-dimensionalen Metrik mit den Koeffizienten $-g_{ik}/\sqrt{g_{00}}$ ist. Dieses Ergebnis ermöglicht es, z.B. die Lichtablenkung in statischen Gravitationsfeldern zu berechnen.

§ 8. Geometrische Optik in Gravitationsfeldern

Gravitationsfelder variieren auch über makroskopisch grosse Abstände im allgemeinen so wenig, dass die Ausbreitung von Licht- und Radiowellen im geometrisch optischen Limes beschrieben werden kann. Diesen Limes wollen wir im folgenden studieren (vgl. die entsprechende Diskussion in der Optik.) Es ist zu erwarten, dass wir die geodätische Gleichung für die Lichtstrahlen zurückgewinnen werden. Wir werden aber auch ein einfaches Fortpflanzungsgesetz für den Polarisationsvektor erhalten.

Die folgenden charakteristischen Längen sind für die Diskussion wichtig:

(1) $\lambda\!\!\!^{-}$ = Wellenlänge des Lichtes/2π ;

(2) Eine typische Länge L über welche die Amplitude der Welle, ihre Polarisation und Wellenlänge wesentlich variieren (z.B. der Krümmungsradius der Wellenfront);

(3) Ein typischer "Krümmungsradius" R der Geometrie.
Genauer sei:

$$R := \left|\begin{matrix}\text{typische Komponente des Riemann Tensors}\\ \text{in einem typischen lokalen Inertialsystem}\end{matrix}\right|^{-\frac{1}{2}}.$$

Der Gültigkeitsbereich der geometrischen Optik ist

$$\lambda\!\!\!^{-} \ll L \quad \underline{\text{und}} \quad \lambda\!\!\!^{-} \ll R \tag{1}$$

Man betrachte eine Welle, welche in Gebieten $\lesssim L$ sehr monochromatisch ist. (Der allgemeine Fall kann daraus durch Fourieranalyse erhalten werden.) Nun spalte man das 4er Potential A_μ in eine schnell veränderliche reelle Phase ψ und eine langsam variierende komplexe Amplitude auf

$$A_\mu = \mathcal{Re}\,(\text{Amplitude } e^{i\psi})$$

Es sei

$$\varepsilon = \lambda\!\!\!^{-}/\mathrm{Min}(L,R)$$

Dann können wir entwickeln

$$\text{Amplitude} = a_\mu + \varepsilon b_\mu + \dots ,$$

wobei $a_\mu, b_\mu, \dots$ unabhängig von $\lambda\!\!\!^{-}$ sind. Beachte, dass $\psi \propto 1/\lambda\!\!\!^{-}$; deshalb ersetzen wir $\psi \to \psi/\varepsilon$, d.h. wir machen im geometrisch optischen Limes den Ansatz

$$A_\mu = \mathcal{Re}\left[(a_\mu + \varepsilon b_\mu + \dots)\, e^{i\psi/\varepsilon}\right] \tag{2}$$

Im folgenden sei:

$$k_\mu = \partial_\mu \psi \qquad (\text{"Wellenzahlvektor"}) \tag{3}$$

$$a = (a^\mu \bar{a}_\mu)^{1/2} \qquad (\text{"skalare Amplitude"}) \tag{4}$$

$$f_\mu = a_\mu / a \qquad (\text{"Polarisationsvektor" = komplexer Einheitsvektor}) \tag{5}$$

Die geometrischen Lichtstrahlen sind per Def. die Integralkurven an das Vektorfeld $k^\mu(x)$ und also normal zu den Flächen konstanter Phase ψ = konst (= geometrische Wellenfronten).

Nun setzen wir den Ansatz (2) in die Maxwellschen Gleichungen ein. Im Vakuum lauten diese (siehe (4.23))

$$A^{\mu;\nu}{}_{;\nu} - A^{\nu;\mu}{}_{;\nu} = 0 \tag{6}$$

Wir verwenden die Identität

$$A^{\nu;\mu}{}_{;\nu} = A^{\nu}{}_{;\nu}{}^{;\mu} + R^{\mu}{}_{\nu} A^{\nu} \tag{7}$$

und verlangen die Lorentz-Bedingung

$$A^{\nu}{}_{;\nu} = 0 \tag{8}$$

Aus (6) wird dann

$$A^{\mu;\nu}{}_{;\nu} - R^{\mu}{}_{\nu} A^{\nu} = 0 \tag{9}$$

Setzen wir zunächst (2) in die Lorentz Bedingung ein, so kommt

$$0 = A^{\nu}{}_{;\nu} = \mathrm{Re}\left\{ \left[i\frac{k_\mu}{\varepsilon}(a^\mu + \varepsilon b^\mu + \ldots) + (a^\mu + \varepsilon b^\mu + \ldots)_{;\mu} \right] e^{i\psi/\varepsilon} \right\} \tag{10}$$

Der führende Term gibt

$$k_\mu a^\mu = 0 \quad ; \ (\text{Amplitude} \perp \text{auf Wellenzahlvektor})$$

oder

$$\underline{k_\mu f^\mu = 0} \tag{11}$$

Die nächste Ordnung in (10) gibt

$$k_\mu b^\mu = i a^\mu{}_{;\mu}$$

Nun setzen wir (2) in (9) ein

$$0 = -A^{\mu;\nu}{}_{;\nu} + R^{\mu}{}_{\nu} A^{\nu} = \mathcal{Re}\Big\{ \Big[\frac{1}{\varepsilon^2} k^{\nu} k_{\nu} (a^{\mu} + \varepsilon b^{\mu} + \dots) -$$
$$- 2\frac{i}{\varepsilon} k^{\nu} (a^{\mu} + \varepsilon b^{\mu} + \dots)_{;\nu} - \frac{i}{\varepsilon} k^{\nu}{}_{;\nu} (a^{\mu} + \varepsilon b^{\mu} + \dots) -$$
$$- (a^{\mu} + \dots)^{;\nu}{}_{;\nu} + R^{\mu}{}_{\nu} (a^{\nu} + \dots) \Big] e^{i\psi/\varepsilon} \Big\} \tag{12}$$

Dies gibt

$$O(1/\varepsilon^2): \qquad k^{\nu} k_{\nu} a^{\mu} = 0$$

d.h.

$$\underline{k_{\nu} k^{\nu} = 0} \tag{13}$$

$$O(1/\varepsilon): \quad k^{\nu} k_{\nu} b^{\mu} - 2i \left(k^{\nu} a^{\mu}{}_{;\nu} + \frac{1}{2} k^{\nu}{}_{;\nu} a^{\mu} \right) = 0$$

oder mit (13)

$$k^{\nu} a^{\mu}{}_{;\nu} = -\frac{1}{2} k^{\nu}{}_{;\nu} a^{\mu} \tag{14}$$

Als Folge dieser Gleichungen erhalten wir zunächst das geodätische Gesetz für die Lichtstrahlen: Aus (13) folgt nämlich

$$0 = (k^{\nu} k_{\nu})_{;\mu} = 2 k^{\nu} k_{\nu;\mu}$$

Aber $k_{\nu} = \psi_{,\nu}$ und da $\psi_{;\nu;\mu} = \psi_{;\mu;\nu}$ erhalten wir durch Vertauschen der Indizes

$$\underline{k^{\nu} k_{\mu;\nu} = 0} \qquad (\nabla_k k = 0) \tag{15}$$

Zusammen mit (13) haben wir als Folge der Maxwellschen Gleichungen gezeigt, dass die <u>Lichtstrahlen Nullgeodäten</u> sind.

Nun betrachten wir die Amplitude $a^{\mu} = a f^{\mu}$. Aus (14) erhält man

$$2 a k^{\nu} a_{,\nu} = 2 a k^{\nu} a_{;\nu} = k^{\nu} (a^2)_{;\nu} = k^{\nu} (a_{\mu} \bar{a}^{\mu})_{;\nu} =$$
$$= \bar{a}^{\mu} k^{\nu} a_{\mu;\nu} + a_{\mu} k^{\nu} \bar{a}^{\mu}{}_{;\nu} \overset{(14)}{=} -\frac{1}{2} k^{\nu}{}_{;\nu} (\bar{a}^{\mu} a_{\mu} + a_{\mu} \bar{a}^{\mu})$$

d.h.

$$k^{\nu} a_{,\nu} = -\frac{1}{2} k^{\nu}{}_{;\nu} a \tag{16}$$

Dies kann man als Ausbreitungsgesetz für die skalare Amplitude auffassen.

Nun setzen wir in (14) $a^{\mu} = a f^{\mu}$ ein und erhalten

$$0 = k^\nu (a f^\mu)_{;\nu} + \frac{1}{2} k^\nu_{;\nu} a f^\mu = a k^\nu f^\mu_{;\nu} + $$
$$+ f^\mu [k^\nu a_{;\nu} + \frac{1}{2} k^\nu_{;\nu} a] \overset{(16)}{=} a k^\nu f^\mu_{;\nu}$$

d.h.
$$\underline{k^\nu f^\mu_{;\nu} = 0} \qquad (\nabla_k f = 0) \tag{17}$$

Wir sehen: <u>Der Polarisationsvektor f^μ ist senkrecht zu den Strahlen und längs diesen parallel verschoben.</u>

<u>Bemerkung:</u> Die Eichbedingung (11) ist konsistent mit den übrigen Gleichungen: Da die Vektoren k^μ und f^μ längs den Strahlen parallel verschoben werden, muss man die Bedingung $k_\mu f^\mu = 0$ nur in einem Punkt des Strahls verlangen; entsprechend werden auch $f_\mu \bar{f}^\mu = 1$ und $k_\mu k^\mu = 0$ bei der Fortpflanzung erhalten.

Die Gleichung (16) lässt sich wie folgt umformen. Durch Multiplikation mit a folgt ($\nabla_\nu \equiv {}_{;\nu}$)

$$(k^\nu \nabla_\nu) a^2 + a^2 \nabla_\nu k^\nu = 0$$

oder

$$\underline{(a^2 k^\mu)_{;\mu} = 0} \tag{18}$$

d.h. $a^2 k^\mu$ ist ein erhaltener "Strom".

Quantenmechanisch interpretiert bedeutet dies den Erhaltungssatz für die Photonenzahl. Letztere ist natürlich im allgemeinen nicht erhalten; sie ist eine adiabatische Invariante, d.h. eine Grösse, die für $R \gg \lambda$ sehr langsam variiert (im Vergleich zur Photonfrequenz).

<u>Uebungsaufgabe:</u> Mittelt man den Energie-Impuls Tensor über eine Wellenlänge, so erhält man

$$\langle T^{\mu\nu} \rangle = \frac{1}{8\pi} a^2 k^\mu k^\nu$$

Insbesondere ist der Energiefluss gleich

$$\langle T^{0j} \rangle = \langle T^{00} \rangle n^j , \quad n^j = k^j / k^0$$

Aus (15) und (18) folgt

$$8\pi \nabla_\nu \langle T^{\mu\nu} \rangle = \nabla_\nu (a^2 k^\mu k^\nu) = \underbrace{\nabla_\nu (a^2 k^\nu)}_{0} k^\mu + a^2 k^\nu \underbrace{\nabla_\nu k^\mu}_{0} = 0$$

§ 9. Statische und stationäre Felder

In diesem Abschnitt werden die Abschnitte 7 und 8 des differentialgeometrischen Teils vorausgesetzt.

Ein stationäres Feld wurde in § 5 so definiert, dass ein Koordinatensystem $\{x^\mu\}$ existieren soll, in welchem die $g_{\mu\nu}$ von $t = x^0$ unabhängig sind. Diese "naive" Definition wollen wir jetzt in eine invariante Form übersetzen.

Sei $K = \partial/\partial x^0$, d.h. $K^\mu = (1, \underline{0})$. Dann gilt für die Lie'sche Ableitung des metrischen Tensors

$$\begin{aligned}(L_K g)_{\mu\nu} &= K^\lambda g_{\mu\nu,\lambda} + g_{\lambda\nu} K^\lambda{}_{,\mu} + g_{\mu\lambda} K^\lambda{}_{,\nu} \\ &= \quad 0 \quad + \quad 0 \quad + \quad 0\end{aligned} \tag{1}$$

d.h.

$$\underline{L_K g = 0} \tag{2}$$

<u>Definition 1:</u> Gilt für ein Vektorfeld K die Gleichung (2), so heisst K ein <u>Killing Feld</u>.

<u>Definition 2:</u> Das g-Feld einer Lorentzmannigfaltigkeit (M,g) ist <u>stationär</u>, falls ein zeitartiges Killing Feld existiert.

Aus dieser Definition folgt umgekehrt die Existenz von lokalen Koordinaten, in denen die $g_{\mu\nu}$ zeitunabhängig sind. Dazu betrachte man eine dreidimensionale raumartige Untermannigfaltigkeit S in der Umgebung eines Punktes und die durch diese verlaufenden Integralkurven von K (s. Fig.).

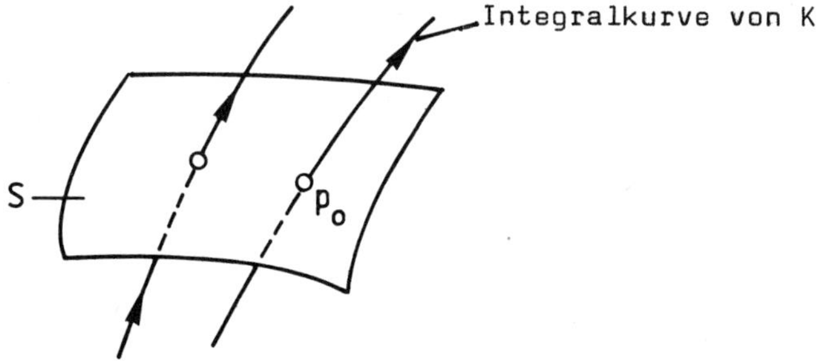

Nun führe man (wie in der Hydrodynamik) Lagrange Koordinaten ein: Wähle (x^1, x^2, x^3) auf S und lasse diese durch die Strömung mitschleppen: Sei ϕ_t der Fluss zu K, und $p = \phi_t(p_0)$, $p_0 \in S$, so seien die Koordinaten von p gleich $(t, x^1(p_0), x^2(p_0), x^3(p_0))$.
In diesen Koordinaten ist

$$K = \partial/\partial x^0 \qquad (x^0 = t).$$

Aus $L_K g = 0$ folgt mit (1)

$$g_{\mu\nu,0} + 0 + 0 = 0$$

<u>Bemerkung:</u> Eine Lorentzmannigfaltigkeit kann ein Killing-Feld besitzen, das nur in einem offenen Gebiet zeitartig ist und ausserhalb dieses Gebietes lichtartig oder raumartig wird (wichtige Beispiele werden wir kennenlernen). Wir sagen dann, das g-Feld sei stationär im betrachteten Gebiet.

Statische Felder sind spezielle stationäre Felder.

<u>Definition 3:</u> Ein stationäres Feld g einer Lorentz-Mannigfaltigkeit (M,g) mit zeitartigem Killing Feld K ist <u>statisch</u>, wenn die zu K gehörige 1-Form $\underset{\sim}{K}$ die Gleichung

$$\underset{\sim}{K} \wedge d\underset{\sim}{K} = 0 \tag{3}$$

erfüllt.

<u>Bemerkung:</u> Nach einem Theorem von Frobenius (siehe [6], §8) weiss man, dass die Gleichung (3) notwendig und hinreichend dafür ist, dass durch jeden Punkt einer Umgebung $\mathcal{U}$ eine raumartige dreidimensionale Untermannigfaltigkeit existiert, auf der K senkrecht steht. Diesen Satz benötigen wir aber im folgenden nicht, da die Existenz dieser Flächen aus (2) und (3) in einfacher Weise gefolgert werden kann.

Wir zeigen nämlich, dass aus (2) und (3) die lokale Existenz einer Funktion f folgt mit

$$\underset{\sim}{K} = (K,K)\, df \tag{4}$$

Die Flächen f = konst sind dann die erwähnten raumartigen Hyperflächen orthogonal zu K.

Zunächst folgt in einem geodätischen System aus (1)

$$K_{\mu,\nu} + K_{\nu,\mu} = 0 \tag{5}$$

Deshalb gilt in einem beliebigen Koordinatensystem

$$K_{\mu;\nu} + K_{\nu;\mu} = 0 \tag{6}$$

<u>Beweis von (4)</u> (in lokalen Koordinaten):

Aus (3) folgt

$$K_\mu K_{\nu,\lambda} + K_\nu K_{\lambda,\mu} + K_\lambda K_{\mu,\nu} = 0 \tag{7}$$

Darin können wir die gewöhnlichen Ableitungen durch kovariante ersetzen. Multiplizieren wir (7) mit K^λ und benutzen (6), so kommt

$$-K_\mu(K^\lambda K_\lambda)_{;\nu} + K_\nu(K^\lambda K_\lambda)_{;\mu} + K^\lambda K_\lambda(K_{\mu;\nu} - K_{\nu;\mu}) = 0$$

Dies impliziert

$$[K_\nu/(K,K)]_{,\mu} - [K_\mu/(K,K)]_{,\nu} = 0$$

Nach dem Lemma von Poincaré existiert eine C^∞-Funktion f mit

$$K_\mu = (K,K)\, f_{,\mu} \qquad \square$$

Koordinatenfreie Herleitung:

Nach allgemeinen Formeln ist

$$L_K g(X,Y) = K(X,Y) - ([K,X],Y) - (X,[K,Y]) \tag{8}$$

$$d\underset{\sim}{K}(X,Y) = X\underset{\sim}{K}(Y) - Y\underset{\sim}{K}(X) - \underset{\sim}{K}([X,Y]) \tag{9}$$

$$(\underset{\sim}{K}\wedge d\underset{\sim}{K})(K,X,Y) = \frac{1}{2}\{\underset{\sim}{K}(K)\, d\underset{\sim}{K}(X,Y) + \underset{\sim}{K}(X)\, d\underset{\sim}{K}(Y,K) + \underset{\sim}{K}(Y)\, d\underset{\sim}{K}(K,X)\} = 0 \tag{10}$$

Verwenden wir in (10) die Gleichung (9), so folgt

$$\begin{aligned} 2\,\underset{\sim}{K}\wedge d\underset{\sim}{K}(K,X,Y) = {} & (K,K)[X\underset{\sim}{K}(Y) - Y\underset{\sim}{K}(X) - \underset{\sim}{K}([X,Y])] \\ & + (K,X)[Y\underset{\sim}{K}(K) - K\underset{\sim}{K}(Y) - \underset{\sim}{K}([Y,K])] \\ & + (K,Y)[K\underset{\sim}{K}(X) - X\underset{\sim}{K}(K) - \underset{\sim}{K}([K,X])] = 0 \end{aligned} \tag{11}$$

Aus

$$L_K g(K,X) = K(K,X) - (K,[K,X]) = 0$$

entnimmt man

$$K\underset{\sim}{K}(X) = \underset{\sim}{K}([K,X])$$

ebenso

$$K\underset{\sim}{K}(Y) = \underset{\sim}{K}([K,Y])$$

Benutzen wir dies in (11), so kommt

$$(K,K)\, d\underset{\sim}{K}(X,Y) + \underset{\sim}{K}(X)\, Y\underset{\sim}{K}(K) - \underset{\sim}{K}(Y)\, X\underset{\sim}{K}(K) = 0 \tag{13}$$

Mit der Bezeichnung $h := (K,K)$ lautet (13)

$$h\,d\underset{\sim}{K}(X,Y) + \underset{\sim}{K}(X)\,dh(Y) - \underset{\sim}{K}(Y)\,dh(X) = 0$$

oder

$$h\,d\underset{\sim}{K} + \underset{\sim}{K} \wedge dh = 0$$

Daraus

$$d(\underset{\sim}{K}/h) = 0$$

Mit dem Lemma von Poincaré folgt wieder die Behauptung. □

Dieses Beispiel zeigt, dass die Komponentenrechnung schneller verlaufen kann.

Wir wählen die Funktion f in (4) als die Zeit t.
K steht senkrecht auf den Flächen konstanter Zeit. Jetzt betrachten wir eine Integralkurve $\gamma(\lambda)$ aus K:

$$\frac{d\gamma(\lambda)}{d\lambda} = K(\gamma(\lambda))$$

$t(\lambda)$ sei die Zeit längs γ (mit beliebigem 0-Punkt). Dann gilt

$$\frac{d\gamma}{dt}\frac{dt}{d\lambda} = K(\gamma(t))$$

Wegen (4), d.h.

$$\underset{\sim}{K} = (K,K)\,dt \tag{14}$$

folgt

$$\langle \underset{\sim}{K}, K\rangle_{\gamma(t)} = \frac{dt}{d\lambda}\underbrace{\langle \underset{\sim}{K}, \frac{d\gamma}{dt}\rangle}_{(K,K)\langle dt,\frac{d\gamma}{dt}\rangle = (K,K)} = (K,K)_{\gamma(t)}$$

Also ist $dt/d\lambda = 1$, $\Longrightarrow$ $t = \lambda + \text{const.}$. Dies zeigt:

Eine Orthogonaltrajektorie zu den Flächen t = konst., mit t als Parameter, ist eine Integralkurve an K.

Bemerkungen:

(1) Der Fluss zu K bildet natürlich die Hyperflächen t = konst. isometrisch aufeinander ab.

(2) Ein ruhender Beobachter bewegt sich längs einer Integralkurve von K.

(3) Wenn es nur ein zeitartiges Killing Feld gibt, so existiert eine ausgezeichnete Zeit (definiert durch Gleichung (14)).

Führen wir wie oben Lagrange-Koordinaten ein (wobei die Rolle der Hyperfläche S jetzt von einer Fläche t = konst. übernommen wird), so lautet die Metrik

$$ds^2 = g_{00}(\underline{x})dt^2 + g_{ik}(\underline{x})dx^i dx^k \tag{15}$$

Die Möglichkeit, Koordinaten so einzuführen, dass ds^2 die Form (15) hat, haben wir in §7 als "naive" Definition eines statischen Feldes gewählt. Umgekehrt impliziert (15) die geometrische Definition 3 (jedenfalls lokal). $K = \partial/\partial t$ ist nämlich, wie wir schon wissen, ein Killing Feld.

Weiter ist $\underset{\sim}{K} = g_{00}\, dt$, also

$$d\underset{\sim}{K} = g_{00,i}\, dx^i \wedge dt$$

und folglich

$$\underset{\sim}{K} \wedge d\underset{\sim}{K} = g_{00}\, g_{00,i}\, dt \wedge dx^i \wedge dt = 0 .$$

Nochmals die Rotverschiebung

1. Herleitung: Im geometrisch optischen Limes war

$$F_{\mu\nu} = \mathrm{Re}\,(f_{\mu\nu} e^{i\psi})$$

Die Lichtstrahlen sind die Integralkurven an $k^\mu = \psi^{,\mu}$, welche ihrerseits geodätische Nullinien sind. Da insbesondere $k^\mu \psi_{,\mu} = 0$ ist, verlaufen die Lichtstrahlen in Flächen konstanter Phase.

Nun betrachten wir die Weltlinien eines Senders und eines Beobachters und betrachten zwei Lichtstrahlen, welche die beiden verbinden (s.Fig.).

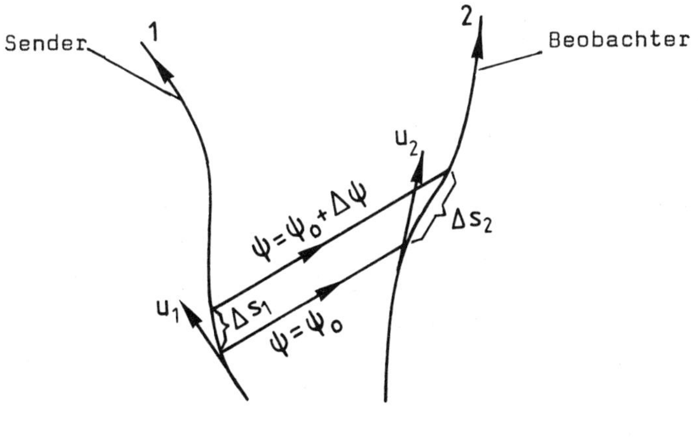

Die zugehörigen Phasen seien $\psi = \psi_0$ und $\psi = \psi_0 + \Delta\psi$.

Das Intervall zwischen den Schnittpunkten der Lichtstrahlen mit der

Weltlinie i (i = 1,2) sei Δs_i . Ferner seien u_1 , u_2 die Tangentialvektoren an die Weltlinien, $(u_1, u_1) = (u_2, u_2) = 1$.
Offensichtlich gilt

$$u_1^\mu (\partial_\mu \psi)_1 \Delta s_1 = \Delta \psi = u_2^\mu (\partial_\mu \psi)_2 \Delta s_2 \tag{16}$$

Seien ν_1 und ν_2 die Frequenzen, welche dem Licht durch 1 und 2 zugesprochen werden, dann folgt aus (16)

$$\nu_1 / \nu_2 = \Delta s_2 / \Delta s_1 = \frac{(k_\mu u^\mu)_1}{(k_\mu u^\mu)_2} \tag{17}$$

Diese Formel stellt den kombinierten Effekt der Dopplerverschiebung und der gravitativen Verschiebung der Spektrallinien dar. (Sie gilt natürlich auch in der SRT.)

Nun betrachten wir ein stationäres Feld mit Killing Feld K . Sender und Beobachter seien bezüglich des Feldes in Ruhe, d.h. es sei

$$K = (K,K)^{1/2} u \tag{18}$$

Nun gilt auf Grund der Killing Gleichung (6)

$$k^\beta \nabla_\beta (k^\alpha K_\alpha) = (k^\beta \nabla_\beta k^\alpha) K_\alpha + k^\alpha k^\beta \nabla_\beta K_\alpha = 0$$

Deshalb ist $k^\alpha K_\alpha$ längs des Strahls konstant.
Aus (17) und (18) folgt damit

$$\frac{\nu_1}{\nu_2} = \frac{(K,K)_2^{1/2}}{(K,K)_1^{1/2}} \tag{19}$$

In einem adaptierten Koordinatensystem ist $K = \partial / \partial t$ und $(K,K) = g_{oo}$.
Wir erhalten also wieder

$$\frac{\nu_1}{\nu_2} = \sqrt{\frac{g_{oo}|_2}{g_{oo}|_1}} \tag{20}$$

2. Herleitung: Wir gehen direkt von der Strahlenoptik aus. Die beiden Beobachter (mit 4er-Geschwindigkeiten u_1, u_2)

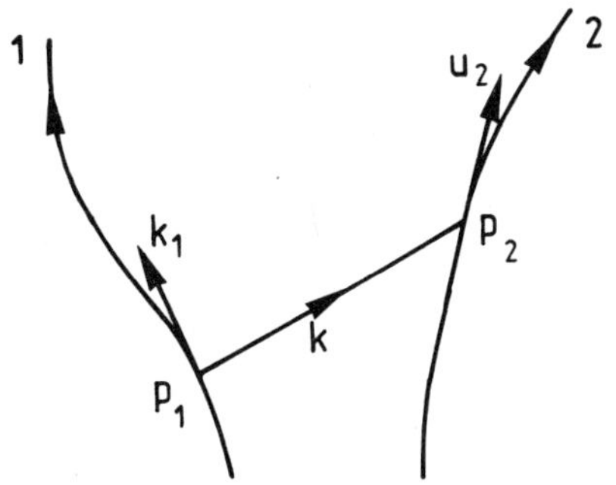

können durch eine Nullgeodäte miteinander verbunden werden; deren Tangentialvektor sei k .

Es seien t_1 und t_2 die Eigenzeiten der beiden Beobachter. Wir nehmen an, dass für ein endliches t_1-Intervall Nullgeodäten existieren, welche vom zweiten Beobachter empfangen werden. Diese Geodäten können wir durch die Beobachtungszeit bei 1 oder 2 parametrisieren. Dadurch wird eine Funktion $t_2\ (t_1)$ definiert. Das Frequenzverhältnis r ist gerade die Ableitung dieser Funktion

$$r = dt_2/dt_1 \tag{21}$$

Die Nullgeodäten können immer so parametrisiert werden, dass ihr affiner Parameter s gleich 0 auf der Weltlinie des ersten Beobachters und gleich 1 auf derjenigen des zweiten Beobachters ist. Die Punkte auf den Nullgeodäten können durch das Paar (t_1,s) parametrisiert werden. Es ist dann *) (wenn $(t_1,s) \mapsto \lambda\ (t_1,s)$)

$$k = (\partial/\partial s)_{\lambda(t_1,s)} \tag{22}$$

Daneben betrachten wir auch das Feld der Tangentialvektoren *)

*) Genauer ist $k = \lambda_*(\partial/\partial s)$, $V = \lambda_*(\partial/\partial t_1)$

$$V = (\partial/\partial t_1)_{\lambda(t_1,s)} \tag{23}$$

Offensichtlich ist

$$V|_{s=0} = u_1 \tag{24}$$

aber

$$V|_{s=1} = \frac{dt_2}{dt_1}(\partial/\partial t_2) = \tau u_2 \tag{25}$$

Wir zeigen im folgenden, dass (V,k) längs den Nullgeodäten <u>konstant</u> ist. Dann folgt

$$(V,k)_1 = (u_1,k) = (V,k)_2 = \tau(u_2,k)$$

d.h.

$$\tau = \frac{(u_1,k)}{(u_2,k)} \tag{26}$$

Dies stimmt mit (17) überein. Alles weitere gilt wie in der 1. Herleitung.

<u>Beweis der Konstanz von (V,k)</u>:

Die Gleichungen für eine Nullgeodäte lauten

$$(k,k) = 0 \quad , \quad \nabla_k k = 0 \tag{27}$$

Für die kovariante Ableitung gilt allgemein

$$T(X,Y) = \nabla_X Y - \nabla_Y X - [X,Y] = 0 \tag{28}$$

$$X(Y,Z) = (\nabla_X Y, Z) + (Y, \nabla_X Z) \tag{29}$$

Aus (29) folgt mit (27)

$$\frac{\partial}{\partial s}(V,k) = k(V,k) = (\nabla_k V,k) + (V,\nabla_k k) = (\nabla_k V,k) \tag{30}$$

Nun ist *) nach (22) und (23)

$$[V,k] = 0$$

Aus (30) folgt daraus, mit Hilfe von (28),

$$\frac{\partial}{\partial s}(V,k) = (\nabla_k V, k) = (\nabla_V k, k) = \frac{1}{2} V(k,k) = 0 .$$

* * *

*) Da die Vektorfelder k und V nur auf einer Untermannigfaltigkeit definiert sind, ist zunächst nicht klar, was der Kommutator von V und k bedeutet. Ist aber Q ein kompaktes Quadrat von $\mathbb{R}^2$ und ist das Bild $\lambda(Q)$ in einer Koordinatenumgebung U , so kann man darin die Felder k und V zu C^∞- Vektorfeldern $\tilde{k}$ und $\tilde{V}$ über U erweitern. Wir definieren dann

$$[V,k]_{\lambda(s,t_1)} := [\tilde{V}, \tilde{k}]_{\lambda(s,t_1)} , \quad (s,t_1) \in Q .$$

Aus der Koordinatendarstellung des Klammerproduktes (siehe Teil 1, p.16) sieht man leicht, dass diese Definition unabhängig von den Erweiterungen $\tilde{V}$, $\tilde{k}$ ist. (Dies ergibt sich auch aus Teil 1, § 3.2, Satz 6.)

§10. Lokale Bezugssysteme und Fermi-Transport

In diesem Abschnitt wollen wir uns mit folgenden Fragen beschäftigen: (1) Ein Beobachter bewege sich längs einer zeitartigen Weltlinie in einem Gravitationsfeld (nicht notwendig in freiem Fall). Man stelle sich etwa einen Astronauten in einer Rakete vor. Dieser wird zweckmässigerweise ein Koordinatensystem verwenden, in welchem die fest mit der Kapsel verbundenen Apparaturen ruhend sind. Wie sieht die Bewegungsgleichung eines freifallenden Testkörpers in diesem Koordinatensystem aus ? (2) Wie muss der Beobachter das Raumschiff orientieren, dass keine "Corioliskräfte" auftreten ? (3) Wie bewegt sich ein Kreiselkompass ? (Es ist zu erwarten, dass dieser genau dann bezüglich des gewählten Bezugssystems nicht rotieren wird, wenn dieses so gewählt ist, dass keine Corioliskräfte auftreten.) (4) In einem stationären Feld gibt es für einen ruhenden Beobachter ein ausgezeichnetes (ruhendes) Bezugssystem, das man das Kopernikanische bezeichnen könnte. Wann rotiert ein Kreisel bezüglich dieses Systems nicht, und wenn er rotiert, wie lautet die Bewegungsgleichung ?

10.1. Spinpräzession in einem Gravitationsfeld

Mit dem Wort Spin meinen wir im folgenden entweder den Polarisationsvektor eines Teilchens (d.h. den Erwartungswert des Spinoperators bezüglich des quantenmechanischen Zustands des Teilchens) oder den Eigendrehimpuls eines Körpers, etwa eines Kreiselkompasses.

In beiden Fällen ist dieser zunächst nur bezüglich eines lokalen Inertialsystems definiert, in welchem das Teilchen (der Kompass) ruht (lokales Ruhesystem). In einem solchen System wird der Spin durch einen 3er-Vektor $\underline{S}$ beschrieben. Sowohl für einen Kreiselkompass, als auch für ein Elementarteilchen - in Abwesenheit von elektromagnetischen Feldern - gilt nach dem Aequivalenzprinzip im lokalen Ruhesystem

$$\frac{d}{dt}\underline{S}(t) = 0 \qquad (1)$$

(Der Kreisel habe ein vernachlässigbares Quadrupolmoment; siehe aber die Uebungsaufgabe am Ende von §10.). Wir definieren nun einen 4er-Vektor S , welcher sich im lokalen Ruhesystem auf $(0,\underline{S})$ reduziert. Diese letzte Forderung lautet invariant

$$(S,u) = 0 \qquad (2)$$

wo u die 4er-Geschwindigkeit bezeichnet.

Nun wollen wir auch die Gleichung (1) invariant formulieren. Dazu betrachten wir $\nabla_u S$.
Im lokalen Ruhesystem (indiziert durch R) ist

$$(\nabla_u S)_R = \left(\frac{dS^0}{dt}, \frac{d}{dt}\underline{S}\right) = \left(\frac{dS^0}{dt}, \underline{0}\right) \tag{3}$$

Aus (2) folgt

$$(\nabla_u S, u) = -(S, \nabla_u u) = -(S, a) \tag{4}$$

wo

$$a = \nabla_u u \tag{5}$$

Deshalb gilt

$$(\nabla_u S, u) = \left.\frac{dS^0}{dt}\right|_R = -(S, a) \tag{6}$$

Aus (3) und (6) folgt

$$(\nabla_u S)_R = (-(S,a), \underline{0}) = -((S,a)u)_R \tag{7}$$

Die gesuchte invariante Gleichung lautet deshalb

$$\boxed{\nabla_u S = -(S,a)\, u} \tag{8}$$

Wir zeigen noch, dass die Gleichung (2) mit (8) konsistent ist.
Aus (8) folgt

$$(u, \nabla_u S) = -(S,a)(u,u) = -(S,a) = -(S, \nabla_u u)$$

d.h.

$$\nabla_u (u, S) = 0 .$$

Anwendung: Die Thomas-Präzession

In der SRT reduziert sich die Gl. (8) auf

$$\dot{S} = -(S, \dot{u})\, u , \tag{9}$$

wobei ein Punkt die Ableitung nach der Eigenzeit bedeutet. Aus dieser Gleichung kann man leicht die Thomas-Präzession erhalten.
Sei $x(\tau)$ die Bahn eines Teilchens. Das momentane Ruhesystem (zur Zeit τ) geht aus dem Laborsystem durch die spezielle Lorentztransformation $\Lambda(\underline{\beta})$ hervor. Bezogen auf diese Schar von momentanen Ruhesystemen sei $S = (0, \underline{S}(t))$, t: Laborzeit. Aus (9) ergibt sich leicht die Bewe-

gungsgleichung für $\underline{S}(t)$. Im Laborsystem ist, (da S ein 4er-Vektor ist)

$$S = \left(\gamma\, \underline{\beta}\cdot\underline{S},\ \underline{S} + \underline{\beta}\,\frac{\gamma^2}{\gamma^2+1}\,\underline{\beta}\cdot\underline{S}\right) \tag{10}$$

Ferner ist

$$u = (\gamma, \gamma\underline{\beta}), \quad \dot{u} = (\dot{\gamma}, \dot{\gamma}\underline{\beta} + \gamma\dot{\underline{\beta}}) \tag{11}$$

Folglich

$$\begin{aligned}(S,\dot{u}) &= \dot{\gamma}\gamma\,\underline{\beta}\cdot\underline{S} - (\dot{\gamma}\underline{\beta} + \gamma\dot{\underline{\beta}})\left(\underline{S} + \underline{\beta}\,\frac{\gamma^2}{\gamma^2+1}\,\underline{\beta}\cdot\underline{S}\right)\\ &= -\gamma\left(\dot{\underline{\beta}}\cdot\underline{S} + \frac{\gamma^2}{\gamma^2+1}\,\dot{\underline{\beta}}\cdot\underline{\beta}\ \underline{\beta}\cdot\underline{S}\right)\end{aligned} \tag{12}$$

Aus (9) und (12) ergibt sich

$$\begin{aligned}(\gamma\,\underline{\beta}\cdot\underline{S})^{\cdot} &= \gamma^2\left\{\dot{\underline{\beta}}\cdot\underline{S} + \frac{\gamma^2}{\gamma^2+1}\,\dot{\underline{\beta}}\cdot\underline{\beta}\ \underline{\beta}\cdot\underline{S}\right\}\\ \left(\underline{S} + \underline{\beta}\,\frac{\gamma^2}{\gamma^2+1}\,\underline{\beta}\cdot\underline{S}\right)^{\cdot} &= \beta^2\gamma^2\left\{\qquad \text{''} \qquad\qquad \text{''} \qquad\right\}\end{aligned}$$

Durch einige Umformungen (Uebungsaufgabe) erhält man daraus

$$\dot{\underline{S}} = \underline{S} \wedge \underline{\omega}_T$$

wobei

$$\omega_T = \frac{\gamma - 1}{\beta^2}\,\underline{\beta}\wedge\dot{\underline{\beta}}$$

Dies ist der bekannte Ausdruck für die Thomas-Präzession.

* * *

10.2. Der Fermi-Transport

Es sei $\gamma(s)$ eine zeitartige Kurve mit Tangentialvektor $u = \dot{\gamma}$, $(u,u)=1$. Die Fermi-Ableitung, $\mathbb{F}_u$, eines Vektorfeldes X längs γ ist wie folgt definiert

$$\mathbb{F}_u X = \nabla_u X + (X,a)u - (X,u)a \tag{13}$$

wobei $a = \nabla_u u$ ist. Gl. (8) können wir, wegen $(S,u) = 0$, auch so ausdrücken

$$\boxed{\mathbb{F}_u S = 0} \tag{14}$$

Die Fermi-Ableitung (13) hat, wie man leicht nachweist, die folgenden wichtigen Eigenschaften:

(i) $\mathbb{F}_u = \nabla_u$, falls γ eine Geodäte ist;

(ii) $\mathbb{F}_u u = 0$;

(iii) Aus $\mathbb{F}_u X = \mathbb{F}_u Y = 0$ längs γ folgt, dass (X,Y) längs γ konstant ist.

(iv) Ist $(X,u) = 0$ längs γ , dann ist

$$\mathbb{F}_u X = (\nabla_u X)_\perp \tag{15}$$

Dabei bedeutet $\perp$ die Projektion senkrecht auf u . Diese Eigenschaften zeigen, dass die Fermi-Ableitung eine natürliche Verallgemeinerung von ∇_u ist.

Wir sagen, das Vektorfeld X werde längs γ <u>Fermi-transportiert</u>, wenn $\mathbb{F}_{\dot\gamma} X = 0$ ist. Da diese Gleichung linear in X ist, definiert der Fermi-Transport (analog wie die Parallelverschiebung) eine zweiparametrige Schar von Isomorphismen

$$\tau^F_{t,s} : T_{\gamma(s)}M \longrightarrow T_{\gamma(t)}M$$

Aehnlich wie für die Parallelverschiebung (vgl. Teil 1, § 5.2) beweist man

$$\mathbb{F}_{\dot\gamma} X(\gamma(t)) = \frac{d}{ds} \tau^F_{t,s} X(\gamma(s)) \Big|_{s=t}$$

Ganz analog wie die kovariante Ableitung (vgl. Teil 1, § 5.4) kann auch die Fermi-Ableitung auf beliebige Tensorfelder so ausgedehnt werden, dass die folgenden Eigenschaften gelten:

(i) $\mathbb{F}_u$ führt ein Tensorfeld des Typs (r,s) wieder in ein solches über;

(ii) $\mathbb{F}_u$ vertauscht mit den Kontraktionen;

(iii) $\mathbb{F}_u(S \otimes T) = (\mathbb{F}_u S) \otimes T + S \otimes (\mathbb{F}_u T)$;

(iv) $\mathbb{F}_u f = \frac{df}{ds}$, f: Funktion;

(v) $\tau^F_{t,s}$ induziert lineare Isomorphismen:

$$T_{\gamma(s)}(M)^r_s \longrightarrow T_{\gamma(t)}(M)^r_s \,.$$

Nun betrachten wir die Weltlinie $\gamma(\tau)$ eines beschleunigten Beobachters

(τ : Eigenzeit).
Es sei $u=\dot{\gamma}$ und $\{e_i\}_{i=1,2,3}$ sei ein beliebiges orthonormiertes 3-Bein längs γ senkrecht auf $e_0 := \dot{\gamma} = u$.
Es ist dann

$$(e_\mu, e_\nu) = \eta_{\mu\nu}$$

Aus (u,u) = 1 folgt (a,u) = 0 , a:= $\nabla_u u$.
Wir setzen

$$\boxed{\omega_{ij} = -(\nabla_u e_i, e_j) = -\omega_{ji}} \qquad (16)$$

Mit $e^\mu := \eta^{\mu\nu} e_\nu$ gilt

$$\nabla_u e_i = (\nabla_u e_i, e^\alpha) e_\alpha = (\nabla_u e_i, u) u - (\nabla_u e_i, e_j) e_j$$
$$= -(e_i, \nabla_u u) u + \omega_{ij} e_j$$

d.h.

$$\nabla_u e_i = -(e_i, a) u + \omega_{ij} e_j \qquad (17)$$

oder, wenn wir einen verschwindenden Term hinzufügen,

$$\nabla_u e_i = (e_i, u) a - (e_i, a) u + \omega_{ij} e_j$$

Sei

$$(\omega_{\alpha\beta}) = \left(\begin{array}{c|c} 0 & 0 \\ \hline 0 & \omega_{ij} \end{array}\right) \qquad (18)$$

dann gilt

$$\nabla_u e_\alpha = (e_\alpha, u) a - (e_\alpha, a) u - \omega_{\alpha\beta} e^\beta$$

(Für α = 0 ist die rechte Seite gleich (u,u)a - (u,a)u = a = ∇_u u.)
Diese Gleichung können wir nach (13) in folgender Form schreiben

$$\boxed{\mathbb{F}_u e_\alpha = -\omega_{\alpha\beta} e^\beta} \qquad (19)$$

$\omega_{\alpha\beta}$ beschreibt also die Abweichung vom Fermi-Transport. Für einen Kreisel ist $\mathbb{F}_u S = 0$, (S,u) = 0 . Setzen wir deshalb $S = S^i e_i$, so gilt

$$0 = \mathbb{F}_u S = \frac{dS^i}{d\tau} e_i + S^j \mathbb{F}_u e_j = \frac{dS^i}{d\tau} e_i - S^j \omega_{ji} e^i$$

d.h.

$$\frac{dS^i}{d\tau} = \omega_{ij} S^j \qquad (20)$$

Der Kreisel präzessiert deshalb bezüglich $\{e_i\}$ mit der Winkelgeschwindigkeit $\underline{\Omega}$:

$$\omega_{ij} = \varepsilon_{ijk}\Omega^k \tag{21}$$

$$\frac{d}{d\tau}\underline{S} = \underline{S} \wedge \underline{\Omega} \tag{22}$$

Wird das 3-Bein $\{e_i\}$ Fermi-transportiert, so ist natürlich $\underline{\Omega} = 0$. Die Gleichung (16) für die Winkelgeschwindigkeit werden wir in dieser Vorlesung für verschiedene Situationen auswerten. (Für ein erstes Beispiel siehe § 10.4.)

10.3. Der physikalische Unterschied von statischen und stationären Feldern

Wir betrachten ein stationäres Feld mit Killingfeld K und darin einen ruhenden Beobachter, welcher sich also längs einer Integralkurve $\gamma(\tau)$ von K bewegt. Seine Vierergeschwindigkeit u ist

$$u = (K,K)^{-1/2}K \tag{23}$$

Wieder wählen wir ein orthonormiertes 3-Bein $\{e_i\}$ von Vektoren längs γ . Von diesem verlangen wir

$$L_K e_i = 0 \qquad (i=1,2,3) \tag{24}$$

Beachte, dass beim Lie-Transport (24) die $\{e_i\}$ senkrecht auf K (d.h. auf u) bleiben, denn aus

$$0 = L_K g(X,Y) = K(X,Y) - (L_K X, Y) - (X, L_K Y)$$

folgt, dass die Orthogonalität von X und Y erhalten bleibt, wenn $L_K X = L_K Y = 0$ ist. (Beachte auch $L_K K = [K,K] = 0$.) Die $\{e_i\}$ können wir als ruhende Achsen interpretieren. Sie definieren das "Kopernikanische System". Wir interessieren uns für die Aenderung der Spinkomponenten relativ zu diesem System. Ausgangspunkt ist die Gl. (16), oder mit (23),

$$\omega_{ij} = -(K,K)^{-1/2}(e_j, \nabla_K e_i) \tag{25}$$

Nun ist aber

$$0 = T(K,e_i) = \nabla_K e_i - \nabla_{e_i} K - \underbrace{[K,e_i]}_{L_K e_i = 0}$$

Deshalb ist nach (25)

$$\omega_{ij} = -(K,K)^{-1/2}(e_j, \nabla_{e_i} K) = -(K,K)^{-1/2}\, \nabla \underset{\sim}{K}(e_i,e_j)$$

(Um den letzten Schritt einzusehen, schreibe man etwa die Ausdrücke in Komponenten aus.) Weil ω_{ij} schief ist, gilt

$$\omega_{ij} = -(K,K)^{-1/2}\, \frac{1}{2}\left[\nabla \underset{\sim}{K}(e_i,e_j) - \nabla \underset{\sim}{K}(e_j,e_i)\right]$$

oder, da allgemein (siehe Teil 1, p.35) für eine 1-Form

$$\nabla\varphi(X,Y) - \nabla\varphi(Y,X) = d\varphi(X,Y)$$

gilt auch

$$\omega_{ij} = -\frac{1}{2}(K,K)^{-1/2}\, d\underset{\sim}{K}(e_i,e_j) \tag{26}$$

Wir werden im folgenden zeigen, dass

$$\omega_{ij} = 0 \iff \underset{\sim}{K} \wedge d\underset{\sim}{K} = 0 \tag{27}$$

Daraus folgt:

<u>Ein Kopernikanisches System rotiert genau dann nicht, wenn das stationäre Feld statisch ist.</u>

Die 1-Form $*(\underset{\sim}{K} \wedge d\underset{\sim}{K})$ kann man als Mass für die "absolute" Rotation ansehen. Wir behaupten nämlich, dass der Vektor $\Omega := \Omega^k e_k$ wie folgt dargestellt werden kann

$$\boxed{\underset{\sim}{\Omega} = \frac{1}{2}(K,K)^{-1/2}\, *(\underset{\sim}{K} \wedge d\underset{\sim}{K})} \tag{28}$$

($\underset{\sim}{\Omega}$ bezeichnet die zu Ω gehörende 1-Form.)

<u>Beweis von (28)</u>: $\{\theta^\mu\}$ bezeichne die zu $\{e_\mu\}$ gehörende duale Basis. Aus bekannten Eigenschaften der *-Operation (vgl. Teil 1, § 4.6.2) folgt

$$\theta^\mu \wedge (\underset{\sim}{K} \wedge d\underset{\sim}{K}) = \eta\,(\theta^\mu, *(\underset{\sim}{K} \wedge d\underset{\sim}{K})) \tag{29}$$

Die linke Seite von (29) ist (da $\underset{\sim}{K} = (K,K)^{\frac{1}{2}}\,\theta^0$) gleich $(K,K)^{\frac{1}{2}}\theta^\mu \wedge \theta^0 \wedge d\underset{\sim}{K}$ und verschwindet für $\mu = 0$. Nach (26) ist aber

$$d\underset{\sim}{K} = -(K,K)^{1/2}\omega_{ij}\, \theta^i \wedge \theta^j \quad + \text{ Terme mit } \theta^0$$

Deshalb gilt

$$\theta^{\mu}\wedge(\underset{\sim}{K}\wedge d\underset{\sim}{K}) = \begin{cases} 0 \ , & \text{für} \quad \mu=0 \\ -(K,K)\varepsilon_{ijl}\Omega^{l}\cdot \underbrace{\theta^{k}\wedge\theta^{0}\wedge\theta^{i}\wedge\theta^{j}}_{-\varepsilon_{ijk}\eta} \ , & \mu=k \end{cases}$$

$$= \begin{cases} 0 \ , \mu=0 \\ 2(K,K)\Omega^{k}, \mu=k \end{cases}$$

Zusammen mit (29) folgt daraus

$$(\theta^{\mu}, *(\underset{\sim}{K}\wedge d\underset{\sim}{K})) = \begin{cases} 0, \mu=0 \\ 2(K,K)\Omega^{k}, \mu=k \end{cases}$$

In dieser Gleichung ist aber die linke Seite gleich den kontravarianten Komponenten von $*(\underset{\sim}{K}\wedge d\underset{\sim}{K})$ und deshalb gilt (28). $\square$

Aus (28) folgt natürlich auch die Behauptung (27).

10.4. Spinrotation in einem stationären Feld

Die Spinrotation bezüglich der ruhenden Achsen ist durch (28) gegeben. Wir schreiben diesen Ausdruck noch in einem adaptierten Koordinatensystem aus. Es sei also $K=\partial/\partial t$, $g_{\mu\nu}$ unabhängig von $t = x^0$;

$$\underset{\sim}{K} = g_{00}dt + g_{0i}dx^{i}$$

$$d\underset{\sim}{K} = g_{00,k}dx^{k}\wedge dt + g_{0i,j}\,dx^{j}\wedge dx^{i}$$

$$\underset{\sim}{K}\wedge d\underset{\sim}{K} = (g_{00}g_{0i,j} - g_{0i}g_{00,j})dt\wedge dx^{j}\wedge dx^{i} + g_{0k}g_{0i,j}\,dx^{k}\wedge dx^{j}\wedge dx^{i}$$

Damit kommt (siehe Teil 1, S. 42, Uebungsaufgabe 6)

$$*(\underset{\sim}{K}\wedge d\underset{\sim}{K}) = g_{00}^{2}\left(\frac{g_{0i}}{g_{00}}\right)_{,j}\underbrace{*(dt\wedge dx^{j}\wedge dx^{i})}_{\eta^{0jil}g_{l\mu}dx^{\mu} = -\frac{1}{\sqrt{-g}}\varepsilon_{jil}g_{l\mu}dx^{\mu}} + g_{0k}g_{0i,j}\,*(dx^{k}\wedge dx^{j}\wedge dx^{i})$$

$$= \frac{g_{00}^{2}}{\sqrt{-g}}\varepsilon_{ijl}\left(\frac{g_{0i}}{g_{00}}\right)_{,j}\left[(g_{lk}dx^{k} + g_{l0}dx^{0}) - (g_{l0}dx^{0} + \frac{g_{l0}g_{k0}}{g_{00}}dx^{k})\right]$$

Wir erhalten also

$$\underset{\sim}{\Omega} = \frac{g_{00}}{2\sqrt{-g}} \varepsilon_{ijl} \left(\frac{g_{0i}}{g_{00}}\right)_{,j} \left(g_{lk} - \frac{g_{l0}\, g_{k0}}{g_{00}}\right) dx^k \tag{30}$$

Daraus folgt sofort

$$\boxed{\Omega = \frac{g_{00}}{2\sqrt{-g}} \varepsilon_{ijk} \left(\frac{g_{0i}}{g_{00}}\right)_{,j} \left(\partial_k - \frac{g_{k0}}{g_{00}} \partial_0\right)} \tag{31}$$

Diese Formel werden wir später auf das Feld ausserhalb eines rotierenden Sterns oder schwarzen Loches anwenden. Genügend weit weg ist $g_{00} \simeq 1$, $g_{k0}/g_{00} \ll 1$, $g_{ij} \simeq -1$.

Aus (31) wird dann näherungsweise

$$\Omega \simeq -\frac{1}{2} \varepsilon_{ijk}\, g_{0i,j}\, \partial_k \tag{32}$$

Da ferner $e_k \simeq \partial_k$, rotiert der Kreisel bezüglich der ruhenden Achsen mit der Winkelgeschwindigkeit

$$\boxed{\underline{\Omega} \simeq -\frac{1}{2} \underline{\nabla} \wedge \underline{g}} \quad , \quad \underline{g} := (g_{01}, g_{02}, g_{03}) \tag{33}$$

Zusammenfassung: Ein in einem stationären (nichtstatischen) Feld ruhender Kreiselkompass rotiert bezüglich des Kopernikanischen Systems (bezüglich der "Fixsterne") mit der Winkelgeschwindigkeit (31). (In einem schwachen Feld ist (33) eine ausreichende Näherung.) Dies bedeutet, dass die Rotation des Sterns die lokalen Inertialsysteme nachschleppt. Auf geplante experimentelle Ueberprüfungen dieses Effektes werden wir zurückkommen.

10.5. Lokale Bezugssysteme

Wir betrachten wieder die Weltlinie $\gamma(\tau)$ eines (beschleunigten) Beobachters. Es sei $u = \dot{\gamma}$ und $\{e_i\}$ sei ein beliebiges orthonormiertes 3-Bein längs γ senkrecht auf $e_0 := u$. Wieder sei $a = \nabla_u u$. Nun konstruieren wir das folgende lokale Koordinatensystem. Von jedem Punkt $\gamma(\tau)$ betrachten wir räumliche Geodäten $\alpha(s)$ senkrecht zu u mit

Eigenlänge s als affinen Parameter. Es sei $\dot{\alpha}(0) = n \perp u$, ($\alpha(0) = \gamma(\tau)$). Um die verschiedenen Geodäten zu unterscheiden, bezeichnen wir mit $\alpha(s,n,\tau)$ die Geodäte durch $\gamma(\tau)$ in Richtung n und affinem Parameter s.

Es ist

$$n = \left(\frac{\partial}{\partial s}\right)_{\alpha(0,n,\tau)} , \quad (n,n) = -1 \tag{34}$$

Jeder Punkt $p \in M$ in der Nähe der Weltlinie des Beobachters liegt auf genau einer Geodäte. Sei $p = \alpha(s,n,\tau)$ und $n = n^j e_j$; wir ordnen dem Punkt $p \in M$ die folgenden Koordinaten zu

$$(x^0(p), \ldots, x^3(p)) = (\tau, sn^1, sn^2, sn^3) \tag{35}$$

Die können wir auch so ausdrücken

$$\begin{aligned} &x^0(\alpha(s,n,\tau)) = \tau \\ &x^j(\alpha(s,n,\tau)) = sn^j = -sn_j = -s(n,e_j) \end{aligned} \tag{36}$$

<u>Berechnung der Christoffelsymbole längs $\gamma(\tau)$:</u>

Längs der Weltlinie des Beobachters gilt nach Konstruktion

$$\partial/\partial x^\alpha = e_\alpha \qquad \text{(längs } \gamma(\tau)) \tag{37}$$

und deshalb ist

$$g_{\alpha\beta} = (\partial_\alpha, \partial_\beta) = \eta_{\alpha\beta} \qquad \text{(längs } \gamma(\tau)) \tag{38}$$

Allgemein ist

$$\nabla_u e_\alpha = \nabla_{e_0} e_\alpha = \Gamma^\beta{}_{0\alpha} e_\beta$$

also

$$(e_\beta, \nabla_u e_\alpha) = \eta_{\beta\gamma} \Gamma^\gamma{}_{0\alpha} \tag{39}$$

Speziell

$$\Gamma^0{}_{00} = (u, \nabla_u u) = 0 \tag{40}$$

$$\Gamma^j{}_{00} = -(e_j, \nabla_u u) = -(e_j, a) = a^j \tag{41}$$

$$\Gamma^0{}_{0j} = (u, \nabla_u e_j) \overset{(17)}{=} -(e_j, a) = a^j \tag{42}$$

Sei

$$\omega_{kj} =: \varepsilon_{ikj}\, \omega^i \tag{43}$$

So gilt also

$$\boxed{\Gamma^j_{0k} = \varepsilon_{ikj}\,\omega^i} \tag{44}$$

Die übrigen Christoffelsymbole können von der geodätischen Gleichung für die Geodäten $\alpha(s,n,\tau)$ abgelesen werden. Nach (36) lautet die Koordinatendarstellung einer solchen Geodäte

$$x^0(s) = \text{const.}, \quad x^j(s) = s n^j$$

Folglich $d^2x^\alpha/ds^2 = 0$ entlang der Geodäte.
Anderseits lautet die Gleichung für die Geodäte

$$0 = \frac{d^2x^\alpha}{ds^2} + \Gamma^\alpha_{\beta\gamma}\frac{dx^\beta}{ds}\frac{dx^\gamma}{ds} = \Gamma^\alpha_{jk} n^j n^k$$

Deshalb gilt längs der Weltlinie des Beobachters

$$\boxed{\Gamma^\alpha_{jk} = 0} \qquad (\text{entlang } \gamma) \tag{45}$$

Aus den Christoffelsymbolen kann man die partiellen Ableitungen der metrischen Koeffizienten bestimmen. Allgemein ist

$$0 = g_{\alpha\beta;\gamma} = g_{\alpha\beta,\gamma} - \Gamma^\mu_{\alpha\gamma}\, g_{\mu\beta} - \Gamma^\mu_{\beta\gamma}\, g_{\alpha\mu} \tag{46}$$

Setzt man (38) und die gefundenen Ausdrücke für die Christoffelsymbole ein, so findet man leicht

$$\left.\begin{aligned} g_{\alpha\beta,0} &= 0\,, \quad g_{jk,l} = 0 \\ g_{00,j} &= 2a^j\,, \quad g_{0j,k} = \varepsilon_{jkl}\,\omega^l \end{aligned}\right\} \text{ längs } \gamma \tag{47}$$

Diese Beziehungen und $g_{\alpha\beta} = \eta_{\alpha\beta}$ längs γ implizieren, dass das Linienelement in der Nähe von γ durch folgenden Ausdruck gegeben ist:

$$\begin{aligned} ds^2 = {} & (1 + 2\underline{a}\cdot\underline{x})(dx^0)^2 + 2\varepsilon_{jkl}\, x^k \omega^l\, dx^0 dx^j \\ & - \delta_{jk}\, dx^j dx^k + O(|\underline{x}|^2)\, dx^\alpha dx^\beta \end{aligned} \tag{48}$$

Wir sehen daraus:

(i) Die Beschleunigung gibt den Zusatz

$$\delta g_{00} = 2\underline{a}\cdot\underline{x} \tag{49}$$

(ii) Da sich die Achsen des Beobachters drehen ($\omega^i \neq 0$), ergibt sich ein "nichtdiagonaler" Term

$$g_{0j} = \varepsilon_{jkl}\, x^k \omega^l = (\underline{x} \wedge \underline{\omega})^j \tag{50}$$

(iii) Die Korrekturen 1. Ordnung werden nicht durch die Krümmung des Raumes beeinflusst. Diese zeigt sich erst in 2. Ordnung.

(iv) Für $a = \nabla_u u = 0$ und $\underline{\omega} = 0$ (keine Beschleunigung und keine Rotation) erhalten wir längs $\gamma(\tau)$ ein lokales Inertialsystem ($g_{\alpha\beta} = \eta_{\alpha\beta}$, $\Gamma^\alpha_{\beta\gamma} = 0$).

Bewegung eines Testkörpers

Der Beobachter längs $\gamma(\tau)$ (Astronaut in einem Raumschiff) beobachte in seiner Nähe ein freifallendes Teilchen. Dieses gehorcht der Bewegungsgleichung

$$\frac{d^2x^\alpha}{d\lambda^2} + \Gamma^\alpha_{\beta\gamma} \frac{dx^\beta}{d\lambda} \frac{dx^\gamma}{d\lambda} = 0$$

An Stelle der Eigenzeit λ des Teilchens führen wir die Ableitung nach der Koordinatenzeit t ein: $d/d\lambda = \gamma\, d/dt$, $\gamma = dt/d\lambda$.

Da $dx^\alpha/d\lambda = \gamma(1 + dx^k/dt)$ gilt

$$\frac{d^2x^\alpha}{dt^2} + \frac{1}{\gamma}\frac{d\gamma}{dt}\frac{dx^\alpha}{dt} + \Gamma^\alpha_{\beta\gamma} \frac{dx^\beta}{dt} \frac{dx^\gamma}{dt} = 0 \tag{51}$$

Für $\alpha = 0$ wird daraus

$$\frac{1}{\gamma}\frac{d\gamma}{dt} + \Gamma^0_{\beta\gamma} \frac{dx^\beta}{dt} \frac{dx^\gamma}{dt} = 0$$

Dies substituieren wir in (51) für $\alpha = j$ und erhalten

$$\frac{d^2x^j}{dt^2} + \left(-\frac{dx^j}{dt}\Gamma^0_{\beta\gamma} + \Gamma^j_{\beta\gamma}\right) \frac{dx^\beta}{dt} \frac{dx^\gamma}{dt} = 0 \tag{52}$$

Die Geschwindigkeit des Probekörpers sei klein. Bis zur ersten Ordnung in $v^j = dx^j/dt$ lautet dann die Bewegungsgleichung

$$\frac{dv^j}{dt} - v^j \Gamma^0_{00} + \Gamma^j_{00} + 2\Gamma^j_{k0} v^k = 0 \tag{53}$$

Da das Teilchen in der Nähe des Beobachters fällt, sind die räumlichen Koordinaten (36) klein. Bis zur 1. Ordnung in x^k und v^k gilt

$$\frac{dv^j}{dt} = v^j \Gamma^0{}_{00}\big|_{\underline{x}=0} - \Gamma^j{}_{00}\big|_{\underline{x}=0} - x^k \Gamma^j{}_{00,k}\big|_{\underline{x}=0} - 2v^k \Gamma^j{}_{k0}\big|_{\underline{x}=0}$$

Die Christoffelsymbole haben wir für $\underline{x} = 0$ bereits bestimmt. Setzen wir diese ein, so kommt

$$\frac{dv^j}{dt} = -a^j - 2\varepsilon_{jik}\,\omega^i v^k - \Gamma^j{}_{00,k}\big|_{\underline{x}=0}$$

Die Grösse $\Gamma^j{}_{00,k}$ bekommen wir aus dem Riemann-Tensor:

$$R^\alpha{}_{\beta\gamma\delta} = \Gamma^\alpha{}_{\beta\delta,\gamma} - \Gamma^\alpha{}_{\beta\gamma,\delta} + \Gamma^\alpha{}_{\gamma\mu}\Gamma^\mu{}_{\beta\delta} - \Gamma^\alpha{}_{\delta\mu}\Gamma^\mu{}_{\beta\gamma}$$

Dies gibt

$$\Gamma^j{}_{00,k} = R^j{}_{0k0} + \Gamma^j{}_{0k,0} - \Gamma^j{}_{k\mu}\Gamma^\mu{}_{00} + \Gamma^j{}_{0\mu}\Gamma^\mu{}_{0k}$$

Für $\underline{x} = 0$:

$$\Gamma^j{}_{0k,0} = -\varepsilon_{jkm}\,\omega^m{}_{,0}$$

$$\Gamma^j{}_{k\mu}\Gamma^\mu{}_{00} = 0$$

$$\Gamma^j{}_{0\mu}\Gamma^\mu{}_{0k} = \Gamma^j{}_{00}\Gamma^0{}_{0k} + \Gamma^j{}_{0m}\Gamma^m{}_{0k}$$

$$= a^j a^k + \varepsilon_{mjn}\,\omega^n\,\varepsilon_{kml}\,\omega^l$$

Damit

$$x^k \Gamma^j{}_{00,k}\big|_{\underline{x}=0} = x^k\big(R^j{}_{0k0} - \varepsilon_{jkm}\,\omega^m{}_{,0} + a^j a^k + \varepsilon_{mjn}\,\omega^n\,\varepsilon_{kml}\,\omega^l\big)$$

In 3-dimensionaler Vektorschreibweise erhalten wir schliesslich

$$\dot{\underline{v}} = -\underline{a}(1+\underline{a}\cdot\underline{x}) - 2\,\underline{\omega}\wedge\underline{v} - \underline{\omega}\wedge(\underline{\omega}\wedge\underline{x}) - \dot{\underline{\omega}}\wedge\underline{x} + \underline{f} \tag{54}$$

wobei

$$\boxed{f^j = R^j{}_{00k}\,x^k} \tag{55}$$

Der erste Term in (54) ist die "Trägheitsbeschleunigung", mit der relativistischen Korrektur $(1+\underline{a}\ \underline{x})$, deren Ursprung sich aus (49) ergibt. Die Terme mit $\underline{\omega}$ sind uns von der klassischen Mechanik vertraut. Die Kraft $R^j{}_{ook}x^k$ führt von den Inhomogenitäten des Gravitationsfeldes her.

Wenn die Basisvektoren Fermi-transportiert werden $(\underline{\omega} = 0)$ treten keine Corioliskräfte auf. Bewegt sich der Beobachter in freiem Fall, so ist auch $\underline{a} = 0$ und es bleibt nur die "Gezeitenkraft" $R^j{}_{ook}x^k$, welche sich nicht wegtransformieren lässt. Diese werden wir später noch eingehender diskutieren.

Uebungsaufgaben

1. In einem inhomogenen Gravitationsfeld erfährt ein nichtsphärischer Körper ein Drehmoment, welches zur Folge hat, dass der Spin 4er-Vektor S sich zeitlich ändert. Falls sich der Schwerpunkt in freiem Fall längs einer Geodäte mit 4er-Geschwindigkeit u bewegt, so gilt die folgende Bewegungsgleichung

$$\nabla_u S^\varkappa = \eta^{\varkappa\beta\alpha\mu} u_\mu u^\sigma u^\lambda t_{\beta\nu} R^\nu{}_{\sigma\alpha\lambda}$$

Dabei ist $t_{\beta\nu}$ der "reduzierte Quadrupolmoment-Tensor":
$t^{ij} = \int \rho\,(x^i x^j - 1/3\ \delta_{ij})\, d^3x$ im Ruhesystem des Schwerpunktes, $t^{\alpha\beta} u_\beta = 0$. Ferner ist angenommen, dass der Riemann-Tensor von einem äusseren Feld herrührt, welches über die Dimension des Körpers ungefähr konstant ist.
Leite die angegebene Bewegungsgleichung für S ab.

2. Leite aus $T^{\mu\nu}{}_{;\nu} = 0$, $T^{\mu\nu}$: Energie-Impuls Tensor einer idealen Flüssigkeit, die relativistische Euler-Gleichung

$$(\rho + p)\nabla_u u = -[\nabla p + (\nabla_u p)\, u]$$

ab und zeige, dass diese Gleichung den korrekten Newtonschen Limes hat.

3. Zeige, dass

$$H = \tfrac{1}{2} g^{\mu\nu}(\pi_\mu - eA_\mu)(\pi_\nu - eA_\nu)$$

die richtige Hamiltonfunktion ist, welche die Bewegung eines geladenen Teilchens, mit Ladung e, in einem Gravitationsfeld beschreibt. (π_μ ist der <u>kanonische</u> Impuls.)

KAPITEL II. DIE EINSTEINSCHEN FELDGLEICHUNGEN

"Noch etwas anderes habe ich aus der Gravitationstheorie gelernt: Eine noch so umfangreiche Sammlung empirischer Fakten kann nicht zur Aufstellung so verwickelter Gleichungen führen. Eine Theorie kann an der Erfahrung geprüft werden, aber es gibt keinen Weg von der Erfahrung zur Aufstellung einer Theorie. Gleichungen von solcher Kompliziertheit wie die Gleichungen des Gravitationsfeldes können nur dadurch gefunden werden, dass eine logisch einfache mathematische Bedingung gefunden wird, welche die Gleichungen völlig oder nahezu determiniert. Hat man aber jene hinreichend starken formalen Bedingungen, so braucht man nur wenig Tatsachen-Wissen für die Aufstellung der Theorie; bei den Gravitationsgleichungen ist es die Vierdimensionalität und der symmetrische Tensor als Ausdruck für die Raumstruktur, welche zusammen mit der Invarianz bezüglich der kontinuierlichen Transformationsgruppe die Gleichungen praktisch vollkommen determinieren."

(A. Einstein)

Im vorangegangenen Kapitel haben wir den kinematischen Rahmen der ART und die Wirkung von Gravitationsfeldern auf physikalische Systeme besprochen. Das eigentliche Herzstück der Theorie besteht aber in den Feldgesetzen für das g - Feld. Nach einer physikalischen Diskussion des Krümmungstensors werden wir die Feldgleichungen im Abschnitt 2 auf natürliche Weise erraten und zeigen, dass sie durch wenige Forderungen festgelegt sind.

§ 1. Die physikalische Bedeutung des Krümmungstensors

In einem lokalen Inertialsystem lassen sich die "Feldstärken" des Gravitationsfeldes (die Christoffel-Symbole) wegtransformieren. Auf Grund ihres Tensorcharakters ist dies aber für die Krümmung nicht möglich. Physikalisch beschreibt diese die "Gezeitenkräfte", wie wir im folgenden zeigen werden (siehe auch die Diskussion der Gl. (I.10.54)).

Wir betrachten eine Familie von zeitartigen Geodäten mit der Eigenschaft, dass in einer genügend kleinen offenen Teilmenge der Lorentz-Mannigfaltigkeit (M,g) durch jeden Punkt genau eine Geodäte verläuft. Eine solche Schar nennen wir eine Kongruenz von zeitartigen Geodäten. Sie repräsentiert einen Schwarm von freifallenden Testteilchen. Das Tangentialfeld an diese Kurvenschar, mit der Eigenzeit als Kurvenparameter, sei u, $(u,u) = 1$.

Nun sei $\gamma(t)$ eine Kurve, die transversal zu der betrachteten Kongruenz verläuft, d.h. der Tangentialvektor $\dot{\gamma}$ sei nirgends (im betrachteten Gebiet) parallel zu u (siehe Fig.).

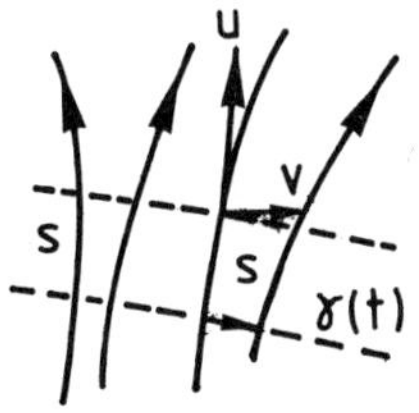

Wir denken uns jeden Punkt der Kurve $\gamma(t)$ längs der Geodäte durch diesen Punkt um die Distanz s bewegt. Der so erhaltene Punkt sei $\gamma(t,s)$. Für jedes t ist also $s \longmapsto \gamma(t,s)$ eine Geodäte und

$$u = \gamma_* \frac{\partial}{\partial s}$$

Es sei

$$v = \gamma_* \frac{\partial}{\partial t}$$

Offensichtlich ist *) $[u,v]=0$, d.h.

$$L_u v = 0 \tag{1}$$

v repräsentiert die Separation von Punkten, welche von zwei willkürlichen Anfangspunkten um gleiche Distanzen längs benachbarten Kurven der Kongruenz bewegt werden. Dieser Verschiebungsvektor wird nach (1) mit der Strömung Lie-transportiert: Bezeichnet ϕ_s den Fluss zu u, so ist das Feld v invariant unter ϕ_s, d.h. $\phi_{s*}v = v$ (s.Teil 1, § 3.3).

Falls man zu v ein Multiplum von u addiert, so stellt dieser Vektor die Separation von Punkten auf den beiden gleichen Nachbarkurven, aber in verschiedenen Abständen längs der Kurve dar. Uns interessiert aber nur der Abstand der Kurven und nicht der Abstand von bestimmten Punkten auf diesen Kurven. Diesen können wir durch die Projektion von v auf den Unterraum des Tangentialraumes senkrecht zu u darstellen. Es sei also

$$n = v - (v,u)u \tag{2}$$

(Da $(u,u) = 1$ ist $n \perp u$.) Wir zeigen, dass auch n Lie-transportiert wird. Es ist

$$L_u n = [u,n] = [u,v] - [u,(v,u)u] = [u(v,u)]\,u$$

Aber aus $(u,u) = 1$ folgt $0 = v(u,u) = 2(\nabla_v u,u)$.
Da ferner $\nabla_v u = \nabla_u v$ (benutze (1) und das Verschwinden der Torsion), so gilt

$$u(u,v) = (\nabla_u u,v) + (u,\nabla_u v) = (u,\nabla_v u) = 0 \tag{3}$$

Deshalb ist tatsächlich

$$L_u n = 0 \tag{4}$$

*) Vergleiche die Fussnote auf Seite 123, wo gezeigt wird, dass [u,v] definiert ist, obschon v nur auf einer Untermannigfaltigkeit erklärt ist.

Nun gilt

$$\nabla_u^2 v = \nabla_u \nabla_u v = \nabla_u (\nabla_v u) = (\nabla_u \nabla_v - \nabla_v \nabla_u) u$$

oder, wegen (1),

$$\nabla_u^2 v = R(u,v)u \tag{5}$$

Wir zeigen, dass auch n diese Gleichung erfüllt. Aus (3) folgt

$$\nabla_u n = \nabla_u v - (u(v,u))u - (v,u)\nabla_u u = \nabla_u v \tag{6}$$

Ferner ist

$$R(u,n)u = R(u,v)u - (v,u)\underbrace{R(u,u)}_{0}u = R(u,v)u \tag{7}$$

Aus (5), (6) und (7) erhalten wir die sog. <u>Gleichung für die geodätische Abweichung</u>

$$\boxed{\nabla_u^2 n = R(u,n)u} \tag{8}$$

Nun sei $\{e_i\}_{i=1,2,3}$ ein zu u orthogonales orthonormiertes 3-Bein, welches längs einer beliebigen Geodäte der Kongruenz parallel verschoben werde. (Nach § I.10 ist dies ein nichtrotierendes Bezugssystem.) Da n orthogonal zu u ist, hat es die Form

$$n = n^i e_i \tag{9}$$

Beachte

$$\nabla_u n = (u, n^i) e_i + n^i \nabla_u e_i = \frac{dn^i}{ds} e_i$$

Setzen wir noch $e_0 = u$, so erhalten wir aus (8) die Gleichung

$$\frac{d^2 n^i}{ds^2} e_i = n^j R(e_0, e_j) e_0 = n^j R^i{}_{00j} e_i$$

oder

$$\boxed{\frac{d^2 n^i}{ds^2} = R^i{}_{00j} n^j} \tag{10}$$

Setzen wir $K_{ij} = R^i{}_{00j}$, so lautet (10) in Matrixschreibweise

$$\frac{d^2}{ds^2}\underline{n} = K\underline{n} \tag{11}$$

Es ist $K = K^T$ und ausserdem

$$\mathrm{Sp}\,K = R^i{}_{00i} = R^\mu{}_{00\mu} = -R_{00} \tag{12}$$

Die Gleichung (10) oder (11)) beschreibt die relative Beschleunigung von benachbarten freifallenden Probekörpern.

Vergleich mit der Newtonschen Theorie

Für zwei benachbarte Probekörper mit Bahnen $x^i(t)$, $x^i(t) + n^i(t)$ gelten die Bewegungsgleichungen

$$\ddot{x}^i(t) = -\left(\frac{\partial\phi}{\partial x^i}\right)_{\underline{x}(t)}$$

$$\ddot{x}^i(t) + \ddot{n}^i(t) = -\left(\frac{\partial\phi}{\partial x^i}\right)_{\underline{x}(t)+\underline{n}(t)}$$

Nehmen wir die Differenz dieser beiden Gleichungen und behalten nur Terme linear in $\underline{n}$, so folgt

$$\ddot{n}^i(t) = -(\partial_i\partial_j\phi)\,n^j(t)$$

Es gilt also wieder die Gleichung (11) aber mit

$$K = -(\partial_i\partial_j\phi)$$

(Beachte $\mathrm{Sp}K = -\Delta\phi$. Im materiefreien Raum ist demnach $\mathrm{Sp}K = 0$
Die Feldgleichungen werden zeigen, dass dies auch in der ART zutrifft.)

Wir haben damit die folgende Korrespondenz

$$R^i{}_{0j0} \longleftrightarrow \partial_i\partial_j\phi \tag{13}$$

Insbesondere

$$R_{00} \longleftrightarrow \Delta\phi \tag{14}$$

Uebungsaufgaben:

1. Man zeige, unter Verwendung von §I.5, dass im Newtonschen Grenzfall die Komponenten $R^i{}_{ojo}$ des Krümmungstensors in $\partial_i \partial_j \phi$ übergehen.

2. Man schreibe die Newtonschen Bewegungsgleichungen in einem Newtonschen Potential ϕ als geodätische Gleichungen in einem 4-dimensionalen affinen Raum. Berechne die Christoffel-Symbole und den Riemann-Tensor und zeige, dass der affine Zusammenhang nicht metrisch ist.

Zusammenfassung

Die Ueberlegungen dieses Abschnitts haben folgendes gezeigt:

Variationen des Gravitationsfeldes werden durch den Riemann-Tensor beschrieben. Der Tensorcharakter dieser Grösse impliziert, dass sich diese Inhomogenitäten - im Gegensatz zu den "Feldstärken" $\Gamma^\mu{}_{\alpha\beta}$ - nicht wegtransformieren lassen. Relative Beschleunigungen ("Gezeitenkräfte") von freifallenden Probekörpern werden durch den Riemann-Tensor über die Gleichung (8) für die geodätische Abweichung bestimmt.

(Diese Bemerkungen sind beispielsweise auch für das Verständnis der Wirkung einer Gravitationswelle auf einen mechanischen Detektor wichtig.)

§2. Die Feldgleichungen der Gravitation

"Von der allgemeinen Relativitätstheorie werden Sie überzeugt sein, wenn Sie dieselbe studiert haben werden. Deshalb verteidige ich sie Ihnen mit keinem Wort".
(A. Einstein auf einer Postkarte an A.Sommerfeld vom 8. Feb. 1916.)

In Abwesenheit von echten Gravitationsfeldern lässt sich ein Koordinatensystem finden, in welchem überall $g_{\mu\nu}=\eta_{\mu\nu}$ ist. Dies ist genau dann der Fall (modulo globale Fragen; vgl. Teil 1, § 5.9), wenn der Riemann-Tensor verschwindet. (Dies könnte man als das o^{te} Gesetz der Gravitation bezeichnen.) In Anwesenheit von Gravitationsfeldern wird der Raum gekrümmt werden. Die Feldgleichungen müssen die Abhängigkeit der Krümmung des g-Feldes von den vorhandenen Massen und Energien durch partielle Differentialgleichungen beschreiben.

Heuristische "Herleitung":

Als Ausgangspunkt für die Argumente, welche zu den Feldgleichungen führen, erinnern wir daran (Kap. I, § 5), dass für ein schwaches stationäres Feld, welches durch eine nichtrelativistische Massendichte erzeugt wird, die Komponente g_{00} des metrischen Tensors (bezüglich eines adaptierten Koordinatensystems, welches fast global Lorentzsch ist), mit dem Newtonschen Potential wie folgt zusammenhängt:

$$g_{00} \simeq 1 + 2\phi \tag{1}$$

Für ϕ gilt die Poisson Gleichung

$$\Delta\phi = 4\pi G \rho \tag{2}$$

Für nichtrelativistische Materie ist ρ ungefähr gleich der Energiedichte T_{00} ($T_{\mu\nu}$: Energie-Impuls Tensor)

$$T_{00} \simeq \rho$$

Es gilt also im betrachteten Grenzfall

$$\Delta g_{00} \simeq 2\Delta\phi \simeq 8\pi G\, T_{00} \tag{3}$$

Nach § 1 besteht die Entsprechung

$$R_{00} \longleftrightarrow \Delta\phi \tag{4}$$

Statt (3) können wir deshalb auch schreiben

$$R_{00} \simeq 4\pi G\, T_{00} \tag{5}$$

Dies legt die folgende allgemein kovariante Gleichung nahe

$$R_{\mu\nu} = 4\pi G\, T_{\mu\nu} \tag{6}$$

Die Gleichung (6) wurde auch von Einstein ins Auge gefasst (und publiziert). Diese Gleichung kann aber noch nicht das richtige Feldgesetz sein. Durch Spurbildung folgt nämlich

$$R = 4\pi G\, T \quad , \quad T = T^{\mu}{}_{\mu}$$

Deshalb müsste die folgende Gleichung gelten

$$R^{\mu\nu} - \frac{1}{2} g^{\mu\nu} R = 4\pi G \left(T^{\mu\nu} - \frac{1}{2} g^{\mu\nu} T \right) \tag{7}$$

Bilden wir davon die Divergenz und benutzen die reduzierte Bianchi Identität (siehe Teil 1, § 5.6), so folgt

$$T^{\mu\nu}{}_{;\nu} - g^{\mu\nu} T_{,\nu} = 0$$

Für den Energie-Impuls Tensor muss aber gelten (siehe Kap. I, § 4)

$$T^{\mu\nu}{}_{;\nu} = 0$$

Also würde T = konst. folgen, was im allgemeinen sicher nicht zutrifft. Diese Schwierigkeit fällt dahin, wenn wir in der Gleichung (7) die rechte Seite wie folgt modifizieren

$$\boxed{R^{\mu\nu} - \frac{1}{2} g^{\mu\nu} R = 8\pi G\, T^{\mu\nu}} \tag{8}$$

Durch Spurbildung erhält man aus (8) an Stelle von (6)

$$R_{\mu\nu} = 8\pi G \left(T_{\mu\nu} - \frac{1}{2} g_{\mu\nu} T \right) \tag{9}$$

Für schwache stationäre Felder und nichtrelativistische Materie stehen (8) und (9) nicht im Widerspruch zu (5), denn

$$T_{00} - \frac{1}{2} g_{00} T \simeq \frac{1}{2} \cdot (\text{Energiedichte} + 3\text{xDruck}) \simeq \frac{1}{2} \cdot \text{Energiedichte}$$

Die Gleichungen (8), bzw. (9) sind die <u>Einsteinschen Feldgleichungen</u>.

Zur Frage der Eindeutigkeit

Nachdem wir die Feldgleichungen in einfacher Weise erraten haben, müssen wir uns fragen, inwiefern sie eindeutig sind. Die folgende Untersuchung wird zeigen, dass man sehr wenig Freiheit hat.

Die Gleichung (3) legt es nahe, für die 10 Potentiale $g_{\mu\nu}$ Feldgleichungen der folgenden Struktur anzusetzen

$$\mathcal{D}_{\mu\nu}[g] = T_{\mu\nu} \tag{10}$$

Darin ist $\mathcal{D}_{\mu\nu}[g]$ ein Tensor 2. Stufe, der nur aus den $g_{\mu\nu}$, sowie ihren 1. und 2. Ableitungen gebildet ist. Ferner gelte die Identität

$$\mathcal{D}_{\mu}{}^{\nu}{}_{;\nu} = 0 \tag{11}$$

Bemerkungen:

1) Die Forderung, dass die Feldgleichungen die $g_{\mu\nu}$ nur bis zu den zweiten Ableitungen enthalten sollen, ist sicher vernünftig. Sonst müsste man für die Anfangsdaten (im Cauchy Problem) auf einer raumartigen Fläche nicht nur die Metrik und ihre ersten Ableitungen vorgeben, sondern auch noch höhere Ableitungen vorschreiben, um die Entwicklung des g-Feldes festzulegen.
2) Die Gleichung (11) wird gefordert, damit $T^{\mu\nu}{}_{;\nu} = 0$ auch eine Folge der Feldgleichungen ist. Da sie anderseits aus den mechanischen Gesetzen folgt (siehe Kap. I, §4), gibt es im System der Feldgleichungen + den mechanischen Gesetzen vier Identitäten. Auf Grund der allgemeinen Kovarianz der Theorie müssen aber vier Identitäten bestehen, wie wir weiter unten noch genauer auseinandersetzen werden.

Es ist nun sehr befriedigend, dass man den folgenden Satz beweisen kann.

Satz 1. Ein Tensor $\mathcal{D}_{\mu\nu}[g]$ mit den geforderten Eigenschaften hat (in vier Dimensionen) die Form

$$\mathcal{D}_{\mu\nu}[g] = a\, G_{\mu\nu} + b\, g_{\mu\nu} \tag{12}$$

wo $G_{\mu\nu}$ der Einstein Tensor ist,

$$G_{\mu\nu} = R_{\mu\nu} - \frac{1}{2} g_{\mu\nu} R \tag{13}$$

Bemerkungen:

Dieser Satz ist erst kürzlich bewiesen worden (siehe [24], und dort zitierte frühere Arbeiten). Vorher hat man immer noch zusätzlich postuliert, dass der Tensor $\mathcal{D}_{\mu\nu}[g]$ linear in den 2. Ableitungen ist. Die Rechtfertigung dafür kann man in der Gl. (3) erblicken. Es ist bemerkenswert, dass man die Linearität in den zweiten Ableitungen nur in vier Dimensionen nicht postulieren muss. In höheren Dimensionen würde der obige Satz nicht mehr gelten. Es ist auch keineswegs trivial, dass die Symmetrie von $\mathcal{D}_{\mu\nu}$ nicht gefordert werden muss. Der Satz zeigt also, dass man das Gravitationsfeld in der Form (10) gar nicht an einen nichtsymmetrischen Energie-Impuls Tensor koppeln kann.

Wir beweisen zunächst den

Satz 2. In einer pseudo-Riemannschen Mannigfaltigkeit sind alle Tensoren, welche die g_{ik} und deren Ableitungen nur bis zur 2. Ordnung enthalten, Funktionen der g_{ik} und der $R^i{}_{jkl}$.

Beweis: In Normalkoordinaten (Teil 1, § 5.3) sind die geodätischen Linien Geraden: $x^i(s) = sa^i$. Deshalb gilt

$$\Gamma^k_{ij}(sa^l)\, a^i a^j = 0 \tag{14}$$

Da Γ symmetrisch ist, folgt $\Gamma^k{}_{ij}(0) = 0$ und deshalb $g_{ij,k} = 0$. In $x = 0$ können wir ausserdem g_{ij} auf Normalform bringen: $g_{ij}(0) = \overset{\circ}{g}_{ij} = \varepsilon_i \delta_{ij}$, $\varepsilon_i = \pm 1$. In der Umgebung von $x = 0$ gilt also die Entwicklung

$$g_{ik} = \overset{\circ}{g}_{ik} + \frac{1}{2} \beta_{ik,rs} x^r x^s + \cdots$$

Demnach ist

$$\Gamma_{ikr} = \frac{1}{2}(g_{ik,r} + g_{ir,k} - g_{kr,i})$$

$$= \frac{1}{2}(\beta_{ik,rs} x^s + \beta_{ir,ks} x^s - \beta_{kr,is} x^s) + \cdots \tag{15}$$

Aus (14) folgt

$$\Gamma^k_{ij}(x)\, x^i x^j = 0$$

und daraus

$$\Gamma_{ikr}(x)\, x^k x^r = 0 \tag{16}$$

Setzen wir darin (15) ein, so kommt

$$(\beta_{ik,rs} + \beta_{ir,ks} - \beta_{kr,is})\, x^k x^r x^s = 0 \tag{17}$$

Wir benutzen die Abkürzung

$$\beta_{ik,rs} = \left(\frac{ik}{rs}\right) = \frac{\partial^2 g_{ik}}{\partial x^r \partial x^s}\Big|_{x=0} \tag{18}$$

In (17) sind die x^k willkürlich, deshalb muss der in (k,r,s) symmetrische Teil der Koeffizienten verschwinden, d.h. die zyklische Summe,

$$\sum_{(k,r,s)} \left[\left(\frac{ik}{rs}\right) + \left(\frac{ir}{ks}\right) - \left(\frac{kr}{is}\right) \right] = 0 \tag{19}$$

oder

$$2\left[\left(\frac{ik}{rs}\right) + \left(\frac{ir}{sk}\right) + \left(\frac{is}{kr}\right) \right] - \left(\frac{rs}{ik}\right) - \left(\frac{ks}{ir}\right) - \left(\frac{kr}{is}\right) = 0 \tag{20}$$

Die negativen Terme entstehen durch Vertauschen von Zähler und Nenner aus den positiven. Statt i kann man k bzw. r auszeichnen:

$$2\left[\left(\frac{ik}{rs}\right) + \left(\frac{kr}{si}\right) + \left(\frac{ks}{ir}\right) \right] - \left(\frac{rs}{ik}\right) - \left(\frac{is}{kr}\right) - \left(\frac{ir}{ks}\right) = 0$$

$$2\left[\left(\frac{rk}{is}\right) + \left(\frac{ir}{sk}\right) + \left(\frac{rs}{ki}\right) \right] - \left(\frac{is}{rk}\right) - \left(\frac{ks}{ir}\right) - \left(\frac{ki}{rs}\right) = 0$$

Addieren wir die letzten drei Gleichungen, so kommt

$$\left(\frac{ik}{rs}\right) + \left(\frac{ri}{ks}\right) + \left(\frac{kr}{is}\right) = 0 \tag{21}$$

Vertauschen wir schliesslich in (20) noch i mit s :

$$2\left[\left(\frac{sk}{ri}\right) + \left(\frac{sr}{ik}\right) + \left(\frac{si}{kr}\right) \right] - \underbrace{\left(\frac{ri}{sk}\right) - \left(\frac{ki}{sr}\right) - \left(\frac{kr}{is}\right)}_{0 \text{ (nach (21))}}$$

Vertauschen wir darin wieder s mit i :

$$\left(\frac{ik}{rs}\right) + \left(\frac{ir}{sk}\right) + \left(\frac{is}{kr}\right) = 0 \tag{22}$$

Vergleich mit (21) gibt

$$\left(\frac{is}{kr}\right) = \left(\frac{kr}{is}\right) \tag{23}$$

Aus den allgemeinen Formeln für den Riemann-Tensor erhält man in Normalkoordinaten

$$R_{iklm} = \frac{1}{2}\left[\binom{im}{kl} + \binom{kl}{mi} - \binom{il}{km} - \binom{km}{il}\right] \overset{(23)}{=} \binom{im}{kl} - \binom{il}{km}$$

Damit und (22)

$$R_{iklm} + R_{lkim} = \binom{im}{kl} - \binom{il}{km} + \binom{lm}{ki} - \binom{il}{km}$$

$$\overset{(23)}{=} \binom{im}{kl} + \binom{ki}{lm} - 2\binom{il}{km} \overset{(22)}{=} -3\binom{il}{km}$$

In Normalkoordinaten gilt deshalb die Formel:

$$g_{ik} = \overset{\circ}{g}_{ik} - \frac{1}{6}\left(R_{irks} + R_{kris}\right) x^r x^s + \dots ,$$

$$\boxed{g_{ik} = \overset{\circ}{g}_{ik} - \frac{1}{3} R_{irks} x^r x^s + \dots} \qquad (24)$$

R_{irks} bestimmt in Normalkoordinaten in p demnach alle 2. Ableitungen der g_{ik}. Die Ableitungen 1. Ordnung verschwinden. Nun ist R_{irks} ein Tensor. Deshalb folgt die Behauptung des Satzes unmittelbar. □

Wir beweisen nun Satz 1 unter der zusätzlichen Voraussetzung, dass $\mathcal{D}_{\mu\nu}[g]$ in den 2. Ableitungen linear ist.
Da $R^{\mu}{}_{\alpha\beta\gamma}$ die zweiten Ableitungen der $g_{\mu\nu}$ linear enthalten, muss $\mathcal{D}_{\mu\nu}[g]$ nach Satz 2 die folgende Form haben

$$\mathcal{D}_{\mu\nu}[g] = c_1 R_{\mu\nu} + c_2 R\, g_{\mu\nu} + c_3\, g_{\mu\nu}$$

Auf Grund der reduzierten Bianchi-Identität $G^{\mu\nu}{}_{;\nu} = 0$,
$G_{\mu\nu} = R_{\mu\nu} - \frac{1}{2} g_{\mu\nu} R$, gilt

$$\mathcal{D}^{\mu\nu}{}_{;\nu} = \left(c_2 + \frac{1}{2}c_1\right)\left(g^{\mu\nu}R\right)_{;\nu} = \left(c_2 + \frac{1}{2}c_1\right) g^{\mu\nu} R_{,\nu} = 0$$

Also muss $c_2 + \frac{1}{2}c_1 = 0$ sein.

Nach Satz 1 müssen die Feldgleichungen der Struktur (10) wie folgt lauten

$$\boxed{G_{\mu\nu} + \Lambda\, g_{\mu\nu} = \varkappa\, T_{\mu\nu}} \qquad (25)$$

Bemerkungen:

1) Die Feldgleichungen (25) sind (auch im Vakuum) nichtlineare partielle Differentialgleichungen. Dies muss so sein, da jede Form von Energie, insbesondere auch die "Energie des Gravitationsfeldes" Quelle von Gravitationsfeldern ist. Diese Nichtlinearität macht eine tiefergehende Analyse der Feldgleichungen sehr schwierig. Glücklicherweise kennt man doch eine Reihe von physikalisch relevanten exakten Lösungen.
2) Die Feldgleichungen (25) enthalten zwei Konstanten Λ und $\varkappa$. Zu ihrer Bestimmung betrachten wir den Newtonschen Grenzfall. Es ist

$$R_{\mu\nu} = \partial_\lambda \Gamma^\lambda{}_{\nu\mu} - \partial_\nu \Gamma^\lambda{}_{\lambda\mu} + \Gamma^\sigma{}_{\nu\mu}\Gamma^\lambda{}_{\lambda\sigma} - \Gamma^\sigma{}_{\lambda\mu}\Gamma^\lambda{}_{\nu\sigma}$$

Für schwache statische Felder können wir, wie in § I.5, ein "fast" global Lorentzsches System einführen, in welchem

$$g_{\mu\nu} = \eta_{\mu\nu} + h_{\mu\nu} \ , \quad |h_{\mu\nu}| << 1 \tag{26}$$

und die $h_{\mu\nu}$ zeitunabhängig sind.
Im Ricci Tensor dürfen wir die quadratischen Terme weglassen

$$R_{\mu\nu} \simeq \partial_\lambda \Gamma^\lambda{}_{\nu\mu} - \partial_\nu \Gamma^\lambda{}_{\lambda\mu}$$

Da das Feld statisch ist, gilt

$$R_{00} \simeq \partial_\ell \Gamma^\ell{}_{00} \ , \quad \Gamma^\ell{}_{00} \simeq \frac{1}{2}\partial_\ell g_{00}$$

Im Newtonschen Limes ist anderseits (siehe § I.5)

$$g_{00} \simeq 1 + 2\phi$$

Wir erhalten also (wie in § 1, Gl.(14) erwartet)

$$R_{00} \simeq \Delta\phi \tag{27}$$

Für $\Lambda = 0$ ist (25) äquivalent zu (9), mit $\varkappa = 8\pi G$. Für nichtrelativistische Materie ist $|T_{ij}| << |T_{00}|$ und deshalb erhalten wir, mit (27), für die (0,0)-Komponente von (9) die Poisson-Gleichung (2). Ein kleines $\Lambda \neq 0$ in (25) gibt stattdessen

$$\Delta\phi = 4\pi G\varrho + \Lambda \tag{28}$$

Der Λ-Term entspricht also einer homogenen effektiven Massendichte der Grösse

$$\rho_{eff} = \Lambda / 4\pi G$$

Im folgenden werden wir $\Lambda = 0$ setzen. Dies ist auch vernünftig, denn die flache Metrik ist nur dann eine Lösung der Vakuumfeldgleichungen ($T_{\mu\nu} = 0$). Es gibt jedenfalls keine astronomische Evidenz für $\Lambda \neq 0$. Solange keine empirischen Gründe für die Einführung des Λ-Terms (des sog. kosmologischen Gliedes) vorliegen, sollte man gegenüber der Newtonschen Theorie keine neuen Konstanten einführen.

3) Der Energie-Impuls Tensor $T_{\mu\nu}$ muss von einer Theorie der Materie geliefert werden (ebenso wie der elektromagnetische Strom j^μ in den Maxwellschen Gleichungen). Die Konstruktion von $T^{\mu\nu}$ (und j^μ) im Rahmen einer klassischen Lagrangeschen Feldtheorie werden wir in § 3 diskutieren. In praktischen Anwendungen beschränkt man sich auf mehr oder weniger einfache phänomenologische Ansätze (z.B. ideale oder zähe Flüssigkeiten).

4) In §3 werden wir, nach dem Vorbild von Hilbert, die Feldgleichungen auch aus einem Variationsprinzip herleiten.

Uebungsaufgaben

Vorbemerkungen: Man könnte von den Einsteinschen Gleichungen abweichende Feldgleichungen erhalten, wenn die Freiheitsgrade des metrischen Tensors a priori eingeschränkt werden (über die Forderung hinaus, dass er eine Lorentzsche Signatur hat). Zum Beispiel könnte man verlangen, dass die Metrik konform flach ist, d.h. dass g die Form

$$g = \phi^2 \eta \tag{29}$$

hat, wo η eine flache Metrik (d.h. mit zugehörigem Riemann Tensor = 0) ist und ϕ eine Funktion bezeichnet. (Man kann zeigen, dass dies lokal genau dann der Fall ist, wenn der sog. Weyl Tensor verschwindet.) Da die Metrik (29) nur einen skalaren Freiheitsgrad (nämlich $\phi(x)$) hat, benötigen wir eine skalare Gleichung. Verlangen wir, dass ϕ in den 2. Ableitungen nur linear vorkommt, so bleibt als einzige Möglichkeit

$$R = 24\pi G\, T \qquad (T = T^\mu{}_\mu) \tag{30}$$

(R = skalare Riemannsche Krümmung). Die Konstante in (30) wurde so gewählt, dass im Newtonschen Limes die Poisson-Gleichung herauskommt.

Diese skalare Theorie stammt von Einstein und Fokker und stimmt in der linearisierten Näherung mit der ursprünglichen Nordströmschen Theorie überein. Wie wir schon früher betont haben, gibt eine solche Theorie keine Lichtablenkung. Ausserdem kommt die Periheldrehung des Merkurs falsch heraus.
Beachte, dass diese skalare Theorie das Aequivalenzprinzip erfüllt. Dieses Beispiel zeigt deshalb, dass aus dem Aequivalenzprinzip (ohne Zusatzannahmen) die Lichtablenkung nicht folgen kann.

1. Wähle ein Koordinatensystem so, dass die Gleichung (29) die folgende Form hat

$$g_{\mu\nu} = \phi^2 \eta_{\mu\nu} \;, \quad (\eta_{\mu\nu}) = \mathrm{diag.}(1,-1,-1,-1) \tag{31}$$

und zeige, dass dafür

$$R = -6\,\eta^{\mu\nu}(\partial_\mu \partial_\nu \phi)/\phi^3 \tag{32}$$

Die Gleichung (18) lautet dann

$$\Box \phi = -4\pi G T \phi^3 \;, \quad \Box := \eta^{\mu\nu}\partial_\mu \partial_\nu \tag{33}$$

und geht also im Newtonschen Grenzfall in die Poisson-Gleichung über.

2. Betrachte eine statische, sphärisch symmetrische Lösung für eine Punktquelle mit der Randbedingung

$$g_{\mu\nu} \longrightarrow \eta_{\mu\nu} \quad \text{für } r \longrightarrow \infty$$

3. Stelle die zugehörigen Differentialgleichungen der Planetenbahnen auf (Geodäten zu $g_{\mu\nu}$). Zeige, dass die Periheldrehung den folgenden Wert hat

$$\Delta\varphi = -\pi \left(\frac{4\pi G M}{L}\right)^2$$

wo M die zentrale Masse ($M_\odot$) und L die Konstante des Flächensatzes bezeichnen ($L = r^2\dot\varphi$) . Dies ist

$$\underline{\underline{-\frac{1}{6}}} \times \Delta\varphi_{\text{Einstein}} \quad !$$

* * *

§3. Lagrange Formulierung

In diesem Paragraphen werden wir die Feldgleichungen aus einem Hamiltonschen Variationsprinzip herleiten. Insbesondere werden wir eine allgemeine Formel für den Energie-Impuls Tensor im Rahmen einer Lagrangeschen Feldtheorie geben und zeigen, dass dieser zufolge der Materiegleichungen divergenzfrei ist. In diesem Zusammenhang werden wir die Notwendigkeit von Identitäten im System der Feldgleichungen plus der Materiegleichungen diskutieren und die Analogie mit der Elektrodynamik herausstellen.

3.1. Hamiltonsches Prinzip für die Vakuum-Feldgleichungen

Vorbemerkungen (zur Integrationstheorie): Bei einem Kartenwechsel φ transformiert sich der metrische Tensor gemäss

$$g_{\mu\nu} = \frac{\partial \bar{x}^\sigma}{\partial x^\mu} \frac{\partial \bar{x}^\rho}{\partial x^\nu} \bar{g}_{\sigma\rho} \circ \varphi$$

Deshalb gilt

$$\sqrt{|g|} = |\mathrm{Det}(\partial \bar{x}^\sigma / \partial x^\mu)| \sqrt{|\bar{g}|}$$

Daraus folgt, dass für eine stetige Funktion f auf der Lorentzmannigfaltigkeit M, mit Träger in einem Kartengebiet $U \subset M$ mit Koordinaten $\{x^\mu\}$, das Integral

$$\int_M f\, dv := \int f(x) \sqrt{|g|}\, d^4x \tag{1}$$

unabhängig vom Koordinatensystem ist.

Für eine stetige Funktion mit kompaktem Träger, welcher nicht in einem Kartengebiet enthalten ist, definieren wir das Integral mit Hilfe einer Partition der Eins (genau so wie bei der Integration von Differentialformen, siehe Teil 1, §4.7.1). Falls die Mannigfaltigkeit orientierbar ist, gilt

$$\int_M f\, dv = \int_M f\, \eta$$

wo η die zur Metrik gehörende 4-Form ist (siehe Teil 1, §4.6.1), welche in positiven lokalen Koordinaten wie folgt lautet

$$\eta = \sqrt{-g}\, dx^0 \wedge dx^1 \wedge dx^2 \wedge dx^3$$

Durch das so definierte lineare Funktional auf den stetigen Funktionen mit kompaktem Träger wird in bekannter Weise ein Mass dv auf der σ-Algebra der Borelmengen von M definiert. Dieses nennen wir das durch die Lorentz Metrik bestimmte Mass.

* * *

Das Hamiltonsche Variationsprinzip für die Vakuum Feldgleichungen lautet

$$\boxed{\delta \int_D R\,dv = 0} \tag{2}$$

Dabei sei D ein kompaktes Gebiet mit glattem Rand ∂D und die Variationen der Metrik sollen auf ∂D verschwinden.

<u>Beweis:</u> Es ist *)

$$\delta \int_D R\,dv = \int_D \delta(g^{\mu\nu} R_{\mu\nu} \sqrt{-g})\, d^4x$$

$$= \int_D \delta R_{\mu\nu}\, g^{\mu\nu} \sqrt{-g}\, d^4x + \int_D R_{\mu\nu}\, \delta(g^{\mu\nu}\sqrt{-g})\, d^4x \tag{3}$$

Wir betrachten zuerst die Variation von $R_{\mu\nu}$. Es war

$$R_{\mu\nu} = \partial_\alpha \Gamma^\alpha_{\mu\nu} - \partial_\nu \Gamma^\alpha_{\mu\alpha} + \Gamma^\rho_{\mu\nu}\Gamma^\alpha_{\rho\alpha} - \Gamma^\rho_{\mu\alpha}\Gamma^\alpha_{\rho\nu}$$

Für ein geodätisches System um einen Punkt $p \in D$ gilt in diesem Punkt

$$\delta R_{\mu\nu} = \partial_\alpha(\delta\Gamma^\alpha_{\mu\nu}) - \partial_\nu(\delta\Gamma^\alpha_{\mu\alpha})$$

und folglich

*) Für D wähle man im folgenden ein Gebiet, welches in einem Kartengebiet enthalten ist. Mit Hilfe einer Zerlegung der Eins lässt sich aber das folgende auch für allgemeine Gebiete D (mit den obigen Eigenschaften) durchführen.

$$g^{\mu\nu}\delta R_{\mu\nu} = g^{\mu\nu}\partial_\alpha(\delta\Gamma^\alpha_{\mu\nu}) - g^{\nu\alpha}\partial_\alpha(\delta\Gamma^\mu_{\mu\nu}) \tag{4}$$

Nun transformieren sich aber die Variationen der Christoffel-Symbole wie Tensoren, denn nach Teil 1, § 5.1, lautet das Transformationsgesetz

$$\bar{\Gamma}^\gamma_{\alpha\beta} = \frac{\partial x^\mu}{\partial\bar{x}^\alpha}\frac{\partial x^\nu}{\partial\bar{x}^\beta}\frac{\partial\bar{x}^\gamma}{\partial x^\lambda}\Gamma^\lambda_{\mu\nu} + \frac{\partial^2 x^\lambda}{\partial\bar{x}^\alpha\partial\bar{x}^\beta}\cdot\frac{\partial\bar{x}^\gamma}{\partial x^\lambda}$$

Folglich ist

$$W^\alpha := g^{\mu\nu}\delta\Gamma^\alpha_{\mu\nu} - g^{\alpha\nu}\delta\Gamma^\mu_{\mu\nu} \tag{5}$$

ein Vektorfeld. In einem geodätischen System folgt aus (4) und (5)

$$g^{\mu\nu}\delta R_{\mu\nu} = W^\alpha{}_{;\alpha} \tag{6}$$

Diese Gleichung ist kovariant und gilt deshalb in jedem Koordinatensystem. Da die Variationen am Rand von D verschwinden, können wir nach dem Gauss'schen Satz (siehe Teil 1, § 4.7.2) das erste Integral in (3) weglassen. Im 2. Term benötigen wir $\delta g^{\mu\nu}$ und $\delta\sqrt{-g}$.
Nun folgt aus

$$g^{\mu\alpha}g_{\alpha\beta} = \delta^\mu{}_\beta$$

die Beziehung

$$\delta g^{\mu\alpha}g_{\alpha\beta} + g^{\mu\alpha}\delta g_{\alpha\beta} = 0$$

Ueberschieben wir dies mit $g^{\nu\beta}$, so kommt

$$\delta g^{\mu\nu} = -g^{\mu\alpha}g^{\nu\beta}\delta g_{\alpha\beta}$$

Ferner gilt (siehe Seite 100)

$$\delta(\sqrt{-g}) = -\frac{1}{2\sqrt{-g}}\delta g = -\frac{1}{2\sqrt{-g}}g g^{\alpha\beta}\delta g_{\alpha\beta}$$

d.h.

$$\delta(\sqrt{-g}) = \frac{1}{2}\sqrt{-g}\,g^{\alpha\beta}\delta g_{\alpha\beta}$$

Damit

$$\delta(g^{\mu\nu}\sqrt{-g}) = \sqrt{-g}\left(\frac{1}{2}g^{\mu\nu}g^{\alpha\beta} - g^{\mu\alpha}g^{\nu\beta}\right)\delta g_{\alpha\beta} \tag{7}$$

Setzen wir dies in (3) ein, so kommt

$$\delta\int_D R\,dv = -\int_D \left(R^{\mu\nu}-\tfrac{1}{2}g^{\mu\nu}R\right)\delta g_{\mu\nu}\,dv = -\int_D G^{\mu\nu}\,\delta g_{\mu\nu}\,dv \tag{8}$$

Aus (8) folgt die Gültigkeit des Hamiltonschen Variationsprinzips (2).

□

3.2. Eine andere Herleitung der Bianchi Identität und deren Bedeutung

Mit Hilfe der Variationsformel (8) werden wir im folgenden eine neue Herleitung der Bianchi Identität gewinnen. (Die Darstellung setzt §4 von Teil 1 voraus.) Wir halten die Ueberlegungen zunächst allgemein, um sie weiter unten auch in einem anderen Kontext nutzbar machen zu können.

Dazu betrachten wir eine 4-Form $\Omega[\psi]$, welche ein Funktional von gewissen Tensorfeldern ψ sei. Dieses Funktional sei im folgenden Sinne invariant:

$$\varphi^*(\Omega[\psi]) = \Omega[\varphi^*(\psi)]\,, \quad \text{für alle } \varphi\in \mathrm{Diff}(M) \tag{9}$$

Die Gleichung (9) gilt insbesondere für den Fluss ϕ_t eines Vektorfeldes X. Daraus folgt durch Differentiation nach t für $t = 0$

$$L_X(\Omega[\psi]) = \frac{d}{dt}\Big|_{t=0}\Omega[\phi_t^*(\psi)]$$

Wir integrieren diese Gleichung über einen Bereich D mit glattem Rand und kompaktem $\bar{D}$. Aus der Cartanschen Formel (siehe Teil 1, §4.5)

$$L_X = d\circ i_X + i_X\circ d$$

folgt, wenn X am Rande ∂D verschwindet, mit dem Stokesschen Satz:

$$\int_D L_X\Omega = \int_D d\,i_X\Omega = \int_{\partial D} i_X\Omega = 0$$

$$= \int_D \frac{d}{dt}\Big|_{t=0}\Omega[\phi_t^*(\psi)]$$

d.h.

$$\int_D \frac{d}{dt}\Big|_{t=0} \Omega[\phi_t^*(\psi)] = 0 \tag{10}$$

Insbesondere folgt für $\Omega = (R\eta)[g]$ aus (8) und (10) (ersetze in (8) $\delta g_{\mu\nu} \longrightarrow (L_X g)_{\mu\nu}$

$$\int_D G^{\mu\nu} (L_X g)_{\mu\nu} \eta = 0 \tag{11}$$

Die Lie'sche Ableitung $L_X g$ hat die Komponenten (Teil 1, p. 25)

$$(L_X g)_{\mu\nu} = X^\lambda g_{\mu\nu,\lambda} + g_{\lambda\nu} X^\lambda{}_{,\mu} + g_{\mu\lambda} X^\lambda{}_{,\nu} \tag{12}$$

In einem geodätischen System ist dies gleich

$$(L_X g)_{\mu\nu} = X_{\mu,\nu} + X_{\nu,\mu}$$

Also gilt in einem beliebigen System

$$(L_X g)_{\mu\nu} = X_{\mu;\nu} + X_{\nu;\mu} \tag{13}$$

Folglich ist

$$\int_D G^{\mu\nu} (X_{\mu;\nu} + X_{\mu;\nu}) \eta = 0$$

oder, wegen der Symmetrie von $G^{\mu\nu}$

$$\int_D G^{\mu\nu} X_{\mu;\nu} \eta = 0$$

Dafür schreiben wir

$$\int_D (G^{\mu\nu} X_\mu)_{;\nu} \eta - \int_D G^{\mu\nu}{}_{;\nu} X_\mu \eta = 0$$

Nach dem Gauss'schen Satz verschwindet darin der erste Term. Da X_μ in D und D beliebig sind, folgt die reduzierte Bianchi Identität:

$$G^{\mu\nu}{}_{;\nu} = 0$$

Diskussion:

Die Bianchi Identität zeigt, dass die Vakuum-Feldgleichungen $G_{\mu\nu} = 0$ nicht unabhängig sind. Dies muss aber so sein, wie die folgende Ueberlegung zeigt: Ist g eine Vakuumlösung, so muss das diffeomorph transformierte Feld $\varphi^*(g)$ für jeden Diffeomorphismus φ wieder eine Vakuumlösung sein, da g und $\varphi^*(g)$ physikalisch völlig gleichberechtigt sind. Die Feldgleichungen dürfen also nur Aequivalenzklassen diffeomorpher metrischer Felder bestimmen. Da Diff (M) vier "Freiheitsgrade" hat, müssen deshalb vier Identitäten bestehen.

"Passiv" kann man dies auch so ausdrücken: Zu jeder Lösung der $g_{\mu\nu}$ als Funktionen gewisser Koordinaten kann man durch Koordinatentransformationen erreichen, dass vier der $g_{\mu\nu}$ beliebige Werte annehmen. Deshalb dürfen von den 10 Feldgleichungen für die $g_{\mu\nu}$ nur deren 6 unabhängig sein.

Diese Situation ist sehr ähnlich wie in der Elektrodynamik: Die Felder A_μ sind innerhalb einer "Eichklasse" physikalisch gleichwertig. Da in den Eichtransformationen

$$A_\mu \longrightarrow A_\mu + \partial_\mu \Lambda$$

eine Funktion Λ willkürlich ist, muss eine Identität in den Feldgleichungen für A_μ bestehen. Diese lauten im Vakuum

$$\Box A_\mu - \partial_\mu \partial_\nu A^\nu = 0$$

Die linke Seite erfüllt identisch

$$\partial^\mu \left(\Box A_\mu - \partial_\mu \partial_\nu A^\nu \right) = 0$$

Die obige Diskussion werden wir weiter unten auf das gekoppelte System Materie + Feld verallgemeinern.

3.3. Energie-Impuls-Tensor in einer Lagrangeschen Feldtheorie

In einer Lagrangeschen Feldtheorie lässt sich eine allgemeine Formel für den Energie-Impuls-Tensor geben.

Es sei $\mathcal{L}$ die Lagrange-Funktion einer Anzahl von "Materiefeldern" $\psi_A, A=1,\dots N$. (Zu den ψ's zählen wir auch das elektromagnetische Feld.) Der Einfachheit halber betrachten wir nur Tensorfelder, da die Beschreibung von Spinorfeldern in Lorentz-Mannigfaltigkeiten nicht besprochen wurde. Angenommen, wir kennen $\mathcal{L}$ aus der lokalen Physik im flachen Raum, dann sagt uns das Aequivalenzprinzip wie $\mathcal{L}$ in Anwesenheit eines g-Feldes aussehen muss. Wir müssen lediglich $\eta_{\mu\nu} \to g_{\mu\nu}$ und gewöhnliche Ableitungen durch kovariante Ableitungen ersetzen (siehe § I.4). Damit hat $\mathcal{L}$ die Form (wir lassen den Index A weg):

$$\mathcal{L} = \mathcal{L}(\psi, \nabla\psi, g) \tag{14}$$

Beispiel: Für das elektromagnetische Feld ist

$$\mathcal{L} = -\frac{1}{16\pi} F_{\mu\nu} F_{\sigma\rho} g^{\mu\sigma} g^{\nu\rho}$$

Die Feldgleichungen der Materie folgen aus dem Variationsprinzip

$$\delta \int_D \mathcal{L}\eta = 0$$

wobei die Felder ψ innerhalb von D so zu variieren sind, dass die Variationen am Rande verschwinden. (δ bedeutet wie immer die Ableitung (an der Stelle 0) nach dem Parameter der 1-parametrigen Familie von Feldvariationen.)

Nun ist

$$\delta \int_D \mathcal{L}\eta = \int_D (\delta\mathcal{L})\eta = \int_D \left[\frac{\partial\mathcal{L}}{\partial\psi}\delta\psi + \frac{\partial\mathcal{L}}{\partial(\nabla\psi)}\delta\nabla\psi\right]\eta \tag{15}$$

Die kovariante Ableitung ∇ vertauscht aber mit der Variationsableitung δ. [Dies ist offensichtlich, wenn man sich die Koordinatenausdrücke vor Augen hält (da δ mit den gewöhnlichen Ableitungen vertauscht)]. Deshalb gilt

$$\frac{\partial\mathcal{L}}{\partial(\nabla\psi)}\delta(\nabla\psi) = \nabla\cdot\left(\frac{\partial\mathcal{L}}{\partial(\nabla\psi)}\delta\psi\right) - \left(\nabla\cdot\frac{\partial\mathcal{L}}{\partial(\nabla\psi)}\right)\delta\psi \tag{16}$$

Der erste Term rechts ist die Divergenz eines Vektorfeldes (füge der Deutlichkeit halber Indizes an). Dieser trägt deshalb in (15) nach dem Gauss'schen Satz nicht bei. Wir erhalten aus (15)

$$\int_D \left[\frac{\partial \mathcal{L}}{\partial \psi} - \nabla \cdot \frac{\partial \mathcal{L}}{\partial (\nabla \psi)} \right] \delta\psi \, \eta = 0$$

In üblicher Weise schliessen wir auf die Euler-Lagrangeschen Feldgleichungen der Materie

$$\frac{\partial \mathcal{L}}{\partial \psi_A} - \nabla_\mu \frac{\partial \mathcal{L}}{\partial (\nabla_\mu \psi_A)} = 0 \tag{17}$$

Um den Energie-Impuls Tensor zu erhalten, betrachten wir Variationen des Wirkungsintegrals, welche durch Aenderungen der Metrik g induziert werden. $\mathcal{L}$ hängt von der Metrik einerseits explizite ab und anderseits implizite über die kovarianten Ableitungen der Materiefelder. Ausserdem ist die 4-Form η ein (invariantes) Funktional von g. Also gilt

$$\delta \int_D \mathcal{L} \eta = \int_D \left\{ \left[\frac{\partial \mathcal{L}}{\partial (\nabla_\lambda \psi)} \delta(\nabla_\lambda \psi) + \frac{\partial \mathcal{L}}{\partial g_{\mu\nu}} \delta g_{\mu\nu} \right] \eta + \mathcal{L} \delta\eta \right\} \tag{18}$$

Wir betrachten zunächst $\delta\eta$. In lokalen Koordinaten ist

$$\eta = \sqrt{-g}\, dx^0 \wedge dx^1 \wedge dx^2 \wedge dx^3$$

also

$$\delta\eta = -\frac{1}{2\sqrt{-g}} \delta g \, dx^0 \wedge \dots \wedge dx^3$$

Da

$$\delta g = g g^{\mu\nu} \delta g_{\mu\nu}$$

folgt

$$\delta\eta = \frac{1}{2} \sqrt{-g} \, g^{\mu\nu} \delta g_{\mu\nu} \, dx^0 \wedge \dots \wedge dx^3$$

oder

$$\underline{\delta\eta = \frac{1}{2} g^{\mu\nu} \delta g_{\mu\nu} \, \eta} \tag{19}$$

Obschon $\delta\psi = 0$, ist $\delta(\nabla_\lambda \psi) \neq 0$, da sich die Christoffel-Symbole ändern. Nun ist $\delta\Gamma^\mu_{\alpha\beta}$ ein Tensor. In einem normalen Koordinatensystem um einen Punkt p gilt in diesem Punkt die Gleichung

$$\delta\Gamma^{\mu}{}_{\alpha\beta} = \frac{1}{2} g^{\mu\nu} \left[(\delta g_{\nu\alpha})_{;\beta} + (\delta g_{\nu\beta})_{;\alpha} - (\delta g_{\alpha\beta})_{;\nu} \right] \tag{20}$$

Da beide Seiten Tensoren sind, gilt sie deshalb in einem beliebigen System. Die Beziehung (20) gestattet es $\delta(\nabla_\lambda \psi)$ durch $\delta g_{\alpha\beta;\gamma}$ auszudrücken. Mit partiellen Integrationen kann man deshalb die Variation des Wirkungsintegral auf folgende Form bringen

$$\delta \int_D \mathcal{L}\eta = -\frac{1}{2} \int_D T^{\mu\nu} \delta g_{\mu\nu} \eta \tag{21}$$

(nur g wird variiert)

Den Tensor $T^{\mu\nu}$ in (9) identifizieren wir mit dem Energie-Impuls Tensor; $T^{\mu\nu}$ ist automatisch symmetrisch. Eine erste Rechtfertigung für diese Interpretation ist darin zu sehen, dass seine kovariante Divergenz verschwindet.

Beweis von $\nabla \cdot T = 0$:

Der Beweis von $T^{\mu\nu}{}_{;\nu} = 0$ schliesst sich eng an die Herleitung der Bianchi-Identität in Nr. 2 an. Ausgangspunkt ist die Gleichung (10), welche für jedes invariante Funktional $\mathcal{L}$ von (ψ, g)

($\varphi^*(\mathcal{L}[\psi, g]) = \mathcal{L}[\varphi^*\psi, \varphi^* g]$ für alle $\varphi \in \mathrm{Diff}(M)$) gültig

ist:

$$\int_D \frac{d}{dt}\Big|_{t=0} (\mathcal{L}\eta\, [\phi_t^*\psi, \phi_t^* g]) = 0 \tag{22}$$

ϕ_t bezeichnet wieder den Fluss zu einem Vektorfeld X , welches am Rand von D verschwindet. Darin geben die Aenderungen der ψ's auf Grund der Materiegleichungen (17) keinen Beitrag. Es folgt deshalb mit (21)

$$\int_D T^{\mu\nu} (L_X g)_{\mu\nu}\, \eta = 0 \tag{23}$$

Genau so wie die reduzierte Bianchi-Identität folgt daraus

$$T^{\mu\nu}{}_{;\nu} = 0 \tag{24}$$

Für bekannte Systeme gibt die Definition (21) die üblichen Ausdrücke für den Energie-Impuls Tensor. Wir zeigen dies für das elektromagnetische Feld. Für dieses ist

$$\mathcal{L} = -\frac{1}{16\pi} F_{\mu\nu} F_{\sigma\rho} g^{\mu\sigma} g^{\nu\rho}$$

Falls wir nur g variieren, folgt mit (19)

$$\delta \int_D \mathcal{L}\eta = \int_D [\delta\mathcal{L}\,\eta + \mathcal{L}\,\delta\eta]$$

$$= \int_D [\delta\mathcal{L} + \frac{1}{2}\mathcal{L} g^{\mu\nu}\delta g_{\mu\nu}]\,\eta$$

$$= \int_D [-\frac{1}{8\pi} F_{\mu\nu} F_{\sigma\rho} g^{\mu\sigma}\delta g^{\nu\rho} + \frac{1}{2}\mathcal{L} g^{\mu\nu}\delta g_{\mu\nu}]\,\eta$$

Aber

$$g^{\nu\beta} g_{\alpha\beta} = \delta^{\nu}_{\alpha} \Longrightarrow \delta g^{\nu\beta} g_{\alpha\beta} + g^{\nu\beta}\delta g_{\alpha\beta} = 0$$

d.h.

$$\delta g^{\nu\rho} = -g^{\nu\beta} g^{\alpha\rho}\delta g_{\alpha\beta}$$

Folglich

$$\delta \int_D \mathcal{L}\eta = \frac{1}{8\pi}\int_D [F_{\mu\nu} F_{\sigma\rho} g^{\mu\sigma} g^{\nu\beta} g^{\alpha\rho}\delta g_{\alpha\beta} - \frac{1}{4} F_{\mu\nu} F^{\mu\nu} g^{\alpha\beta}\delta g_{\alpha\beta}]\,\eta$$

Aus (21) ergibt sich deshalb

$$T^{\alpha\beta} = -\frac{1}{4\pi}[F^{\sigma\beta} F_{\sigma}{}^{\alpha} - \frac{1}{4} F_{\mu\nu} F^{\mu\nu} g^{\alpha\beta}]$$

und

$$T_{\alpha\beta} = -\frac{1}{4\pi}[F_{\alpha\mu} F_{\beta\nu} g^{\mu\nu} - \frac{1}{4} g_{\alpha\beta} F_{\mu\nu} F^{\mu\nu}]$$

Dies stimmt mit dem bekannten Ausdruck (siehe § I.4) überein.

Bemerkung: In der SRT wird üblicherweise der Energie-Impuls Tensor aus der Translationsinvarianz hergeleitet. Dies führt zum kanonischen Energie-Impuls Tensor (welcher zwar im allgemeinen nicht symmetrisch ist, aber immer symmetrisiert werden kann). Nun könnte man anderseits auch in der SRT das obige Verfahren benutzen, indem man formal $\eta_{\mu\nu} \to g_{\mu\nu}$ ersetzt, Formel (21) benutzt und hinterher für $g_{\mu\nu}$ wieder die flache Metrik einsetzt. Der so erhaltene Tensor ist nach (24) divergenzfrei und überdies symmetrisch. Die Beziehung der beiden Verfahren wird in [25] diskutiert.

3.4. Analogie mit der Elektrodynamik

Die Definition von $T^{\mu\nu}$ ist sehr ähnlich wie die Definition des Stromes j^μ in der ED. Wir zerlegen die gesamte Lagrange Funktion $\mathcal{L}$ der Materie in einen elektromagnetischen Feldanteil $\mathcal{L}_F$ und einen Term $\mathcal{L}_M$, der die elektromagnetischen Wechselwirkungen der geladenen Teilchen (Felder) enthält. Dabei ist wie bisher

$$\mathcal{L}_F = -\frac{1}{16\pi} F_{\mu\nu} F^{\mu\nu} \quad , \quad F_{\mu\nu} = A_{\mu,\nu} - A_{\nu,\mu}$$

Durch alleinige Variation der A_μ, welche am Rand von D verschwinden, erhalten wir

$$\begin{aligned} \delta \int_D \mathcal{L}_F \eta &= -\frac{1}{8\pi} \int_D F^{\mu\nu} \delta (A_{\mu,\nu} - A_{\nu,\mu}) \eta \\ &= -\frac{1}{8\pi} \int_D F^{\mu\nu} \delta (A_{\mu;\nu} - A_{\nu;\mu}) \eta \\ &= -\frac{1}{4\pi} \int_D F^{\mu\nu} \delta A_{\mu;\nu} \eta \\ &= +\frac{1}{4\pi} \int_D F^{\mu\nu}{}_{;\nu} \delta A_\mu \eta . \end{aligned} \tag{26}$$

Anderseits definieren wir den Strom j^μ durch

$$\delta \int_D \mathcal{L}_M \eta = \int_D j^\mu \delta A_\mu \eta \tag{27}$$

(nur Variation von A_μ)

Mit (26) und (27) folgen die Maxwellschen Gleichungen aus dem Hamiltonschen Prinzip

$$\delta \int_D \mathcal{L}\eta = 0 \tag{28}$$

Gleichung (27) stellt die zu (21) analoge Definition des elektromagnetischen Stromes dar. Seine Divergenzfreiheit folgt aus der Invarianz der Wirkung $\int \mathcal{L}_M \eta$ unter Eichtransformationen:

Unterwerfen wir alle Felder einer Eichtransformation mit Eichfunktion $s \cdot \Lambda(x)$ und bezeichnen δ_Λ die Ableitung nach s an der Stelle $s = 0$, so tragen in

$$\delta_\Lambda \int_D \mathcal{L}_M \eta = 0$$

die $\delta_\Lambda \psi$ der Materiefelder (ausser A_μ), auf Grund der Materiegleichungen, nicht bei. Es bleibt deshalb nach (27) und $\delta_\Lambda A_\mu = \Lambda_{,\mu}$

$$0 = \delta_\Lambda \int_D \mathcal{L}_M \cdot \eta = -\int_D j^\mu \Lambda_{,\mu} \eta$$

Mit einer partiellen Integration folgt, falls Λ am Rand von D verschwindet

$$0 = -\int_D j^\mu \Lambda_{,\mu} \eta = -\int_D j^\mu \Lambda_{;\mu} \eta = -\int_D (j^\mu \Lambda)_{;\mu} \eta +$$

$$+ \int_D j^\mu{}_{;\mu} \Lambda \eta = \int_D j^\mu{}_{;\mu} \Lambda \eta$$

Folglich gilt

$$j^\mu{}_{;\mu} = 0 \tag{29}$$

Diese Gleichung folgt also einerseits aus den Materiegleichungen und anderseits aus den Maxwellschen Gleichungen, da $F^{\mu\nu}{}_{;\nu;\mu} \equiv 0$. Dies bedeutet, dass das System der Maxwellschen Gleichungen und der Materiegleichungen (Euler-Lagrange Gleichungen zu $\mathcal{L}_M$) nicht unabhängig ist. Dies muss so sein, da mit einer Lösung für $\{A_\mu, \psi\}$ des gekoppelten Systems (Maxwell-Gleichungen + Materiegleichungen) die eichtransformierten Felder $\{A_\mu^\Lambda, \psi^\Lambda\}$ wieder eine Lösung darstellen müssen (da letztere physikalisch völlig äquivalent sind). Diese Bemerkungen lassen sich leicht auf Yang-Mills Theorien verallgemeinern.

3.5. Die Bedeutung der Gleichung $\nabla\cdot T = 0$

Eine völlig analoge Rolle spielt die Gleichung $T^{\mu\nu}{}_{;\nu}=0$ in der ART. Mit jeder Lösung $\{g,\psi\}$ des gekoppelten Systems der Feldgleichungen+ Materiegleichungen (wobei wir jetzt das elektromagnetische Feld zu den Materiefeldern zählen) muss auch $\{\varphi^*(g),\varphi^*(\psi)\}$ für jedes $\varphi\in \mathrm{Diff}(M)$ eine Lösung sein, da die beiden Sätze von Feldern physikalisch gleichwertig sind. Da Diff(M) vier "Freiheitsgrade" hat, müssen deshalb vier Identitäten bestehen. (Anstelle von "aktiven" Diffeomorphismen könnten wir auch "passive" Koordinatentransformationen betrachten.) Diese vier Identitäten bestehen nun darin, dass $\nabla\cdot T = 0$ sowohl eine Folge der Materiegleichungen als auch der Feldgleichungen ist. (Diesen Sachverhalt hat zuerst Hilbert betont.) Die Rolle der Eichgruppe der Elektrodynamik wird in der ART von der Gruppe Diff(M) übernommen. Letztere ist natürlich nicht mehr Abelsch.

$\nabla\cdot T = 0$ und Bewegungsgleichungen:

Zur Gleichung $\nabla\cdot T = 0$ sei noch folgendes bemerkt. Wählen wir für $T^{\mu\nu}$ den Energie-Impuls Tensor einer idealen Flüssigkeit mit Druck $p = 0$ (sog. inkohärenten Staub), d.h.

$$T^{\mu\nu}=\rho u^\mu u^\nu \tag{30}$$

und nehmen wir an, die Flüssigkeitsmenge bleibe erhalten, d.h.

$$L_u(\rho\eta)=0$$

oder

$$(\rho u^\mu)_{;\mu}=0$$

so folgt aus $T^{\mu\nu}{}_{;\nu}=0$:

$$(\rho u^\nu)_{;\nu}\, u^\mu+\rho u^\nu u^\mu{}_{;\nu}=0$$

Dies bedeutet

$$\underline{\nabla_u u=0} \tag{31}$$

Die Integralkurven von u (Stromlinien) sind also Geodäten. Dieses Bewegungsgesetz kann man als eine Folge der Feldgleichungen ansehen.

3.6. Variationsprinzip für Feld + Materie

Die Einsteinschen Feldgleichungen und die Materiegleichungen folgen aus dem Hamiltonschen Variationsprinzip

$$\delta \int_D \left[-\frac{1}{16\pi G} R + \mathcal{L} \right] \eta = 0 \tag{32}$$

denn Variation von g allein gibt nach (8) und (21)

$$\delta \int_D R\eta = - \int_D G^{\mu\nu} \delta g_{\mu\nu} \eta$$

$$\delta \int_D \mathcal{L}\eta = -\frac{1}{2} \int_D T^{\mu\nu} \delta g_{\mu\nu} \eta$$

Folglich

$$\boxed{G_{\mu\nu} = 8\pi G \, T_{\mu\nu}}$$

§ 4. Nichtlokalisierbarkeit der Gravitationsenergie

In der SRT beruhen die Erhaltungssätze für Energie und Impuls auf der Invarianz eines abgeschlossenen Systems bezüglich Translationen in Raum und Zeit. Für Lorentz-Mannigfaltigkeiten sind dies i.a. keine Symmetrietransformationen und deshalb gibt es in der ART keinen allgemeinen Energie-Impuls Erhaltungssatz. Dies hat zwar immer wieder viele Leute gestört, aber an diesen Sachverhalt muss man sich gewöhnen. Wer einen "Energie-Impuls Tensor für das Gravitationsfeld" sucht, ist auf dem Holzweg. Dies kann man auch auf folgende Weise einsehen: Das Gravitationsfeld ($\Gamma^{\mu}_{\alpha\beta}$) kann in jedem Punkt wegtransformiert werden. Ohne Feld gibt es aber auch keine Energie und keinen Impuls.

Trotzdem lassen sich aber für isolierte Systeme mit asymptotisch flacher Geometrie Gesamtenergie und Gesamtimpuls definieren. Dies werden wir in §6 ausführlich diskutieren.

An dieser Stelle sei nur noch folgendes klargestellt: Falls ein Killingfeld K existiert (d.h. ein Feld K mit $L_K g = 0$) , so kann aus $\nabla \cdot T = 0$ immer auch ein Erhaltungssatz gewonnen werden. Dazu bilden wir

$$P^{\mu} = T^{\mu\nu} K_{\nu} \tag{1}$$

Es gilt

$$P^{\mu}{}_{;\mu} = T^{\mu\nu}{}_{;\nu} K_{\nu} + T^{\mu\nu} K_{\nu;\mu} = \frac{1}{2} T^{\mu\nu} (K_{\mu;\nu} + K_{\nu;\mu}) = 0 \tag{2}$$

denn nach Formel (13) Seite 157 ist

$$L_K g = 0 \iff K_{\mu;\nu} + K_{\nu;\mu} = 0 \tag{3}$$

Die Gleichung (3) ist die sog. Killing Gleichung.

Falls D ein Bereich mit glattem Rand ∂D und kompaktem Abschluss $\bar{D}$ ist, folgt (mit dem Mass dv zu g) aus dem Gauss'schen Satz (siehe Teil 1, §4.7.2)

$$\int_{\partial D} P^{\mu} d\sigma_{\mu} = \int P^{\mu}{}_{;\mu} dv = 0 \tag{4}$$

In der SRT hat man 10 Killing Felder, entsprechend den 10 Dimensionen der Lie Algebra der inhomogenen Lorentzgruppe. Die zugehörigen Grössen

(1) sind gerade die zehn klassischen differentiell erhaltenen Grössen. In einem Lorentzsystem lauten die 10 unabhängigen Killingfelder

$$ {}^{(\alpha)}T = \partial / \partial x^{\alpha} \tag{5} $$

(diese erzeugen die Translationen) und

$$ {}^{(\alpha\beta)}M = \eta_{\alpha\sigma} x^{\sigma} \frac{\partial}{\partial x^{\beta}} - \eta_{\beta\sigma} x^{\sigma} \frac{\partial}{\partial x^{\alpha}} \tag{6} $$

(diese erzeugen die homogenen Lorentztransformationen). Verifiziere, dass die Killing Gleichung für (5) und (6) erfüllt ist. Die erhaltenen Grössen (1) werden für (5) gleich $T^{\mu\alpha}$ und für (6) gleich

$$ T^{\mu\beta} x^{\alpha} - T^{\mu\alpha} x^{\beta} , $$

d.h. gleich der bekannten Drehimpulsdichte.

§5. Der Tetraden Formalismus

In diesem Abschnitt formulieren wir die Einsteinschen Feldgleichungen als Gleichungen von Differentialformen. Dies hat verschiedene Vorteile, nicht zuletzt für praktische Rechnungen. (Wir benutzen speziell Teil 1, §§ 5.7, 5.8.)

Im folgenden sei (θ^α) eine (lokale) Basis von 1-Formen und (e_α) die dazugehörige duale Basis von (lokalen) Vektorfeldern. Häufig werden wir diese Basen orthonormiert wählen, so dass

$$g = \overset{\circ}{g}_{\mu\nu}\, \theta^\mu \otimes \theta^\nu \quad , \quad (\overset{\circ}{g}_{\mu\nu}) = \begin{pmatrix} 1 & & & 0 \\ & -1 & & \\ & & -1 & \\ 0 & & & -1 \end{pmatrix} \tag{1}$$

Unter Basiswechsel

$$\bar{\theta}^\alpha(x) = A^\alpha{}_\beta(x)\, \theta^\beta(x) \tag{2}$$

transformiert sich $\omega = (\omega^\alpha{}_\beta)$ inhomogen

$$\bar{\omega} = A\omega A^{-1} - dA\, A^{-1} \tag{3}$$

die Krümmung $\Omega = (\Omega^\alpha{}_\beta)$ aber tensoriell

$$\bar{\Omega} = A\Omega A^{-1} \tag{4}$$

Relativ zu einer orthonormierten Basis ist (siehe Teil 1, (5.6.3))

$$\omega_{\alpha\beta} + \omega_{\beta\alpha} = 0 \tag{5}$$

d.h., $\omega \in \mathfrak{so}(1,3)$ (= Lie Algebra der Lorentzgruppe). Innerhalb der Klasse der orthonormierten 4-Beinfelder (θ^α) ist (2) eine ortsabhängige Lorentztransformation

$$\bar{\theta}(x) = \Lambda(x)\, \theta(x) \quad , \quad \Lambda(x) \in L_+^\uparrow \tag{6}$$

$$\bar{\omega}(x) = \Lambda(x)\omega(x)\Lambda^{-1}(x) - d\Lambda(x)\, \Lambda^{-1}(x) \tag{7}$$

Zu einem festen Punkt x_0 gibt es immer ein $\Lambda(x)$ derart, dass $\bar{\omega}(x_0) = 0$ ist: $\Lambda(x)$ muss nach (7) die Gleichung $\Lambda^{-1}(x_0)\, d\Lambda(x_0) =$ $= \omega(x_0)$ erfüllen. Man macht sich leicht klar, dass dies immer möglich ist (da $\omega(x_0) \in so(1,3)$). Ist $\omega(x_0) = 0$, so beschreibt $\theta^\alpha(x)$ ein in x_0 lokales Inertialsystem. In x_0 ist die äussere kovariante Ableitung $D = d$.

Die Metrik (1) ist natürlich invariant unter (6). In Analogie zu den Eichtransformationen der Elektrodynamik (Yang-Mills Theorien) nennt man die lokalen Lorentztransformationen (6) auch Eichtransformationen. Die ART ist invariant unter diesen Transformationen und deshalb ist sie eine (spezielle) nicht-Abelsche Eichtheorie. Die 4-Beinfelder θ^α kann man als Potentiale des Gravitationsfeldes ansehen. (Variationen der θ^α induzieren nach (1) Variationen der Metrik.)

Die Einsteinsche Wirkung $*R = R\eta$ lässt sich bezüglich eines 4-Beinfeldes wie folgt darstellen

$$\boxed{*R = \eta^{\mu\nu} \wedge \Omega_{\mu\nu}} \tag{8}$$

wobei

$$\eta^{\mu\nu} = *(\theta^\mu \wedge \theta^\nu) \tag{9}$$

Indizes werden mit $g_{\mu\nu}$, in $g = g_{\mu\nu}\theta^\mu \otimes \theta^\nu$, verschoben.

<u>Beweis von (8):</u>

$$\eta_{\alpha\beta} \wedge \Omega^{\alpha\beta} = \frac{1}{2}\eta_{\alpha\beta} R^{\alpha\beta}{}_{\mu\nu}\, \theta^\mu \wedge \theta^\nu$$

Nun ist (siehe Teil 1, §4.6.2, Aufgabe 6)

$$*(\theta^\mu \wedge \theta^\nu) = \frac{1}{2}\eta_{\alpha\beta\sigma\rho}\, g^{\alpha\mu} g^{\beta\nu}\, \theta^\sigma \wedge \theta^\rho$$

d.h.

$$\boxed{\eta_{\alpha\beta} = \frac{1}{2}\eta_{\alpha\beta\sigma\rho}\, \theta^\sigma \wedge \theta^\rho} \tag{10}$$

Deshalb gilt

$$\begin{aligned}\eta_{\alpha\beta} \wedge \theta^\mu \wedge \theta^\nu &= \frac{1}{2}\eta_{\alpha\beta\sigma\rho}\, \theta^\sigma \wedge \theta^\rho \wedge \theta^\mu \wedge \theta^\nu \\ &= (\delta^\mu_\alpha \delta^\nu_\beta - \delta^\mu_\beta \delta^\nu_\alpha)\,\eta\end{aligned}$$

und also

$$\eta_{\alpha\beta} \wedge \Omega^{\alpha\beta} = \frac{1}{2}(\delta^\mu_\alpha \delta^\nu_\beta - \delta^\mu_\beta \delta^\nu_\alpha) R^{\alpha\beta}{}_{\mu\nu}\,\eta = R\eta = *R \qquad \square$$

Variation der Vierbeinfelder

Unter Variationen $\delta\theta^\alpha$ der orthcnormierten (!) 4-Beinfelder ist

$$\delta(\eta_{\alpha\beta}\wedge\Omega^{\alpha\beta}) = \delta\theta^\alpha\wedge(\eta_{\alpha\beta\gamma}\wedge\Omega^{\beta\gamma}) \quad + \text{ exaktes Diff.} \tag{11}$$

wobei

$$\eta^{\alpha\beta\gamma} = *(\theta^\alpha\wedge\theta^\beta\wedge\theta^\gamma) \tag{12}$$

Beweis von (11):

In gleicher Weise wie (10)bekommt man die Formel

$$\eta_{\alpha\beta\gamma} = \eta_{\alpha\beta\gamma\delta}\,\theta^\delta \tag{13}$$

Nun ist

$$\delta(\eta_{\alpha\beta}\wedge\Omega^{\alpha\beta}) = \delta\eta_{\alpha\beta}\wedge\Omega^{\alpha\beta} + \eta_{\alpha\beta}\wedge\delta\Omega^{\alpha\beta}$$

Mit (10) und (13) folgt

$$\delta\eta_{\alpha\beta} = \frac{1}{2}\delta(\eta_{\alpha\beta\gamma\delta}\,\theta^\gamma\wedge\theta^\delta) = \delta\theta^\gamma\wedge\eta_{\alpha\beta\gamma}$$

Benutzen wir die 2. Strukturgleichung, so ergibt sich

$$\delta\Omega^{\alpha\beta} = d\delta\omega^{\alpha\beta} + \delta\omega^\alpha{}_\lambda\wedge\omega^{\lambda\beta} + \omega^\alpha{}_\lambda\wedge\delta\omega^{\lambda\beta}$$

Folglich

$$\delta(\eta_{\alpha\beta}\wedge\Omega^{\alpha\beta}) = \delta\theta^\lambda\wedge(\eta_{\alpha\beta\lambda}\wedge\Omega^{\alpha\beta}) + d(\eta_{\alpha\beta}\wedge\delta\omega^{\alpha\beta})$$
$$- d\eta_{\alpha\beta}\wedge\delta\omega^{\alpha\beta} + \eta_{\alpha\beta}\wedge(\delta\omega^\alpha{}_\lambda\wedge\omega^{\lambda\beta} + \omega^\alpha{}_\lambda\wedge\delta\omega^{\lambda\beta})$$

Die letzte Zeile ist gleich $\delta\omega^{\alpha\beta}\wedge D\eta_{\alpha\beta}$. Aber

$$D\eta_{\alpha\beta} = 0 \tag{14}$$

für den Zusammenhang von Levi-Cività, wie wir gleich noch zeigen werden. Damit kommt

$$\delta(\eta_{\alpha\beta}\wedge\Omega^{\alpha\beta}) = \delta\theta^\lambda\wedge(\eta_{\alpha\beta\lambda}\wedge\Omega^{\alpha\beta}) + d(\eta_{\alpha\beta}\wedge\delta\omega^{\alpha\beta}) \tag{15}$$

Dies beweist (11). $\square$

Beweis von (14):

Da in einem orthonormierten System $\eta_{\alpha\beta\gamma\delta}$ konstant ist und die Orthonormalität unter Parallelverschiebung (für einen metrischen Zusammenhang) erhalten bleibt, gilt

$$D\eta_{\alpha\beta\gamma\delta} = 0 \tag{16}$$

Dies impliziert, mit (10) und der 1. Strukturgleichung

$$D\eta_{\alpha\beta} = \frac{1}{2} D\left(\eta_{\alpha\beta\mu\nu}\,\theta^{\mu}\wedge\theta^{\nu}\right) = \eta_{\alpha\beta\mu\nu}\,D\theta^{\mu}\wedge\theta^{\nu}$$

$$= \eta_{\alpha\beta\mu\nu}\,\Theta^{\mu}\wedge\theta^{\nu} = \Theta^{\mu}\wedge\eta_{\alpha\beta\mu}$$

d.h., Gl.(14) für den Zusammenhang von Levi-Cività. □

Ebenso zeigt man

$$D\eta_{\alpha\beta\gamma} = 0 \tag{14'}$$

Die gesamte Lagrange Dichte ist

$$\mathcal{L} = -\frac{1}{16\pi G}\,{}^{*}R + \mathcal{L}_{Mat} \tag{17}$$

Unter Variationen der θ^{α} sei

$$\delta\mathcal{L}_{Mat} = -\delta\theta^{\alpha}\wedge{}^{*}T_{\alpha} \tag{18}$$

$^{*}T_{\alpha}$: 3-Formen von Energie und Impuls der Materie

Mit (15) ist damit

$$\delta\mathcal{L} = -\delta\theta^{\alpha}\wedge\left(\frac{1}{16\pi G}\eta_{\alpha\beta\gamma}\wedge\Omega^{\beta\gamma} + {}^{*}T_{\alpha}\right) + \text{exaktes Diff.}$$

und die Feldgleichungen lauten

$$-\frac{1}{2}\eta_{\alpha\beta\gamma}\wedge\Omega^{\beta\gamma} = 8\pi G\,{}^{*}T_{\alpha} \tag{19}$$

Da sich die $\eta_{\alpha\beta\gamma}$ und $\Omega^{\beta\gamma}$ tensoriell transformieren, gilt diese Gl. nicht nur für orthonormierte Vierbeinfelder. T_{α} hängt mit dem Energie-Impuls Tensor $T_{\alpha\beta}$ wie folgt zusammen

$$T_\alpha = T_{\alpha\beta}\,\theta^\beta \tag{20}$$

In der Tat sind dann die Gleichungen (19) äquivalent zu den Feldgleichungen in der klassischen Form

$$R_{\mu\nu} - \frac{1}{2} g_{\mu\nu} R = 8\pi G\, T_{\mu\nu} \tag{21}$$

Dies wollen wir nachrechnen. Mit (20) und

$$\eta^\alpha := *\,\theta^\alpha \tag{22}$$

$$\eta_\alpha = \frac{1}{3!}\eta_{\alpha\beta\gamma\delta}\,\theta^\beta\wedge\theta^\gamma\wedge\theta^\delta = \frac{1}{3}\,\theta^\beta\wedge\eta_{\alpha\beta} \tag{23}$$

kann (19) auch so geschrieben werden

$$-\frac{1}{4}\eta_{\alpha\mu\nu}\wedge\theta^\sigma\wedge\theta^\rho\, R^{\mu\nu}{}_{\sigma\rho} = 8\pi G\, T_{\alpha\beta}\,\eta^\beta$$

Darin benutzen wir die beiden mittleren der folgenden Identitäten (welche man leicht beweist)

$$\begin{aligned}
&\theta^\beta\wedge\eta_\alpha = \delta^\beta_\alpha\,\eta\\
&\theta^\gamma\wedge\eta_{\alpha\beta} = \delta^\gamma_\beta\,\eta_\alpha - \delta^\gamma_\alpha\,\eta_\beta\\
&\theta^\delta\wedge\eta_{\alpha\beta\gamma} = \delta^\delta_\gamma\,\eta_{\alpha\beta} + \delta^\delta_\beta\,\eta_{\gamma\alpha} + \delta^\delta_\alpha\,\eta_{\beta\gamma}\\
&\theta^\varepsilon\wedge\eta_{\alpha\beta\gamma\delta} = \delta^\varepsilon_\delta\,\eta_{\alpha\beta\gamma} - \delta^\varepsilon_\gamma\,\eta_{\delta\alpha\beta} + \delta^\varepsilon_\beta\,\eta_{\gamma\delta\alpha} - \delta^\varepsilon_\alpha\,\eta_{\beta\gamma\delta}
\end{aligned} \tag{24}$$

und erhalten

$$\begin{aligned}
&-\frac{1}{4}R^{\mu\nu}{}_{\sigma\rho}\left[\delta^\rho_\nu(\delta^\sigma_\mu\eta_\alpha - \delta^\sigma_\alpha\eta_\mu) + \delta^\rho_\mu(\delta^\sigma_\alpha\eta_\nu - \delta^\sigma_\nu\eta_\alpha) + \delta^\rho_\alpha(\delta^\sigma_\nu\eta_\mu - \delta^\sigma_\mu\eta_\nu)\right]\\
&= -\frac{1}{2}R^{\mu\nu}{}_{\mu\nu}\,\eta_\alpha + R^{\mu\nu}{}_{\alpha\nu}\,\eta_\mu = R^{\beta\nu}{}_{\alpha\nu}\,\eta_\beta - \frac{1}{2}R^{\mu\nu}{}_{\mu\nu}\,\delta^\beta_\alpha\,\eta_\beta\\
&= \left(R^\beta{}_\alpha - \frac{1}{2}\delta^\beta_\alpha R\right)\eta_\beta
\end{aligned}$$

Dies beweist (21). □

Aus (14') und der 2. Bianchi-Identität, $D\Omega = 0$, folgt, dass das absolute äussere Differential der linken Seite von (19) verschwindet.

Die Einsteinschen Feldgleichungen implizieren deshalb

$$\boxed{D * T_\alpha = 0} \tag{25}$$

Diese Gleichung ist äquivalent zu $\nabla \cdot T = 0$.

Folgerungen aus den Invarianzeigenschaften von $\mathcal{L}$

Wir schreiben (11) in der Form

$$-\frac{1}{2}\delta * R = \delta\theta^\alpha \wedge * G_\alpha \quad + \quad \text{exaktes Diff.} \tag{26}$$

$$* G_\alpha = -\frac{1}{2}\eta_{\alpha\beta\gamma} \wedge \Omega^{\beta\gamma} \tag{27}$$

Nach der Herleitung von (21) ist

$$G_\alpha = G_{\alpha\beta}\theta^\beta \quad , \quad G_{\alpha\beta} = R_{\alpha\beta} - \frac{1}{2} g_{\alpha\beta} R \tag{28}$$

Nun spezialisieren wir die Variationen $\delta\theta^\alpha$ auf zwei verschiedene Arten.

A. Lokale Lorentzinvarianz

Für eine infinitesimale Lorentztransformation in (6) ist

$$\delta\theta^\alpha(x) = \lambda^\alpha{}_\beta(x)\,\theta^\beta(x) \quad , \quad (\lambda^\alpha{}_\beta(x)) \in \mathfrak{so}(1,3)$$

Da $*R$ unter solchen Transformationen invariant ist, folgt aus (26)

$$0 = \lambda_{\alpha\beta}\,(\theta^\beta \wedge * G^\alpha + \theta^\alpha \wedge * G^\beta) + \text{exaktes Diff.}$$

Integrieren wir dies über ein Gebiet D mit suppλ kompakt in D , so folgt wegen $\lambda_{\alpha\beta} + \lambda_{\beta\alpha} = 0$:

$$\theta^\alpha \wedge * G^\beta = \theta^\beta \wedge * G^\alpha \tag{29}$$

oder mit (28)

$$\underbrace{\theta^\alpha \wedge \eta_\gamma}_{\delta^\alpha{}_\gamma \eta} G^{\beta\gamma} = \underbrace{\theta^\beta \wedge \eta_\gamma}_{\delta^\beta{}_\gamma \eta} G^{\alpha\gamma}$$

d.h.

$$\underline{G^{\alpha\beta} = G^{\beta\alpha}} \tag{30}$$

In gleicher Weise impliziert die lokale Lorentzinvarianz von $\mathcal{L}_M$, zusammen mit den Materiegleichungen,

$$\underline{T_{\alpha\beta} = T_{\beta\alpha}} \tag{31}$$

B. Invarianz unter Diff(M).

Nun erzeugen wir die Variationen durch Lie'sche Ableitungen L_X mit supp X kompakt in D. Diesmal folgt aus der Invarianz von *R unter Diff(M)

$$L_X \theta^\alpha \wedge {}^*G_\alpha \quad + \text{exaktes Diff.} = 0 \tag{32}$$

oder

$$\int_D L_X \theta^\alpha \wedge {}^*G_\alpha = 0 \tag{33}$$

Da

$$L_X \theta^\alpha = d\, i_X \theta^\alpha + i_X \underbrace{d\theta^\alpha}_{-\omega^\alpha{}_\beta \wedge \theta^\beta}$$

ist

$$L_X \theta^\alpha \wedge {}^*G_\alpha = d(i_X \theta^\alpha \wedge {}^*G_\alpha) - i_X \theta^\alpha \wedge d{}^*G_\alpha$$

$$- \underbrace{i_X(\omega^\alpha{}_\beta \wedge \theta^\beta)}_{(i_X \omega^\alpha{}_\beta) \wedge \theta^\beta - \omega^\alpha{}_\beta \wedge i_X \theta^\beta} \wedge {}^*G_\alpha$$

$$= -i_X \theta^\alpha \wedge [d{}^*G_\alpha - \omega^\beta{}_\alpha \wedge G_\beta] - (i_X \omega^\alpha{}_\beta) \wedge \theta^\beta \wedge {}^*G_\alpha \quad + \text{exaktes Diff.}$$

Darin verschwindet der 2. Term wegen (29) und $\omega_{\alpha\beta}+\omega_{\beta\alpha}=0$.
Es ist demnach

$$L_X\theta^\alpha\wedge{}^*G_\alpha=-\underbrace{(i_X\theta^\alpha)}_{X^\alpha}D^*G_\alpha+\text{ ex. Diff.} \tag{34}$$

und nach (33)

$$\int_D X^\alpha D^*G_\alpha=0 \tag{35}$$

Wieder erhalten wir die verkürzte Bianchi Identität

$$\boxed{D^*G_\alpha=0} \tag{36}$$

Genau so impliziert die Invarianz von $\mathcal{L}_{\text{Mat}}$, zusammen mit den Materiegleichungen,

$$\boxed{D^*T_\alpha=0} \tag{37}$$

Dies sind bekannte Resultate in neuem Gewand.

* * *

<u>Beispiel:</u> Die Lagrangefunktion des elektromagnetischen Feldes ist

$$\mathcal{L}_{\text{elm.}}=-\frac{1}{8\pi}F\wedge{}^*F \tag{38}$$

Wir berechnen ihre Variation bei gleichzeitiger Variation von F und θ^α. Es ist

$$\delta(F\wedge{}^*F)=\delta F\wedge{}^*F+F\wedge\delta{}^*F \tag{39}$$

Darin kann man den 2. Term wie folgt berechnen. Aus (siehe Teil 1, § 4.6.2, Uebungsaufgabe 1)

$$\theta^\alpha\wedge\theta^\beta\wedge{}^*F=F\wedge{}^*(\theta^\alpha\wedge\theta^\beta)=F\wedge\eta^{\alpha\beta}$$

folgt

$$\delta(\theta^\alpha\wedge\theta^\beta)\wedge{}^*F+(\theta^\alpha\wedge\theta^\beta)\wedge\delta{}^*F=\delta F\wedge\eta^{\alpha\beta}+F\wedge\delta\eta^{\alpha\beta}$$

Multiplikation mit $\frac{1}{2}F_{\alpha\beta}$ gibt

$$\underbrace{\frac{1}{2}F_{\alpha\beta}\delta(\theta^\alpha\wedge\theta^\beta)\wedge{}^*F}_{\delta\theta^\alpha\wedge F_{\alpha\beta}\theta^\beta} + \underline{F\wedge\delta{}^*F} = \delta F\wedge{}^*F + \frac{1}{2}F\wedge\underbrace{\delta\eta^{\alpha\beta}}_{\delta\theta^\gamma\wedge\eta^{\alpha\beta}{}_\gamma} F_{\alpha\beta}$$

Setzen wir dies in (39) ein, so erhalten wir

$$\delta(-\frac{1}{2}F\wedge{}^*F) = -\delta F\wedge{}^*F + \frac{1}{2}\delta\theta^\alpha\wedge\left[F_{\alpha\beta}\theta^\beta\wedge{}^*F - \frac{1}{2}F\wedge F^{\mu\nu}\eta_{\alpha\mu\nu}\right] \tag{40}$$

In der eckigen Klammer benutzen wir $F_{\alpha\beta}\theta^\beta = i_\alpha F$, $i_\alpha := i_{e_\alpha}$,
sowie $F^{\mu\nu}\eta_{\alpha\mu\nu} = 2i_\alpha{}^*F$, denn

$$i_\alpha{}^*F = i_\alpha(\frac{1}{2}F^{\mu\nu}\eta_{\mu\nu}) = \frac{1}{4}F^{\mu\nu}\eta_{\mu\nu\rho\sigma}\, i_\alpha(\theta^\rho\wedge\theta^\sigma)$$

$$= \frac{1}{2}F^{\mu\nu}\eta_{\mu\nu\alpha}$$

Damit ist

$$\boxed{\delta(-\frac{1}{8\pi}F\wedge{}^*F) = -\frac{1}{4\pi}\delta F\wedge{}^*F - \delta\theta^\alpha\wedge{}^*T_\alpha^{elm.}} \tag{41}$$

wobei

$$^*T_\alpha^{elm} = -\frac{1}{8\pi}\left[i_\alpha F\wedge{}^*F - F\wedge i_\alpha{}^*F\right] \tag{42}$$

Die eckige Klammer in (40) können wir mit (24) auch wie folgt schreiben:

$$[\cdots] = F_{\alpha\beta}\theta^\beta\wedge{}^*F - \frac{1}{2}F\wedge F^{\mu\nu}\eta_{\mu\nu\alpha} = \frac{1}{2}F_{\alpha\beta}F^{\sigma\rho}\underbrace{\theta^\beta\wedge\eta_{\sigma\rho}}_{\delta^\beta_\rho\eta_\sigma - \delta^\beta_\sigma\eta_\rho} -$$

$$-\frac{1}{4}F_{\sigma\rho}F^{\mu\nu}\underbrace{\theta^\sigma\wedge\theta^\rho\wedge\eta_{\alpha\mu\nu}}_{\delta^\rho_\nu(\delta^\sigma_\mu\eta_\alpha - \delta^\sigma_\alpha\eta_\mu) + \delta^\rho_\mu(\delta^\sigma_\alpha\eta_\nu - \delta^\sigma_\nu\eta_\alpha) + \delta^\rho_\alpha(\delta^\sigma_\nu\eta_\mu - \delta^\sigma_\mu\eta_\nu)}$$

$$= -\frac{1}{2}F_{\mu\nu}F^{\mu\nu}\eta_\alpha + 2F_{\alpha\nu}F^{\mu\nu}\eta_\mu$$

Es ist also auch

$$T_\alpha^{elm} = \frac{1}{4\pi}(F_{\alpha\nu}F^\nu{}_\mu\theta^\mu + \frac{1}{2}F_{\mu\nu}F^{\mu\nu}\theta_\alpha) = T_{\alpha\beta}^{elm}\theta^\beta \tag{43}$$

Uebungsaufgabe

Man zeige, dass sich die Einsteinsche Lagrangedichte in einer orthonormierten Basis wie folgt schreiben lässt

$$\frac{1}{2}\eta_{\alpha\beta}\wedge\Omega^{\alpha\beta} = -\frac{1}{2}(d\theta^{\alpha}\wedge\theta^{\beta})\wedge{}^{*}(d\theta_{\beta}\wedge\theta_{\alpha}) + \\ + \frac{1}{4}(d\theta^{\alpha}\wedge\theta_{\alpha})\wedge{}^{*}(d\theta^{\beta}\wedge\theta_{\beta}) + \text{exaktes Diff.} \tag{44}$$

(Anleitung: Setze $d\theta^{\alpha} = \frac{1}{2}F^{\alpha}_{\beta\gamma}\,\theta^{\beta}\wedge\theta^{\gamma}$ und drücke beide Seiten durch $F^{\alpha}_{\beta\gamma}$ aus.)

§ 6. Energie, Impuls und Drehimpuls der Gravitation für isolierte Systeme

In diesem Abschnitt leiten wir Erhaltungssätze für Energie, Impuls und Drehimpuls von gravitierenden Systemen mit asymptotisch flacher Geometrie her. (Für eine präzise Definition dieses Begriffs siehe z.B. [15], § 6.9) Dabei werden sich die Resultate des vorangegangenen Paragraphen als sehr nützlich erweisen.

Wir bringen die Feldgleichungen zunächst in die Form einer Kontinuitätsgleichung (siehe Gl.(4) unten), aus der sich unmittelbar differentielle "Erhaltungssätze" ergeben.

Ausgangspunkt ist die Gl.(5.19) in der Form

$$-\frac{1}{2}\Omega_{\beta\gamma}\wedge\eta^{\beta\gamma}{}_{\alpha}=8\pi G\,{}^{*}T_{\alpha} \tag{1}$$

Darin benutzen wir die 2. Strukturgleichung *)

$$\Omega_{\beta\gamma}=d\omega_{\beta\gamma}-\omega_{\sigma\beta}\wedge\omega^{\sigma}{}_{\gamma} \tag{2}$$

und formen den Beitrag vom ersten Term zur linken Seite von (1) um:

$$d\omega_{\beta\gamma}\wedge\eta^{\beta\gamma}{}_{\alpha}=d(\omega_{\beta\gamma}\wedge\eta^{\beta\gamma}{}_{\alpha})+\omega_{\beta\gamma}\wedge d\eta^{\beta\gamma}{}_{\alpha} \tag{3}$$

Nach (5.14') ist $D\eta^{\beta\gamma}{}_{\alpha}=0$, d.h.

$$d\eta^{\beta\gamma}{}_{\alpha}+\omega^{\beta}{}_{\sigma}\wedge\eta^{\sigma\gamma}{}_{\alpha}+\omega^{\gamma}{}_{\sigma}\wedge\eta^{\beta\sigma}{}_{\alpha}-\omega^{\sigma}{}_{\alpha}\wedge\eta^{\beta\gamma}{}_{\sigma}=0$$

*) Aus $\Omega^{\alpha}{}_{\beta}=d\omega^{\alpha}{}_{\beta}+\omega^{\alpha}{}_{\lambda}\wedge\omega^{\lambda}{}_{\beta}$ findet man mit $dg_{\alpha\beta}=\omega_{\alpha\beta}+\omega_{\beta\alpha}$ leicht

$$\Omega_{\beta\gamma}=d\omega_{\beta\gamma}-\omega_{\sigma\beta}\wedge\omega^{\sigma}{}_{\gamma}$$

Ebenso gibt die 1. Strukturgleichung:

$$d\theta_{\beta}-\omega^{\sigma}{}_{\beta}\wedge\theta_{\sigma}=0$$

Benutzen wir dies in (3), so kommt

$$d\omega_{\beta\gamma}\wedge\eta^{\beta\gamma}{}_{\alpha} = d(\omega_{\beta\gamma}\wedge\eta^{\beta\gamma}{}_{\alpha}) + \omega_{\beta\gamma}\wedge(\underline{-\omega^{\beta}{}_{\sigma}\wedge\eta^{\sigma\gamma}{}_{\alpha}} - \omega^{\gamma}{}_{\sigma}\wedge\eta^{\beta\sigma}{}_{\alpha} + \omega^{\sigma}{}_{\alpha}\wedge\eta^{\beta\gamma}{}_{\sigma})$$

Addieren wir dazu den zweiten Term in (2), so hebt sich dieser mit dem unterstrichenen Term weg und wir erhalten aus (1) die folgende Form der Einsteinschen Feldgleichungen

$$\boxed{-\frac{1}{2}\,d(\omega_{\beta\gamma}\wedge\eta^{\beta\gamma}{}_{\alpha}) = 8\pi G\,{*}(T_{\alpha}+t_{\alpha})} \qquad (4)$$

wobei

$$*t_{\alpha} = \frac{1}{16\pi G}\,\omega_{\beta\gamma}\wedge(\omega_{\sigma\alpha}\wedge\eta^{\beta\gamma\sigma} - \omega^{\gamma}{}_{\sigma}\wedge\eta^{\beta\sigma}{}_{\alpha}) \qquad (5)$$

Aus (4) folgt der Erhaltungssatz

$$d(*T_{\alpha} + *t_{\alpha}) = 0. \qquad (6)$$

Dies legt es nahe, $*t_{\alpha}$ als Energie und Impuls 3-Formen des Gravitationsfeldes zu interpretieren. Aus der Diskussion in § 4 wissen wir aber, dass sich diese Grössen nicht lokalisieren lassen. Dies äussert sich hier darin, dass sich $*t_{\alpha}$ unter Eichtransformationen <u>nicht tensoriell</u> transformiert. Für $\omega_{\beta\gamma}(x)=0$ (was sich in einem Punkte immer erreichen lässt) ist $*t_{\alpha}(x)=0$. Umgekehrt verschwindet $*t_{\alpha}$ auch für den flachen Raum nur bezüglich globalen Lorentzsystemen. Deshalb haben bestenfalls Integrale von $^{*}t_{\alpha}$ über raumartige Schnitte eine physikalische Bedeutung. Für isolierte Systeme mit asymptotisch flacher Geometrie ist dies tatsächlich der Fall, wenn das Bezugssystem (θ^{α}) asymptotisch Lorentzsch gewählt wird.

Damit wir in dieser Situation auch den totalen Drehimpuls definieren können, benötigen wir einen Erhaltungssatz der Form (6), so dass $t_{\alpha\beta}$ (in $t_{\alpha}=t_{\alpha\beta}\,\theta^{\beta}$) bezüglich einer <u>natürlichen</u> Basis <u>symmetrisch</u> ist. Dies ist leider für den Ausdruck (5) nicht der Fall. Wir schreiben deshalb die Einsteinschen Gleichungen in noch etwas anderer Form *).

*) Wir folgen teilweise Ref. [19], § 4.2.11.

Als Ausgangspunkt wählen wir wieder Gl.(5.19). Darin benutzen wir

$$\eta^{\alpha\beta\gamma} = \eta^{\alpha\beta\gamma\delta}\,\theta_\delta \tag{7}$$

und erhalten mit (2) (die Basis sei nicht notwendig orthonormiert):

$$-\frac{1}{2}\eta^{\alpha\beta\gamma\delta}\,\theta_\delta\wedge(d\omega_{\beta\gamma}-\omega_{\sigma\beta}\wedge\omega^\sigma{}_\gamma) = 8\pi G\, {*T^\alpha}$$

Im ersten Term machen wir eine "partielle Integration" und benutzen die 1. Strukturgleichung $(D\theta_\beta = 0:\ d\theta_\beta - \omega^\sigma{}_\beta\wedge\theta_\sigma = 0)$:

$$d(\omega_{\beta\gamma}\wedge\theta_\delta) = \theta_\delta\wedge d\omega_{\beta\gamma} - \omega_{\beta\gamma}\wedge \underbrace{d\theta_\delta}_{\omega_{\sigma\delta}\wedge\theta^\sigma}$$

Damit kommt

$$-\frac{1}{2}\eta^{\alpha\beta\gamma\delta}\,d(\omega_{\beta\gamma}\wedge\theta_\delta) = 8\pi G\,*(T^\alpha + t^\alpha_{L-L}) \tag{8}$$

wobei jetzt rechts die sog. Landau-Lifschitz 3-Form steht, welche durch den folgenden expliziten Ausdruck gegeben ist

$$*t^\alpha_{L-L} = -\frac{1}{16\pi G}\eta^{\alpha\beta\gamma\delta}(\omega_{\sigma\beta}\wedge\omega^\sigma{}_\gamma\wedge\theta_\delta - \omega_{\beta\gamma}\wedge\omega_{\sigma\delta}\wedge\theta^\sigma) \tag{9}$$

Multiplizieren wir (8) mit $\sqrt{-g}$, so folgt aus $\eta^{\alpha\beta\gamma\delta} = -\frac{1}{\sqrt{-g}}\varepsilon_{\alpha\beta\gamma\delta}$

$$-d(\sqrt{-g}\,\eta^{\alpha\beta\gamma\delta}\omega_{\beta\gamma}\wedge\theta_\delta) = 16\pi G\sqrt{-g}\,(*T^\alpha + *t^\alpha_{L-L})$$

oder

$$\boxed{-d(\sqrt{-g}\,\omega^{\beta\gamma}\wedge\eta^\alpha{}_{\beta\gamma}) = 16\pi G\sqrt{-g}\,(*T^\alpha + *t^\alpha_{L-L})} \tag{10}$$

Daraus folgt der differentielle Erhaltungssatz

$$d(\sqrt{-g}\,*(T^\alpha + t^\alpha_{L-L})) = 0 \tag{11}$$

In einer <u>natürlichen</u> Basis, $\theta^\alpha = dx^\alpha$, ist das zu (9) gehörende $t^{\alpha\beta}$ jetzt symmetrisch:

$$dx^\beta\wedge *t^\alpha_{L-L} = dx^\alpha\wedge *t^\beta_{L-L} \tag{12}$$

Dies rechnet man leicht nach (unter Benutzung von $\Gamma^\mu_{\alpha\beta} = \Gamma^\mu_{\beta\alpha}$ in einer natürlichen Basis; Uebungsaufgabe).

Auch der Ausdruck (9) transformiert sich unter Eichtransformationen nicht tensoriell.
Wir setzen im folgenden

$$\tau^{\alpha} = T^{\alpha} + t^{\alpha}_{L-L} \tag{13}$$

Aus Gl.(11), d.h.

$$d(\sqrt{-g}\, {*\tau^{\alpha}}) = 0 \tag{14}$$

und der Symmetrie von τ^{α}:

$$dx^{\alpha} \wedge {*\tau^{\beta}} = dx^{\beta} \wedge {*\tau^{\alpha}} \tag{15}$$

folgt

$$d(\sqrt{-g}\, {*M^{\alpha\beta}}) = 0 \tag{16}$$

wobei

$$*M^{\alpha\beta} = x^{\alpha}\, {*\tau^{\beta}} - x^{\beta}\, {*\tau^{\alpha}} \tag{16'}$$

In der Tat ist

$$d(\sqrt{-g}\, {*M^{\alpha\beta}}) = dx^{\alpha} \wedge {*\tau^{\beta}} - dx^{\beta} \wedge {*\tau^{\alpha}} = 0 .$$

Interpretation

Wir betrachten ein isoliertes System mit asymptotisch flacher Geometrie. Im folgenden sollen alle Koordinatensysteme asymptotisch Lorentzsch sein.
Für eine raumartige Fläche Σ interpretieren wir

$$P^{\alpha} = \int_{\Sigma} \sqrt{-g}\, {*\tau^{\alpha}} \tag{17}$$

als den totalen 4er-Impuls und

$$J^{\alpha\beta} = \int_{\Sigma} \sqrt{-g}\, {*M^{\alpha\beta}} \tag{18}$$

als den totalen Drehimpuls des isolierten Systems. Entsprechend der Zerlegung (12) zerfallen diese Grössen je in einen Materie- und einen Feldanteil. P^{α} und $J^{\alpha\beta}$ sind zeitlich konstant, falls die Gravitationsfelder im räumlich Unendlichen genügend stark abfallen. Dies erwartet man für eine stationäre Massenverteilung. Andernfalls werden sich diese Grössen auf Kosten von Gravitationsstrahlung zeitlich ändern.

Wir können P^{α} und $J^{\alpha\beta}$ mit Hilfe der Feldgleichungen durch zweidimensionale Flussintegrale ausdrücken.
Integrieren wir Gl.(10) über ein dreidimensionales raumartiges Gebiet D_3 , so folgt

$$16\pi G \int_{D_3} \sqrt{-g}\, {*\tau^{\alpha}} = - \int_{\partial D_3} \sqrt{-g}\, \omega^{\beta\gamma} \wedge \eta^{\alpha}{}_{\beta\gamma}$$

Damit ist

$$\boxed{P^{\alpha} = - \frac{1}{16\pi G} \oint \sqrt{-g}\, \omega^{\beta\gamma} \wedge \eta^{\alpha}{}_{\beta\gamma}} \qquad (19)$$

wobei das Integral über eine im "Unendlichen liegende" Fläche erstreckt werden muss. Denselben Ausdruck für den totalen 4er-Impuls erhält man auch aus Gl.(4).
Nun verwandeln wir auch den totalen Drehimpuls in ein Flussintegral. Benutzen wir in (16') die Feldgleichung in der Form (10), so folgt

$$16\pi G \sqrt{-g}\, {*M^{\rho\alpha}} = x^{\rho} dh^{\alpha} - x^{\alpha} dh^{\rho} = d(x^{\rho} h^{\alpha} - x^{\alpha} h^{\rho})$$
$$- (dx^{\rho} \wedge h^{\alpha} - dx^{\alpha} \wedge h^{\rho}) \qquad (20)$$

wobei

$$h^{\alpha} = - \sqrt{-g}\, \omega^{\beta\gamma} \wedge \eta^{\alpha}{}_{\beta\gamma} \qquad (21)$$

Wir schreiben auch den 2. Term rechts in (20) als exaktes Differential.
Es ist

$$dx^{\rho} \wedge h^{\alpha} - dx^{\alpha} \wedge h^{\rho} = \sqrt{-g}\, \omega^{\beta\gamma} \wedge \underbrace{dx^{\rho} \wedge \eta^{\alpha}{}_{\beta\gamma}}_{\delta^{\rho}_{\gamma} \eta^{\alpha}{}_{\beta} + \delta^{\rho}_{\beta} \eta_{\gamma}{}^{\alpha} + g^{\rho\alpha} \eta_{\beta\gamma}} - (\alpha \leftrightarrow \rho)$$

$$= \sqrt{-g}\, (\omega^{\beta\rho} \wedge \eta^{\alpha}{}_{\beta} + \omega^{\rho\beta} \wedge \eta_{\alpha}{}^{\beta} - (\alpha \leftrightarrow \rho))$$

$$= \sqrt{-g}\, (\omega_{\beta}{}^{\rho} \wedge \eta^{\alpha\beta} + \omega^{\rho}{}_{\beta} \wedge \eta^{\beta\alpha} - \omega_{\beta}{}^{\alpha} \wedge \eta^{\rho\beta} - \omega^{\alpha}{}_{\beta} \wedge \eta^{\beta\rho})$$

Darin benutzen wir $D\eta^{\rho\alpha} = 0$, d.h.

$$d\eta^{\rho\alpha} + \omega^{\rho}{}_{\beta} \wedge \eta^{\beta\alpha} + \omega^{\alpha}{}_{\beta} \wedge \eta^{\rho\beta} = 0$$

und erhalten

$$dx^{\rho} \wedge h^{\alpha} - dx^{\alpha} \wedge h^{\rho} = \sqrt{-g}\, [\omega_{\beta}{}^{\rho} \wedge \eta^{\alpha\beta} - (\rho \leftrightarrow \alpha) - d\eta^{\rho\alpha}] \qquad (22)$$

Aber

$$\omega_\beta{}^\rho \wedge \eta^{\alpha\beta} = \Gamma_{\beta\mu}{}^\rho dx^\mu \wedge \eta^{\alpha\beta} = \Gamma_\beta{}^{\beta\rho}\eta^\alpha - \Gamma_\beta{}^{\alpha\rho}\eta^\beta$$

in (22) eingesetzt

$$dx^\rho \wedge h^\alpha - dx^\alpha \wedge h^\rho = \sqrt{-g}\,[\Gamma^\beta{}_\beta{}^\rho \eta^\alpha - \Gamma^\beta{}_\beta{}^\alpha \eta^\rho - d\eta^{\rho\alpha}]$$

Da

$$\Gamma^\beta{}_\beta{}^\rho = \frac{1}{\sqrt{-g}} \cdot g^{\mu\rho}\partial_\mu \sqrt{-g}$$

folgt schliesslich

$$dx^\rho \wedge h^\alpha - dx^\alpha \wedge h^\rho = -\sqrt{-g}\,d\eta^{\rho\alpha} + \partial_\mu\sqrt{-g}\,\underbrace{(g^{\mu\rho}\eta^\alpha - g^{\mu\alpha}\eta^\rho)}_{dx^\mu \wedge \eta^{\alpha\rho}}$$

$$= -\sqrt{-g}\,d\eta^{\rho\alpha} - d\sqrt{-g} \wedge \eta^{\rho\alpha}$$

d.h.

$$dx^\rho \wedge h^\alpha - dx^\alpha \wedge h^\rho = -d(\sqrt{-g}\,\eta^{\rho\alpha}) \tag{23}$$

Setzen wir dies in (20) ein, so erhalten wir für den totalen Drehimpuls (18)

$$J^{\rho\alpha} = \frac{1}{16\pi G}\oint [(x^\rho h^\alpha - x^\alpha h^\rho) + \sqrt{-g}\,\eta^{\rho\alpha}]$$

$$\boxed{J^{\rho\alpha} = \frac{1}{16\pi G}\oint \sqrt{-g}\,[(x^\rho \eta^\alpha{}_{\beta\gamma} - x^\alpha \eta^\rho{}_{\beta\gamma}) \wedge \omega^{\beta\gamma} + \eta^{\rho\alpha}]} \tag{24}$$

P^α und $J^{\alpha\beta}$ sind im folgenden Sinne eichinvariant:
Unter einer Umeichung

$$\theta(x) \longrightarrow A(x)\,\theta(x)\,,$$
$$\omega(x) \longrightarrow A(x)\,\omega(x)A^{-1}(x) - dA(x)A^{-1}(x) \tag{25}$$

welche sich asymptotisch auf die Identität reduziert, bleiben die Flussintegrale (19) und (24) invariant. Beweis: Die homogenen Anteile in (25) geben offensichtlich keine Aenderung der Flussintegrale. Der inhomogene Anteil gibt als Zusatz ein Oberflächenintegral über ein exaktes Differential, welches nach dem Stokesschen Satz verschwindet. P^α und $J^{\alpha\beta}$ transformieren sich nach dem Gesagten unter jeder Transformation, welche die flache Metrik $\overset{\circ}{g}_{\mu\nu}$ asymptotisch invariant lässt, wie ein 4-er-Vektor, bzw. ein Tensor; denn jede solche Transformation kann als Produkt einer Lorentztransformation (unter welcher sich P^{α} , $J^{\alpha\beta}$ wie Tensoren transformieren) und einer Transformation, welche sich asymptotisch auf die Identität reduziert, dargestellt werden.

Ergänzung. Um den Anschluss an die Darstellung in anderen Lehrbüchern (vgl. z.B. [12], § 101) herzustellen, benutzen wir das Resultat der nachfolgenden Uebungsaufgabe. Mit diesem lässt sich die Feldgleichung (10) auch in folgender Form schreiben:

$$H^{\mu\alpha\nu\beta}{}_{,\alpha\beta} = 16\pi G(-g)\left(T^{\mu\nu} + t^{\mu\nu}_{L-L}\right) \tag{26}$$

Der Ausdruck (9) für $t^{\mu\nu}_{L-L}$ lässt sich expliziter ausrechnen. Das Resultat ist (siehe [12], Gl.(101,7)) :

$$\begin{aligned}(-g)\,t^{\alpha\beta}_{L-L} = \frac{1}{16\pi G}\Big\{ & \tilde{g}^{\alpha\beta}{}_{,\lambda}\,\tilde{g}^{\lambda\mu}{}_{,\mu} - \tilde{g}^{\alpha\lambda}{}_{,\lambda}\,\tilde{g}^{\beta\mu}{}_{,\mu} + \\ & + \tfrac{1}{2} g^{\alpha\beta} g_{\lambda\mu}\,\tilde{g}^{\lambda\nu}{}_{,\rho}\,\tilde{g}^{\rho\mu}{}_{,\nu} - \left(g^{\alpha\lambda} g_{\mu\nu}\,\tilde{g}^{\beta\nu}{}_{,\rho}\,\tilde{g}^{\mu\rho}{}_{,\lambda} + \right. \\ & \left. + g^{\beta\lambda} g_{\mu\nu}\,\tilde{g}^{\alpha\nu}{}_{,\rho}\,\tilde{g}^{\mu\rho}{}_{,\lambda}\right) + g_{\lambda\mu} g^{\nu\rho}\,\tilde{g}^{\alpha\lambda}{}_{,\nu}\,\tilde{g}^{\beta\mu}{}_{,\rho} + \\ & + \tfrac{1}{8}\left(2 g^{\alpha\lambda} g^{\beta\mu} - g^{\alpha\beta} g^{\lambda\mu}\right)\left(2 g_{\nu\rho} g_{\sigma\tau} - g_{\rho\sigma} g_{\nu\tau}\right)\tilde{g}^{\nu\tau}{}_{,\lambda}\,\tilde{g}^{\rho\sigma}{}_{,\mu}\Big\}\end{aligned} \tag{27}$$

Dies ist ein quadratischer Ausdruck in den ersten Ableitungen $\tilde{g}^{\alpha\beta}{}_{,\mu}$;
$\tilde{g}^{\alpha\beta} := \sqrt{-g}\, g^{\alpha\beta}$.

Uebungsaufgabe.

Zeige, dass die linke Seite der Feldgl.(10) wie folgt geschrieben werden kann

$$-d\left(\sqrt{-g}\,\omega^{\alpha\beta}\wedge\eta^{\mu}{}_{\alpha\beta}\right) = \frac{1}{\sqrt{-g}}\, H^{\mu\alpha\nu\beta}{}_{,\alpha\beta}\,\eta_{\nu} \tag{28}$$

wobei

$$H^{\mu\alpha\nu\beta} = \tilde{g}^{\mu\nu}\tilde{g}^{\alpha\beta} - \tilde{g}^{\alpha\nu}\tilde{g}^{\beta\mu}, \quad \tilde{g}^{\mu\nu} := \sqrt{-g}\, g^{\mu\nu}, \tag{29}$$

das sog. Landau-Lifschitz "Superpotential" ist.

Lösung. Zunächst ist

$$-\sqrt{-g}\,\omega^{\alpha\beta}\wedge\eta^{\mu}{}_{\alpha\beta}=-(-g)\,(\omega^{\alpha\beta}\wedge dx^{\lambda})\,g^{\mu\gamma}\,\varepsilon_{\gamma\alpha\beta\lambda}$$

$$=-(-g)\,g^{\mu\gamma}g^{\alpha\tau}g^{\beta\rho}\,\tfrac{1}{2}\left(g_{\sigma\tau,\rho}+g_{\tau\rho,\sigma}-g_{\rho\sigma,\tau}\right)dx^{\sigma}\wedge dx^{\lambda}\,\varepsilon_{\gamma\alpha\beta\lambda}$$

Also

$$d(\sqrt{-g}\,\omega^{\alpha\beta}\wedge\eta^{\mu}{}_{\alpha\beta})=-\tfrac{1}{2}\varepsilon_{\gamma\alpha\beta\lambda}\left\{(-g)\,g^{\mu\gamma}g^{\alpha\tau}g^{\beta\rho}\left(g_{\sigma\tau,\rho}+\cancel{g_{\tau\rho,\sigma}}-g_{\rho\sigma,\tau}\right)\right\}_{,\varkappa}$$

$$\cdot\,dx^{\varkappa}\wedge dx^{\sigma}\wedge dx^{\lambda}$$

Der durchstrichene Term trägt aus Symmetriegründen nicht bei.

Setzen wir die linke Seite gleich $\frac{1}{\sqrt{-g}}H^{\mu\nu}\eta_{\nu}$, so ist also

$$\frac{1}{\sqrt{-g}}H^{\mu\nu}\eta=-\tfrac{1}{2}\varepsilon_{\gamma\alpha\beta\lambda}\{\cdots\}_{,\varkappa}\,\underbrace{dx^{\nu}\wedge dx^{\varkappa}\wedge dx^{\sigma}\wedge dx^{\lambda}}_{\frac{1}{\sqrt{-g}}\varepsilon_{\nu\varkappa\sigma\lambda}\,\eta}$$

oder (siehe Teil 1, p. 40)

$$H^{\mu\nu}=-\tfrac{1}{2}\,3!\,\delta^{\nu}_{[\gamma}\,\delta^{\varkappa}_{\alpha}\,\delta^{\sigma}_{\beta]}\left\{(-g)\,g^{\mu\gamma}g^{\alpha\tau}g^{\beta\rho}\left(g_{\sigma\tau,\rho}-g_{\rho\sigma,\tau}\right)\right\}_{,\varkappa}$$

Da der letzte Faktor antisymmetrisch in ρ ,τ ist, muss man in α, β nicht mehr antisymmetrisieren. Deshalb bleibt für $H^{\mu\nu}$ eine zyklische Summe in (γ , α, β)

$$H^{\mu\nu}=-\sum_{(\gamma,\alpha,\beta)}\delta^{\nu}_{\alpha}\,\delta^{\varkappa}_{\alpha}\,\delta^{\sigma}_{\beta}\{\cdots\}_{,\varkappa}$$

Der erste Term dieser Summe ist

$$-\left\{(-g)\,g^{\mu\nu}g^{\alpha\tau}g^{\beta\rho}\left(g_{\beta\tau,\rho}-g_{\rho\beta,\tau}\right)\right\}_{,\alpha} \qquad (*)$$

Darin benutzen wir

$$g^{\beta\rho} g_{\beta\rho,\tau} = \frac{1}{g} g_{,\tau}$$

und

$$g^{\alpha\tau} g^{\beta\rho} g_{\beta\tau,\rho} = -g^{\alpha\rho}{}_{,\rho}$$

Deshalb ist (*) gleich $[g^{\mu\nu}(-g \cdot g^{\alpha\beta})_{,\beta}]_{,\alpha}$. Analog vereinfacht man die beiden anderen Terme in der zyklischen Summe und findet leicht

$$H^{\mu\nu} = H^{\mu\alpha\nu\beta}{}_{,\alpha\beta}$$

was zu zeigen war. □

* * *

§ 7. Bemerkungen zum Cauchy-Problem

Das Studium des Cauchy-Problems gibt eine vertiefte Einsicht in die Struktur der Einsteinschen Feldgleichungen. Für eine detaillierte Untersuchung dieses schwierigen Problems verweise ich auf Ref. [21], Kap. 7. Wir begnügen uns hier mit ein paar einfachen Bemerkungen.

Die Natur des Problems

In der ART besteht das Cauchy-Problem im folgenden. (Wir beschränken uns der Einfachheit halber auf das Vakuum.) Gegeben sei eine dreidimensionale Mannigfaltigkeit $\mathcal{S}$ und gewisse Anfangsdaten α. Gesucht ist eine vierdimensionale Lorentz-Mannigfaltigkeit (M,g) und eine Einbettung $\sigma : \mathcal{S} \longrightarrow M$, derart, dass g die Einsteinschen Feldgleichungen erfüllt und $\sigma(\mathcal{S})$ eine Cauchy-Fläche für (M,g) ist. Letzteres bedeutet folgendes: $M = D(\mathcal{S})$, $D(\mathcal{S}) = D^+(\mathcal{S}) \cup D^-(\mathcal{S})$, wobei $D^+(\mathcal{S})$ die Menge der Punkte p bezeichnet, welche die Eigenschaft haben, dass jede nicht raumartige Kurve durch p, welche in die Vergangenheit nicht ausdehnbar ist, $\mathcal{S}$ schneidet. $D^+(\mathcal{S})$ nennt man auch den Abhängigkeitsbereich von $\mathcal{S}$. Entsprechend ist $D^-(\mathcal{S})$ definiert.

Man sagt (M,σ,g) sei eine <u>Entwicklung von $(\mathcal{S},\alpha)$</u>. Eine andere Entwicklung (M',σ',g') ist eine <u>Erweiterung</u> von (M,σ,g), falls eine injektive differenzierbare Abbildung $\varphi : M \longrightarrow M'$ existiert, welche das Bild von $\mathcal{S}$ punktweise invariant lässt und g in g' überführt.

Nun ist folgendes zu beachten: Jedes (M,σ,g') ist eine Erweiterung von (M,σ,g), wenn $g' = \varphi_* g$, und φ ein Diffeomorphismus ist, welcher $\sigma(\mathcal{S})$ punktweise invariant lässt. In diesem Sinne ist die Entwicklung von $(\mathcal{S},\alpha)$ <u>nicht eindeutig</u>. Um sie eindeutig zu machen, muss man <u>vier Eichbedingungen</u> stellen. Man kann folgendes zeigen (eine heuristische Begründung folgt). Falls die Anfangsdaten α gewisse Nebenbedingungen auf $\mathcal{S}$ erfüllen, dann existiert eine Entwicklung von $(\mathcal{S},\alpha)$. Weiter existiert eine solche, welche maximal ist (d.h. sie ist Erweiterung jeder anderen Entwicklung). Natürlich ist diese nur eindeutig, wenn vier Eichbedingungen gestellt werden. Ausserdem hängt g auf $U \subset D^+(\mathcal{S})$ nur von den Anfangsbedingungen auf $J^-(U) \cap \mathcal{S}$ ab ($J^-(U)$: kausale Vergangenheit von U). Ueberdies ist diese

Abhängigkeit stetig, wenn U einen kompakten Abschluss in $D^+(\mathcal{S})$ hat.

Heuristische Betrachtung des lokalen Problem

Wir betrachten das lokale Problem der Cauchy-Entwicklung. Auf der "Ebene" $x^0 = t$ seien $g_{\mu\nu}$ und $g_{\mu\nu,0}$ vorgegeben. Die Feldgleichungen ermöglichen es uns nicht, daraus alle $g_{\mu\nu,00}$ zur Zeit t zu bestimmen, d.h. der Computer kann die Entwicklung der $g_{\mu\nu}$ nicht berechnen. Dies sieht man aus der reduzierten Bianchi-Identität, welche die folgende Gleichung impliziert

$$G^{\mu 0}{}_{,0} \equiv - G^{\mu i}{}_{,i} - \Gamma^{\mu}{}_{\nu\lambda} G^{\lambda\nu} - \Gamma^{\nu}{}_{\nu\lambda} G^{\mu\lambda} \tag{1}$$

Die rechte Seite enthält höchstens zweite zeitliche Ableitungen und demzufolge auch die linke Seite. Dies zeigt, dass $G^{\mu 0}$ nur erste Zeitableitungen enthält. Deshalb können wir aus den Feldgleichungen

$$G^{\mu 0} = 0 \tag{2}$$

nichts über die zeitliche Evolution lernen. Diese müssen vielmehr als Nebenbedingungen für die Anfangsdaten, d.h. für $g_{\mu\nu}$ und $g_{\mu\nu,0}$ zur Zeit t auferlegt werden. Als "dynamische" Gleichungen bleiben lediglich die anderen sechs Feldgleichungen

$$G^{ij} = 0 \tag{3}$$

Diese lassen eine vierfache Unbestimmtheit für die zehn zweiten Ableitungen $g_{\mu\nu,00}$ übrig, deren Ursache uns inzwischen klar ist. Zu ihrer Beseitigung müssen wir vier Eichbedingungen stellen. Als Beispiel wählen wir die "harmonischen Koordinatenbedingungen" $\delta dx^{\lambda} = 0$ (δ: Codifferential). Explizit lauten diese

$$(\sqrt{-g}\, g^{\mu\nu})_{,\nu} = 0 \tag{4}$$

Daraus ergibt sich

$$(\sqrt{-g}\, g^{\mu 0})_{,00} = - (\sqrt{-g}\, g^{\mu i})_{0,i} \tag{5}$$

und jetzt reichen die 10 Gleichungen (3) und (5), um die 2. Zeitableitungen der $g_{\mu\nu}$ zu bestimmen.

Wichtig ist nun, dass bei der Lösung des Anfangswertproblems die Nebenbedingungen (2) zu jeder späteren Zeit automatisch erfüllt sind. Dies ergibt sich wie folgt: Unabhängig von den Feldgleichungen ist

$$G^{\mu\nu}{}_{;\nu} = 0 \qquad (6)$$

Für $x^0 = t$ soll natürlich (2) erfüllt sein. Zusammen mit (3) verschwindet also $G^{\mu\nu}$ überall für $x^0 = t$. Dies gibt mit (1) $G^{\mu 0}{}_{,0} = 0$ für $x^0 = t$, weshalb die Nebenbedingung (2) propagiert.

Bei gegebenen Anfangsdaten für $g_{\mu\nu}$, $g_{\mu\nu,0}$, welche die Nebenbedingung (2) zur Anfangszeit erfüllen, kann also ein Computer das Anfangswertproblem lösen.

Verallgemeinere die obige Diskussion auf $T_{\mu\nu} \neq 0$. Dabei ist zu beachten, dass $T^{\mu\nu}{}_{;\nu} = 0$ unabhängig von den Feldgleichungen gilt (siehe § 3.5).

§8. Die Charakteristiken der Einsteinschen Feldgleichungen

In diesem Abschnitt untersuchen wir die Ausbreitung einer gravitativen Wellenfront. Es wird sich zeigen, dass die Normalenvektoren einer Wellenfront immer lichtartig sind.
Als (pädagogische) Vorbereitung bestimmen wir zuerst die Charakteristiken der verallgemeinerten Wellengleichung. Der Wellenoperator $\Box_g : \Lambda_p(M) \longrightarrow \Lambda_p(M)$ einer Lorentzmannigfaltigkeit (M,g) ist

$$\Box_g = d\circ\delta + \delta\circ d \tag{1}$$

Für eine Funktion ψ ist speziell

$$\Box_g = \delta d\psi \tag{2}$$

Die Koordinatendarstellung lautet (siehe Teil 1, §4.6.3, Gl.(28))

$$\Box_g\psi = \frac{1}{\sqrt{-g}}\left(\sqrt{-g}\, g^{\mu\nu}\psi_{,\nu}\right)_{,\mu} \tag{3}$$

Das Cauchy-Problem für die verallgemeinerte Wellengleichung

$$\Box_g\psi = 0 \tag{4}$$

besteht in der Bestimmung der Funktion ψ, wenn ψ und seine 1. Ableitungen auf einer Hyperfläche

$$u(x) = 0 \tag{5}$$

vorgegeben sind. Dieses Problem hat sicher keine eindeutige Lösung, wenn die Hyperfläche so gewählt wird, dass die Wellengleichung (4) die 2. Ableitungen von ψ auf der Hyperfläche nicht bestimmt. In diesem Falle nennt man die Hyperfläche eine <u>charakteristische Fläche</u>, oder eine <u>Charakteristik</u> der Differentialgleichung (4). Auf charakteristische Hyperflächen sind Unstetigkeiten der zweiten Ableitungen möglich. Deshalb <u>muss eine (sich bewegende) Wellenfront eine Charakteristik sein</u>.
Angenommen, $\psi'' = \partial^2\psi/\partial u^2$ habe auf der Fläche (5) eine Unstetigkeit. Dann muss der Koeffizient von ψ'' in $\Box_g\psi$ verschwinden. Da (4) äquivalent zu $d{*}d\psi = 0$ ist, folgt aus

$$d\psi = \psi' du + \cdots$$
$$*d\psi = \psi' * du + \cdots$$
$$d*d\psi = \psi'' du \wedge *du \quad + \quad \text{stetige Terme}$$

dass $du \wedge {*du} = 0$ sein muss. Aber (siehe Teil 1, § 4.6.2, Uebungsaufgabe 1)

$$du \wedge {*du} = (du, du)\,\eta$$

Damit ist gezeigt, dass der Normalenvektor zur charakteristischen Fläche <u>lichtartig</u> sein muss.

Nun beweisen wir die entsprechende Aussage für die Einsteinschen Feldgleichungen. (Wir folgen Ref. [19], § 4.2.13).

Sei (θ^α) ein orthonormiertes 4-Beinfeld, welches die Einsteinschen Feldgleichungen

$$-\frac{1}{2}\eta_{\alpha\beta\gamma} \wedge \Omega^{\beta\gamma} = 8\pi G\, {*T_\alpha} \tag{6}$$

erfüllt, aber bezüglich einer lokalen Koordinate u auf der Hyperfläche $u(x) = 0$ eine Unsteitigkeit in der 2. Ableitung hat. Der Teil von $d\theta^\alpha$, welcher unstetige erste Ableitungen hat, muss proportional zu du sein:

$$d\theta^\alpha = C^\alpha{}_\beta\, du \wedge \theta^\beta \quad + \text{ stetige Terme} \tag{7}$$

Wir zerlegen $C_{\alpha\beta} = g_{\alpha\gamma} C^\gamma{}_\beta$ in den symmetrischen und den antisymmetrischen Anteil

$$C_{\alpha\beta} = S_{\alpha\beta} + A_{\alpha\beta}\,, \quad S_{\alpha\beta} = S_{\beta\alpha}\,, \quad A_{\alpha\beta} = -A_{\beta\alpha} \tag{8}$$

Im folgenden sind alle Gleichungen modulo stetiger Terme zu verstehen. Die Zusammenhangsformen sind

$$\omega_{\alpha\beta} = -A_{\alpha\beta}\, du + S_\alpha n_\beta - S_\beta n_\alpha \tag{9}$$

Dabei ist $S_\alpha := S_{\alpha\beta}\theta^\beta$, $du =: n_\alpha \theta^\alpha$. In der Tat ist $\omega_{\alpha\beta} + \omega_{\beta\alpha} = 0$ und

$$\omega^\alpha{}_\beta \wedge \theta^\beta = -A^\alpha{}_\beta\, du \wedge \theta^\beta + S^\alpha{}_\gamma \underbrace{n_\beta\, \theta^\gamma \wedge \theta^\beta}_{\theta^\gamma \wedge du} - n^\alpha \underbrace{S_{\beta\gamma}\, \theta^\gamma \wedge \theta^\beta}_{0}$$

$$= -(A^\alpha{}_\beta + S^\alpha{}_\beta)\, du \wedge \theta^\beta$$

d.h., die 1. Strukturgleichung ist nach (7) erfüllt. Nach Voraussetzung ist eine mögliche Unstetigkeit in der Krümmung im Term $d\omega_{\alpha\beta}$ enthalten, welche nach (7) auf $C'_{\alpha\beta}$, $dC_{\alpha\beta} =: C'_{\alpha\beta}\, du$ beruht. Nach (9) trägt aber davon der antisymmetrische Anteil $A'_{\alpha\beta}$ nicht bei. Es bleibt

$$\Omega_{\alpha\beta} = dS_\alpha n_\beta - dS_\beta n_\alpha = du \wedge (S'_\alpha n_\beta - S'_\beta n_\alpha)\,,$$
$$S'_\alpha := S'_{\alpha\beta}\theta^\beta . \qquad (10)$$

Daraus folgt ($i_\alpha := i_{e_\alpha}$, e_α : duale Basis zu θ^α) :

$$i_\alpha \Omega^\alpha{}_\beta \wedge du = \underbrace{(i_\alpha du)}_{\langle du, e_\alpha\rangle = n_\alpha} (S'_\alpha n_\beta - S'_\beta n_\alpha) \wedge du$$
$$= (n_\alpha S'_\alpha n_\beta - S'_\beta n^2) \wedge du$$

und dies impliziert

$$(i_\alpha \Omega^\alpha{}_\beta n_\gamma - i_\alpha \Omega^\alpha{}_\gamma n_\beta) \wedge du = n^2 (S'_\gamma n_\beta - S'_\beta n_\gamma) \wedge du$$
$$\overset{(10)}{=} n^2 \Omega_{\gamma\beta}$$

Aber $i_\alpha \Omega^\alpha{}_\beta = R_{\beta\sigma}\theta^\sigma$. Nach den Einsteinschen Feldgleichungen ist deshalb die linke Seite stetig. Deshalb ist <u>entweder $\Omega_{\beta\gamma}$ stetig oder $n^2 = 0$.</u>

"Echte" Unstetigkeiten machen sich aber in der Krümmung bemerkbar. (Man kann auch im flachen Raum Vierbeinfelder mit unstetigen 2. Ableitungen konstruieren, welche aber selbstverständlich nichts mit Unstetigkeiten des metrischen Feldes zu tun haben.)

Wir haben also gezeigt, dass sich echte Unstetigkeiten nur längs Flächen mit lichtartigen Normalen ausbilden können. Deshalb breiten sich Aenderungen des Gravitationsfeldes mit Lichtgeschwindigkeit aus.

* * *

KAP. III

DIE SCHWARZSCHILD-LOESUNG UND DIE KLASSISCHEN TESTS DER ALLGEMEINEN RELATIVITAETSTHEORIE

"... Denk Dir meine Freude bei der Durchführbarkeit der allgemeinen Kovarianz und beim Resultat, dass die Gleichungen die Perihelbewegungen Merkurs richtig liefern ! Ich war einige Tage fassungslos vor freudiger Erregung."

(A. Einstein, am 17. Januar 1916 an P. Ehrenfest.)

Die Lösung der Feldgleichungen, welche das Feld ausserhalb einer sphärisch symmetrischen Massenverteilung beschreibt, wurde von Karl Schwarzschild gefunden, und zwar schon zwei Monate nachdem Einstein seine Feldgleichungen publiziert hatte. Schwarzschild führte diese Arbeit unter besonderen Umständen aus: Im Frühling und Sommer 1915 musste er sich an die Ost-Front begeben. Dort holte sich Schwarzschild eine infektiöse Krankheit und er kehrte im Herbst 1915 sehr krank nach Deutschland zurück. Er starb wenige Monate später, nämlich am 11. Mai 1916. In dieser kurzen Zeit schwerer Krankheit schrieb er zwei bedeutende Arbeiten. Die eine betraf die Theorie des Stark-Effektes in der Bohr-Sommerfeld Theorie und in der anderen löste er die Einsteinschen Feldgleichungen für ein statisches sphärisch symmetrisches Feld. Aus dieser Lösung leitete er die Periheldrehung des Merkurs und die Lichtablenkung am Sonnenrand ab. Einstein hatte diese Effekte früher berechnet, indem er die Feldgleichungen in post-Newtonscher Näherung löste.

§ 1. Herleitung der Schwarzschild-Lösung

Als Mannigfaltigkeit wählen wir $M = \mathbb{R} \times \mathbb{R}^+ \times S^2$. Die Metrik habe in Polarkoordinaten und natürlicher Basis die Gestalt

$$g = e^{2a(r)} dt^2 - \left[e^{2b(r)} dr^2 + r^2 (d\vartheta^2 + \sin^2\vartheta \, d\varphi^2) \right] \tag{1}$$

Abkürzend haben wir dt^2 für $dt \otimes dt$, etc., geschrieben. *)

Die Koordinate r ("Radius") ist geeignet normiert: Ein Kreis vom Radius r hat den Umfang $2\pi r$.

Die Funktionen $a(r)$ und $b(r)$ gehen asymptotisch gegen Null (g ist asymptotisch flach). Mit dem Ansatz (1) müssen wir nun in die Feldgleichungen eingehen. Dazu muss man den zu (1) gehörenden Ricci-Tensor (Einstein-Tensor) bestimmen. Dies kann man mit dem Cartanschen Kalkül besonders schnell bewerkstelligen. (Die traditionelle Rechnung über die Christoffel-Symbole wird z.B. ausführlich in Ref. [17], § 6.1 vorgeführt.)

Wir wählen die folgende Basis von 1-Formen

$$\theta^0 = e^a dt, \quad \theta^1 = e^b dr, \quad \theta^2 = r\, d\vartheta, \quad \theta^3 = r \sin\vartheta \, d\varphi \tag{2}$$

Damit lautet die Metrik (1)

$$g = g_{\mu\nu} \theta^\mu \otimes \theta^\nu, \quad (g_{\mu\nu}) = \mathrm{diag.}(1, -1, -1, -1) \tag{3}$$

*) Die Lorentz-Mannigfaltigkeit (M, g) (mit g von der Form (1)) ist sphärisch symmetrisch im Sinne folgender

<u>Definition:</u> Eine Lorentz-Mannigfaltigkeit ist <u>sphärisch symmetrisch</u>, falls sie die Gruppe $SO(3)$ als Isometriegruppe zulässt, wobei die Gruppenorbits zweidimensionale raumartige Flächen sind.

Umgekehrt lässt sich zeigen, dass in einer sphärisch symmetrischen und statischen Raum-Zeit immer Koordinaten so eingeführt werden können, dass g die Form (1) hat. Dies beweisen wir im Anhang zu Kap. III.

d.h. die Basis (θ^α) ist orthonormiert. Folglich gilt für die Zusammenhangsformen

$$\omega_{\mu\nu} + \omega_{\nu\mu} = 0 \tag{4}$$

Um diese aus der 1. Strukturgleichung zu bestimmen, bilden wir (a' = da/dr, etc.)

$$\begin{aligned}
d\theta^0 &= a' e^a dr \wedge dt \\
d\theta^1 &= 0 \\
d\theta^2 &= dr \wedge d\vartheta \\
d\theta^3 &= \sin\vartheta\, dr \wedge d\varphi + r\cos\vartheta\, d\vartheta \wedge d\varphi
\end{aligned}$$

Die rechten Seiten drücken wir durch die Basis $\theta^\sigma \wedge \theta^\rho$ aus.

$$\begin{aligned}
d\theta^0 &= a' e^{-b}\, \theta^1 \wedge \theta^0 \quad , \quad d\theta^1 = 0 \\
d\theta^2 &= \frac{1}{r} e^{-b}\, \theta^1 \wedge \theta^2 \quad , \quad d\theta^3 = \frac{1}{r} e^{-b}\, \theta^1 \wedge \theta^3 + \frac{1}{r} \operatorname{ctg}\vartheta\, \theta^2 \wedge \theta^3
\end{aligned} \tag{5}$$

Vergleicht man dies mit der 1. Cartanschen Strukturgleichung $d\theta^\alpha = -\omega^\alpha{}_\beta \wedge \theta^\beta$, so vermutet man die folgenden Ausdrücke für die Zusammenhangsformen:

$$\begin{aligned}
\omega^0{}_1 &= \omega^1{}_0 = a' e^{-b}\, \theta^0 \, , \quad \omega^0{}_2 = \omega^2{}_0 = \omega^0{}_3 = \omega^3{}_0 = 0 \\
\omega^2{}_1 &= -\omega^1{}_2 = \frac{1}{r} e^{-b}\, \theta^2 \\
\omega^3{}_1 &= -\omega^1{}_3 = \frac{1}{r} e^{-b}\, \theta^3 \\
\omega^3{}_2 &= -\omega^2{}_3 = \frac{1}{r} \operatorname{ctg}\vartheta\, \theta^3
\end{aligned} \tag{6}$$

Dieser Ansatz erfüllt tatsächlich (4) und die 1. Strukturgleichung. Anderseits ist die Lösung eindeutig (siehe Teil 1, § 5.7).

Aus der 2. Strukturgleichung finden wir jetzt routinemässig die Krümmungsformen.

$$\Omega^0{}_1 = d\omega^0{}_1 + \omega^0{}_k \wedge \omega^k{}_0 = d\omega^0{}_1 = d(a' e^{-b}\,\theta^0)$$

$$= (a' e^{-b})'\, dr \wedge \theta^0 + a' e^{-b}\, d\theta^0$$

$$= (a' e^{-b})'\, e^{-b}\, \theta^1 \wedge \theta^0 + (a' e^{-b})^2\, \theta^1 \wedge \theta^0$$

$$\Omega^0{}_1 = -\, e^{-2b}(a'^2 - a'b' + a'')\, \theta^0 \wedge \theta^1$$

$$\Omega^0{}_2 = d\omega^0{}_2 + \omega^0{}_k \wedge \omega^k{}_2 = \omega^0{}_1 \wedge \omega^1{}_2 = -\, e^{-2b}\frac{a'}{r}\, \theta^0 \wedge \theta^2$$

Ebenso erhält man die anderen Komponenten.

Wir fassen das Ergebnis in übersichtlicher Form zusammen. ($\Omega^\mu{}_\nu$ ist proportional zu $\theta^\mu \wedge \theta^\nu$. Die Indizes 2 und 3 sind gleichberechtigt.)

$$\begin{aligned}
\Omega^0{}_1 &= e^{-2b}(a'b' - a'' - a'^2)\, \theta^0 \wedge \theta^1 \\
\Omega^0{}_2 &= -\frac{a' e^{-2b}}{r}\, \theta^0 \wedge \theta^2 \\
\Omega^0{}_3 &= -\frac{a' e^{-2b}}{r}\, \theta^0 \wedge \theta^3 \\
\Omega^1{}_2 &= \frac{b' e^{-2b}}{r}\, \theta^1 \wedge \theta^2 \\
\Omega^1{}_3 &= \frac{b' e^{-2b}}{r}\, \theta^1 \wedge \theta^3 \\
\Omega^2{}_3 &= \frac{1 - e^{-2b}}{r}\, \theta^2 \wedge \theta^3 \qquad , \quad \Omega_{\mu\nu} = -\Omega_{\nu\mu} .
\end{aligned} \tag{7}$$

Daraus kann man die Komponenten des Riemann-Tensors bezüglich der Basis θ^α ablesen und anschliessend den Ricci- sowie den Einstein-Tensor berechnen.

Man findet leicht

$$\begin{aligned}
G^0{}_0 &= \frac{1}{r^2} - e^{-2b}\left(\frac{1}{r^2} - \frac{2b'}{r}\right) \\
G^1{}_1 &= \frac{1}{r^2} - e^{-2b}\left(\frac{1}{r^2} + \frac{2a'}{r}\right) \\
G^2{}_2 &= G^3{}_3 = -e^{-2b}\left(a'^2 - a'b' + a'' + \frac{a' - b'}{r}\right) \\
&\text{alle andern } G_{\mu\nu} = 0
\end{aligned} \tag{8}$$

Nun lösen wir die Vakuumgleichungen

Zunächst folgt aus $G_{oo} + G_{11} = 0$, dass $a'+b' = 0$, d.h. $a + b = 0$ ist (da asymptotisch $a,b \to 0$).

Aus $G_{oo} = 0$ folgt sodann

$$e^{-2b}\left(\frac{2b'}{r} - \frac{1}{r^2}\right) + \frac{1}{r^2} = 0$$

oder

$$(r e^{-2b})' = 1 \implies \underline{e^{-2b} = 1 - 2m/r}$$

wobei m eine Integrationskonstante ist. Wir erhalten damit die Schwarzschild-Lösung

$$\boxed{g = \left(1 - \frac{2m}{r}\right)dt^2 - \frac{dr^2}{1-2m/r} - r^2(d\vartheta^2 + \sin^2\vartheta\, d\varphi^2)} \tag{9}$$

* * *

Uebungsaufgabe: Man lasse in (1) zeitabhängige Funktionen $a(t,r)$, $b(t,r)$ zu und zeige, dass die Komponenten des Einstein-Tensors bezüglich der Basis (2) durch folgende Ausdrücke gegeben sind ($\dot{a} = da/dt$, etc.):

$$\begin{aligned}
G^0{}_0 &= \frac{1}{r^2} - e^{-2b}\left(\frac{1}{r^2} - \frac{2b'}{r}\right)\\
G^1{}_1 &= \frac{1}{r^2} - e^{-2b}\left(\frac{1}{r^2} + \frac{2a'}{r}\right)\\
G^2{}_2 &= G^3{}_3 = -e^{-2b}\left(a'^2 - a'b' + a'' + \frac{a'-b'}{r}\right)\\
&\qquad - e^{-2a}\left(-\dot{b}^2 + \dot{a}\dot{b} - \ddot{b}\right)\\
G^1{}_0 &= -\frac{2\dot{b}}{r}e^{-a-b}\ ; \quad \text{alle andern } G^\mu{}_\nu = 0
\end{aligned} \tag{10}$$

Das Birkhoff-Theorem

Für diese Ausdrücke lösen wir die Vakuumgleichungen. Die Gleichung $G^1{}_0 = 0$ impliziert, dass b zeitunabhängig ist und deshalb folgt aus $G_{oo} = 0$, dass b dieselbe Form wie im statischen Fall hat. Wieder liefert $G_{oo} + G_{11} = 0$ die Bedingung $a' + b' = 0$; aber diesmal können wir nur auf

$$a = -b + f(t)$$

schliessen. Die weiteren Vakuum-Gleichungen sind nun alle erfüllt und die Metrik lautet

$$g = e^{2f(t)}\left(1-\frac{2m}{r}\right)dt^2 - \left[\frac{dr^2}{1-2m/r} + r^2(d\vartheta^2 + \sin^2\vartheta\, d\varphi^2)\right]$$

Führen wir darin die neue Zeitkoordinate

$$t' = \int e^{f(t)}dt$$

ein, so erhalten wir wieder die Schwarzschild-Metrik (9).
Für $r > 2m$ ist also ein sphärisch symmetrisches Vakuumfeld notwendigerweise statisch.

* * *

Die Integrationskonstante m in (9) bestimmen wir durch Vergleich mit der Newtonschen Näherung im asymptotischen Gebiet. Dort muss $g_{00} \simeq 1 + 2\Phi$, $\Phi = - GM/r$ sein. Also ist

$$\boxed{m = GM/c^2} \tag{10}$$

Wir wollen zeigen, dass die Integrationskonstante M auch gleich der totalen Energie P^0 ist.
Dazu schreiben wir (9) in fast-Lorentzschen Koordinaten.
Sei

$$\rho = \frac{1}{2}\left[r - m + (r^2 - 2mr)^{1/2}\right]$$

$$\Longrightarrow \quad r = \rho\left(1 + \frac{m}{2\rho}\right)^2 \tag{11}$$

Substitution in (9) gibt

$$g = \left(\frac{1-m/2\rho}{1+m/2\rho}\right)^2 dt^2 - \left(1+\frac{m}{2\rho}\right)^4(d\rho^2 + \rho^2 d\vartheta^2 + \rho^2\sin^2\vartheta\, d\varphi^2) \tag{12}$$

Setzen wir noch

$$x^1 = \rho\sin\vartheta\cos\varphi\,,\quad x^2 = \rho\sin\vartheta\sin\varphi\,,\quad x^3 = \rho\cos\vartheta$$

so lautet die Schwarzschild-Metrik

$$g = h^2(|\underline{x}|)dt^2 - f^2(|\underline{x}|)d\underline{x}^2 \tag{13}$$

mit

$$h(r) = \frac{1 - m/2r}{1 + m/2r} \quad , \quad f(r) = \left(1 + \frac{m}{2r}\right)^2 \tag{14}$$

Bezüglich der orthonormierten Tetrade

$$\theta^\alpha = (h\,dt, f\,dx^i)$$

findet man die folgenden Zusammenhangsformen

$$\omega^0{}_j = \frac{h'}{f}\frac{x^j}{r}dt \quad , \quad \omega^{jk} = \frac{f'}{f \cdot r}(x^j dx^k - x^k dx^j) \tag{15}$$

Nun berechnen wir P^0 nach (II.6.19)

$$P^0 = -\frac{1}{16\pi G}\oint \omega^{jk} \wedge \eta^0{}_{jk} = -\frac{1}{16\pi G}\varepsilon_{0jkl}\oint \omega^{jk} \wedge \theta^l$$

$$= \frac{1}{8\pi G}\varepsilon_{0jkl}\oint \frac{f'}{r}x^k dx^j \wedge dx^l$$

Wir integrieren über eine grosse Kugeloberfläche; dann ist

$$\varepsilon_{0jkl}\, x^k dx^j \wedge dx^l = -x^k \varepsilon_{kjl}\, dx^j \wedge dx^l = -r \cdot 2r^2 d\Omega ,$$

$d\Omega$: Raumwinkelelement. Damit kommt

$$P^0 = -\frac{1}{4\pi G}\lim_{R\to\infty}\int_{r=R} f' r^2 d\Omega = M .$$

Man rechnet auch leicht nach, dass $P^i = 0$ ist. Ferner würde man aus (II.6.24) einen verschwindenden Drehimpuls erhalten.

Die Schwarzschild-Lösung (9) hat eine scheinbare Singularität bei

$$r = R_S := 2GM/c^2 \tag{16}$$

R_S ist der sog. Schwarzschild-Radius. Schwarzschild selber hat diese "Singularität" sehr gestört. Deshalb untersuchte er in einer zweiten Arbeit die Lösung der Einsteinschen Feldgleichungen für eine sphärisch symmetrische statische Massenverteilung mit konstanter Energiedichte. Dabei zeigte er, dass der Radius einer solchen Konfiguration $> (9/8) R_S$ sein muss. Dieses Resultat befriedigte ihn sehr, denn es zeigte, dass die Singularität (für die betrachtete Situation) nicht relevant ist. Etwas später, nämlich 1923, wurde aber von Birkhoff bewiesen, dass eine sphärisch symmetrische Vakuum-Lösung der Einsteinschen Gleichungen für

$r > R_s$ notwendigerweise <u>statisch</u> sein muss. Deshalb ist auch das Aussenfeld einer nichtstatischen, sphärisch symmetrischen Massenverteilung für $r > R_s$ notwendigerweise die Schwarzschild-Lösung. Die untere Schranke $9/8\ R_s$ ist aber für eine nichtstatische Situation nicht mehr gültig und es ist deshalb nötig, genauer zu untersuchen, was es mit der Schwarzschild-Sphäre $r = R_s$ auf sich hat. Dies werden wir im Abschnitt 7 tun. Es wird sich zeigen, dass bei $r = R_s$ keine Singularität vorliegt; lediglich das benutzte Koordinatensystem verliert dort seine Zuständigkeit. Trotzdem hat aber die Schwarzschild-Sphäre eine eminent physikalische Bedeutung (Horizont !). Für $r < R_s$ ist die Lösung nicht mehr statisch (s.Seite 233).

Geometrische Deutung des räumlichen Teils der Schwarzschild-Metrik

Wir wollen den räumlichen Teil der Metrik (9) geometrisch veranschaulichen. Dazu betrachten wir die zweidimensionale Untermannigfaltigkeit ($\vartheta = \pi/2$, t = konst) und stellen diese als Rotationsfläche im dreidimensionalen Euklidischen Raum dar. Die betrachtete Untermannigfaltigkeit hat die Metrik

$$G = \frac{dr^2}{1-2m/r} + r^2 d\varphi^2 \tag{17}$$

Für eine Rotationsfläche im $\mathbb{E}^3$ ist anderseits die Metrik in Zylinderkoordinaten, wenn $z(r)$ die Fläche beschreibt,

$$G = z'^2 dr^2 + (dr^2 + r^2 d\varphi^2) = (1 + z'^2) dr^2 + r^2 d\varphi^2$$

Damit dies mit (17) übereinstimmt, muss

$$\frac{dz}{dr} = \sqrt{\frac{2m}{r-2m}}$$

sein. Integriert gibt dies $z = [8\ m\ (r-2\cdot m)]^{\frac{1}{2}}$ + konst. . Setzen wir die Integrationskonstante gleich Null, so erhalten wir ein Rotationsparaboloid:

$$z^2 = 8m(r-2m) \tag{18}$$

§2. Bewegungsgleichungen im Schwarzschild-Feld

Wir betrachten einen Probekörper im Schwarzschild-Feld. Seine geodätische Bewegungsgleichung ist die Euler-Gleichung zur Lagrange-Funktion $\mathcal{L}=\frac{1}{2}g_{\mu\nu}\dot{x}^\mu\dot{x}^\nu$, welche für die Form (9) der Schwarzschild-Metrik durch folgenden Ausdruck gegeben ist (ein Punkt bedeutet die Ableitung nach der Eigenzeit):

$$2\mathcal{L}=(1-2m/r)\dot{t}^2-\frac{\dot{r}^2}{1-2m/r}-r^2(\dot{\vartheta}^2+\sin^2\vartheta\,\dot{\varphi}^2) \tag{1}$$

Natürlich ist längs der Bahn

$$2\mathcal{L}=1 \tag{2}$$

Wir betrachten zuerst die ϑ - Gleichung

$$(r^2\dot{\vartheta})^\cdot=r^2\sin\vartheta\cos\vartheta\,\dot{\varphi}^2$$

Aus dieser folgt: Falls anfänglich der Probekörper sich in der Aequatorebene $\vartheta=\pi/2$ bewegt (d.h. $\dot{\vartheta}=0$ ist), so ist $\vartheta\equiv\pi/2$. Ohne Einschränkung der Allgemeinheit sei im folgenden $\vartheta=\pi/2$. Dann ist

$$2\mathcal{L}=(1-2m/r)\dot{t}^2-\frac{\dot{r}^2}{1-2m/r}-r^2\dot{\varphi}^2 \tag{3}$$

Die Variablen φ und t sind zyklisch, folglich gilt

$$-\frac{\partial\mathcal{L}}{\partial\dot{\varphi}}=r^2\dot{\varphi}=\text{const.}=:L \tag{4}$$

$$\frac{\partial\mathcal{L}}{\partial\dot{t}}=\dot{t}(1-2m/r)=\text{const.}=:E \tag{5}$$

Wir setzen (4) und (5) in (2) ein

$$(1-2m/r)^{-1}E^2-(1-2m/r)^{-1}\dot{r}^2-L^2/r^2=1 \tag{6}$$

Daraus ergibt sich

$$\dot{r}^2+V(r)=E^2 \tag{7}$$

mit dem effektiven Potential

$$V(r)=(1-2m/r)(1+L^2/r^2) \tag{8}$$

* * *

<u>Bemerkung:</u> Die Erhaltungssätze (4) und (5) beruhen auf dem folgenden allgemeinen Sachverhalt: Sei $\gamma(\tau)$ eine Geodäte mit Tangentialvektor u und ξ sei ein Killingfeld. Dann ist

$$\underline{(u,\xi) = \text{konst}} \qquad (9)$$

In der Tat ist

$$u(u,\xi) = (\underbrace{\nabla_u u}_{0},\xi) + (u,\nabla_u \xi) = u^\mu u^\nu \xi_{\mu;\nu} = \frac{1}{2} u^\mu u^\nu (\xi_{\mu;\nu} + \xi_{\nu;\mu}) = 0$$

Für die Schwarzschild-Metrik sind $\partial/\partial t$ und $\partial/\partial\varphi$ Killingfelder. Die zugehörigen Erhaltungssätze (9) lauten

$$(u,\partial/\partial t) = u^t\left(\frac{\partial}{\partial t},\frac{\partial}{\partial t}\right) = g_{00}\,u^t = \left(1-\frac{2m}{r}\right)\dot t = \text{const.}$$

$$(u,\partial/\partial\varphi) = u^\varphi\left(\frac{\partial}{\partial\varphi},\frac{\partial}{\partial\varphi}\right) = g_{\varphi\varphi}\,u^\varphi = -r^2\dot\varphi = \text{const.}$$

* * *

Wir interessieren uns im folgenden vor allem für die Bahnkurve $r(\varphi)$. Nun ist (ein Strich bedeute die Ableitung nach φ)

$$r' = \dot r/\dot\varphi \implies \dot r = r'\dot\varphi = r' L/r^2$$

Aus (7) wird damit

$$r'^2 L^2/r^4 = E^2 + V(r)$$

Nun sei $u = 1/r$ $(r' = -u'/u^2)$. In dieser Variablen kommt

$$L^2 u'^2 = E^2 - (1-2mu)(1+L^2u^2)$$

oder

$$u'^2 + u^2 = \frac{E^2-1}{L^2} + \frac{2m}{L^2}u + 2mu^3 \qquad (10)$$

Diese Gleichung differenzieren wir nach φ

$$2u'u'' + 2uu' = \frac{2m}{L^2}u' + 6mu'u^2$$

Also ist entweder u' = 0 (Kreisbewegung) oder

$$\boxed{u'' + u = \frac{m}{L^2} + 3mu^2} \qquad (11)$$

An dieser Stelle haben wir eine Vergleichsmöglichkeit mit der Newtonschen Theorie. In dieser lautet die Lagrangefunktion für ein Potential $\Phi(r)$:

$$\mathcal{L} = \frac{1}{2}\left[\left(\frac{dr}{dt}\right)^2 + r^2\left(\frac{d\varphi}{dt}\right)^2\right] + \Phi(r)$$

Da φ zyklisch ist gilt $r^2 d\varphi/dt = \text{konst} =: L$ und die r-Gleichung lautet

$$\frac{d^2r}{dt^2} = r\left(\frac{d\varphi}{dt}\right)^2 - \Phi'(r)$$

Nun ist

$$\frac{dr}{dt} = \frac{dr}{d\varphi}\frac{d\varphi}{dt} = r' L/r^2 = -Lu'$$

$$\frac{d^2r}{dt^2} = -Lu''\frac{d\varphi}{dt} = -L^2 u'' u^2$$

Eingesetzt

$$\boxed{u'' + u = -\frac{1}{L^2}\Phi'/u^2} \qquad (12)$$

Speziell für $\Phi = -GM/r$ folgt

$$u'' + u = GM/L^2 \qquad (13)$$

Demgegenüber enthält (11) den Zusatz $3mu^2$. Diese "Störung" ist klein, denn

$$\frac{3mu^2}{m/L^2} = 3u^2L^2 = 3\frac{1}{r^2}(r^2\dot\varphi)^2 \simeq 3\left(r\frac{d\varphi}{dt}\right)^2/c^2$$

$$\simeq 3 \times v_\perp^2/c^2 \simeq 7.7 \times 10^{-8} \text{ für Merkur};$$

($v_\perp$: Geschwindigkeit senkrecht zum Radiusvektor).

Die Gleichung (11) können wir nach (12) als Newtonsche Bewegungsgleichung für das Potential

$$\boxed{\Phi(r) = -\frac{GM}{r} - \frac{mL^2}{r^3}} \qquad (14)$$

auffassen.

* * *

§ 3. Periheldrehung eines Planeten

Wir diskutieren nun die Bahngleichung (2.11), wobei wir den Term $3mu^2$ als kleine Störung behandeln. In Newtonscher Näherung ist die Bahn eine Kepler-Ellipse

$$u = \frac{1}{p}(1 + e\cos\varphi) \tag{1}$$

mit

$$p = a(1-e^2) = L^2/m \tag{2}$$

Dies setzen wir in den Störterm ein und erhalten aus (2.11) in erster Näherung

$$u'' + u = \frac{m}{L^2} + \frac{3m^3}{L^4}(1 + 2e\cos\varphi + e^2\cos^2\varphi) \tag{3}$$

Partikuläre Integrale der folgenden drei Gleichungen

$$u'' + u = \begin{cases} A \\ A\cos\varphi \\ A\cos^2\varphi \end{cases} \tag{4}$$

sind

$$u_1 = \begin{cases} A \\ \frac{1}{2}A\varphi\sin\varphi \\ \frac{1}{2}A - \frac{1}{6}A\cos 2\varphi \end{cases} \tag{5}$$

Davon führt das mittlere zu einer <u>säkularen</u> Aenderung. In zweiter Approximation ist

$$\begin{aligned} u &= \frac{m}{L^2}\left(1 + e\cos\varphi + \frac{3m^2}{L^2}e\varphi\sin\varphi\right) \\ &\simeq \frac{m}{L^2}\left[1 + e\cos\left(1 - \frac{3m^2}{L^2}\right)\varphi\right] \end{aligned} \tag{6}$$

Nach dieser Gleichung ist r eine periodische Funktion von φ mit der Periode

$$\frac{2\pi}{1 - 3m^2/L^2} > 2\pi$$

Die Absidendrehung oder Perihelanomalie $\Delta\varphi$ ist mit (2)

$$\Delta\varphi = \frac{2\pi}{1-3m^2/L^2} - 2\pi \simeq \frac{6\pi m^2}{L^2} \simeq \frac{6\pi m}{a(1-e^2)} \tag{7}$$

Dieser Effekt der ART ist umso ausgeprägter, je kleiner die Bahnhalbachse a und je grösser die Bahnexzentrizität ist. (Bei grossen Exzentrizitäten lässt sich zudem von der Beobachtung her das Perihel sicherer festlegen als bei kleinen.) Für die Planeten ist Merkur der günstigste. Für ihn erhält man

$$\Delta\varphi_{\text{Einstein}} = 42.98'' \text{ pro Jahrhundert} \tag{8}$$

Dies stimmt mit Radar-Echo-Beobachtungen besser als bis auf ½ % überein.

Für die anderen Planeten ist die Situation wesentlich ungünstiger. Die "beobachteten" 43" pro Jahrhundert sind der Restbetrag, der übrigbleibt, nachdem die Newtonschen Störungen der anderen Planeten, welche etwa 500" ausmachen (!), abgezogen worden sind. Eine weitere, rein Newtonsche Störung, würde durch ein eventuelles Quadrupolmoment der Sonne verursacht. Diese wollen wir berechnen.

Das Newtonsche Potential ausserhalb einer Massenverteilung mit Dichte $\rho(\underline{x})$ ist

$$\phi(\underline{x}) = -G \int \frac{\rho(\underline{x}')}{|\underline{x}-\underline{x}'|} d^3x'$$

Für $r > r'$ gilt

$$\frac{1}{|\underline{x}-\underline{x}'|} = 4\pi \sum_{l=0}^{\infty} \sum_{m=-l}^{+l} \frac{1}{2l+1} \left(\frac{r'}{r}\right)^l \frac{1}{r} Y^*_{lm}(\hat{\underline{x}}') Y_{lm}(\hat{\underline{x}})$$

Also gilt für ϕ die Multipolentwicklung

$$\phi(\underline{x}) = -4\pi G \sum_{l,m} \frac{Q^*_{lm}}{2l+1} \frac{1}{r^{l+1}} Y_{lm}(\hat{\underline{x}}) \tag{9}$$

wobei

$$Q_{lm} = \int \rho(\underline{x}') r'^l Y_{lm}(\hat{\underline{x}}') d^3x' \tag{9'}$$

Nun sei $\rho(\underline{x})$ unabhängig vom Azimutwinkel φ und symmetrisch unter der Reflexion an der (x,y)-Ebene. Dann ist $Q_{lm} = 0$ für $m \neq 0$. Der Monopolanteil ist $(Y_{00} = 1/\sqrt{4\pi})$ gleich $-GM/r$. Wegen der Spiegelungssymmetrie verschwindet der Dipolanteil:

$$\int \rho(\underline{x}')\, \underbrace{r' Y_{10}(\hat{\underline{x}}')}_{\propto z'}\, d^3x' = 0$$

Damit bleibt

$$\Phi = -\frac{GM_\odot}{r}\left\{1 + \sum_{l=2}^{\infty} J_l \left(\frac{R_\odot}{r}\right)^l P_l(\cos\vartheta)\right\} \tag{10}$$

mit

$$J_l = \frac{1}{M_\odot R_\odot^l} \int \rho(\underline{x}') r'^l P_l(\cos\vartheta') d^3x' \tag{11}$$

Es genügt, den Quadrupolterm mitzunehmen. Für $\vartheta = \pi/2$ ist

$$\Phi = -\frac{GM_\odot}{r} - \frac{1}{2}\frac{GM_\odot J_2 R_\odot^2}{r^3} \tag{12}$$

Dies hat dieselbe Form wie (2.14), wenn wir dort im 2. Term die Substitution $m \to \frac{1}{2}\frac{GM_\odot}{L^2} J_2 R_\odot^2$ vornehmen.

Entsprechend erhalten wir an Stelle von (7)

$$\Delta\varphi\big|_{Quad} = \frac{6\pi}{a(1-e^2)}\frac{1}{2} J_2 \frac{GMR_\odot^2}{L^2} \overset{(2)}{=} \frac{6\pi m}{a(1-e^2)}\frac{1}{2} J_2 \frac{R_\odot^2}{\left(\frac{GM}{c}\right)^2 a(1-e^2)}$$

d.h.

$$\boxed{\Delta\varphi\big|_{Quad} = \frac{1}{2} J_2 \frac{R_\odot^2/(GM/c)^2}{a(1-e^2)} \cdot \Delta\varphi\big|_{Einstein}} \tag{13}$$

Dieses Ergebnis zeigt, dass $\Delta\varphi_{Quad}$ und $\Delta\varphi_{Einstein}$ verschiedene Abhängigkeiten von a und e haben.

Numerisch ist für den Merkur, in Bogensekunden pro Jahrhundert

$$\Delta\varphi_{Einstein} + \Delta\varphi_{Quad} = 42.98 + 0.013\,(J_2/10^{-7}) \tag{14}$$

Nach Hill und Mitarbeitern ist $J_2 < 0.5 \times 10^{-5}$. Das Quadrupolmoment der Sonne scheint also genügend klein zu sein, um die schöne Uebereinstimmung zwischen Theorie und Beobachtung nicht wesentlich zu stören. Die NASA plant sonnennahme Raketenflüge, welche eine genauere Bestimmung des Quadrupolmomentes der Sonne ermöglichen werden.

§4. Die Lichtablenkung

Für die Lichtstrahlen muss man (2.1) durch $\mathcal{L}=0$ ersetzen. Dann erhält man an Stelle von (2.6)

$$(1-2m/r)^{-1}E^2-(1-2m/r)^{-1}\dot{r}^2-L^2/r^2=0 \tag{1}$$

und statt der Gleichung oberhalb (2.10) (streiche die 1 in $(1+L^2u^2)$)

$$L^2u'^2=E^2-(1-2mu)L^2u^2$$

Die Bahngleichung für Lichtstrahlen ist deshalb

$$u'^2+u^2=\frac{E^2}{L^2}+2mu^3 \tag{1'}$$

Differentiation ergibt

$$\boxed{u''+u=3mu^2} \tag{2}$$

(Vergleiche dies mit (2.11).) Die rechte Seite ist sehr klein:

$$\frac{3mu^2}{u}=3R_s/2r\lessapprox R_s/R_\odot\sim 10^{-6}$$

Ersetzen wir sie durch Null, so ist (siehe Fig.)

$$u=\frac{1}{b}\sin\varphi \tag{3}$$

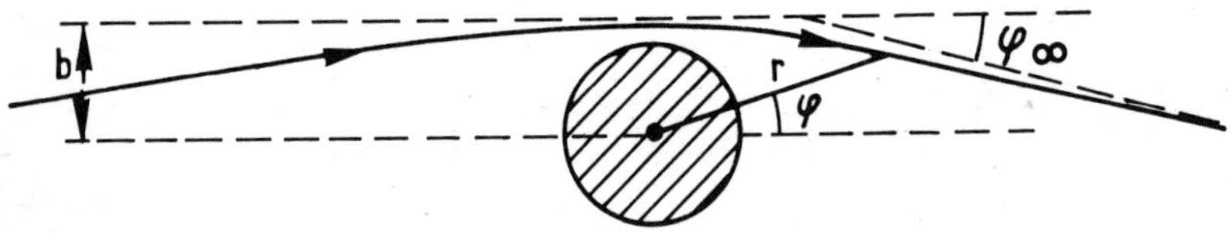

Setzen wir dies rechts in (2) ein, so erhalten wir

$$u''+u=\frac{3m}{b^2}(1-\cos^2\varphi) \tag{4}$$

mit dem partikulären Integral

$$u_1=\frac{3m}{2b^2}\left(1+\frac{1}{3}\cos 2\varphi\right)$$

In 2. Näherung ist also

$$u=\frac{1}{b}\sin\varphi+\frac{3m}{2b^2}\left(1+\frac{1}{3}\cos 2\varphi\right) \tag{5}$$

Für grosse r (kleine u) ist φ sehr klein, $\sin\varphi \simeq \varphi$, $\cos\varphi \simeq 1$. Im Limes $u \rightarrow 0$ geht $\varphi \rightarrow \varphi_\infty$, mit

$$\varphi_\infty = -\frac{2m}{b}$$

Die totale Ablenkung, δ, ist gleich $2|\varphi_\infty|$ d.h.

$$\boxed{\delta = \frac{4m}{b} = \frac{4GM}{c^2 b} = 2R_S/b} \qquad (6)$$

Für die Sonne ist dies

$$\delta = \frac{1.75''}{b/R_\odot} \qquad (7)$$

Dieses Resultat erhält man schon in der linearisierten Theorie (siehe Kap. IV). Die Lichtablenkung ist also nicht empfindlich auf die Nichtlinearitäten der Theorie, während die Periheldrehung sehr davon abhängt (siehe (3.7)).

Historisch wurde diese Voraussage von Einstein erstmals anlässlich einer Sonnenfinsternis am 29. März 1919 überprüft. Eddington und Dyson organsierten zwei Expeditionen nach der brasilianischen Stadt Sobral und nach der Insel Principe in Portugiesisch-Afrika.

Der Effekt der Lichtablenkung besteht darin, dass die Sterne während der Sonnenfinsternis nach aussen verschoben erscheinen (siehe die nächste Fig.). Diese Verschiebung wird bestimmt, indem man einmal die Sterne der Sonnenumgebung während der Sonnenfinsternis und später dasselbe Sternenfeld bei Nacht photographiert und die beiden Photographien übereinanderlegt.

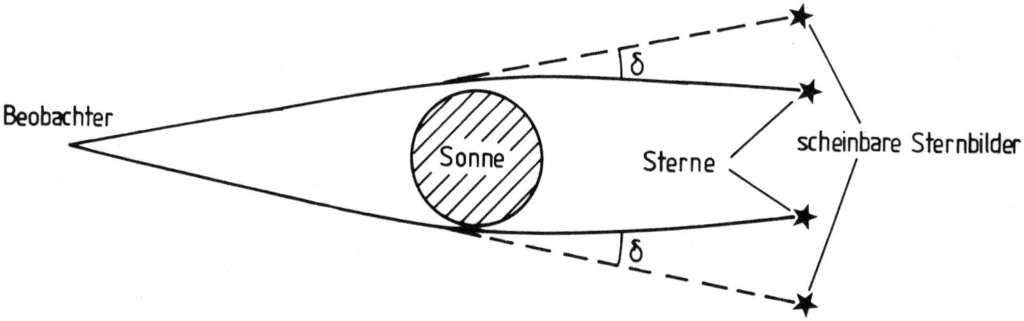

Die Ergebnisse der beiden ersten Expeditionen waren

$$\delta = \begin{cases} 1.98 \pm 0.16'' & \text{(Sobral)} \\ 1.61 \pm 0.40'' & \text{(Principe)} \end{cases} .$$

Dieses Ergebnis sorgte für Schlagzeilen in der Presse. Die Mitglieder des Physikalischen Kolloquiums in Zürich (Debye, Weyl,...) sandten am 11. Oktober 1919 eine Postkarte an Einstein mit dem Vers:

"Alle Zweifel sind entschwunden,
Endlich ist es nun gefunden:
Das Licht, das läuft natürlich krumm
Zu Einsteins allergrösstem Ruhm !"

Inzwischen wurden Beobachtungen anlässlich von Sonnenfinsternissen oft wiederholt. Die Resultate streuen aber über einen relativ grossen Bereich.
Seit 1969 wurden auf radioastronomischem Weg wesentliche Verbesserungen erzielt. Alljährlich am 8. Oktober wird der Quasar 3C 279 von der Sonne verdeckt und dabei kann die Ablenkung der vom Quasar ausgehenden Radiowellen (relativ zum Quasar 3C 273, welcher etwa 10^0 entfernt ist) gemessen werden.

Die zunehmende Genauigkeit ist in der nächsten Fig. dargestellt. Dabei ist $\frac{1}{2}(1+\gamma)$ das Verhältnis der beobachteten Ablenkung (nach Abzug aller Störungen) zur Einsteinschen Vorhersage. Die bis jetzt genauesten Werte stammen von Fomalont und Sramek [26]. Für einen Vergleich mit der ART muss die zusätzliche Ablenkung subtrahiert werden, welche durch die Sonnenkorona verursacht wurd. Für Radiowellen geht die Frequenzabhängigkeit dieser Ablenkung mit $1/\omega^2$ (siehe die nachfolgende Uebungsaufgabe). Durch die Beobachtung bei zwei Frequenzen (2695 und 8085 MHz) kann der Beitrag der Sonnenkorona und der Ionosphäre der Erde sehr genau bestimmt werden.
Mit längeren Basislinien können in Zukunft die Messungen noch wesentlich genauer werden.

Uebungsaufgabe (Ablenkung durch die Sonnenkorona)

Berechne die Ablenkung von Radiowellen durch die Sonnenkorona für die folgende Elektronendichte (für $r/R_\odot > 2.5$) :

$$n_e(r) = \frac{A}{(r/R_\odot)^6} + \frac{B}{(r/R_\odot)^2} \qquad \begin{array}{l} A = 10^8 \text{ Elektronen/cm}^3 \\ B = 10^6 \quad \text{"} \quad /\text{"} \end{array} , \qquad (8)$$

welche einigermassen der Wirklichkeit entsprechen dürfte.

Anleitung

Das Dispersionsgesetz für (transversale) Wellen in einem Plasma ist (siehe z.B. J.D. Jackson, Classical Electrodynamics, Second Edition, § 10.8)

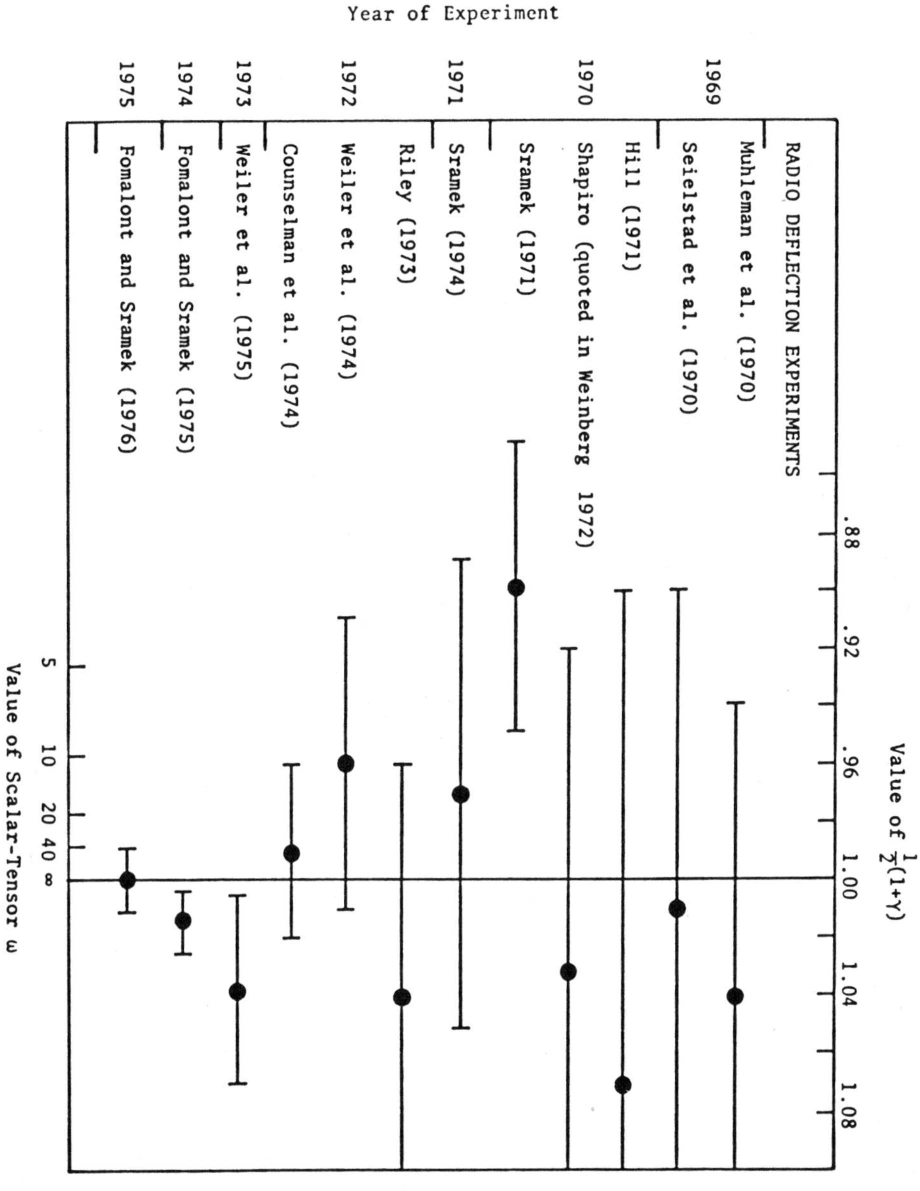
Year of Experiment
1969
1970
1971
1972
1973
1974
1975
RADIO DEFLECTION EXPERIMENTS
Muhleman et al. (1970)
Seielstad et al. (1970)
Hill (1971)
Shapiro (quoted in Weinberg 1972)
Sramek (1971)
Sramek (1974)
Riley (1973)
Weiler et al. (1974)
Counselman et al. (1974)
Weiler et al. (1975)
Fomalont and Sramek (1975)
Fomalont and Sramek (1976)
Value of $\frac{1}{2}(1+\gamma)$
.88
.92
.96
1.00
1.04
1.08
5
10
20
40
∞
Value of Scalar-Tensor ω

$$\omega^2 = c^2 k^2 + \omega_p^2 \tag{9}$$

Dabei ist ω_p die Plasmafrequenz, welche mit n_e wie folgt zusammenhängt

$$\omega_p^2 = \frac{4\pi n_e e^2}{m} \tag{10}$$

Der zugehörige Brechungsindex ist

$$n = \frac{k}{\omega/c} = \sqrt{1-\omega_p^2/\omega^2} \tag{11}$$

Wenn s die Bogenlänge des Lichtstrahles $\underline{x}(s)$ bezeichnet, so erfüllt dieser die Differentialgleichung (siehe ein Optik-Buch)

$$\frac{d}{ds}\left(n\frac{d\underline{x}}{ds}\right) = \underline{\nabla} n \tag{12}$$

Da die Ablenkung klein ist, erhalten wir diese in genügender Näherung, indem wir die Gl.(12) längs der ungestörten Trajektorie $y=b, -\infty<x<\infty$ integrieren.

Der Richtungsunterschied der Asymptoten ist ($n = 1$ für $r \to \infty$):

$$\left.\frac{d\underline{x}}{ds}\right|_{+\infty} - \left.\frac{d\underline{x}}{ds}\right|_{-\infty} \simeq \int_{-\infty}^{\infty} \underline{\nabla} n(x\,\underline{e}_x + b\,\underline{e}_y)\,dx \tag{13}$$

Der koronale Streuwinkel δ_k ist für kleine δ_k gleich der linken Seite von (13) mal $\underline{e}_y$. Da $\underline{\nabla} n = n'(r)\,\underline{x}/r$, ist

$$\delta_k \simeq \int_{-\infty}^{+\infty} n'\left(\sqrt{x^2+b^2}\right)\frac{b}{\sqrt{x^2+b^2}}\,dx \tag{14}$$

Berechne dieses Integral z.B. mit der Sattelpunktsmethode.

* * *

Es ist üblich geworden, das sphärisch symmetrische und statische Vakuumfeld theorieunabhängig zu parametrisieren. In "isotropen" Koordinaten schreibt man an Stelle von (1.13) und (1.14)

$$g = \left[1 - 2m/r + 2\beta\left(\frac{m}{r}\right)^2 + \cdots\right]dt^2 - \left[1 + 2\gamma\frac{m}{r} + \cdots\right]d\underline{x}^2 \tag{15}$$

β und γ sind die sog. Eddington-Robertson-Parameter.
In der ART ist nach (1.14)

$$\beta = \gamma = 1 \tag{16}$$

Uebungsaufgabe

Leite für die Metrik (15) die folgenden Verallgemeinerungen für die Lichtablenkung und die Periheldrehung ab:

$$\delta = \frac{1+\gamma}{2}\,\delta_{ART} \tag{17}$$

$$\Delta\varphi = \frac{2-\beta+2\gamma}{3}\,\Delta\varphi_{ART} \tag{18}$$

[Anleitung: Für (17) benutze man z.B. das Fermatsche Prinzip, siehe § I.7.]

Aus (18) sieht man, dass die Periheldrehung auf Nichtlinearitäten der Theorie (Parameter β) empfindlich ist.

§ 5. Laufzeitverzögerung von Radar-Echos

Ein neuerer Test der ART besteht in der Bestimmung der Zeitverzögerung von Radarsignalen, welche von der Erde durch das Nahfeld der Sonne zu einem anderen Planeten oder Satelliten gesandt werden und von dort wieder zur Erde zurückreflektiert werden. Wir wollen die Zeitverzögerung für eine solche Rundreise berechnen.

Ein Radarsignal bewege sich von einem Punkt $(r_1, \vartheta = \pi/2, \varphi_1)$ zu einem zweiten Punkt $(r_2, \vartheta = \pi/2, \varphi_2)$

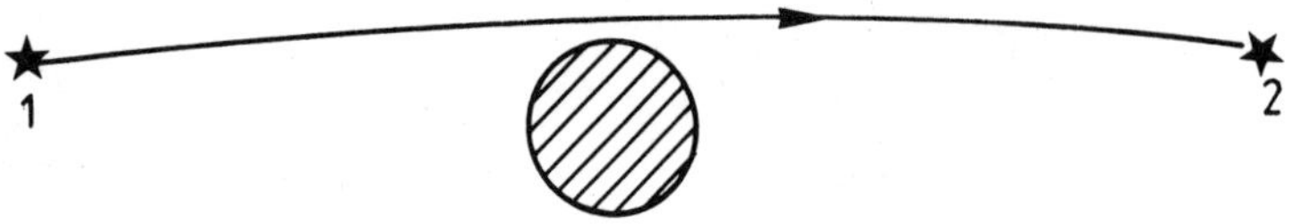

Wir berechnen zuerst die Koordinatenzeit t_{12}, die dafür gebraucht wird.

Nach (4.1) ist

$$\dot{r}^2 = E^2 - (1 - 2m/r) L^2/r^2 \tag{1}$$

Auf Grund von (2.5) gilt

$$\dot{r} = \frac{dr}{dt}\,\dot{t} = \frac{dr}{dt}\,\frac{E}{1-2m/r}$$

In (1) eingesetzt gibt

$$(1-2m/r)^{-3}\left(\frac{dr}{dt}\right)^2 = (1-2m/r)^{-1} - \left(\frac{L}{E}\right)^2 \frac{1}{r^2} \tag{2}$$

Für die grösste Annäherung an die Sonne bei $r = r_0$ muss $dr/dt = 0$ sein, d.h.

$$(L/E)^2 = r_0^2/(1-2m/r_0)$$

Setzen wir dies in (2) ein, so kommt

$$(1-2m/r)^{-3}\left(\frac{dr}{dt}\right)^2 + \left(\frac{r_0}{r}\right)^2 \frac{1}{1-2m/r_0} - \frac{1}{1-2m/r} = 0 \tag{3}$$

Die Koordinatenzeit, welche das Licht braucht, um von r_0 nach r (oder umgekehrt) zu gelangen, ist nach (3)

$$t(r,r_0) = \int_{r_0}^{r} \frac{dr}{1-2m/r} \, \frac{1}{\sqrt{1 - \frac{1-2m/r}{1-2m/r_0}\left(\frac{r_0}{r}\right)^2}} \tag{4}$$

Damit ist (für $|\varphi_1-\varphi_2| > \pi/2$):

$$t_{12} = t(r_1,r_0) + t(r_2,r_0) \tag{5}$$

Wir behandeln $2m/r$ im Integranden von (55) als kleine Grösse

$$t(r,r_0) \simeq \int_{r_0}^{r} \left\{(1+2m/r)\left[1-\left(1+\frac{2m}{r_0}-\frac{2m}{r}\right)\left(\frac{r_0}{r}\right)^2\right]^{-1/2}\right\} dr$$

Der Ausdruck in der eckigen Klammer ist

$$= 1-\left(\frac{r_0}{r}\right)^2 - 2m\left(\frac{1}{r_0}-\frac{1}{r}\right)\left(\frac{r_0}{r}\right)^2 = \left(1-\left(\frac{r_0}{r}\right)^2\right)\left(1-\frac{2m\left(\frac{1}{r_0}-\frac{1}{r}\right)r_0^2}{r^2\left(1-\left(\frac{r_0}{r}\right)^2\right)}\right)$$

$$= \left(1-\left(\frac{r_0}{r}\right)^2\right)\left(1-\frac{2mr_0}{r(r+r_0)}\right)$$

Folglich

$$t(r,r_0) \simeq \int_{r_0}^{r} \left(1-\frac{r_0^2}{r^2}\right)^{-1/2}\left[1+\frac{2m}{r}+\frac{mr_0}{r(r+r_0)}\right] dr$$

Dieses Integral ist elementar und gibt

$$t(r,r_0) \simeq \sqrt{r^2-r_0^2} + 2m \ln\left(\frac{r+\sqrt{r^2-r_0^2}}{r_0}\right) + m\left(\frac{r-r_0}{r+r_0}\right)^{1/2} \tag{6}$$

Für eine Rundreise von 1 nach 2 und wieder zurück ist es naheliegend, die folgende Grösse als die Verzögerung der Koordinatenzeit einzuführen:

$$\Delta t := 2\left[t(r_1,r_0)+t(r_2,r_0)-\sqrt{r_1^2-r_0^2}-\sqrt{r_2^2-r_0^2}\right]$$

$$= 4m \ln\left[\frac{\left(r_1+\sqrt{r_1^2-r_0^2}\right)\left(r_2+\sqrt{r_2^2-r_0^2}\right)}{r_0^2}\right] +$$

$$+ 2m\left[\sqrt{\frac{r_1-r_0}{r_1+r_0}}+\sqrt{\frac{r_2-r_0}{r_2+r_0}}\right] \tag{7}$$

Diese Zeit ist keine Observable, aber sie gibt doch eine Idee von der Grösse und dem Verhalten der allgemein relativistischen Effekte.

Für eine Rundreise von der Erde zum Mars und wieder zurück ist ($r_o << r_1, r_2$):

$$\Delta t \simeq 4m \left[\ln \frac{4 r_1 r_2}{r_o^2} + 1 \right] \tag{8}$$

$$(\Delta t)_{max} \simeq 72 km \simeq 240 \mu sec \tag{9}$$

Zum Vergleich sei erwähnt, dass in der Viking Mission der Fehler in der Zeitmessung für eine Rundreise nur etwa 10 nsec beträgt.

Wie schon erwähnt, kann (7) nicht direkt gemessen werden. Dazu müsste man $\sqrt{r_1^2 - r_o^2} + \sqrt{r_2^2 - r_o^2}$ sehr genau kennen (für eine 1 % Messung auf weniger als 1 km genau). Nun unterscheiden sich allein schon verschiedene gebräuchliche radiale Koordinaten (siehe z.B. (1.11) um die Grössenordnung $GM_\odot/c^2 \simeq 1.5$ km. Die theoretische Analyse und die praktische Auswertung der Zeitverzögerungs-Experimente ist deshalb sehr kompliziert. Grundsätzlich muss man die Messungen der Rundreisezeiten über Monate ausführen und diese an ein kompliziertes Modell anpassen, welches die Bewegungen des Senders und des Empfängers sehr genau beschreibt. Insbesondere müssen post-Newtonsche Korrekturen in den Bewegungsgleichungen berücksichtigt werden. In jedem hinreichend realistischen Modell ist eine Reihe von Parametern a priori nur ungenügend bekannt. Diese "uninteressanten" Parameter müssen deshalb, gleichzeitig mit dem relativistischen Parameter γ , in einem Fit bestimmt werden.

Die ersten ("passiven") Experimente wurden mit Radar-Echos von den Planeten Merkur und Venus ausgeführt. Die komplizierten topographischen Verhältnisse auf diesen Planeten limitieren die Genaugkeit dieser Experimente. Ausserdem sind die reflektierten Signale sehr schwach.

Die ("aktiven") Radio-Beobachtungen von Satelliten, bei denen die Signale durch einen Transponder frequenzverschoben reflektiert werden, haben die Schwierigkeit, dass die Raumschiffe starken, nichtgravitativen Störungen (Strahlungsdruck, Gasverlust, etc.) unterworfen sind.

Bei allen Experimenten sind die Zeitverzögerungen durch die Sonnenkorona sehr störend.

Trotz aller Schwierigkeiten ermöglichte die Viking Mission (siehe [27]) eine sehr genaue Bestimmung von γ :

$$\gamma = 1 \pm 0.002 \tag{10}$$

Wesentlich für diese erstaunliche Genauigkeit sind die folgenden Umstände: In der Viking Mission wurden zwei Transponder auf dem Mars gelandet und zwei weitere umkreisen den Planeten. Die Orbiter können sowohl bei S-Band als auch bei X-Band Frequenzen senden. (Die beiden "Lander" senden leider nur bei S-Band Frequenzen.) Das ermöglicht es, die ziemlich grossen Sonnenkorona-Verzögerungen (welche bis zu 100 μ-sec betragen) ziemlich genau zu bestimmen (da diese proportional zu $1/\nu^2$ sind). Da ausserdem zwei Transponder fest mit dem Mars verbunden sind, ist die Bahnrechnung genauer als dies bei Mariner 6, 7 und 9 möglich war. Uebrigens zeigt sich, dass die Korona zeitlich stark variabel ist und deshalb die Verzögerungen durch ein parametrisiertes theoretisches Modell nicht hinreichend genau berücksichtigt werden.

Uebungsaufgabe

Berechne für die Elektronendichte (4.8) die Laufzeitverzögerung, welche durch die Sonnenkorona verursacht wird.

Anleitung: Die Gruppengeschwindigkeit zum Dispersionsgesetz $\omega=\sqrt{k^2c^2+\omega_p^2}$ ist

$$v_g = \frac{\partial\omega}{\partial k} = \frac{kc^2}{\sqrt{k^2c^2+\omega_p^2}} \simeq \left(1-\tfrac{1}{2}\,\omega_p^2/\omega^2\right) c$$

Bei der Berechnung der Laufzeitverzögerung darf man die ungestörte gerade Bahn des Strahls benutzen. Dies ergibt sich aus dem Fermatschen Prinzip, da nach diesem beim tatsächlichen Verlauf des Strahls die Durchlaufzeit minimalisiert wird. (Der Fehler ist deshalb von 2. Ordnung.)

* * *

§ 6. Geodätische Präzession

Ein Kreiselkompass mit dem Spin 4er-Vektor S bewege sich längs einer Geodäten. Dabei wird S parallel verschoben (siehe § I.10.1). Wir betrachten im folgenden speziell eine Kreisbewegung in der Ebene $\vartheta=\pi/2$ im Schwarzschild-Feld und berechnen die zugehörige Spinpräzession. Die Spinpräzession werden wir für eine allgemeine Bewegung in post-Newtonscher Näherung im Kap. V nochmals aufnehmen.

Wir rechnen im folgenden relativ zur Basis (1.2) und ihrer dualen Basis, welche wir wie üblich mit e_α bezeichnen. Für die 4er-Geschwindigkeit u und S gelten die Gleichungen

$$(S,u)=0\ ,\quad \nabla_u S=0\ ,\quad \nabla_u u=0 \tag{1}$$

Die Komponenten von $\nabla_u S$ lauten (vgl. Teil 1, Gl.(5.54))

$$(\nabla_u S)^\mu = \dot S^\mu + \omega^\mu{}_\beta(u)\, S^\beta = 0 \tag{2}$$

Für eine Kreisbewegung mit $\vartheta=\pi/2$ ist offensichtlich $u^1=u^2=0$. Benutzen wir die Zusammenhangsformen (1.6), so folgt

$$\dot S^0 = -\omega^0{}_\beta(u)\,S^\beta = -\omega^0{}_1(u)\,S^1 = -a'e^{-b}\,\theta^0(u)\,S^1$$
$$= b'e^{-b}\,u^0 S^1$$

Ebenso findet man die anderen Gleichungen. Das Resultat lautet

$$\begin{aligned} \dot S^0 &= b'e^{-b}u^0 S^1 \\ \dot S^1 &= b'e^{-b}u^0 S^0 + \frac{1}{r}e^{-b}u^3 S^3 \\ \dot S^2 &= 0 \\ \dot S^3 &= -\frac{1}{r}e^{-b}u^3 S^1 \end{aligned} \tag{3}$$

Für $\nabla_u u=0$ erhalten wir an Stelle der 2. Gleichung von (3)

$$0 = b'e^{-b}(u^0)^2 + \frac{1}{r}e^{-b}(u^3)^2$$

d.h.

$$(u^0/u^3)^2 = -\frac{1}{b'r} \tag{4}$$

Die folgenden normierten Vektoren stehen senkrecht auf u :

$$\bar{e}_1 = e_1 \,,\; \bar{e}_2 = e_2 \,,\; \bar{e}_3 = u^3 e_0 + u^0 e_3 \tag{5}$$

In diesen ausgedrückt hat S die Form

$$S = \bar{S}^i \bar{e}_i$$

Offensichtlich ist

$$S^0 = u^3 \bar{S}^3 \,,\; S^1 = \bar{S}^1 \,,\; S^2 = \bar{S}^2 \,,\; S^3 = u^0 \bar{S}^3 \tag{6}$$

Schreiben wir (3) auf $\bar{S}^i$ um, so kommt, wenn wir die Querstriche wieder weglassen,

$$\dot{S}^1 = -b' e^{-b} \frac{u^0}{u^3} S^3 \,,\; \dot{S}^2 = 0 \,,\; \dot{S}^3 = b' e^{-b} \frac{u^0}{u^3} S^1 \tag{7}$$

Dabei wurde (4) und $(u^0)^2 - (u^3)^2 = 1$ benutzt.

Wir ersetzen in (7) noch $\dot{S}^i$ durch die Ableitung nach der Koordinatenzeit. Dazu beachte man, dass nach (1.2) $u^0 = e^{-b}\,\dot{t}$ ist; also gilt $dS^i/dt = \dot{S}^i/\dot{t} = \dot{S}^i e^{-b}/u^0$, d.h.

$$\frac{dS^1}{dt} = -\frac{b'}{u^3} e^{-2b} S^3 \,,\; \frac{dS^2}{dt} = 0 \,,\; \frac{dS^3}{dt} = \frac{b'}{u^3} e^{-2b} S^1 \tag{8}$$

Nach (1.2) ist $u^3 = r\dot{\varphi}$, also $\omega := \frac{d\varphi}{dt} = \frac{\dot{\varphi}}{\dot{t}} = \frac{u^3}{u^0}\frac{1}{r} e^{-b}$,

oder mit (4)

$$\omega^2 = \left(\frac{u^3}{u^0}\right)^2 \frac{1}{r^2} e^{-2b} = -\frac{1}{r} b' e^{-2b} = \frac{1}{2r}\left(e^{-2b}\right)'$$

Aber

$$e^{-2b} = 1 - 2m/r \tag{9}$$

Deshalb

$$\boxed{\omega^2 = \frac{m}{r^3}} \tag{10}$$

(3. "Keplersches Gesetz")

Für die Präzessionsfrequenz Ω in (8) gilt nach (4)

$$\Omega^2 = \frac{(b')^2 e^{-4b}}{(u^3)^2} = (b')^2 e^{-4b}\left[-1-\frac{1}{b'r}\right] = -b'\left(b'+\frac{1}{r}\right)e^{-4b}$$

$$= \omega^2 e^{-2b}(rb'+1) = \omega^2 e^{-2b}\left[-\frac{m}{r}\cdot\frac{1}{1-2m/r}+1\right]$$

$$= \omega^2 e^{-2b}\,\frac{1-3m/r}{1-2m/r}$$

d.h. $$\Omega^2 = e^2\omega^2$$

mit

$$\boxed{e^2 = 1-3m/r} \tag{11}$$

Wir schreiben (8) in der Form

$$\boxed{\frac{d}{dt}\underline{S} = -\underline{\Omega}\wedge\underline{S}\,,\quad \underline{\Omega} = (0, e\omega, 0)} \tag{12}$$

Im Newtonschen Grenzfall ist $\underline{\Omega} = (0,\omega,0)$. Wir sehen: In dem nach dem Zentrum orientierten 3-dim. Raum senkrecht zur Bewegungsrichtung präzediert $\underline{S}$ rückläufig um die Richtung senkrecht zur Bahnebene mit der Winkelgeschwindigkeit $e\omega < \omega$. Nach einem Bahnumlauf ist die Projektion von $\underline{S}$ auf die Bahnebene im positiven Sinne um den Winkel

$$2\pi(1-e) =: \omega_s\,\frac{2\pi}{\omega} \tag{13}$$

vorgerückt. (Man mache sich das Vorzeichen klar.)

Die Präzessionsfrequenz $\omega_s = \omega(1-e)$ ist

$$\omega_s = \sqrt{\frac{m}{r^3}}\left[1-\sqrt{1-3m/r}\right]$$

$$\simeq \sqrt{\frac{GM}{r^3}}\,\frac{3}{2}\,\frac{GM}{r}$$

d.h.

$$\boxed{\omega_s \simeq \frac{3}{2}\,\frac{(GM)^{3/2}}{r^{5/2}}} \tag{14}$$

Für die Erde als zentrale Masse ist dies

$$\omega_s \simeq 8.4 \left(\frac{R_\oplus}{r}\right)^{5/2} \quad \text{Bogensekunden/Jahr} \qquad (15)$$

Dies wird in den nächsten Jahren wahrscheinlich messbar. Es ist geplant, ein System von Kreiseln in einem Satelliten um die Erde zu senden. Neben der geodätischen Präzession (15) gibt es noch einen kleinen allgemeinrelativistischen Beitrag, welcher von der Rotation der Erde herrührt. Diesen werden wir in Kap. V diskutieren (siehe auch § I.10.4).

Bemerkungen:

1) Die Erde ist ein natürlicher Kreisel. Nach einem "siderischen Jahr" ($\Delta\varphi = 2\pi$) ist die Projektion der Erdachse auf die Ekliptik im positiven Sinne um den Winkel

$$2\pi(1-e) = 0.019''$$

vorgerückt. Das siderische Jahr ist dadurch charakterisiert, dass die Sonne in die gleiche Stelle unter den Fixsternen zurückgekehrt ist. Die Polachse hat sich demgegenüber gegen die Fixsterne verlagert. Dieser Effekt geht aber in den übrigen Störungen der Erdachse unter.

2) Ein natürlicher Kreisel ist auch der binäre Pulsar 1913+16. Diesen werden wir in Kap. V besprechen. Seine allgemeinrelativistische Präzession beträgt $\sim 1^\circ$/Jahr !

* * *

§ 7. Gravitationskollaps und schwarze Löcher (1. Teil)

In Kap. VI werden wir zeigen, dass nach der ART nicht beliebig massive, nichtrotierende kalte Sterne (Neutronensterne) existieren können. Wir zitieren an dieser Stelle bereits ein paar Resultate. (Siehe auch Ref. [28]).

Nimmt man an, dass die Zustandsgleichung für $\rho \leq \rho^*$ (ρ : Energie-Massen-Dichte) bekannt ist, wobei ρ^* nicht wesentlich grösser als die Kerndichte $\rho_0 = 2.8 \times 10^{14}$ g/cm^3 ist, dann gilt für die Masse eines nichtrotierenden Neutronensterns die folgende Schranke

$$M/M_\odot \lesssim 6.75\,(\rho_0/\rho_*)^{1/2} \tag{1}$$

Bei der Herleitung dieser Schranke wird lediglich angenommen, dass für $\rho > \rho^*$ immer $\partial p/\partial \rho > 0$ ist.

Nimmt man zusätzlich an, dass die Schallgeschwindigkeit kleiner ist als die Lichtgeschwindigkeit $\partial p/\partial \rho < c^2$, so lässt sich die Limite (1) verschärfen,

$$M/M_\odot \lesssim 4.0\,(\rho_0/\rho_*)^{1/2} \tag{2}$$

"Realistische" Zustandsgleichungen geben typischerweise ein M_{max} von etwa $2M_\odot$.

Eine superkritische Masse kann zwar temporär in einem Gleichgewicht existieren, indem sie durch thermonukleare Prozesse einen Druck aufbaut. Da aber früher oder später die Kernenergiequellen erschöpft sind, ist kein dauerndes Gleichgewicht möglich, wenn nicht genügend Masse (etwa in einer Supernova-Explosion) abgestossen wird. Dann wird der Stern auf ein schwarzes Loch kollabieren.

Wir betrachten in diesem Abschnitt den sphärisch symmetrischen Kollaps und die sphärisch symmetrischen Löcher. In dieser einfachen Situation zeigen sich bereits einige der qualitativ wichtigsten Eigenschaften. Der sphärisch symmetrische Kollaps ist besonders einfach, weil das Gravitationsfeld ausserhalb des Sterns bekannt ist und nur von der kollabierenden Gesamtmasse abhängt (und nicht von den dynamischen Details der Implosion). Dies haben wir in § 1 für $r > 2\,m$ bereits gezeigt (Birkhoff Theorem).
Wir werden dieses Resultat im folgenden Abschnitt auf $r \leq 2\,m$ ausdehnen.

7.1. Die Kruskal-Fortsetzung der Schwarzschild Lösung

Die Schwarzschild Lösung

$$g = (1-2m/r)\,dt^2 - \left[\frac{dr^2}{1-2m/r} + r^2(d\vartheta^2 + \sin^2\vartheta\, d\varphi^2)\right] \qquad (3)$$

hat bei $r = 2m$ scheinbar eine Singularität. Wir werden im folgenden sehen, dass der Ausdruck (3) nur deshalb singulär wird, weil bei $r=2m$ das benutzte Koordinatensystem versagt *). Eine erste Andeutung dafür ergibt sich aus der Beobachtung, dass der Riemann Tensor (1.7) bezüglich der orthonormierten Basis (1.2) bei $r = 2m$ endlich bleibt. Eine typische Komponente ist

$$R^1{}_{212} = R^1{}_{313} = e^{-2b}\,\frac{b'}{r} \sim \frac{1}{r^3}$$

Deshalb bleiben die Gezeitenkräfte bei $r = 2m$ endlich.

Bevor wir die Schwarzschild Lösung über $r = 2m$ fortsetzen, betrachten wir radiale zeitartige Geodäten in der Nähe des Horizontes. Aus (2.7) und (2.8) ergibt sich für $L = 0$ die Bewegungsgleichung

$$\dot{r}^2 = \frac{2m}{r} + E^2 - 1 \qquad (4)$$

Bei $r = R$ sei das radial fallende Teilchen in Ruhe, d.h. $2m/R = 1 - E^2$ $(E < 1)$. Dann ist nach (4)

*) Koordinatensingularitäten können sehr leicht erzeugt werden. Beispiel: Betrachte im $\mathbb{R}^2$ die Metrik $ds^2=dx^2+dy^2$ und führe an Stelle von x die Koordinate $\xi = \frac{1}{3}x^3$ ein. Die transformierte Metrik lautet

$$ds^2 = (1/3\xi)^{4/3}\, d\xi^2 + dy^2$$

und diese wird bei $\xi = 0$ "singulär".

$$d\tau = \left[\frac{2m}{r} - \frac{2m}{R}\right]^{-1/2} dr \tag{5}$$

Man findet leicht die Parameterdarstellung (Zykloide)

$$r = \frac{R}{2}(1+\cos\eta) \tag{6}$$

$$\tau = \left(\frac{R^3}{8m}\right)^{1/2}(\eta + \sin\eta) \tag{7}$$

Bei $r = 2m$ ereignet sich hier nichts besonderes. (Für $\eta = 0$ ist $r = R$, $\tau = 0$. Die Eigenzeit für den freien Fall bis $r = 0$ ($\eta = \pi$) ist $\tau = (\pi/2)\cdot(R/2m)^{3/2}$.)

Nun betrachten wir anderseits r als Funktion der Koordinatenzeit t . Mit (2.5) bekommen wir

$$\dot{r} = \frac{dr}{dt}\dot{t} = \frac{dr}{dt}\frac{E}{1-2m/r} \tag{8}$$

Wir benutzen die radiale Koordinate

$$r^* = r + 2m \ln\left(\frac{r}{2m} - 1\right) \tag{9}$$

Da

$$\frac{dr^*}{dt} = \frac{1}{1-2m/r}\frac{dr}{dt}$$

folgt aus (8)

$$\dot{r} = E\frac{dr^*}{dt} \tag{10}$$

Setzen wir dies in (4) ein, so folgt

$$\left(E\frac{dr^*}{dt}\right)^2 = E^2 - 1 + \frac{2m}{r} \tag{11}$$

Wir bestimmen jetzt eine approximative Lösung in der Nähe von $r = 2m$. Für $r \downarrow 2m$ geht $r^* \longrightarrow -\infty$ und die rechte Seite von (11) strebt gegen E^2 . Deshalb ist für $r \simeq 2m$,

$$\frac{dr^*}{dt} \simeq -1 \; , \quad \text{d.h.} \quad r^* \simeq -t + \text{konst.},$$

$$2m + 2m\ln\left(\frac{r}{2m} - 1\right) \simeq -t + \text{konst.}$$

Dies gibt

$$r \simeq 2m + \text{const.}\, e^{-t/2m} \tag{12}$$

Man sieht daraus, dass der Schwarzschild-Radius erst nach unendlicher Koordinatenzeit erreicht wird.
Man kann t auch durch den Parameter η ausdrücken. Nach (2.5), (6) und (7) ist

$$dt = \frac{E\,d\tau}{1-2m/r} = E\,\frac{d\tau}{d\eta}\,\frac{1}{1-2m/r}\,d\eta$$

$$= (1-2m/R)^{1/2}\left(\frac{R^3}{8m}\right)^{1/2} \frac{1+\cos\eta}{1-4m\,[R(1+\cos\eta)]^{-1}}\,d\eta$$

Aus einer Integraltafel findet man

$$\frac{t}{2m} = \ln\left|\frac{(R/2m-1)^{1/2}+\mathrm{tg}\,\eta/2}{(R/2m-1)^{1/2}-\mathrm{tg}\,\eta/2}\right| + \left(\frac{R}{2m}-1\right)^{1/2}\left[\eta + \frac{R}{4m}(\eta+\sin\eta)\right] \tag{13}$$

Die Integrationskonstante wurde so gewählt, dass für $\eta = 0$ $(r = R)$ auch $t = 0$ ist. Für $\mathrm{tg}\,\eta/2 \rightarrow (R/2m-1)^{\frac{1}{2}}$ gilt $r \rightarrow 2m$, $t \rightarrow \infty$ (s.Fig.).

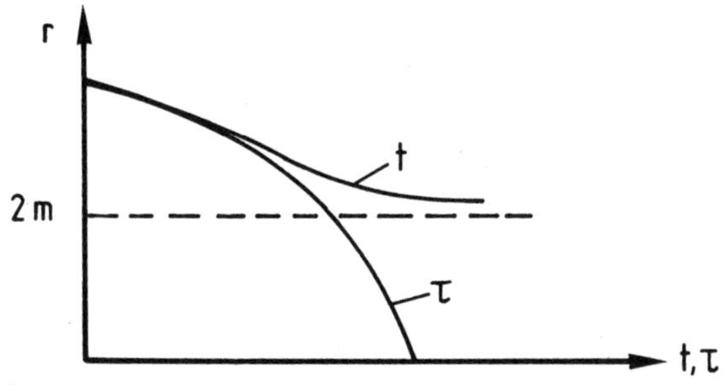

Wir betrachten auch noch die radialen lichtartigen Richtungen zur Metrik (3) (für $r > 2m$ und $r < 2m$). Für diese gilt $(ds = 0)$:

$$\frac{dr}{dt} = \pm(1-2m/r)$$

Für $r \downarrow 2m$ verengt sich die Oeffnung der Lichtkegel in zunehmendem Masse (s.Fig.).

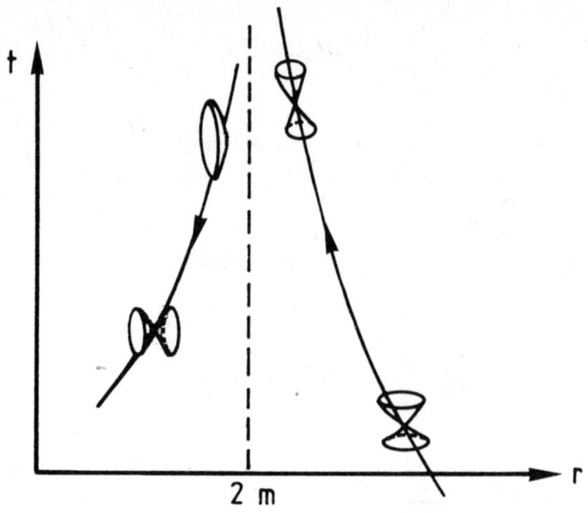

Aus dieser Diskussion ist zu erwarten, dass der Gebrauch der Koordinaten r und t limitiert ist. Verwenden wir die Eigenzeit, so können wir Ereignisse beschreiben, die erst nach $t = \infty$ erfolgen.
Für $r > 2m$ ist natürlich t eine ausgezeichnet Zeit. Die Schwarzschild Lösung ist dort statisch und das zugehörige Killingfeld K ist gerade $K = \partial/\partial t$. (Die zugehörige 1-Form $\underset{\sim}{K}$ ist $\underset{\sim}{K} = (K,K)\, dt$, siehe § I.9). Die Koordinate t ist an das Killingfeld K adaptiert und dadurch (bis auf eine additive Konstante) eindeutig definiert. (Zeige, dass für $r > 2m$ nur ein hyperflächenorthogonales zeitartiges Killingfeld existiert.)

Wir wollen nun die Schwarzschild Mannigfaltigkeit $(r > 2m)$ so fortsetzen, dass immer noch die Einsteinschen Feldgleichungen erfüllt sind. Am einfachsten wurde dies von Kruskal (1960) durchgeführt.

Wir möchten vermeiden, dass die Lichtkegel sich für $r \downarrow 2m$ in singulärer Weise verengen. Deshalb transformieren wir auf neue Koordinaten (u, v), in denen die Metrik die folgende Gestalt hat

$$g = f^2(u,v)(dv^2 - du^2) - r^2(d\vartheta^2 + \sin^2\vartheta\, d\varphi^2) \tag{14}$$

Dann gilt für die radialen Lichtstrahlen $(du/dv)^2 = 1$, für $f^2 \neq 0$. Die zweidimensionalen Untermannigfaltigkeiten $\{\vartheta = \text{konst.}, \varphi = \text{konst.}\}$ sind nach (14) konform zur 2-dim. Minkowski Metrik $dv^2 - du^2$. Für die gesuchte Koordinaten Transformation (ϑ, φ bleiben ungeändert) können wir leicht Differentialgleichungen aufstellen.

Aus

$$g_{\alpha\beta} = \frac{\partial x'^{\mu}}{\partial x^{\alpha}} \frac{\partial x'^{\nu}}{\partial x^{\beta}} g'_{\mu\nu}$$

folgt

$$1 - 2m/r = f^2 \left[\left(\frac{\partial v}{\partial t}\right)^2 - \left(\frac{\partial u}{\partial t}\right)^2 \right]$$

$$-(1 - 2m/r)^{-1} = f^2 \left[\left(\frac{\partial v}{\partial r}\right)^2 - \left(\frac{\partial u}{\partial r}\right)^2 \right]$$

$$0 = \frac{\partial u}{\partial t} \frac{\partial u}{\partial r} - \frac{\partial v}{\partial t} \frac{\partial v}{\partial r}$$

Die Vorzeichen von u und v sind durch diese Gleichungen nicht bestimmt.
Zur Vereinfachung führen wir wieder r^* gemäss Gl.(9) ein.
Ferner sei

$$F(r^*) = \frac{1 - 2m/r}{f^2(r)}$$

Dabei wurde angenommen, dass sich eine Funktion f finden lässt, die nur von r abhängt. Die Transformationsformeln lassen sich jetzt wie folgt umschreiben

$$\left(\frac{\partial v}{\partial t}\right)^2 - \left(\frac{\partial u}{\partial t}\right)^2 = F(r^*) \tag{15}$$

$$\left(\frac{\partial v}{\partial r^*}\right)^2 - \left(\frac{\partial u}{\partial r^*}\right)^2 = -F(r^*) \tag{16}$$

$$\frac{\partial u}{\partial t} \cdot \frac{\partial u}{\partial r^*} = \frac{\partial v}{\partial t} \frac{\partial u}{\partial r^*} \tag{17}$$

Wir bilden (15) + (16) $\pm$ 2 . (17) :

$$\left(\frac{\partial v}{\partial t} + \frac{\partial v}{\partial r^*}\right)^2 = \left(\frac{\partial u}{\partial t} + \frac{\partial u}{\partial r^*}\right)^2 \tag{18}$$

$$\left(\frac{\partial v}{\partial t} - \frac{\partial v}{\partial r^*}\right)^2 = \left(\frac{\partial u}{\partial t} - \frac{\partial u}{\partial r^*}\right)^2 \tag{19}$$

In der ersten Gleichung wählen wir bei der Wurzelziehung das Plus-Zeichen und in der zweiten Gleichung das Minus-Zeichen (bei gleichem Vorzeichen würde die Jacobi-Determinante verschwinden) und erhalten

$$\frac{\partial v}{\partial t} = \frac{\partial u}{\partial r^*} \quad , \quad \frac{\partial v}{\partial r^*} = \frac{\partial u}{\partial t} \tag{20}$$

Dies gibt

$$\frac{\partial^2 u}{\partial t^2} - \frac{\partial^2 u}{\partial r^{*2}} \quad , \quad \frac{\partial^2 v}{\partial t^2} - \frac{\partial^2 v}{\partial r^{*2}} = 0 \tag{21}$$

Die allgemeine Lösung dieser Gleichungen ist

$$v = h(r^*+t) + g(r^*-t) \tag{22}$$

$$u = h(r^*+t) - g(r^*-t) \tag{23}$$

Dies setzten wir in (15) - (17) ein. Gl. (17) ist identisch erfüllt, während (15) und (16) zur folgenden Gleichung führen

$$-4\,h'(r^*+t)\,g'(r^*-t) = F(r^*) \tag{24}$$

Vorläufig sei $r > 2m$ und also $F(r^*) > 0$. Aus (24) erhalten wir durch Differentiation nach r^* bzw. t :

$$\frac{F'(r^*)}{F(r^*)} = \frac{h''(r^*+t)}{h'(r^*+t)} + \frac{g''(r^*-t)}{g'(r^*-t)} \tag{25}$$

$$0 = \frac{h''(r^*+t)}{h'(r^*+t)} - \frac{g''(r^*-t)}{g'(r^*-t)} \tag{26}$$

Daraus folgt

$$[\ln F(r^*)]' = 2\,[\ln h'(r^*+t)]' \tag{27}$$

Wir können r^* und $y = r^*+t$ als unabhängige Variable ansehen. Nach der letzten Gleichung müssen deshalb beide Seiten gleich einer Konstanten 2η sein. Mit geeigneten Integrationskonstanten ist deshalb

$$h(y) = \frac{1}{2} e^{\eta y} \quad , \quad F(r^*) = \eta^2 e^{2\eta r^*} \tag{28}$$

Aus (26) ergibt sich

$$g(y) = -\frac{1}{2} e^{\eta y} \tag{29}$$

Das relative Vorzeichen von h und g ist mit (24) durch $F > 0$ bestimmt.
Zusammenfassend haben wir

$$u = h(r^*+t) - g(r^*-t) = \frac{1}{2} e^{\eta(r^*+t)} + \frac{1}{2} e^{\eta(r^*-t)}$$

$$= e^{\eta r^*} \cosh \eta t = \left(\frac{r}{2m} - 1\right)^{2m\eta} e^{\eta r} \cosh \eta t$$

d.h.

$$u = \left(\frac{r}{2m} - 1\right)^{2m\eta} e^{\eta r} \cosh \eta t$$

Ebenso

$$v = \left(\frac{r}{2m} - 1\right)^{2m\eta} e^{\eta r} \sinh \eta t$$

Ferner ist

$$f^2 = \frac{2m}{\eta^2 r} \left(\frac{r}{2m} - 1\right)^{1-4m\eta} e^{-2\eta r}$$

Wir wählen nun η so, dass für $r = 2m$ $f^2 \neq 0$ ist. Dies verlangt $\eta = 1/4 \cdot m$. Auf diese Weise werden wir zur <u>Kruskal-Transformation</u> geführt:

$$u = \sqrt{\frac{r}{2m} - 1}\; e^{r/4m} \cosh \frac{t}{4m} \qquad (30)$$

$$v = \sqrt{\frac{r}{2m} - 1}\; e^{r/4m} \sinh \frac{t}{4m} \qquad (31)$$

In diesen neuen Koordinaten hat die Metrik nach Konstruktion die Form (14) mit

$$f^2 = \frac{32 m^3}{r} e^{-r/2m} \qquad (32)$$

<u>Diskussion</u>

1. Bis jetzt haben wir lediglich eine Koordinaten-Transformatin ausgeführt. Dem Schwarzschild Gebiet $r > 2m$ entspricht in der (u,v)-Ebene der schraffierte Quadrant $(u > |v|)$ der folgenden Figur

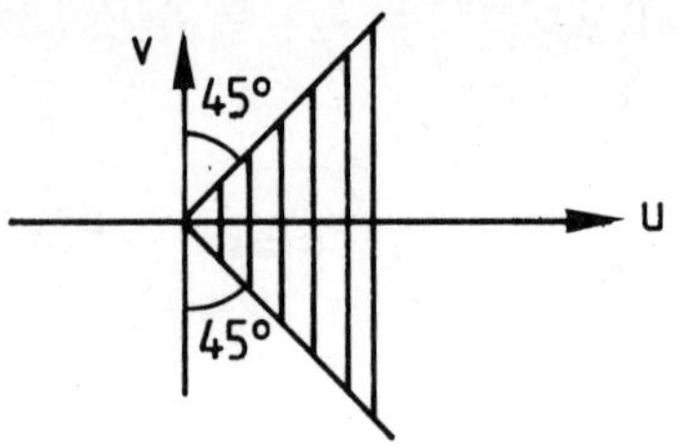

Den Linien r = konst. in der (r,r)-Ebene entsprechen Hyperbeln. Dies folgt aus den Formeln

$$u^2-v^2=\left(\frac{r}{2m}-1\right)e^{r/2m}\,,\quad \frac{v}{u}=\operatorname{tgh}\left(\frac{t}{4m}\right) \tag{33}$$

Im Limes $r \longrightarrow 2m$ gehen diese in die 45°-Linien über (s.Fig.). Den Linien t = konst. entsprechen nach (33) radiale Strahlen durch den Koordinaten-Ursprung (s.Fig.).

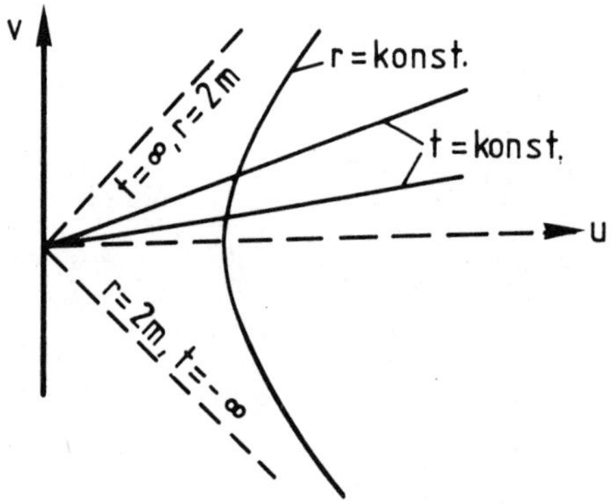

2. Die transformierte Metrik

$$g=f^2(u,v)(dv^2-du^2)-r^2(u,v)\,d\Omega^2 \tag{34}$$

in der sich r als Funktion von u,v, aus (33) ergibt, ist aber nicht nur im Quadranten $u > |v|$ regulär. Das Regularitätsgebiet von (34) wird durch die beiden Hyperbeläste $v^2-u^2=1$ begrenzt, da dort nach (33) $r = 0$ und also f^2 (siehe Gl.(32)) singulär wird. In $v^2-u^2<1$ (s.Fig.) ist r eine eindeutige Funktion von u und v, denn die rechte Seite der ersten Gleichung in (33) ist eine monotone Funktion für $r > 0$; ihre Ableitung nach r ist $r\, e^{r/2m} > 0$ für $r > 0$. Schreiben wir (33) als $u^2 - v^2 = g(r/2m)$, so ist der Graph von g :

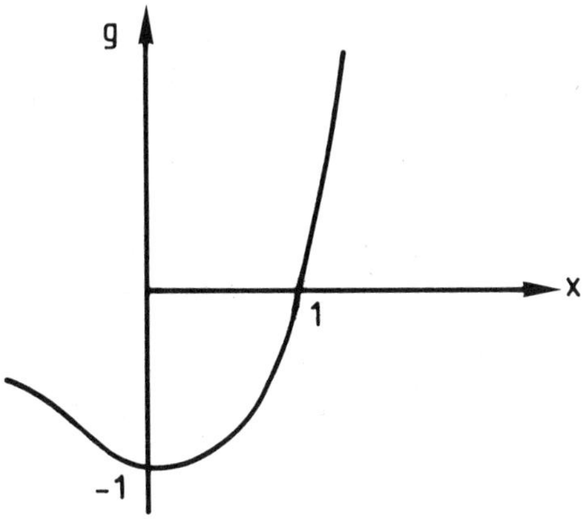

Wir haben damit die ursprüngliche Schwarzschild Mannigfaltigkeit in eine grössere Lorentzmannigfaltigkeit - in die sog. <u>Schwarzschild-Kruskal Mannigfaltigkeit</u> - isometrisch eingebettet. Auf der erweiterten Mannigfaltigkeit verschwindet der Ricci-Tensor. Dies wird sich aus den nachfolgenden Bemerkungen ergeben.

3. Bei der Herleitung der Kruskal-Transformation haben wir das Vorzeichen von h willkürlich positiv gewählt (damit war g negativ). Wir hätten auch das Umgekehrte machen können. Dies läuft auf die Transformation $(u,v) \longrightarrow (-u,-v)$ hinaus. Deshalb sind die beiden Gebiete I und III in der folgenden Fig. isometrisch

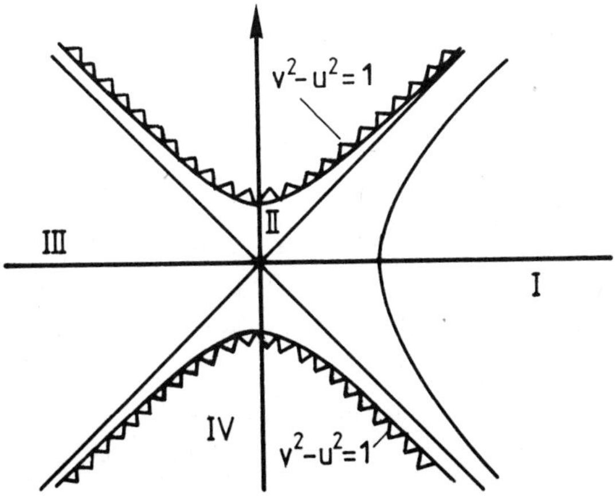

4 . Wir betrachten jetzt die ursprüngliche Schwarzschild Lösung (3) für $r < 2m$. Diese erfüllt ebenfalls die Vakuum-Gleichungen, wie man durch eine direkte Rechnung leicht nachweist (vgl. den Anhang zu Kap. III). Dort ist r eine Zeitkoordinate und t ist eine räumliche Koordinate. Diese Mannigfaltigkeit lässt sich isometrisch auf das Gebiet II der obigen Figur abbilden. Um dies zu sehen, denken wir uns die Herleitung der Kruskal-Transformation wiederholt. Für $0 < r < 2m$ ist jetzt $F(r^*)$ negativ und deshalb muss das relative Vorzeichen von g und h positiv sein. Wählen wir g und h positiv, so erhalten wir

$$\left\{\begin{aligned} u &= \sqrt{1-r/2m}\; e^{r/4m} \sinh\left(\frac{t}{4m}\right) \\ v &= \sqrt{1-r/2m}\; e^{r/4m} \cosh\left(\frac{t}{4m}\right) \end{aligned}\right. \tag{35}$$

und die transformierte Metrik hat wieder die Form (34), wobei f mit r ebenfalls gemäss (32) zusammenhängt.

Das Bild von $\{0 < r < 2m\}$ unter der Transformation (35) ist gerade das Gebiet II. Die Umkehrung von (35) lautet

$$v^2 - u^2 = (1 - r/2m)\, e^{r/2m}, \quad u/v = \tanh(t/4m) \tag{36}$$

Wählen wir g und h beide negativ, so läuft dies wieder auf die Transformation $(u,v) \longrightarrow (-u,-v)$ hinaus, d.h.die beiden Gebiete II und IV sind zueinander isometrisch.

5. Auf den Hyperbeln $v^2 - u^2 = 1$ wird die Metrik echt <u>singulär</u>, da dort z.B. die skalare Riemannsche Krümmung divergiert. Die Kruskal-Ausdehnung ist <u>maximal</u>, d.h. jede Geodäte kann entweder bis zu unendlichen Werten des affinen Parameters erstreckt werden, oder sie trifft bei einem endlichen Wert auf die Singularität $v^2 - u^2 = 1$.

6. Die kausalen Zusammenhänge der Schwarzschild-Kruskal Mannigfaltigkeit lassen sich sehr einfach überblicken. Die radialen Lichtstrahlen sind 45^0 Linien, wie im Minkowski Diagramm. Die Beobachter in I und III (wo die Metrik statisch ist) können Signale von IV empfangen und diese nach II senden. Jedes Teilchen, das einmal in II eingetreten ist, läuft aber notwendigerweise nach endlicher Eigenzeit in die Singularität bei $r = 0$. Ein Teilchen, das in IV ist, muss vor endlicher Eigenzeit aus

der Singularität $\{r = 0\}$ gekommen sein. Eine kausale Verbindung zwischen I und II ist nicht möglich.
Die zukünftige Singularität in $r = 0$ ist durch einen Ereignishorizont von entfernten Beobachtern in I und III abgeschirmt: Die Flächen $r=2m$ bilden den Rand des Gebietes, das kausal mit entfernten Beobachtern in den asymptotisch flachen Gebieten I und III verbunden ist. Signale, welche von IV nach I (oder III) kommen, haben I schon bei $t = -\infty$ erreicht. (Solches Licht könnte wahrscheinlich nicht beobachtet werden.)

7. Astrophysikalisch dürfte kaum die ganze Kruskal-Fortsetzung relevant sein (siehe Abschnitt 7.2).

8. Zur geometrischen Veranschaulichung der Schwarzschild-Kruskal Mannigfaltigkeit stellen wir die zweidimensionale raumartige Fläche $\{v = 0, \vartheta = \pi/2\}$ als Rotationsfläche im dreidimensionalen Raum dar. Offensichtlich erhalten wir einen "Doppeltrichter"; siehe S. 201. Der obere Teil entspricht $u > 0$ (I) und der untere $u < 0$ (III). Wie ändert sich dieser Doppeltrichter für Schnitte mit wachsendem v ?

9. Die Schwarzschild-Kruskal Mannigfaltigkeit ist in I und III statisch, in II und IV aber dynamisch: Das Killingfeld $K = \partial/\partial t$ wird in II und IV raumartig. (Am Horizont ist K lichtartig: $(K,K) = 1-2m/r = 0$.) In II und IV gibt es keine ruhenden Beobachter.

10. Im Anhang zu Kap. III werden wir die folgende Verallgemeinerung des Birkhoff Theorems beweisen: Jede sphärisch symmetrische Lösung der Einsteinschen Vakuumgleichungen ist isometrisch zu einem Stück der Schwarzschild-Kruskal Mannigfaltigkeit.

Eddington - Finkelstein Koordinaten

Beim sphärisch symmetrischen Gravitationskollaps sind nur die Gebiete I und II des Kruskal Diagramms relevant. Für diesen Teil wollen wir noch andere, häufig gebrauchte Koordinaten angeben, welche auf Eddington zurückgehen und von Finkelstein wieder entdeckt wurden. Diese hängen mit den ursprünglichen Schwarzschild-Koordinaten (t,r) in (3) wie folgt zusammen:

$$r = r', \quad \vartheta = \vartheta', \quad \varphi = \varphi'$$

$$t = t' - 2m \ln\left(\frac{r'}{2m} - 1\right), \quad \text{für} \quad r > 2\,m,$$

$$t = t' - 2m \ln\left(1 - \frac{r'}{2m}\right), \quad \text{für} \quad r < 2\,m; \tag{37}$$

Die Beziehung zu den Kruskal-Koordinaten ist

$$u = \frac{1}{2} e^{r/4m}\left(e^{t'/4m} + \frac{r-2m}{2m} e^{-t'/4m}\right)$$

$$v = \frac{1}{2} e^{r/4m}\left(e^{t'/4m} - \frac{r-2m}{2m} e^{-t'/4m}\right) \tag{38}$$

Daraus findet man sofort

$$\frac{r-2m}{2m} e^{r/2m} = u^2 - v^2, \quad e^{t'/2m} = \frac{r-2m}{2m} \frac{u+v}{u-v} \tag{39}$$

Anhand dieser Formeln kann man sich leicht überzeugen, dass die Transformation (38) für $u > v$ (d.h. in $I \cup II$) regulär ist. Durch Einsetzen von (37) in (3) ergibt sich die Metrik

$$g = \left(1 - \frac{2m}{r}\right) dt'^2 - \left(1 + \frac{2m}{r}\right) dr^2 - \frac{4m}{r} dt' dr - r^2 d\Omega^2 \tag{40}$$

Diese Form ist für das Gebiet $I \cup II$ zuständig. Die metrischen Koeffizienten sind in den Eddington-Finkelstein Koordinaten unabhängig von t'; dafür ergeben sich nichtdiagonale Terme. Wir wollen die Lichtkegel zu (40) bestimmen. $ds^2 = 0$ gibt für radiale Lichtstrahlen die Beziehung

$$(dt' + dr)\left\{\left(1 - \frac{2m}{r}\right) dt' - \left(1 + \frac{2m}{r}\right) dr\right\} = 0 \tag{41}$$

Deshalb sind die radialen lichtartigen Richtungen

$$\frac{dr}{dt'} = -1, \quad \frac{dr}{dt'} = \frac{r-2m}{r+2m} \tag{42}$$

Die erste Gleichung ergibt für die radialen Nullgeodäten

$$t' + r = \text{konst.}$$

Dies sind die Geraden in der nächsten Figur. Die zweite Gleichung in (42) zeigt, dass die Tangenten an die Nullgeodäten der zweiten Schar die folgenden Eigenschaften haben

$$\frac{dr}{dt'} \longrightarrow 1, \text{ für } r \longrightarrow \infty; \quad \frac{dr}{dt'} \longrightarrow 0, \text{ für } \longrightarrow 2m$$

$$\frac{dr}{dt'} \longrightarrow -1, \text{ für } r \longrightarrow 0 \tag{43}$$

Die zweite Eigenschaft impliziert, dass die Geodäten die Fläche $r = 2\,m$ nicht schneiden und wir erhalten deshalb das folgende Bild

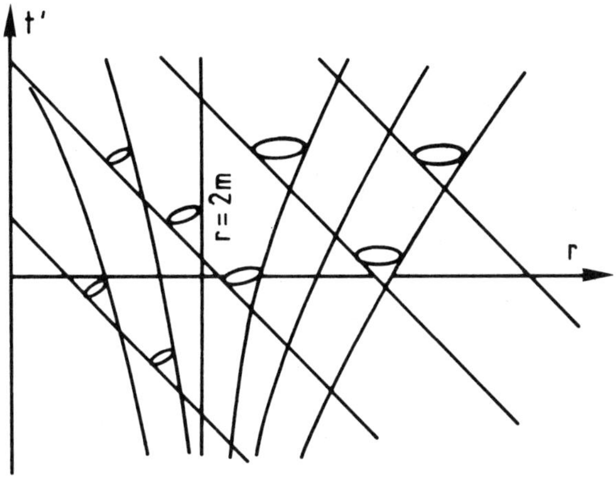

Man zeigt leicht, dass die nichtradialen Nullgeodäten und auch die zeitartigen Richtungen ein $\frac{dr}{dt'}$, haben, welches zwischen den beiden Werten in (42) liegt. Deshalb haben die Lichtkegel die in der Figur angegebene Form.

* * *

7.2. Der sphärisch symmetrische Kollaps auf ein schwarzes Loch

Wir betrachten jetzt den sphärisch symmetrischen katastrophalen Kollaps einer überkritischen Masse. Da nach dem verallgemeinerten Birkhoff-Theorem das Aussenfeld ein Stück der Schwarzschild-Kruskal Mannigfaltigkeit ist, lässt sich der Kollaps auf ein schwarzes Loch in Kruskalkoordinaten übersichtlich veranschaulichen (s.Fig.).

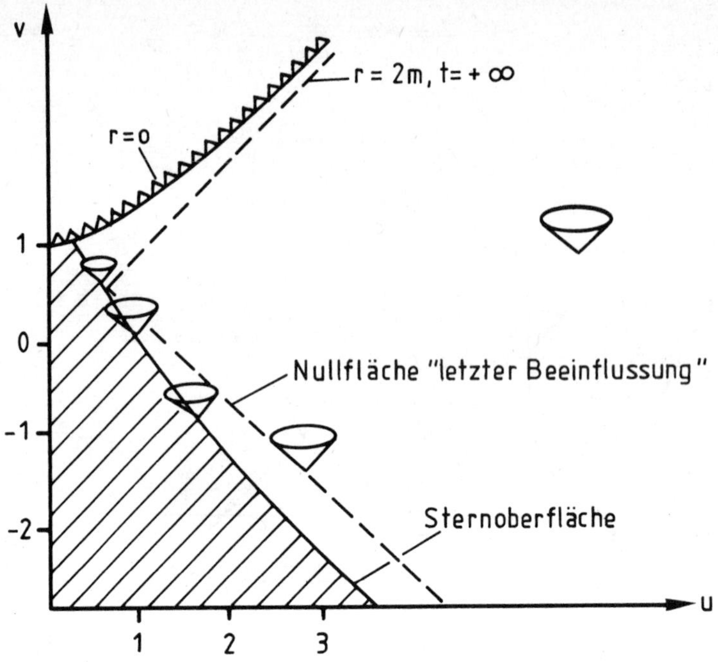

In der folgenden Figur stellen wir dasselbe auch in Eddington-Finkelstein Koordinaten dar.
Aus diesen Figuren ergeben sich die folgenden Schlüsse:

(1) Wenn der Sternradius kleiner als der Radius des Horizonts geworden ist, kann kein Gleichgewicht mehr existieren, da die Weltlinien der Sternoberfläche innerhalb der Lichtkegel verlaufen müssen. Der Kollaps auf eine Singularität ist unvermeidlich. (In der Nähe der Singularität dürfte allerdings die ART ihre Gültigkeit verlieren, weil schliesslich auch Quanteneffekte der Gravitation wichtig werden.)

(2) Wird innerhalb des Horizonts ein Signal abgesandt, so kann dieses nicht mehr zu einem entfernten Beobachter gelangen. Die Sternmaterie ist buchstäblich aus der Weltgeschichte ausgeschieden. Auch alle Lichtstrahlen fallen in die Singularität. Der Horizont bildet den Rand des Gebietes, das kausal mit einem weit entfernten Beobachter verbunden ist; durch diese Eigenschaft ist er allgemein definiert. Der Ereignishorizont wirkt also wie eine einseitige Membrane, durch welche Energie und Information nach innen, aber nicht nach aussen treten kann. Das Auftreten von Horizonten, d.h. von Kausalitätsrändern in unserem Universum ist eine sehr bemerkenswerte Kon-

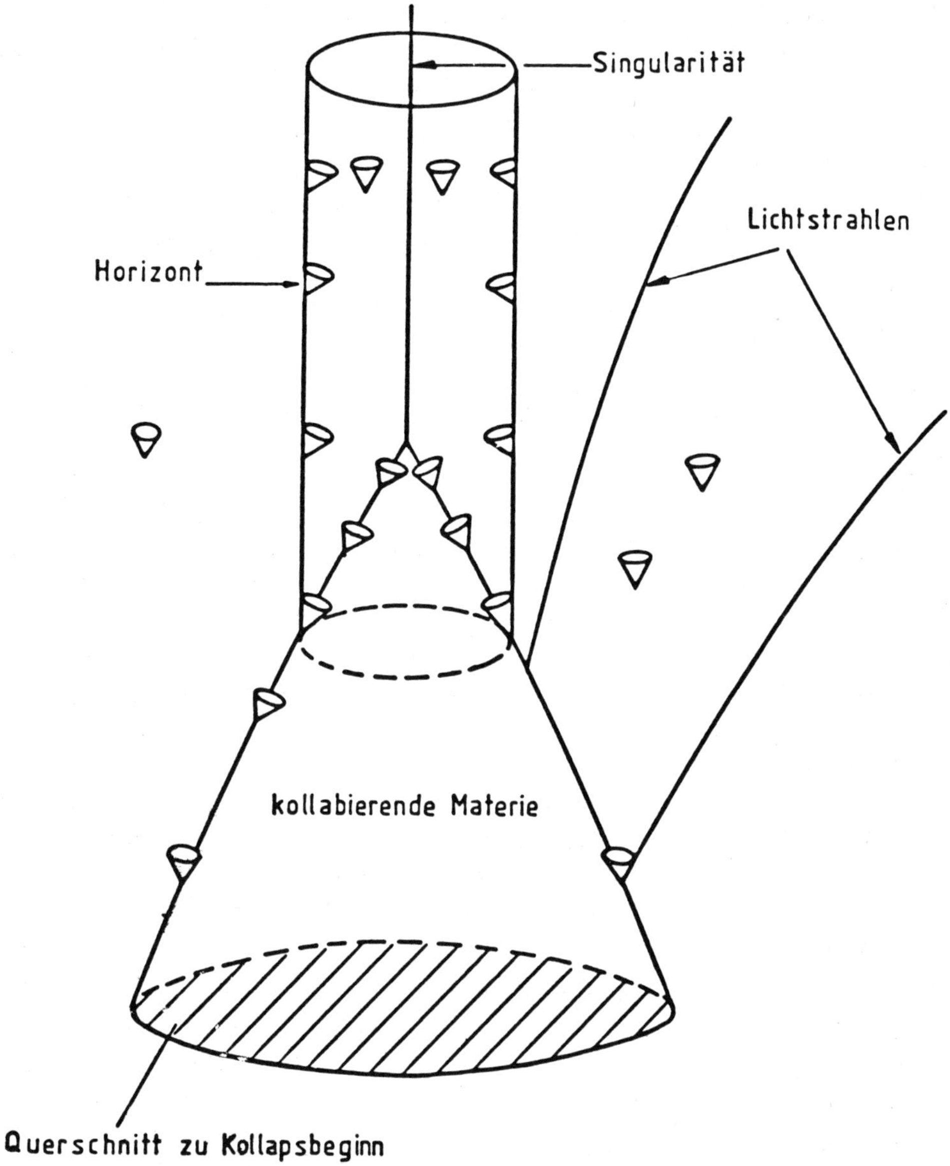

Raum-Zeit Diagramm eines kollabierenden Sternes;
Entstehung eines schwarzen Loches.

sequenz der ART. (Die Singularität liegt jenseits des Horizonts und hat folglich keine kausale Verbindung mit einem äusseren Beobachter; sie kann von einem solchen nicht "gesehen" werden. Es besteht die Vermutung, dass dies für alle "realistischen Singularitäten" so ist.)

(3) Ein Beobachter auf der kollabierenden Sternoberfläche bemerkt beim Ueberqueren des Horizontes nichts Besonderes. Lokal ist dort die Geometrie von Raum und Zeit wie anderswo. Für sehr grosse Massen sind auch die Gezeitenkräfte am Horizont durchaus erträglich (siehe weiter unten). Der Horizont ist also ein globales Phänomen der Raum-Zeit Mannigfaltigkeit. Beachte auch die in der Figur eingezeichnete Nullfläche "letzter Beeinflussung".

(4) Für einen äusseren Beobachter weit weg vom Stern erreicht letzterer den Schwarzschild-Horizont erst nach unendlich langer Zeit. Für ihn erstarrt der Stern - auf Grund der gravitativen Zeitdilatation - beim Schwarzschild-Horizont. In der Praxis wird aber der Stern plötzlich unsichtbar, da die Rotverschiebung exponentiell anzusteigen beginnt (siehe unten) und die Leuchtkraft entsprechend abnimmt. Die charakteristische Zeit dafür ist $\tau \sim R_S/c \simeq 10^{-5}(M/M_\odot)$ Sek.; für $M \sim M_\odot$ ist diese also ausserordentlich kurz. Danach liegt ein "schwarzes Loch" vor. Sinnvollerweise nennt man den Horizont, die Oberfläche und die äussere Geometrie das Gravitationsfeld des schwarzen Loches. Das Innere ist für die Astrophysik nicht relevant. Das äussere Gravitationsfeld sieht aber, von weit weg gesehen, genau so aus wie dasjenige eines kompakten massiven Objektes.

Schwarze Löcher wirken wie kosmische Staubsauger. Wenn z.B. ein schwarzes Loch Teil eines engen binären Systems ist, so kann es von seinem Partner (wenn dieser beispielsweise ein Riese ist) Materie ansaugen, welche dabei so sehr erhitzt wird, dass eine starke Röntgenquelle entsteht. Es gibt gute Gründe anzunehmen, dass die Röntgenquelle Cygnus X1 auf diese Weise zu erklären ist. Dies werden wir in Kap. VI näher ausführen.

Immer mehr setzt sich auch die Ueberzeugung durch, dass in den Zentren von sehr aktiven Galaxien und in Quasaren gigantische schwarze Löcher von vielleicht $10^9\ M_\odot$ existieren. Akkretion von Materie durch diese Löcher würde auf relativ ungezwungene Weise die gewaltigen Energiemengen erklären, die in relativ kleinen Räumen freigesetzt werden. Es bleibt der Zukunft überlassen, diese Hypothese durch detaillierte Beobachtungen zu überprüfen.

Rotverschiebung für einen asymptotischen Beobachter

Ein Sender nähere sich radial dem Schwarzschild-Horizont. Seine 4er-Geschwindigkeit sei V. Die emittierten Signale (Frequenz ω_e) werden durch einen ruhenden Beobachter (4er-Geschwindigkeit U) in grossem Abstand mit der Frequenz ω_0 empfangen (siehe Fig.) Nach Gl.(I.9.17) ist (k: Wellenzahlvektor)

$$1+z = \frac{\omega_e}{\omega_0} = \frac{(k,V)}{(k,U)} \qquad (44)$$

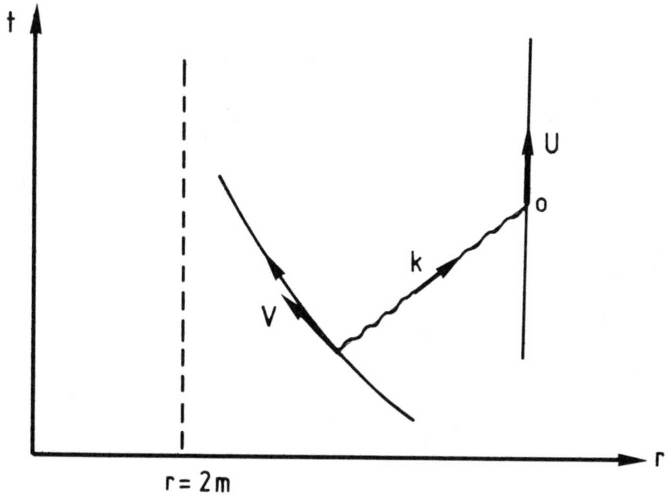

Wir benutzen die "retardierte" Zeit

$$u = t - r^* \ , \quad r^* = r + 2m \ln\left(\frac{r}{2m} - 1\right) \qquad (45)$$

Dann lautet die Metrik in den Koordinaten $(u, r, \vartheta, \varphi)$

$$g = (1 - 2m/r)\, du^2 + 2\, du\, dr - r^2 d\Omega^2 \qquad (46)$$

Für einen radial auslaufenden Lichtstrahl sind deshalb u, ϑ, φ = konst. Also ist k proportional zu $\partial/\partial r$. Nun ist die Lagrangefunktion für radiale Geodäten

$$\mathcal{L} = \frac{1}{2}(1-2m/r)\, \dot{u}^2 + \dot{u}\dot{r}$$

Da u zyklisch ist, ist

$$p_u := \frac{\partial \mathcal{L}}{\partial \dot{u}} = (1-2m/r)\,\dot{u} + \dot{r} = \text{konst.} \qquad (47)$$

Dies zeigt, dass für radiale Lichtstrahlen (wegen $\dot{u} = 0$)

$\dot{r} = p_u$ = konst. ist. Deshalb gilt

$$k = \text{const.}\ \partial/\partial r \tag{48}$$

Damit erhalten wir aus (44)

$$1+z = \frac{(V, \partial/\partial r)}{(U, \partial/\partial r)} \tag{49}$$

Für V gilt

$$V = \dot{u}\frac{\partial}{\partial u} + \dot{r}\frac{\partial}{\partial r}$$

und also

$$(V, \frac{\partial}{\partial r}) = \dot{u}\, g_{ur} = \dot{u}$$

Ebenso ist für den weitentfernten Beobachter $(U, \frac{\partial}{\partial r}) = \dot{t} \simeq 1$, also

$$1+z = \dot{u} = \dot{t} - (1-2m/r)^{-1}\dot{r} \tag{50}$$

Wir setzen

$$E = \dot{t}(1-2m/r) \tag{51}$$

Für eine radiale Geodäte wäre E konstant. Wir setzen aber im folgenden keine freie Fallbewegung voraus. Da $\mathcal{L} = 1$ ist, d.h.

$$(1-2m/r)\,\dot{t}^2 - \frac{\dot{r}^2}{1-2m/r} = 1 \quad , \tag{52}$$

gilt

$$\dot{r}^2 + (1-2m/r) = E^2 \tag{53}$$

und nach (50),(51)

$$1+z = \frac{E-\dot{r}}{1-2m/r} = (1-2m/r)^{-1}\left[E + (E^2-1+2m/r)^{1/2}\right] \tag{54}$$

Für den Beobachter ist $U \simeq \partial/\partial u$, d.h. u ist die Eigenzeit, die wir mit τ_0 bezeichnen. Wir interessieren uns im Hinblick auf (54) für $r(e)$ als Funktion von τ_0. Nun ist nach (50)

$$\frac{dr(e)}{d\tau_0} = \frac{dr(e)}{du} = \left(\frac{\dot{r}}{\dot{u}}\right)_e = \frac{\dot{r}}{1+z}$$

Setzen wir darin (54) ein, so folgt mit (53) für $r = r(e)$

$$\frac{dr}{d\tau_0} = (1-2m/r)\,\frac{(E^2-1+2m/r)^{1/2}}{E + (E^2-1+2m/r)^{1/2}} \tag{55}$$

Nun habe $r_e(\tau_e)$ die Form

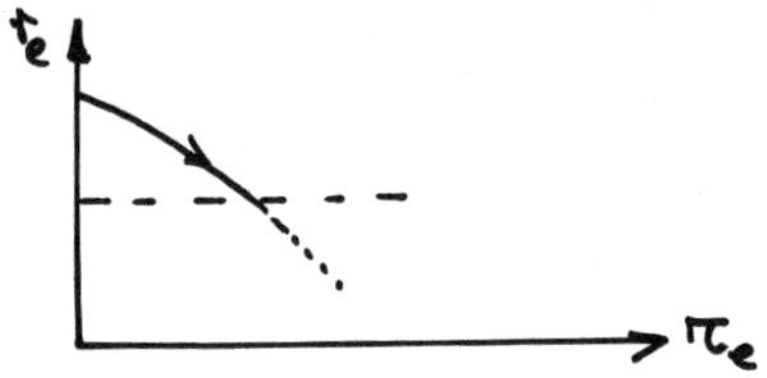

d.h. der Sender erreiche nach endlicher Eigenzeit (z.B. im freien Fall) den Schwarzschild-Horizont. Dann ist nach (53) E für $r \simeq 2\,m$ endlich ($\neq 0$) und langsam variierend. Aus (55) folgt dann in der Nähe von $r = 2\,m$

$$\frac{dr}{d\tau_0} \simeq \frac{1}{2}(1 - 2m/r) = \frac{r-2m}{4m}$$

oder

$$r - 2m \simeq \text{const.}\; e^{-\tau_0/4m} \tag{56}$$

Aus (54) folgt die asymptotische Formel

$$1+z \simeq \frac{4m\,E}{r-2m} \tag{57}$$

Setzen wir darin (56) ein, so folgt das bereits erwähnte Resultat

$$\boxed{1+z \propto e^{\tau_0/4m}} \tag{58}$$

* * *

Das Schicksal eines Beobachters auf der Sternoberfläche

Ein Beobachter auf der Sternoberfläche spürt mit kleiner werdendem Sternradius ständig zunehmende Gezeitenkräfte. Da die Füsse stärker angezogen werden als der Kopf, erfährt er eine Längsspannung. Gleichzeitig wird er seitlich zusammengedrückt (Querspannung). Diese Kräfte wollen wir ausrechnen.

Zunächst bestimmen wir die Komponenten des Riemann-Tensors relativ zur Basis (1.2). Setzen wir in den Krümmungsformen (1.7)

$$e^{2a} = e^{-2b} = 1 - 2m/r \tag{59}$$

so erhalten wir sofort

$$R_{0101} = \frac{2m}{r^3}\,, \quad R_{0202} = R_{0303} = -\frac{m}{r^3}$$

$$R_{1212} = R_{1313} = \frac{m}{r^3}$$

$$R_{2323} = -2m/r^3 \tag{60}$$

Alle andern Komponenten, welche nicht durch Symmetriebeziehungen aus (60) hervorgehen, sind gleich Null.

Der herunterfallende Beobachter benutzt aber zweckmässigerweise sein Ruhesystem als Bezugssystem. Für $r > 2\,m$ geht dieses aus (1.2) durch eine spezielle Lorentztransformation in der r-Richtung hervor, welche e_0 in die 4er-Geschwindigkeit u überführt. Merkwürdigerweise ändern sich die Komponenten des Riemann-Tensors bezüglich dieses neuen Systems nicht. In der Tat hat ein "boost" die folgende Form:

$$\Lambda = \left(\begin{array}{cc|c} \cosh\alpha & \sinh\alpha & 0 \\ \sinh\alpha & \cosh\alpha & \\ \hline & 0 & 1 \end{array}\right)$$

Z.B. ist nach (60)

$$R'_{0101} = \Lambda_{0\mu}\Lambda_{1\nu}\Lambda_{0\sigma}\Lambda_{1\varrho}\,R_{\mu\nu\sigma\varrho}$$

$$= R_{0101}\big(\underset{\uparrow\,(0101)}{\cosh^4\alpha} - \underset{\uparrow\,(1001),(0110)}{2\cosh^2\alpha\,\sinh^2\alpha} + \underset{\uparrow\,(1010)}{\sinh^4\alpha}\big) = R_{0101}$$

Aehnlich zeigt man die Invarianz der anderen Komponenten. Diese beruht auf der ganz besonderen Struktur der Schwarzschild-Geometrie.

Nun verfolgen wir den Beobachter im Quadranten II. Wir benutzen dabei die Ergebnisse im Anhang zu Kap. III. Nach (A.11) ist dort die Metrik von der Form (A.1) mit

$$e^{-2a} = e^{2b} = \frac{2m}{t} - 1\,, \quad R = t \tag{61}$$

Setzt man diese Funktionen in die Krümmungsformen (A.5) bezüglich der Basis (A.2) ein, so findet man die genau gleichen Formeln wie für

$r > 2m$, wobei aber r mit t vertauscht ist. Bezeichnen wir deshalb die zeitliche Variable t in (61) ebenfalls mit r , so gelten überall die Formeln (60) bezüglich des lokalen Ruhesystems.

Nach der Gleichung für die geodätische Abweichung wächst der Abstand zwischen zwei freifallenden Teilchen wie folgt an (siehe Gl.(II.1.10))

$$\ddot{n}^i = R^i{}_{00j}\, n^j \tag{62}$$

(Punkt: Ableitung nach der Eigenzeit.) Mit (60) erhalten wir für unser Problem

$$\begin{aligned} \ddot{n}^1 &= \frac{2m}{r^3}\, n^1 \\ \ddot{n}^2 &= -\frac{m}{r^3}\, n^2 \\ \ddot{n}^3 &= -\frac{m}{r^3}\, n^3 \end{aligned} \tag{63}$$

Wir betrachten jetzt ein quadratisches Prisma mit Masse μ , Höhe ℓ , Breite = Tiefe = w (siehe Fig.).

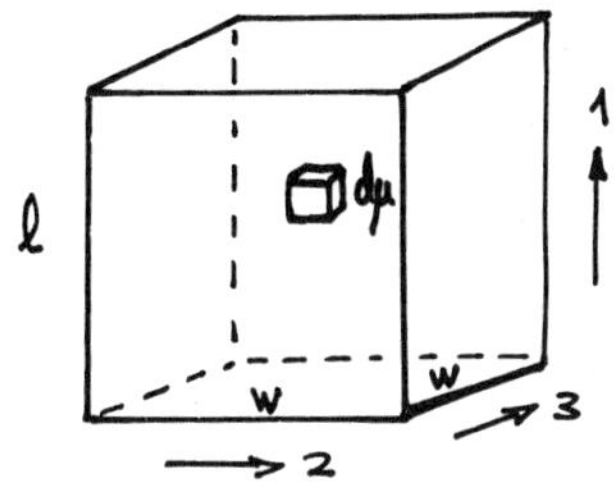

Welche Spannungen müssen im Körper herrschen, um zu verhindern, dass sich seine Teile längs divergierenden (und konvergierenden) Geodäten bewegen ?

Aus (63) folgt, dass die 1,2,3 - Richtungen die Hauptrichtungen des Spannungstensors sind. (Dabei sind die Richtungen 2 und 3 gleichberechtigt.)

Die Längsspannung berechnet man folgendermassen:

Ein Volumenelement $d\mu$ des Körpers in der Höhe h über dem Schwerpunkt (Distanz längs e_1 gemessen) würde nach (63) mit $b = \frac{2m}{r^3} h$ relativ zum Schwerpunkt beschleunigt, sofern sich dieses Massenelement frei bewegen würde. Um dies zu verhindern, muss auf das Element die Kraft

$$dK = b\, d\mu = \frac{2m}{r^3} h\, d\mu$$

wirken. Diese Kraft trägt zur Spannung durch die Horizontalebene durch den Schwerpunkt bei. Die gesamte Kraft durch diese Ebene ist

$$K = \int_0^{\ell/2} \frac{2mh}{r^3} \cdot \underset{\substack{\uparrow \\ \text{Dichte}}}{\frac{\mu}{\ell w^2}} \cdot \underset{\substack{\uparrow \\ \text{Volumenelement}}}{w^2 dh}$$

d.h.

$$K = \frac{1}{4} \frac{\mu m \ell}{r^3}$$

Die Längsspannung, T^ℓ, ist $T^\ell = -K/w^2$, d.h.

$$\boxed{T^\ell = -\frac{1}{4} \frac{\mu m \ell}{r^3 w^2}} \tag{64}$$

Analog ist die Querspannung, $T_\perp$, nach (63)

$$\boxed{T_\perp = +\frac{1}{8} \frac{\mu m \ell}{r^3}} \tag{65}$$

Numerisches Beispiel: μ = 75 kg, ℓ = 1.8 m, w = 0.2 m

$$T^\ell \simeq -1.1 \times 10^{15} \frac{M/M_\odot}{(r/1\,\mathrm{km})^3} \frac{\mathrm{dyn}}{\mathrm{cm}^2}$$

$$T_\perp \simeq +0.7 \times 10^{13} \frac{M/M_\odot}{(r/1\,\mathrm{km})^3} \frac{\mathrm{dyn}}{\mathrm{cm}^2} \tag{66}$$

Beachte: 1 Atmosphäre = 1.01 x 10^6 dyn./cm^2.

Für sehr grosse Massen sind die Gezeitenkräfte auch beim Schwarzschild-Horizont noch durchaus erträglich.

Wenn der Körper schliesslich auseinandergerissen wird, bewegen sich seine Teile (Nukleonen und Elektronen) längs Geodäten. Für $r < 2$ m haben diese qualitativ die Form (s.Fig.):

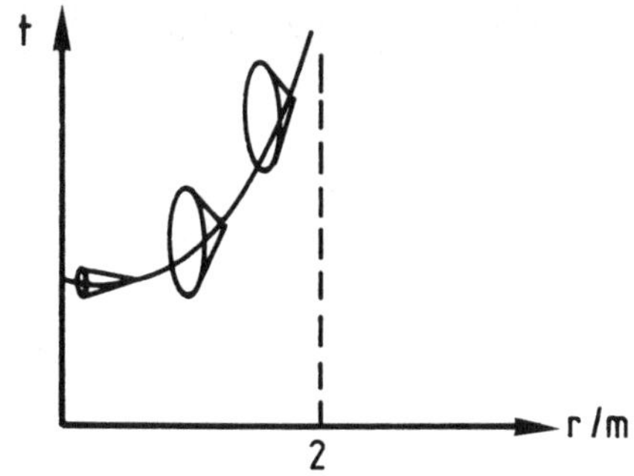

d.h. die räumliche Koordinate t ist für $r \longrightarrow 0$ praktisch konstant (diskutiere dies analytisch). Wenn also das obere (untere) Ende die radiale Koordinate t_2 (t_1) hat, so ist die Länge des Körpers für $r \longrightarrow 0$

$$L = g_{tt}(r)^{1/2}(t_2 - t_1) \simeq \left(\frac{2m}{r}\right)^{1/2}(t_2 - t_1)$$
$$\propto r^{-1/2} \propto (\tau_{Kollaps} - \tau)^{-1/3} \longrightarrow \infty$$

Dabei ist τ die Eigenzeit, d.h.

$$\tau = -\int^r \left(\frac{2m}{r} - 1\right)^{-1/2} dr$$

und $\tau_{Kollaps} = \tau|_{r=0}$. Für $r \simeq 0$ gilt $\tau_{Kollaps} - \tau \propto r^{3/2}$.
Die Fläche der freifallenden Baryonen ist

$$F = (g_{\vartheta\vartheta}(r)\, g_{\varphi\varphi}(r))^{1/2} \Delta\vartheta\Delta\varphi \propto r^2 \propto (\tau_{Kollaps} - \tau)^{4/3} \longrightarrow 0$$

Das Volumen geht wie

$$\text{Volumen} = F \cdot L \propto r^{3/2} \propto (\tau_{Kollaps} - \tau) \longrightarrow 0$$

Dies zeigt, dass man sich besser nicht in ein schwarzes Loch fallen lässt.

* * *

Anhang. Sphärisch symmetrische Gravitationsfelder

In diesem Anhang betrachten wir sphärisch symmetrische Felder und beweisen, unter anderem, das verallgemeinerte Birkhoff-Theorem.

Definition. Eine Lorentzmannigfaltigkeit (M,g) ist sphärisch symmetrisch, falls sie die Gruppe SO(3) als Isometriegruppe zulässt, wobei die Gruppenorbits zweidimensionale raumartige Flächen sind.
Die Gruppenorbits sind notwendigerweise Flächen konstanter positiver Krümmung.

1. Allgemeine Form der Metrik

Sei $q \in M$ und $\Omega(q)$ der Orbit zu q. Die (eindimensionale) Untergruppe von SO(3), welche q invariant lässt, ist der sog. Stabilisator G_q. Wir bezeichnen mit $N(q)$ die Menge aller Geodäten durch q, welche auf $\Omega(q)$ senkrecht sind. Diese bilden lokal eine zweidimensionale Fläche (die wir auch mit $N(q)$ bezeichnen), welche von G_q invariant gelassen wird. (Ein Vektor $v \in T_q(M)$ senkrecht zu $\Omega(q)$ wird durch G_q wieder in einen solchen übergeführt, denn sei $u \in T_q(M)$ tangential an $\Omega(q)$, so gilt für $g \in G_q$: $(u, g \cdot v) = (g^{-1} \cdot u, v) = 0$, da $g^{-1} \cdot u$ ebenfalls tangential an $\Omega(q)$ ist.)

Nun betrachten wir einen Punkt $p \in N(q)$ und dazu die Richtungen (Vektoren aus $T_p(M)$) senkrecht zu $N(q)$. Die Gruppe G_q permutiert diese Richtungen, weil $N(q)$ unter G_q invariant bleibt. Da G_q anderseits den Orbit $\Omega(p)$ invariant lässt, muss dieser senkrecht auf $N(q)$ sein. (s.Fig.).

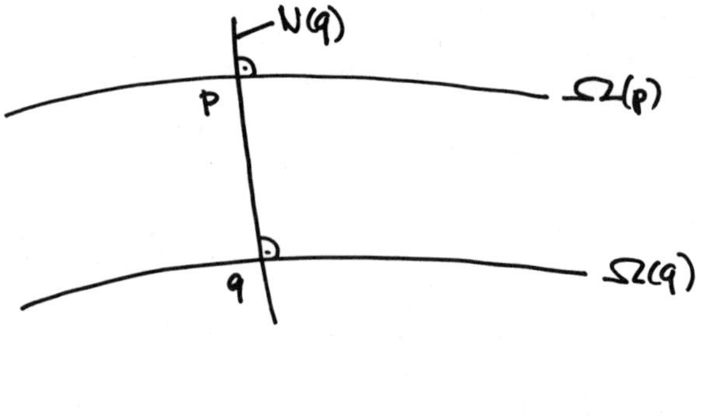

Wir können jetzt lokal eine 1-1-deutige Abbildung $\varphi: \Omega(q) \to \Omega(p)$ zwischen zwei beliebigen Gruppenorbits wie folgt definieren:

φ führt den Punkt q in den Punkt $\Omega(p) \cap N(q)$ über. Diese Abbildung ist unter G_q invariant (da q

$$\begin{array}{ccc} \Omega(q) & \xrightarrow{\varphi} & \Omega(p) \\ g \downarrow & & g \downarrow \\ \Omega(q) & \xrightarrow{\varphi} & \Omega(p) \end{array} \qquad g \in G_q$$

sowie $\Omega(p)$ und $N(q)$ unter G_q invariant sind).
Deshalb werden unter φ Vektoren gleicher Länge an $\Omega(q)$ in Vektoren gleicher Länge an $\Omega(p)$ in $\varphi(q)$ übergeführt. Da ferner alle Punkte in $\Omega(q)$ äquivalent sind, erhält man denselben Vergrösserungsfaktor für alle Punkte in $\Omega(q)$, d.h. die Abbildung φ ist konform.

Damit können wir lokale Koordinaten $(t, r, \vartheta, \varphi)$ wie folgt einführen. Die Gruppenorbits seien Flächen mit konstanten t und r und die dazu orthogonalen Flächen N seien die Flächen $\{\vartheta, \varphi = \text{konst.}\}$. Da φ konform ist und die Orbits Flächen konstanter positiver Krümmung sind, hat die Metrik die Form

$$ds^2 = d\tau^2(t,r) - R^2(t,r)(d\vartheta^2 + \sin^2\vartheta \, d\varphi^2)$$

wobei $d\tau^2$ eine indefinite Metrik in t und r ist, d.h. $d\tau^2$ hat die Form

$$d\tau^2 = a^2 dt^2 + 2ab \, dt \, dr - c^2 dr^2$$

Nun hat aber die 1-Form $adt + bdr$ in zwei Variablen immer einen integrierenden Nenner: $adt + bdr = Adt'$. In den Koordinaten (t', r) hat $d\tau^2$ die Form $d\tau^2 = A^2 dt'^2 - B^2 dr^2$, d.h. die Kurven $\{t' = \text{konst.}\}$ und $\{r = \text{konst.}\}$ sind zueinander orthogonal.

Wir können also immer Koordinaten $(t, r, \vartheta, \varphi)$ so einführen, dass die Metrik die folgende Gestalt hat

$$g = e^{2a(t,r)} dt^2 - [e^{2b(t,r)} dr^2 + R^2(t,r)(d\vartheta^2 + \sin^2\vartheta \, d\varphi^2)] \qquad (A.1)$$

Hier hat man noch die Freiheit, entweder t oder r in den Flächen N beliebig zu wählen. Davon werden wir im folgenden in verschiedener Weise Gebrauch machen.

Wir benötigen in diesem Anhang und in nachfolgenden Kapiteln die zu

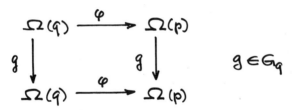

(A.1) gehörenden Zusammenhangs- und Krümmungsformen, sowie den Ricci- und den Einstein-Tensor.

Diese Grössen berechnen wir relativ zur orthonormierten Basis

$$\theta^0 = e^a dt \,, \quad \theta^1 = e^b dr \,, \quad \theta^2 = R\, d\vartheta \,, \quad \theta^3 = R \sin\vartheta\, d\varphi \tag{A.2}$$

Aeussere Ableitung der θ^μ gibt sofort ($' = \partial/\partial r$, $\dot{} = \partial/\partial t$):

$$\begin{aligned} d\theta^0 &= a' e^{-b}\, \theta^1 \wedge \theta^0 \,, \qquad d\theta^1 = \dot{b}\, e^{-a}\, \theta^0 \wedge \theta^1 \\ d\theta^2 &= \frac{\dot{R}}{R} e^{-a}\, \theta^0 \wedge \theta^2 + \frac{R'}{R} e^{-b}\, \theta^1 \wedge \theta^2 \\ d\theta^3 &= \frac{\dot{R}}{R} e^{-a}\, \theta^0 \wedge \theta^3 + \frac{R'}{R} e^{-b}\, \theta^1 \wedge \theta^3 + \frac{1}{R} \operatorname{ctg}\vartheta\, \theta^2 \wedge \theta^3 \end{aligned} \tag{A.3}$$

Durch Vergleich mit der 1.Strukturgleichung errät man

$$\begin{aligned} \omega^0{}_1 &= \omega^1{}_0 = a' e^{-b}\, \theta^0 + \dot{b}\, e^{-a}\, \theta^1 \\ \omega^0{}_2 &= \omega^2{}_0 = \frac{\dot{R}}{R} e^{-a}\, \theta^2 \\ \omega^0{}_3 &= \omega^3{}_0 = \frac{\dot{R}}{R} e^{-a}\, \theta^3 \\ \omega^2{}_1 &= -\omega^1{}_2 = \frac{R'}{R} e^{-b}\, \theta^2 \\ \omega^3{}_1 &= -\omega^1{}_3 = \frac{R'}{R} e^{-b}\, \theta^3 \\ \omega^3{}_2 &= -\omega^2{}_3 = \frac{1}{R} \operatorname{ctg}\vartheta\, \theta^3 \end{aligned} \tag{A.4}$$

Man verifiziert unmittelbar, dass die 1. Strukturgleichungen erfüllt sind.

Die Krümmungsformen erhält man jetzt aus der 2. Strukturgleichung durch eine (relativ kurze) Routinerechnung. Das Resultat ist

$$
\begin{aligned}
\Omega^0{}_1 &= E\ \theta^0\wedge\theta^1\\
\Omega^0{}_2 &= \tilde{E}\ \theta^0\wedge\theta^2 + H\ \theta^1\wedge\theta^2\\
\Omega^0{}_3 &= \tilde{E}\ \theta^0\wedge\theta^3 + H\ \theta^1\wedge\theta^3\\
\Omega^1{}_2 &= \tilde{F}\ \theta^1\wedge\theta^2 - H\ \theta^0\wedge\theta^2\\
\Omega^1{}_3 &= \tilde{F}\ \theta^1\wedge\theta^3 - H\ \theta^0\wedge\theta^3\\
\Omega^2{}_3 &= F\ \theta^2\wedge\theta^3
\end{aligned}
\tag{A.5}
$$

wobei

$$
\begin{aligned}
E &= e^{-2a}(\dot{b}^2 - \dot{a}\dot{b} + \ddot{b}) - e^{-2b}(a'^2 - a'b' + a'')\\
\tilde{E} &= \frac{1}{R}e^{-2a}(\ddot{R} - \dot{a}\dot{R}) - \frac{1}{R}e^{-2b}a'R'\\
H &= \frac{1}{R}e^{-a-b}(\dot{R}' - a'\dot{R} - \dot{b}R')\\
F &= \frac{1}{R^2}(1 - R'^2 e^{-2b} + \dot{R}^2 e^{-2a})\\
\tilde{F} &= \frac{1}{R}e^{-2a}\dot{b}\dot{R} + \frac{1}{R}e^{-2b}(b'R' - R'')
\end{aligned}
\tag{A.6}
$$

Aus (A.5) erhält man sofort den Ricci-Tensor

$$
\begin{aligned}
R_{00} &= -E - 2\tilde{E}\\
R_{01} &= -2H\\
R_{02} &= R_{03} = 0\\
R_{11} &= E + 2\tilde{F}\\
R_{12} &= R_{13} = 0\\
R_{22} &= R_{33} = \tilde{E} + \tilde{F} + F, \quad R_{23} = 0
\end{aligned}
\tag{A.7}
$$

Der Riemannsche Krümmungsskalar ist

$$R = -2(E+F) - 4(\tilde{E}+\tilde{F}) \tag{A.8}$$

und damit lautet der Einstein-Tensor

$$\left|\begin{array}{l} G^0{}_0 = F + 2\tilde{F} \\ G^0{}_1 = -2H \\ G^0{}_2 = G^0{}_3 = 0 \\ G^1{}_1 = 2\tilde{E} + F \\ G^1{}_2 = G^1{}_3 = 0 \\ G^2{}_2 = G^3{}_3 = \tilde{E} + \tilde{F} + E \\ G^2{}_3 = 0 \end{array}\right. \tag{A.9}$$

2. Das verallgemeinerte Birkhoff-Theorem

Wir betrachten nun sphärisch symmetrische Lösungen der Vakuumgleichungen und beweisen den

Satz. Jede (C^2-) Lösung der Einsteinschen Vakuumgleichungen, welche in einer offenen Teilmenge U sphärisch symmetrisch ist, ist lokal isometrisch zu einem Stück der Schwarzschild-Kruskal Lösung.

Beweis: Die lokale Lösung hängt von der Natur der Flächen $\{R(t,r) = \text{konst.}\}$ ab. Wir diskutieren zuerst den Fall

a) Die Flächen $\{R = \text{konst.}\}$ seien in U zeitartig und $dR \neq 0$. In diesem Fall können wir $R(t,r) = r$ wählen. Benutzen wir $\dot{R} = 0$ und $R' = 1$ in $G^0{}_1 = 0$, so folgt aus (A.9) und (A.6), dass $\dot{b} = 0$ ist. Mit dieser Information gibt $G_{oo} + G_{11} = 0$, d.h., $\tilde{E} - \tilde{F} = 0$, die Beziehung $a' + b' = 0$. Folglich ist $a(t,r) = -b(r) + f(t)$. Mit der Wahl einer neuen Zeitkoordinate kann man deshalb erreichen, dass auch a unabhängig von der Zeit ist. Die Gleichung $G_{oo} = 0$ $(F + 2\tilde{F} = 0)$ gibt $(r\,e^{-2b})' = 1$, d.h. $e^{-2b} = 1 - 2m/r$. Im Fall a) erhalten wir also die Schwarzschild-Lösung für $r > 2\,m$:

$$g = (1-2m/r)\,dt^2 - \frac{dr^2}{1-2m/r} - r^2(d\vartheta^2 + \sin^2\vartheta\, d\varphi^2) \qquad \text{(A.10)}$$

b) Die Flächen $\{R = \text{konst.}\}$ seien in U raumartig und $dR \neq 0$. In diesem Fall können wir $R(t,r) = t$ wählen. Jetzt gibt $G^0{}_1 = 0$ die Bedingung $a' = 0$, d.h. a hängt nur von t ab. Aus $G_{00} + G_{11} = 0$ folgt jetzt $\dot{a} + \dot{b} = 0$ und wir können eine neue r-Koordinate so einführen, dass auch b nur von t abhängt. Schliesslich gibt $G_{00} = 0$ die Gleichung $(t\,e^{-2a})^{\bullet} = -1$, d.h.

$$e^{-2a} = e^{2b} = \frac{2m}{t} - 1, \quad R = t \quad (t < 2m) \qquad \text{(A.11)}$$

Dies ist die Schwarzschild-Lösung für $r < 2m$, denn vertauschen wir die Variablen r und t, so erhalten wir den Ausdruck (A.10) mit $r < 2m$.

c) In U sei $(dR, dR) = 0$.

Davon betrachten wir zuerst den Spezialfall, dass R in U konstant ist. Dann Folgt aus $G_{00} = 0$, dass $R = \infty$. Wir können deshalb annehmen, dass dR lichtartig und von Null verschieden ist. Die Koordinaten (t,r) können so gewählt werden, dass $R(t,r) = t-r$ ist. Damit dR lichtartig ist, muss $a = b$ sein. $G^0{}_1 = 0$ ist dann automatisch erfüllt und $G_{00} + G_{11} = 0$ gibt die Bedingung $a' = -\dot{a}$. Deshalb ist a eine Funktion von $t-r$. Aus $G_{00} = 0$ folgt dann aber die unsinnige Bedingung $1/t-r = 0$. Der Fall c) ist deshalb mit den Feldgleichungen nicht verträglich.

d) $\{R = \text{konst.}\}$ sei raumartig in einem Teil von U und zeitartig in einem anderen Teil.

Dann erhält man in diesen Teilen die Lösungen a) bzw. b). Entlang den Flächen $(dR, dR) = 0$ kann man diese, wie in § 7.2, miteinander glatt verbinden und erhält dabei einen Teil der Schwarzschild-Kruskal Lösung.

□

3. Sphärisch symmetrische Lösungen einer Flüssigkeit

Wir betrachten nun das sphärisch symmetrische Feld einer (nicht notwendigerweise statischen) Flüssigkeit. Deren 4er-Geschwindigkeit U sei invariant unter der Isotropiegruppe SO(3). Deshalb steht U senkrecht auf den Orbits und die Integralkurven von U verlaufen in den Flächen N (von Abschnitt 1). Wir können t so wählen, dass U proportional zu $\partial/\partial t$ ist. Da $(U,U) = 1$ folgt dann

$$U = e^{-a} \frac{\partial}{\partial t} \tag{A.12}$$

Wir können natürlich die Zeitkoordinate auch so wählen, dass $U = \partial/\partial t$ ist, aber dann ist der (t,r)-Anteil der Metrik im allgemeinen nicht mehr orthogonal, sondern hat die Form

$$d\tau^2 = dt^2 + 2g_{tr}\, dt\, dr + g_{rr}\, dr^2 \tag{A.13}$$

Für eine ideale Flüssigkeit mit $p = 0$ (inkohärenten Staub) folgt aber aus den Feldgleichungen $\nabla_U U = 0$. Die r-Komponente dieser Gleichung impliziert $\Gamma^r{}_{tt} = 0$, d.h. $\partial g_{tr}/\partial t = 0$.
Wählen wir deshalb neue Koordinaten

$$t' = t + \int^r g_{tr}(r)\, dr$$

$$r' = r$$

so hat die Metrik die Form (wenn wir die Striche wieder weglassen)

$$g = dt^2 - [e^{2b} dr^2 + R^2(t,r)\, d\Omega^2] \tag{A.14}$$

und

$$U = \frac{\partial}{\partial t} \tag{A.15}$$

Dies ist aber <u>nur für $p = 0$</u> möglich.

* * *

Für eine <u>statische</u> Situation soll natürlich U in (A.12) proportional zu einem zeitartigen Killingfeld sein, welches wir (bei geeigneter Wahl von t) als $\partial/\partial t$ wählen können. Dann sind a, b und R unabhängig von t. In der Basis (A.2) hat der Energie-Impuls Tensor die Form

$$T^{\mu\nu} = (p+\rho)U^{\mu}U^{\nu} - p g^{\mu\nu} = \begin{pmatrix} \rho & & & 0 \\ & -p & & \\ & & -p & \\ 0 & & & -p \end{pmatrix} \tag{A.16}$$

Wäre $R' = 0$, so müsste, wegen $G_{oo} - G_{11} = 8\pi G(\rho + p)$, $\rho + p = 0$ sein. Dies ist physikalisch unsinnig. Deshalb können wir $R(r) = r$ wählen und die Metrik hat die Form

$$g = e^{2a(r)}dt^2 - \left[e^{2b(r)}dr^2 + r^2(d\vartheta^2 + \sin^2\vartheta\, d\varphi^2)\right] \tag{A.17}$$

* * *

<u>Uebungsaufgabe</u>

Es sei (M,g) eine sphärisch symmetrische und stationäre Lorentz-Mannigfaltigkeit. Zeige, dass dann lokal ein zeitartiges Killingfeld K existiert, welches senkrecht auf den Orbits $\Omega(q)$ von $SO(3)$ steht. (Dann kann die t-Koordinate in den Flächen N von Abschnitt 1 so gewählt werden, dass $K = \partial/\partial t$ ist und damit sind alle Funktionen in (A.1) unabhängig von t. Schliessen wir den degenerierten Fall $R' = 0$ aus, so lässt sich die Metrik wieder auf die Form (A.17) bringen.)

* * *

KAP. IV

SCHWACHE GRAVITATIONSFELDER

Wir betrachten im folgenden Systeme, für die das g-Feld (mindestens in einem gewissen Raum-Zeit Gebiet) fast flach ist. Es existiere also ein Koordinatensystem, bezüglich welchem

$$g_{\mu\nu} = \eta_{\mu\nu} + h_{\mu\nu} \quad , \quad |h_{\mu\nu}| << 1 \tag{1}$$

Im Sonnensystem ist, z.B., $|h_{\mu\nu}| \sim |\phi|/c^2 \lesssim GM_\odot/c^2 R_\odot \sim 10^{-6}$.
Das Feld kann aber zeitlich schnell veränderlich sein (schwache Gravitationswelle).

§1. Die linearisierte Gravitationstheorie

In dieser Situation entwickeln wir die Feldgleichungen nach $h_{\mu\nu}$ und behalten nur die linearen Terme. Bis auf quadratische Glieder ist die Ricci-Krümmung

$$R_{\mu\nu} = \partial_\lambda \Gamma^\lambda{}_{\nu\mu} - \partial_\nu \Gamma^\lambda{}_{\lambda\mu} \tag{2}$$

Ferner ist

$$\begin{aligned}\Gamma^\alpha{}_{\mu\nu} &= \frac{1}{2}\eta^{\alpha\beta}(h_{\mu\beta,\nu} + h_{\beta\nu,\mu} - h_{\mu\nu,\beta}) \\ &= \frac{1}{2}(h_\mu{}^\alpha{}_{,\nu} + h^\alpha{}_{\nu,\mu} - h_{\mu\nu}{}^{,\alpha})\end{aligned} \tag{3}$$

Im 2. Gleichheitszeichen wird die Konvention benutzt, dass Indizes mit $\eta^{\mu\nu}$ bzw. $\eta_{\mu\nu}$ hinauf- bzw. heruntergezogen werden.
Mit (3) erhalten wir für die Ricci-Krümmung

$$R_{\mu\nu} = \frac{1}{2}[h^\lambda{}_{\mu,\lambda\nu} - \Box h_{\mu\nu} - h^\lambda{}_{\lambda,\mu\nu} + h^\lambda{}_{\nu,\lambda\mu}] \tag{4}$$

und für die skalare Riemannsche Krümmung

$$R = h^{\lambda\sigma}{}_{,\lambda\sigma} - \Box h \tag{5}$$

wo

$$h := h^{\lambda}{}_{\lambda} = \eta^{\alpha\beta} h_{\alpha\beta} \tag{6}$$

Der Einstein Tensor $G_{\mu\nu} = R_{\mu\nu} - \frac{1}{2} g_{\mu\nu} R$ lautet damit in linearisierter Näherung

$$\begin{aligned} 2G_{\mu\nu} = &- \Box h_{\mu\nu} - h_{,\mu\nu} + h_{\mu}{}^{\lambda}{}_{,\lambda\nu} + h_{\nu}{}^{\lambda}{}_{,\lambda\mu} \\ &+ \eta_{\mu\nu} \Box h - \eta_{\mu\nu} h^{\lambda\sigma}{}_{,\lambda\sigma} \end{aligned} \tag{7}$$

Aus der Bianchi-Identität wird hier

$$G^{\mu\nu}{}_{,\nu} = 0 \quad , \tag{8}$$

wie man auch durch direkte Rechnung sieht. Aus den Feldgleichungen $G_{\mu\nu} = 8\pi G\, T_{\mu\nu}$, d.h.

$$\begin{aligned} &\Box h_{\mu\nu} + h_{,\mu\nu} - h_{\mu}{}^{\lambda}{}_{,\lambda\nu} - h_{\nu}{}^{\lambda}{}_{,\lambda\mu} - \eta_{\mu\nu} \Box h + \\ &+ \eta_{\mu\nu} h^{\lambda\sigma}{}_{,\lambda\sigma} = -16\pi G\, T_{\mu\nu} \end{aligned} \tag{9}$$

folgt in der linearisierten Theorie, mit der Identität (8),

$$T^{\mu\nu}{}_{,\nu} = 0 \tag{10}$$

d.h. $T_{\mu\nu}$ erzeugt zwar ein Gravitationsfeld, aber dieses wirkt nicht auf die Materie zurück. [Für inkohärenten Staub $(T_{\mu\nu} = \rho u^{\mu} u^{\nu}, (\rho u^{\mu})_{,\mu} = 0)$ folgt z.B. aus (10)

$$u^{\nu} u^{\mu}{}_{,\nu} = 0 \ , \text{ d.h. } \frac{du^{\mu}}{ds} = 0$$

Die Integralkurven von u^{μ} sind also Geraden.]

Im Sinne eines interativen Verfahrens kann man aber (für schwache Felder) $h_{\mu\nu}$ aus den Feldgleichungen (9) mit dem "flachen" $T_{\mu\nu}$ bestimmen und die Rückwirkung auf physikalische Systeme so berechnen, dass man in den Gleichungen von § I.4 $g_{\mu\nu} = \eta_{\mu\nu} + h_{\mu\nu}$ setzt. Dieses Vorgehen ist natürlich nur sinnvoll, wenn die Rückwirkung klein ist. Beispiele werden wir weiter unten diskutieren.

Im folgenden wird es nützlich sein, die Grösse

$$\gamma_{\mu\nu} = h_{\mu\nu} - \frac{1}{2}\eta_{\mu\nu} h \qquad (11)$$

zu benutzen. Daraus lässt sich $h_{\mu\nu}$ wie folgt zurückgewinnen

$$h_{\mu\nu} = \gamma_{\mu\nu} - \frac{1}{2}\eta_{\mu\nu}\gamma \quad , \quad \gamma = \gamma^{\lambda}{}_{\lambda} \qquad (11')$$

Damit können die Feldgleichungen wie folgt geschrieben werden

$$-\Box\gamma_{\mu\nu} - \eta_{\mu\nu}\gamma_{\alpha\beta}{}^{,\alpha\beta} + \gamma_{\mu\alpha}{}^{,\alpha}{}_{,\nu} + \gamma_{\nu\alpha}{}^{,\alpha}{}_{,\mu} = 16\pi G\, T_{\mu\nu} \qquad (12)$$

Die linearisierte Theorie können wir als eine Lorentzkovariante Feldtheorie (für das Feld $h_{\mu\nu}$) im flachen Raum auffassen. Betrachten wir eine globale Lorentztransformation, so folgt aus dem Transformationsgesetz für $g_{\mu\nu}$ unter Koordinatentransformationen sofort, dass sich $h_{\mu\nu}$ bezüglich der Lorentzgruppe wie ein Tensorfeld transformiert: Sei nämlich

$$x^{\mu} = \Lambda^{\mu}{}_{\nu}\, x'^{\nu} \quad , \quad \Lambda^{T}\mathring{G}\Lambda = \mathring{G} \quad , \quad \mathring{G} := \begin{pmatrix} 1 & & & 0 \\ & -1 & & \\ & & -1 & \\ 0 & & & -1 \end{pmatrix}$$

dann gilt

$$\eta_{\alpha\beta} + h'_{\alpha\beta} = \frac{\partial x^{\mu}}{\partial x'^{\alpha}}\frac{\partial x^{\nu}}{\partial x'^{\beta}}\, g_{\mu\nu} = \Lambda^{\mu}{}_{\alpha}\Lambda^{\nu}{}_{\beta}\,(\eta_{\mu\nu} + h_{\mu\nu})$$

$$= \eta_{\alpha\beta} + \Lambda^{\mu}{}_{\alpha}\Lambda^{\nu}{}_{\beta}\, h_{\mu\nu}$$

d.h.

$$h'_{\alpha\beta} = \Lambda^{\mu}{}_{\alpha}\Lambda^{\nu}{}_{\beta}\, h_{\mu\nu} \qquad (13)$$

Aehnlich wie in der Elektrodynamik gibt es eine Eichgruppe. Der linearisierte Einstein Tensor (7) ist invariant unter Eichtransformationen der Art (ξ^{μ}: Vektorfeld) :

$$h_{\mu\nu} \longrightarrow h_{\mu\nu} + \xi_{\mu,\nu} + \xi_{\nu,\mu} \qquad (14)$$

wie man leicht nachrechnet. Diese Eichtransformationen kann man als <u>infinitesimale Koordinatentransformationen</u> auffassen. Es sei nämlich

$$x'^{\mu} = x^{\mu} + \xi^{\mu}(x) \tag{15}$$

wobei $\xi^{\mu}(x)$ ein infinitesimales Vektorfeld sei (infinitesimal, damit (1) nicht zerstört wird).

Diese Transformation induziert infinitesimale Aenderungen in allen Feldern. Ausser für das Gravitationsfeld, welches durch die infinitesimalen $h_{\mu\nu}$ beschrieben wird, können wir diese Aenderungen innerhalb der linearisierten Theorie überall vernachlässigen.

Aus dem Transformationsgesetz

$$g_{\mu\nu}(x) = \underbrace{\frac{\partial x'^{\sigma}}{\partial x^{\mu}}}_{[\delta^{\sigma}_{\mu} + \xi^{\sigma}_{,\mu}]} \cdot \underbrace{\frac{\partial x'^{\rho}}{\partial x^{\nu}}}_{[\delta^{\rho}_{\nu} + \xi^{\rho}_{,\nu}]} g'_{\sigma\rho}(x')$$

folgt

$$g_{\mu\nu}(x) = g'_{\mu\nu}(x') + g'_{\sigma\nu}(x')\,\xi^{\sigma}_{,\mu} + g'_{\mu\sigma}(x')\,\xi^{\sigma}_{,\nu}$$

Bis zur 1. Ordnung in ξ^{μ} und $h^{\mu\nu}$ folgt

$$h_{\mu\nu}(x) = h'_{\mu\nu}(x) + \xi_{\mu,\nu} + \xi_{\nu,\mu}$$

* * *

Die Eichinvarianz kann in einer etwas anderen Sprache wie folgt ausgedrückt werden: Wir haben früher betont, dass ein g-Feld mit jedem dazu diffeomorph transformierten Feld äquivalent ist. Insbesondere ist g mit $\phi_s^* g$ äquivalent, wenn ϕ_s den Fluss zu einem Vektorfeld X bezeichnet. Für kleine s ist

$$\phi_s^* g = g + s L_X g + O(s^2)$$

Ausgedrückt durch $h := g - \eta$ bedeutet dies, wenn ξ für $s \cdot X$ steht,

$$h \longrightarrow h + L_{\xi} g + O(s^2) = h + L_{\xi}\eta + L_{\xi} h + O(s^2)$$

Es ist deshalb klar, dass (für schwache Felder) h und $h + L_{\xi}\eta$, für ein infinitesimales Vektorfeld ξ , äquivalent sind. Nun ist aber

$$(L_\xi \eta)_{\mu\nu} = \xi_{\mu,\nu} + \xi_{\nu,\mu}$$

Die Eichinvarianz des linearisierten Riemann-Tensors $R^{(1)}$ folgt so: Für den Riemann Tensor $R[g]$ gilt allgemein $\phi_s^*(R[g]) = R[\phi_s^* g]$. Also ist

$$L_X(R[g]) = \frac{d}{ds}\Big|_{s=0} (R[g + sL_X g])$$

Setzen wir auf beiden Seiten $g = \eta$ so folgt daraus $0 = R^{(1)}(L_X \eta)$, und damit

$$R^{(1)}(h + L_X \eta) = R^{(1)}(h) \qquad \text{für jedes Vektorfeld } X.$$

* * *

<u>Uebungsaufgaben:</u>

1. Berechne den Riemann Tensor in der linearisierten Theorie und zeige, dass dieser invariant ist unter Eichtransformationen (14).

2. Zeige, dass sich die Feldgleichungen (9) im Vakuum aus dem Hamiltonschen Variationsprinzip zur Lagrange Funktion

$$\mathcal{L} = \frac{1}{4} h_{\mu\nu,\sigma} h^{\mu\nu,\sigma} - \frac{1}{2} h_{\mu\nu,\sigma} h^{\sigma\nu,\mu} - \frac{1}{4} h_{,\sigma} h^{,\sigma} + \frac{1}{2} h_{,\sigma} h^{\nu\sigma}{}_{,\nu} \tag{16}$$

herleiten lassen. Dazu zeige man

$$\delta \int_D \mathcal{L}\, d^4x = \int_D G^{\mu\nu} \delta h_{\mu\nu}\, d^4x \tag{17}$$

für Variationen $\delta h_{\mu\nu}$ welche am Rand ∂D verschwinden.

3. Zeige, dass sich die Lagrange Funktion (16) bei einer Eichtransformation (14) nur um eine Divergenz ändert. Falls also ξ^μ am Rand von D verschwindet, bleibt das Wirkungsintegral über D unter Eichtransformationen invariant. Schliesse mit dieser Tatsache aus (17) auf die

"Bianchi-Identität" (8).

<u>Bemerkungen zur 3.Aufgabe:</u> Da sich $\mathcal{L}$ bei Umeichungen ändert, ist der kanonische Energie-Impuls Tensor (siehe SRT) <u>nicht eichinvariant</u>. Dies reflektiert die Nichtlokalisierbarkeit der Gravitationsenergie. Schon in der linearisierten Theorie gibt es keine eichinvarianten Ausdrücke für Energie- und Impulsdichten.

* * *

Wir nutzen nun die Eichinvarianz zur Vereinfachung der Feldgleichungen aus. Es lässt sich immer eine Eichung finden, für welche

$$\boxed{\gamma^{\alpha\beta}{}_{,\beta} = 0} \qquad \text{(Hilbert Eichung)} \qquad (18)$$

<u>Beweis:</u>

Unter

$$h_{\mu\nu} \longrightarrow h_{\mu\nu} + \xi_{\mu,\nu} + \xi_{\nu,\mu}$$

geht $\gamma_{\mu\nu}$ über in

$$\gamma_{\mu\nu} \longrightarrow \gamma_{\mu\nu} + \xi_{\mu,\nu} + \xi_{\nu,\mu} - \eta_{\mu\nu}\,\xi^{\lambda}{}_{,\lambda} \qquad (19)$$

Also

$$\gamma^{\mu\nu}{}_{,\nu} \longrightarrow \gamma^{\mu\nu}{}_{,\nu} + \Box\xi^{\mu} + \xi^{\nu}{}_{,\nu}{}^{,\mu} - \xi^{\lambda}{}_{,\lambda}{}^{\mu} = \Box\xi^{\mu} + \gamma^{\mu\nu}{}_{,\nu}$$

Falls $\gamma^{\mu\nu}{}_{,\nu} \neq 0$ ist, brauchen wir also nur ξ^{μ} als Lösung von

$$\Box\xi^{\mu} = -\gamma^{\mu\nu}{}_{,\nu}$$

zu wählen. Solche Lösungen existieren immer (retardierte Potentiale).□

Innerhalb der Hilbert-Eichklasse vereinfacht sich (12) zu

$$\boxed{\Box\gamma_{\mu\nu} = -16\pi G\, T_{\mu\nu}} \qquad (20)$$

Die allgemeinste Lösung von (20), mit der Nebenbedingung (18), lautet

$$\gamma_{\mu\nu} = -16\pi G\, D_R * T_{\mu\nu} + \text{Lösung der homogenen Gl.} \qquad (21)$$

wo D_R die retardierte Greenfunktion ist:

$$D_R(x) = \frac{1}{4\pi|\underline{x}|}\,\delta(t-|\underline{x}|)\,\Theta(t)$$

Beachte, dass

$$\partial_\nu(D_R * T^{\mu\nu}) = D_R * \partial_\nu T^{\mu\nu} = 0,$$

d.h. der 1. Term von (21) erfüllt die Hilbert-Bedingung (18). Die homogenen Lösungen (Wellen) werden wir in § 3 diskutieren.
Die retardierte Lösung lautet

$$\gamma_{\mu\nu}(t,\underline{x}) = -4G \int \frac{T_{\mu\nu}(t-|\underline{x}-\underline{x}'|,\underline{x}')}{|\underline{x}-\underline{x}'|}\,d^3x' \qquad (22)$$

Dieses Feld interpretieren wir als das von der Quelle erzeugte Feld, während der 2. Term in (21) eine aus dem Unendlichen kommende Gravitationswelle darstellt. Wie in der Elektrodynamik schliessen wir, dass sich Gravitationswirkungen mit Lichtgeschwindigkeit ausbreiten.

§2. Fast Newtonsche Gravitationsfelder

Wir betrachten jetzt fast Newtonsche Quellen $T_{oo} \gg |T_{oj}|, |T_{ij}|$ und so kleine Geschwindigkeiten, dass Retardierungseffekte vernachlässigbar sind. Dann wird aus (22)

$$\gamma_{00} = 4\phi \, , \; \gamma_{0j} = \gamma_{ij} = 0 \tag{23}$$

wo ϕ das Newtonsche Potential ist

$$\phi = -G \int \frac{T_{00}(t,\underline{x}')}{|\underline{x}-\underline{x}'|} d^3x' \tag{24}$$

Für die Metrik

$$g_{\mu\nu} = \eta_{\mu\nu} + h_{\mu\nu} = \eta_{\mu\nu} + (\gamma_{\mu\nu} - \tfrac{1}{2}\eta_{\mu\nu}\gamma) \tag{25}$$

folgt aus (23) und $\gamma = 4\phi$

$$g_{00} = 1+2\phi \, , \; g_{0i} = 0 \, , \; g_{ij} = -(1-2\phi)\delta_{ij} \tag{26}$$

d.h.

$$\boxed{g = (1+2\phi)dt^2 - (1-2\phi)(dx^2+dy^2+dz^2)} \tag{27}$$

Weit weg von der Quelle können wir uns auf den Monopolbeitrag in (24) beschränken und erhalten

$$g = (1-2m/r)dt^2 - (1+2m/r)(dx^2+dy^2+dz^2) \tag{28}$$

wo (wie immer) $m = GM/c^2$ ist.

Die Fehler in der Metrik (27) sind folgende:

(i) Es fehlen Terme der Ordnung ϕ^2, welche durch die Nichtlinearität der Theorie zustande kommen.

(ii) γ_{0j} ist gleich Null, bis auf Terme der Ordnung $v\phi$, wo $v \sim |T_{0j}|/T_{00}$ eine typische Geschwindigkeit der Quelle ist.

(iii) γ_{ij} ist gleich Null, bis auf Terme der Ordnung $\phi\, |T_{ij}|/T_{00}$. Im Sonnensystem sind alle diese Fehler von der Ordnung 10^{-12}, während

$\phi \sim 10^{-6}$ ist.

Uebungsaufgaben:

1. Zeige, dass die Metrik (28) schon die richtige Lichtablenkung liefert.

2. Zeige, dass die Metrik (28) für die Periheldrehung 4/3 mal den Einsteinschen Wert gibt. Dies zeigt, dass die <u>Periheldrehung empfindlich auf Nichtlinearitäten der Theorie ist.</u>

§3. Gravitationswellen in der linearisierten Theorie

Wir betrachten nun die linearisierte Gravitationstheorie im Vakuum. Die Feldgleichungen lauten nach (20) in der Hilbert-Eichung

$$\Box \gamma_{\mu\nu} = 0 \tag{29}$$

Innerhalb der Hilbert-Eichung lässt sich für das freie Gravitationsfeld eine Eichung finden, für die ausserdem

$$\gamma = 0 \tag{30}$$

ist.

Beweis: Unter Umeichungen gilt nach (19)

$$\gamma_{\mu\nu} \longrightarrow \gamma_{\mu\nu} + \xi_{\mu,\nu} + \xi_{\nu,\mu} - \eta_{\mu\nu}\xi^{\lambda}{}_{,\lambda}$$

und folglich

$$\gamma \longrightarrow \gamma - 2\xi^{\lambda}{}_{,\lambda}$$

sowie

$$\gamma^{\mu\nu}{}_{,\nu} \longrightarrow \gamma^{\mu\nu}{}_{,\nu} + \Box \xi^{\mu}$$

Damit die Hilbertbedingung $\gamma^{\mu\nu}{}_{,\nu} = 0$ erfüllt bleibt, muss deshalb

$$\Box \xi^{\mu} = 0 \tag{31}$$

sein. Ist $\gamma \neq 0$, so ist ein ξ^{μ} zu suchen, welches (31) erfüllt und für welches $2\xi^{\mu}{}_{,\mu} = \Phi$ ist. Aus (31) ergibt sich die Konsistenzbedingung $\Box\Phi = 0$, die im allgemeinen nur im Vakuum erfüllt ist. Sie ist aber auch hinreichend. Wir zeigen: Sei Φ ein Skalarfeld mit $\Box\Phi = 0$. Dann existiert ein Vektorfeld ξ^{μ} mit den Eigenschaften: $\Box\xi^{\mu} = 0$, $\xi^{\mu}{}_{,\mu} = \Phi$.

Konstruktion: Sei η^{μ} eine Lösung von $\eta^{\mu}{}_{,\mu} = \Phi$. (Eine solche existiert: Man setze $\eta_{\mu} = \Lambda_{,\mu}$, $\Box\Lambda = \Phi$.) Nun sei $\xi^{\mu} = \Box\eta^{\mu}$.

Da $\eta^\mu{}_{,\mu} = 0$, existiert *) ein schiefes Tensorfeld $f^{\mu\nu} = -f^{\nu\mu}$, für das $\eta^\mu = f^{\mu\nu}{}_{,\nu}$ ist. Sei jetzt $\sigma^{\mu\nu} = -\sigma^{\nu\mu}$ eine Lösung von $\Box\sigma^{\mu\nu} = f^{\mu\nu}$, dann erfüllt

$$\xi^\mu := \eta^\mu - \sigma^{\mu\nu}{}_{,\nu}$$

die Gleichungen

$$\xi^\mu{}_{,\mu} = \eta^\mu{}_{,\mu} = \phi$$

$$\Box\xi^\mu = \Box\eta^\mu - \Box\sigma^{\mu\nu}{}_{,\nu} = \eta^\mu - f^{\mu\nu}{}_{,\nu} = 0 . \qquad \Box$$

Innerhalb dieser speziellen Eichung (18),(30) verbleiben noch Eichtransformationen mit den Bedingungen

$$\Box\xi^\mu = 0 \ , \quad \xi^\mu{}_{,\mu} = 0 \tag{32}$$

Innerhalb dieser Eichungsklasse ist $\gamma_{\mu\nu} = h_{\mu\nu}$!

Ebene Wellen:

Die allgemeinste Lösung von (29) lässt sich durch Superposition von ebenen Wellen

$$h_{\mu\nu} = \mathcal{R}e\,(\varepsilon_{\mu\nu}\, e^{-i(k,x)}) \tag{33}$$

darstellen. Die Feldgleichungen (29) sind erfüllt, wenn gilt

$$k^2 := (k,k) = 0 \tag{34}$$

Die Hilbert Bedingung $\gamma^{\mu\nu}{}_{,\nu} = h^{\mu\nu}{}_{,\nu} = 0$ gibt

$$k_\mu \varepsilon^\mu{}_\nu = 0 \tag{35}$$

*) Nach dem Poincaré Lemma, auf das Codifferential übersetzt (siehe Teil 1,p. 43).

und (30) liefert

$$\varepsilon^{\mu}{}_{\mu} = 0 \tag{36}$$

Die Matrix $\varepsilon_{\mu\nu}$ nennen wir den <u>Polarisationstensor</u>. Die Bedingungen (35) und (36) haben zur Folge, dass höchstens 5 Komponenten unabhängig sind. Infolge der verbleibenden Eichgruppe (32) sind aber nur zwei Komponenten unabhängig, wie wir jetzt zeigen wollen. Bei einer Eichtransformation, mit

$$\xi^{\mu}(x) = \mathrm{Re}\left(i\,\varepsilon^{\mu}\,e^{-i(k,x)}\right) \tag{37}$$

ändert sich $\varepsilon_{\mu\nu}$ gemäss

$$\varepsilon_{\mu\nu} \longrightarrow \varepsilon_{\mu\nu} + k_{\mu}\varepsilon_{\nu} + k_{\nu}\varepsilon_{\mu} \tag{38}$$

Nun betrachten wir speziell eine Welle, die sich in der positiven z-Richtung fortpflanzt:

$$k^{\mu} = (k, 0, 0, k) \tag{39}$$

(35) gibt

$$\varepsilon_{0\nu} = \varepsilon_{3\nu} \implies \underline{\varepsilon_{00}} = \varepsilon_{30} = \varepsilon_{03} = \underline{\varepsilon_{33}}$$

$$\varepsilon_{01} = \varepsilon_{31}\,, \quad \varepsilon_{02} = \varepsilon_{32}\,, \quad \varepsilon_{03} = \varepsilon_{33} = \varepsilon_{00}$$

und (36) impliziert

$$\varepsilon_{00} - \varepsilon_{11} - \varepsilon_{22} - \varepsilon_{33} = 0 \implies \underline{\varepsilon_{11} + \varepsilon_{22} = 0}$$

Diese Beziehungen erlauben es, alle Komponenten durch

$$\varepsilon_{00}\,, \ \varepsilon_{11}\,, \ \varepsilon_{01}\,, \ \varepsilon_{02}\,, \ \varepsilon_{12} \tag{40}$$

auszudrücken:

$$\varepsilon_{03} = \varepsilon_{00}\,, \quad \varepsilon_{13} = \varepsilon_{01}\,, \quad \varepsilon_{22} = -\varepsilon_{11}\,, \quad \varepsilon_{23} = \varepsilon_{02}\,, \quad \varepsilon_{33} = \varepsilon_{00} \tag{41}$$

Bei einer Umeichung (38) gilt

$$\varepsilon_{00} \to \varepsilon_{00} + 2k\varepsilon_{0}\,, \quad \varepsilon_{11} \to \varepsilon_{11}\,, \quad \varepsilon_{01} \to \varepsilon_{01} + k\,\varepsilon_{1}$$

$$\varepsilon_{02} \to \varepsilon_{02} + k\,\varepsilon_{2}\,, \quad \varepsilon_{12} \to \varepsilon_{12} \tag{41'}$$

Damit (37) die Bedingungen (32) erfüllt, muss $k^\mu \varepsilon_\mu = 0$, d.h. $\varepsilon_0 = \varepsilon_3$ sein. Aus (41') folgt, dass man ε^μ so wählen kann, dass nur ε_{12} und $\varepsilon_{11} = -\varepsilon_{22}$ nicht verschwinden. Man hat also, wie beim Licht, <u>nur zwei linear unabhängige Polarisationszustände</u>. Wie transformieren sich diese unter Rotationen um die z-Achse ? Für diese ist

$$\varepsilon'_{\mu\nu} = R_\mu{}^\alpha R_\nu{}^\beta \varepsilon_{\alpha\beta}$$

mit

$$R(\varphi) = \left(\begin{array}{c|ccc} 1 & & 0 & \\ \hline & \cos\varphi & \sin\varphi & 0 \\ 0 & -\sin\varphi & \cos\varphi & 0 \\ & 0 & 0 & 1 \end{array}\right)$$

Man findet leicht

$$\varepsilon'_{11} = \varepsilon_{11}\cos 2\varphi + \varepsilon_{12}\sin 2\varphi$$

$$\varepsilon'_{12} = -\varepsilon_{11}\sin 2\varphi + \varepsilon_{12}\cos 2\varphi$$

Oder für

$$\varepsilon_\pm := \varepsilon_{11} \mp i\varepsilon_{12}$$

$$\varepsilon'_\pm = e^{\pm 2i\varphi}\varepsilon_\pm$$

Die Polarisationszustände $\varepsilon_\pm$ haben <u>Helizität</u> $\pm$ 2 (<u>links- bzw. rechtszirkular polarisiert</u>).

* * *

<u>Uebungsaufgabe:</u> Führe die analogen Ueberlegungen in der Elektrodynamik durch.

* * *

Transversale und spurlose (TS) Eichung:

In der Eichung, in welcher nur ε_{12} und $\varepsilon_{11} = -\varepsilon_{22}$ ungleich Null sind, gilt offensichtlich

$$h_{\mu 0} = 0\ ,\quad h_{kk} = 0\ ,\quad h_{kj,j} = 0 \tag{42}$$

$\left(h_{kk} := \sum_{k=1}^{3} h_{kk}\ ! \right)$

Nun betrachten wir eine allgemeine Gravitationswelle $h_{\mu\nu}$ in der linearisierten Theorie und denken uns diese nach Fourier in ebene Wellen zerlegt. Für jede dieser ebenen Wellen wähle man die spezielle Eichung (42). Dies lässt sich simultan erreichen. (Man wähle dazu zuerst die spezielle Eichung $h^{\mu\nu}{}_{,\nu} = 0\ ,\ h^{\mu}{}_{\mu} = 0$ und führe dann eine Superposition von Eichtransformationen (37), d.h. mit

$$\xi^{\mu}(x) = \mathrm{Re} \int i\, \varepsilon^{\mu}(k)\, e^{-i(k,x)}\, \hat{dk}$$

durch). Da die Eichbedingungen (42) alle linear sind, werden sie auch von der betrachteten allgemeinen Welle erfüllt, d.h. die Eichbedingungen (42) können für eine beliebige Gravitationswelle erfüllt werden. Falls ein symmetrischer Tensor die Bedingungen (42) erfüllt, nennen wir ihn einen transversalen spurlosen (TS) Tensor und die Eichung (42) nennen wir die transversale und spurlose Eichung.

Beachte, dass in der Eichung (42) nur die h_{ij} ungleich Null sind und deshalb muss man nur 6 Wellengleichungen verlangen:

$$\Box h_{ij} = 0 \tag{43}$$

Nun berechnen wir den linearisierten Riemann-Tensor. Allgemein ist

$$R^{\mu}{}_{\sigma\nu\varrho} = \partial_{\nu} \Gamma^{\mu}{}_{\varrho\sigma} - \partial_{\varrho} \Gamma^{\mu}{}_{\nu\sigma} + \text{quadr. Terme in } \Gamma$$

Mit der Gleichung (3) für die Christoffel Symbole folgt

$$R_{\mu\sigma\nu\varrho} = \tfrac{1}{2} \left(h_{\sigma\mu,\nu\varrho} + h_{\varrho\mu,\sigma\nu} - h_{\varrho\sigma,\mu\nu} \right)$$
$$- \tfrac{1}{2} \left(h_{\sigma\mu,\nu\varrho} + h_{\nu\mu,\sigma\varrho} - h_{\nu\sigma,\mu\varrho} \right)$$

d.h.

$$R_{\mu\sigma\nu\varrho} = \tfrac{1}{2} \left(h_{\nu\sigma,\mu\varrho} + h_{\varrho\mu,\sigma\nu} - h_{\nu\mu,\sigma\varrho} - h_{\varrho\sigma,\mu\nu} \right) \tag{44}$$

Wir betrachten speziell die Komponenten

$$R_{i0j0} = R_{0i0j} = -R_{i00j} = -R_{0ij0}$$

in der TS - Eichung

$$R_{i0j0} = \frac{1}{2}\left(h_{0j,0i} + h_{i0,j0} - h_{ij,00} - h_{00,ij}\right)$$

$$= -\frac{1}{2} h_{ij,00} \qquad (45)$$

Da der Riemann Tensor eichinvariant ist, sieht man aus (45), dass $h_{\mu\nu}$ nicht auf noch weniger Komponenten als in der TS-Eichung reduziert werden kann.

Geodätische Abweichung in einer linearisierten Gravitationswelle:

Wir betrachten nun wie in §II.1 einen Schwarm (Kongruenz) von freifallenden Probekörpern. Der Separationsvektor N zwischen benachbarten Geodäten erfüllt, bezüglich eines orthonormierten 3-Beins $\{e_i\}$ senkrecht zu $\dot{\gamma}$, welches längs einer beliebigen Geodäte $\gamma(\tau)$ der Kongruenz parallel (nichtrotierend!) verschoben wird, die Gleichung (siehe Seite 142)

$$\frac{d^2}{d\tau^2}\underline{n} = K\underline{n} \qquad (46)$$

wo

$$K_{ij} = R^i{}_{00j} \qquad (47)$$

Nun gibt es ein TS-Koordinatensystem (d.h. ein solches, in welchem die $h_{\mu\nu}$ die TS-Bedingungen (42) erfüllen) für welches, bis zur 1. Ordnung in den h_{ij}, längs γ folgendes gilt:

$$\frac{\partial}{\partial x^i} = e_i \quad (i=1,2,3)\,, \quad \frac{\partial}{\partial t} = e_0 = \dot{\gamma} \qquad (48)$$

Dieses System kann man in zwei Schritten konstruieren. Zunächst konstruiere man (vgl. §I.10.5) ein lokales Inertialsystem längs γ (in welchem $t = \tau$ ist). Dieses erfüllt (48). Hierauf führe man eine infinitesimale Koordinatentransformation durch, so dass die TS-Bedingungen

(42) erfüllt sind.
Nach (45) gilt damit (längs γ ist t, bis zur 1. Ordnung in den h_{ij}, gleich der Eigenzeit τ)

$$\boxed{\frac{d^2 n^i}{dt^2} = -\frac{1}{2}\frac{\partial^2 h_{ij}}{\partial t^2} n^j} \tag{49}$$

Diese Gleichung beschreibt die welleninduzierten Oszillationen von zu γ benachbarten Probekörpern. Sind z.B. die Teilchen relativ zueinander in Ruhe bevor die Welle ankommt ($\underline{n} = \underline{n}_{(o)}$, solange $h_{ij} = 0$), dann gibt die Integration von (49)

$$n^i(\tau) \simeq n^i_{(0)} - \frac{1}{2} h_{ij}(\gamma(\tau))\, n^j_{(0)} \tag{50}$$

Nun betrachten wir speziell eine <u>ebene Welle</u>, etwa in der z-Richtung. In der TS-Eichung sind die von Null verschiedenen Komponenten:

$$\begin{aligned} h_{xx} &= -h_{yy} = A(t-z) \\ h_{xy} &= h_{yx} = B(t-z) \end{aligned} \tag{51}$$

Falls das Teilchen in der Fortpflanzungsrichtung der Welle ist ($\underline{n}_{(o)} = (0,0,a)$ wird es nicht oszillieren, da $h_{ij}\, n^j_{(o)} = 0$ ist. Es gibt folglich <u>nur Oszillationen in der transversalen Richtung.</u> Diese wollen wir für verschiedene Polarisationszustände der ebenen Welle diskutieren. Für den transversalen Teil $n_\perp$ des Verschiebungsvektors $\underline{n}$ gilt damit

$$\underline{\ddot{n}_\perp = K_\perp n_\perp} \tag{52}$$

wo

$$K_\perp = -\frac{1}{2}\begin{pmatrix} \ddot{h}_{xx} & \ddot{h}_{xy} \\ \ddot{h}_{yx} & \ddot{h}_{yy} \end{pmatrix}, \quad K_\perp^T = K_\perp, \quad \mathrm{Sp}\, K_\perp = 0 \tag{53}$$

Die approximative Lösung ist nach (50)

$$n \simeq n_\perp^{(0)} - \frac{1}{2}\begin{pmatrix} h_{xx} & h_{xy} \\ h_{yx} & h_{yy} \end{pmatrix} n_\perp^{(0)} \tag{54}$$

Transformieren wir die Matrix rechts auf Hauptachsen

$$-\frac{1}{2}\begin{pmatrix} h_{xx} & h_{xy} \\ h_{yx} & h_{yy} \end{pmatrix} = R \begin{pmatrix} \Omega & 0 \\ 0 & -\Omega \end{pmatrix} R^T \tag{55}$$

so gilt für

$$n_\perp =: R\begin{pmatrix} \xi \\ \eta \end{pmatrix}, \quad n_\perp^{(0)} = R\begin{pmatrix} \xi_0 \\ \eta_0 \end{pmatrix} \tag{56}$$

$$\xi \simeq \xi_0 + \Omega(t)\,\xi_0$$
$$\eta \simeq \eta_0 - \Omega(t)\,\eta_0 \tag{57}$$

Der Punkt (ξ, η) führt also um (ξ_0, η_0) eine "Quadrupolschwingung" aus.

Beachte: Je nach Polarisationszustand kann die orthogonale Matrix R zeitabhängig werden.

Wir betrachten jetzt speziell eine periodische ebene Welle in der z-Richtung:

$$h_{xx} = -h_{yy} = \mathrm{Re}\left(A_1 e^{-i\omega(t-z)}\right)$$
$$h_{xy} = h_{yx} = \mathrm{Re}\left(A_2 e^{-i\omega(t-z)}\right) \tag{58}$$

Für $A_2 = 0$ fallen die Hauptachsen nach (55) mit den x,y Achsen zusammen. Falls $A_1 = 0$ werden die Hauptachsen um 45° gedreht. Diese beiden Fälle nennen wir, aus naheliegenden Gründen, linear polarisiert.

Falls $A_2 = \pm i A_1$ ist, nennen wir die Wellen zirkular polarisiert (rechts- bzw. linkszirkular).

Für das obere Vorzeichen rotieren die Hauptachsen in positiver Richtung (im Gegenuhrzeigersinn für eine Welle, welche sich gegen den Leser bewegt) und in negativer Richtung für das untere Vorzeichen *).

*) Die Hauptachsen drehen sich dabei mit der halben Frequenz $\omega/2$.

In der folgenden Figur ist die Bewegung eines Ringes von Testteilchen um ein zentrales Teilchen in der transversalen Ebene angedeutet (für die beiden linearen Polarisationszustände).

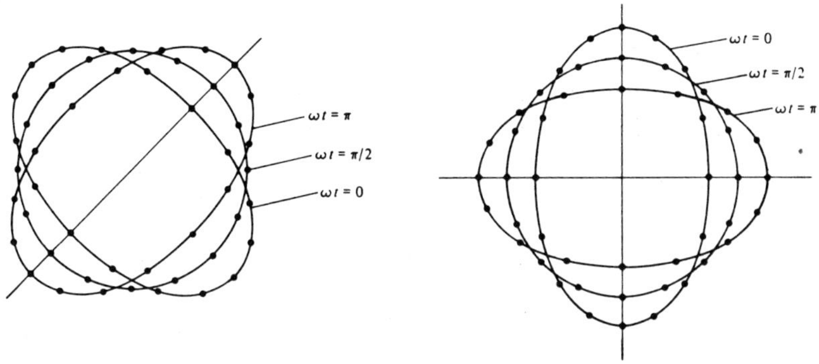

§4. Das Gravitationsfeld in grossen Entfernungen von den Quellen

Wir interessieren uns für das stationäre Gravitationsfeld weit weg von beliebigen isolierten Quellen und bestimmen die ersten Terme seiner Entwicklung nach Potenzen von $1/r$.

Für ein stationäres Feld wählen wir ein adaptiertes Koordinatensystem, bezüglich welchem die $g_{\mu\nu}$ zeitunabhängig sind. Asymptotisch können wir das Koordinatensystem fast Lorentzsch wählen:

$$g_{\mu\nu} = \eta_{\mu\nu} + h_{\mu\nu} \quad , \quad |h_{\mu\nu}| \ll 1$$

In einem ersten Schritt ignorieren wir die Nichtlinearitäten der Einsteinschen Feldgleichungen im asymptotischen Gebiet. Dann gilt dort in der Hilbert-Eichung

$$\Delta \gamma_{\mu\nu} = 0 \quad , \quad \gamma_{\mu\nu} = h_{\mu\nu} - \frac{1}{2}\eta_{\mu\nu} h \tag{59}$$

Nun lässt sich jede Lösung der Poisson-Gleichung $\Delta\Phi = 0$ wie folgt entwickeln

$$\Phi(\underline{x}) = \sum_{l=0}^{\infty} \sum_{m=-l}^{+l} \left[a_{lm} r^{l} + b_{lm} r^{-(l+1)} \right] Y_{lm}(\hat{\underline{x}})$$

Für unser Problem ist $a_{lm} = 0$ und wir können für $\gamma_{\mu\nu}$ folgendes ansetzen

$$\begin{aligned}
\gamma_{00} &= \frac{A^0}{r} + \frac{B^j n^j}{r^2} + O\left(\frac{1}{r^3}\right) \quad , \quad n^j = x^j/r \\
\gamma_{0j} &= \frac{A^j}{r} + \frac{B^{jk} n^k}{r^2} + O\left(\frac{1}{r^3}\right) \\
\gamma_{jk} &= \frac{A^{jk}}{r} + \frac{B^{jkl} n^l}{r^2} + O\left(\frac{1}{r^3}\right)
\end{aligned} \tag{60}$$

wobei $A^{jk} = A^{kj}$, $B^{jkl} = B^{kjl}$ ist.

Die Hilbert-Bedingung $\gamma^{\mu\nu}{}_{,\nu} = 0$ gibt

$$\begin{aligned}
A^j &= 0 \quad , \quad A^{jk} = 0 \\
B^{jk}&(\delta^{jk} - 3n^j n^k) = 0 \\
B^{jkl}&(\delta^{kl} - 3n^k n^l) = 0
\end{aligned} \tag{61}$$

Nun zerlegen wir B^{jk} und B^{jk} in geschickter Weise

$$B^{jk} = \delta^{jk} B + S^{jk} + A^{jk}$$

[Spur von B^{jk}] [spurlos und symmetrisch] [antisymm.]

oder

$$B^{jk} = \delta^{jk} B + S^{jk} + \varepsilon^{jkl} F^l \, , \quad S^{jj} = 0 \tag{62}$$

Die Eichbedingungen (61) implizieren

$$(\delta^{jk} B + S^{jk} + A^{jk})(\delta^{jk} - 3 n^j n^k) = -3 S^{jk} n^j n^k = 0$$

d.h.

$$\underline{S^{jk} = 0}$$

Als Uebungsaufgabe zeige man, dass sich B^{jk} analog wie folgt darstellen lässt (runde Klammern bedeuten Symmetrisierung in den eingeklammerten Indizes)

$$B^{jkl} = \delta^{jk} A^l + C^{(j} \delta^{k)l} + \varepsilon^{ml(j} E^{k)m} + S^{jkl}$$

wobei E^{km} symmetrisch und spurlos ist und S^{jkl} total symmetrisch und spurlos in allen Paaren von Indizes ist. Aus (61) folgt

$$C^j = -2A^j \, , \quad E^{km} = S^{jkl} = 0$$

Benutzt man diese Ergebnisse in (60), so kommt

$$\begin{aligned}
\gamma_{00} &= \frac{A^0}{r} + \frac{B^j n^j}{r^2} + O\left(\frac{1}{r^3}\right) \\
\gamma_{0j} &= \frac{\varepsilon^{jkl} n^k F^l}{r^2} + \frac{B n^j}{r^2} + O\left(\frac{1}{r^3}\right) \\
\gamma_{jk} &= \frac{\delta^{jk} A^l n^l - A^j n^k - A^k n^j}{r^2} + O\left(\frac{1}{r^3}\right)
\end{aligned} \tag{63}$$

Innerhalb der Hilbert-Eichung können wir mit einer Eichtransformation B in γ_{0j} und A^j in γ_{jk} zum Verschwinden bringen. Dazu wähle man

$$\xi_j = -\frac{A^j}{r} \, , \quad \xi_0 = \frac{B}{r}$$

Dann wird aus (63)

$$\gamma_{00} = \frac{A^0}{r} + \frac{(B^j + A^j)n^j}{r^2} + O\left(\frac{1}{r^3}\right)$$

$$\gamma_{0j} = \frac{\varepsilon_{jkl} n^k F^l}{r^2} + O\left(\frac{1}{r^3}\right)$$

$$\gamma_{jk} = O(1/r^3) \tag{64}$$

Schliesslich verschiebe man den Ursprung des Koordinatensystems

$$x^j_{neu} = x^j_{alt} - (B^j + A^j)/A^0$$

Dann fällt der zweite Term von γ_{00} weg. Gehen wir zu $h_{\mu\nu}$ über, so erhalten wir die Form

$$h_{00} = -\frac{2m}{r} + O\left(\frac{1}{r^3}\right)$$

$$h_{0j} = 2G\,\varepsilon_{ijk}\frac{S^j x^k}{r^3} + O\left(\frac{1}{r^3}\right)$$

$$h_{ij} = -\frac{2m}{r}\delta_{ij} + O\left(\frac{1}{r^3}\right) \tag{65}$$

Die Konstanten m und s^j werden wir weiter unten interpretieren. Bis jetzt haben wir im asymptotischen Gebiet nur die linearisierte Näherung betrachtet. Die dominanten nichtlinearen Terme müssen proportional zum Quadrat, $(\frac{m}{r})^2$, der dominanten linearen Terme sein. Um jene zu erhalten, betrachtet man am einfachsten die Schwarzschild Lösung in geeigneten Koordinaten und entwickelt diese nach Potenzen von m/r.
(In Kapitel V werden wir stattdessen die post-Newtonsche Entwicklung benutzen.)
Wir bemerken zunächst, dass die Hilbertsche Eichbedingung die Linearisierung der harmonischen Eichbedingung ist. Letztere lautet (siehe p. 43) $\delta dx^\mu = 0$, d.h.

$$(\sqrt{-g}\, g^{\mu\nu})_{,\nu} = 0 \tag{66}$$

Nun ist

$$\sqrt{-g} \simeq 1 + \frac{1}{2}h \;, \quad g^{\mu\nu} \simeq \eta^{\mu\nu} - h^{\mu\nu}$$

und folglich

$$\sqrt{-g}\, g^{\mu\nu} \simeq \eta^{\mu\nu} - \gamma^{\mu\nu} \tag{67}$$

Deshalb reduziert sich (66) in linearisierter Näherung in der Tat auf $\gamma^{\mu\nu}{}_{,\nu} = 0$.

Wir transformieren deshalb die Schwarzschild Lösung

$$ds^2 = (1 - 2m/r)dt^2 - \frac{dr^2}{1-2m/r} - r^2(d\vartheta^2 + \sin^2\vartheta\, d\varphi^2)$$

auf harmonische Koordinaten. Letztere konstruieren wir wie folgt. Wir setzen den Ansatz

$$x^1 = R(r)\sin\vartheta\cos\varphi\,,\quad x^2 = R(r)\sin\vartheta\sin\varphi\,,\quad x^3 = R(r)\cos\vartheta$$

$$x^0 = t$$

in die Eichbedingung $\Box x^\mu = 0$ ein und erhalten die folgende Differentialgleichung für $R(r)$ (Uebungsaufgabe):

$$\frac{d}{dr}\left[r^2(1-2m/r)\frac{dR}{dr}\right] - 2R = 0$$

Eine bequeme Lösung davon ist $R = r - m$.

Die transformierte Schwarzschild-Metrik lautet

$$g_{00} = \frac{1-m/r}{1+m/r}$$

$$g_{i0} = 0$$

$$g_{ij} = -(1+m/r)^2\delta_{ij} - (m/r)^2\frac{1+m/r}{1-m/r}\frac{x^i x^j}{r^2} \tag{68}$$

Die quadratischen Terme von g_{00} sind $g_{00}^{(2)} = 2\left(\frac{m}{r}\right)^2$. Damit erhalten wir die Entwicklung

$$\boxed{\begin{aligned} g_{00} &= 1 - \frac{2m}{r} + 2\frac{m^2}{r^2} + O\left(\frac{1}{r^3}\right)\\ g_{i0} &= 2G\,\varepsilon_{ijk}\frac{S^j x^k}{r^3} + O\left(\frac{1}{r^3}\right)\\ g_{ij} &= -\left(1+\frac{2m}{r}\right)\delta_{ij} + O\left(\frac{1}{r^2}\right)\end{aligned}} \tag{69}$$

Dieses Ergebnis werden wir auch in post-Newtonscher Näherung erhalten (siehe Kap. V).

Mit den asymptotischen Formeln (69) können wir Energie und Drehimpuls des Systems berechnen. Dazu benutzen wir die Darstellung dieser Grössen durch die Flussintegrale (II.6.19) und (II.6.24). In der Koordinatenbasis lauten die Zusammenhangsformen nach Gl.(3)

$$\omega^{\alpha}{}_{\beta} = \Gamma^{\alpha}{}_{\gamma\beta} dx^{\gamma} = \frac{1}{2}\left(h^{\alpha}_{\gamma,\beta} + h^{\alpha}{}_{\beta,\gamma} - h_{\gamma\beta}{}^{,\alpha}\right) dx^{\gamma}$$

Nach (II.6.19) ist der totale Impuls

$$P^{\rho} = -\frac{1}{16\pi G} \oint \sqrt{-g}\, \omega_{\alpha\beta} \wedge \eta^{\alpha\beta\rho}$$

$$\simeq -\frac{1}{16\pi G} \varepsilon^{\rho\alpha\beta}{}_{\sigma} \oint \frac{1}{2}\left(h_{\alpha\gamma,\beta} + h_{\alpha\beta,\gamma} - h_{\gamma\beta,\alpha}\right) dx^{\gamma} \wedge dx^{\sigma}$$

$$= \frac{1}{16\pi G} \varepsilon^{\rho\alpha\beta}{}_{\sigma} \oint h_{\beta\gamma,\alpha}\, dx^{\gamma} \wedge dx^{\sigma}$$

Nur P^0 verschwindet nicht

$$P^{0} = \frac{1}{16\pi G} \varepsilon^{0ij}{}_{l} \oint h_{jk,i}\, dx^{k} \wedge dx^{l}$$

Nach (69) ist

$$h_{jk,i} = \frac{2m}{r^3} x^i \delta_{jk}$$

Integrieren wir über eine grosse Kugeloberfläche, so erhalten wir damit ($M = Gm$) :

$$P^{0} = \frac{M}{8\pi} \int \frac{1}{r^3} \underbrace{x^i \varepsilon_{ijk} dx^j \wedge dx^k}_{2r^3 d\Omega} = M$$

Wie erwartet ist also

$$\underline{P^0 = Gm} \tag{70}$$

Für den Drehimpuls haben wir nach (II.6.24) das folgende Flussintegral

$$J^{\rho\alpha} = \frac{1}{16\pi G} \oint \sqrt{-g} \left[\left(x^{\rho}\eta^{\alpha\beta\gamma} - x^{\alpha}\eta^{\rho\beta\gamma}\right) \wedge \omega_{\beta\gamma} + \eta^{\rho\alpha}\right] \tag{71}$$

zu berechnen.

Der erste Term ist (in genügender Näherung)

$$J^{\rho\alpha}_{(1)} = \frac{1}{16\pi G} \oint \sqrt{-g}\,(x^\rho \eta^{\alpha\beta\gamma} - x^\alpha \eta^{\rho\beta\gamma}) \wedge \omega_{\beta\gamma}$$

$$= \frac{1}{2}\,\frac{1}{16\pi G} \oint (x^\rho \eta^{\alpha\beta\gamma} - x^\alpha \eta^{\rho\beta\gamma}) \wedge (h_{\beta\sigma,\gamma} + \cancel{h_{\beta\gamma,\sigma}} - h_{\sigma\gamma,\beta})\, dx^\sigma$$

$$= \frac{1}{16\pi G} \oint (x^\rho \varepsilon^{\alpha\beta\gamma}{}_\mu - \rho \leftrightarrow \alpha)\, h_{\beta\sigma,\gamma}\, dx^\mu \wedge dx^\sigma$$

Davon sind die räumlichen Komponenten

$$J^{ri}_{(1)} = \frac{1}{16\pi G}\,\varepsilon^{iok}{}_l \oint x^r h_{oj,k}\, dx^l \wedge dx^j - (r \leftrightarrow i)$$

$$= -\frac{1}{16\pi G}\,\varepsilon_{ikl} \oint (x^r h_{oj,k} - i \leftrightarrow r)\, dx^l \wedge dx^j$$

Die Komponenten des Drehimpulsvektors sind

$$J_s = \frac{1}{2}\,\varepsilon_{ris}\, J^{ri}$$

Dafür erhalten wir

$$J_s^{(1)} = -\frac{1}{16\pi G}\,\underbrace{\varepsilon_{ris}\,\varepsilon_{ikl}}_{-(\delta_{rk}\delta_{sl} - \delta_{rl}\delta_{ks})} \oint x^r h_{oj,k}\, dx^l \wedge dx^j$$

$$= -\frac{1}{16\pi G} \oint [-x^k h_{oj,k}\, dx^s \wedge dx^j + h_{oj,s} \overbrace{x^l dx^l}^{\frac{1}{2}d(r^2)} \wedge dx^j]$$

Der zweite Term fällt weg, wenn wir über eine Kugeloberfläche integrieren

$$J_s^{(1)} = \frac{1}{16\pi G} \oint \underbrace{x^k h_{oj,k}}_{2G\varepsilon_{jmn} S^m \underbrace{\left(\frac{x^n}{r^3}\right)_{,k} x^k}_{x^n/r^3 - 3\frac{x^n x^k}{r^5} x^k = -2\frac{x^n}{r^3}}} dx^s \wedge dx^j$$

$$= -\frac{1}{4\pi} \oint \varepsilon_{jmn} S^m \frac{x^n}{r^3}\, dx^s \wedge dx^j$$

Mit einer partiellen Integration kommt

$$J_s^{(1)} = \frac{1}{4\pi}\int \frac{x^s}{r^3}\,\varepsilon_{jmn}\,S^m dx^n \wedge dx^j = \frac{1}{4\pi}\cdot 2\oint S^m \frac{x^s}{r^3}\, r^2 \hat{x}^m d\Omega$$

$$= \frac{1}{4\pi}\, 2\, S^m \oint \hat{x}^s \hat{x}^m d\Omega = \frac{2}{3}\, S^s$$

d.h.

$$\underline{J_k^{(1)} = \frac{2}{3}\, S^k} \tag{72}$$

Der 2. Term in (71) gibt

$$J^{ik}_{(2)} = \frac{1}{16\pi G}\oint \frac{1}{2!}\,\varepsilon^{ik}{}_{\alpha\beta}\, dx^\alpha \wedge dx^\beta$$

$$= \frac{1}{16\pi G}\oint 2\,\frac{1}{2!}\,\varepsilon^{ik0\ell}\, g_{0r}\, g_{\ell s}\, dx^r \wedge dx^s$$

$$= \frac{1}{16\pi G}\oint \varepsilon_{rk\ell}\,\delta_{\ell s}\, g_{0r}\, dx^r \wedge dx^s$$

d.h.

$$J_\ell^{(2)} = \frac{1}{16\pi G}\oint g_{0r}\, dx^r \wedge dx^\ell = \frac{1}{8\pi}\, S^m \oint \varepsilon_{rmn}\frac{x^n}{r^3}\, dx^r \wedge dx^\ell$$

$$= \frac{1}{8\pi}\, S^m \oint \frac{x^\ell}{r^3}\,\varepsilon_{rmn}\, dx^n \wedge dx^s = \frac{1}{8\pi}\, S^m \oint \frac{x^\ell}{r}\, 2\,\hat{x}^m d\Omega = \frac{1}{3}\, S^\ell$$

Also ist

$$J_k^{(2)} = \frac{1}{3}\, S^k \tag{73}$$

Insgesamt erhalten wir aus (72) und (73)

$$\underline{J_k = S^k} \tag{74}$$

Damit ist gezeigt, dass die Parameter S^j in (69) die Drehimpulskomponenten des Systems sind.

* * *

Für P^0 und J_k haben wir anderseits eine Darstellung durch Volumenintegrale (siehe (II.6.17) und (II.6.18)). Ist speziell das Gravitationsfeld <u>überall schwach</u>, so reduzieren sich diese auf

$$P^0 \simeq \int_{x^0=\text{const.}} *T_0 \simeq \int_{x^0=\text{const}} T^{00}\, d^3x \tag{75}$$

$$J^{ij} \simeq \int_{x^0=\text{const}} \sqrt{-g}\,(x^i *T^j - x^j *T^i) \simeq \int_{x^0=\text{const}} (x^i T^{j0} - x^j T^{i0})\, d^3x \tag{76}$$

* * *

Der Drehimpuls S^k des Systems kann z.B. mit einem Kreiselkompass bestimmt werden. Dieser sei weit weg von der Quelle und in Ruhe bezüglich des Koordinatensystems, in welchem (69) gilt. Der Kompass wird dann bezüglich der Basis $\partial/\partial x^i$ mit der Winkelgeschwindigkeit

$$\underline{\Omega} \simeq -\frac{1}{2}\nabla\wedge\underline{g} \;, \quad \underline{g} = (g_{01}, g_{02}, g_{03})$$

rotieren (siehe (I.10.33)). Benutzen wir den Ausdruck (69) für g_{io}, so kommt

$$\underline{\Omega} = \frac{G}{r^3}\left[\underline{S} - 3\,\frac{(\underline{S}\cdot\underline{x})\,\underline{x}}{r^2}\right] \tag{77}$$

Die Gl.(77) gibt die Präzessionsfrequenz eines Kreisels relativ zu den asymptotischen Lorentzsystemen (relativ zum "Fixsternhimmel").

§ 5. Emission von Gravitationsstrahlung

In diesem Abschnitt untersuchen wir im Rahmen der linearisierten Theorie die Frage, welche Energie zeitabhängige Quellen in Form von Gravitationswellen abstrahlen. Dazu benötigen wir die Lösung (22)

$$\gamma_{\mu\nu}(t,\underline{x}) = -4G \int \frac{T_{\mu\nu}(t-|\underline{x}-\underline{x}'|, \underline{x}')}{|\underline{x}-\underline{x}'|} d^3x' \tag{78}$$

in der Wellenzone. Wir entwickeln sowohl nach der Retardierung innerhalb der Quelle, als auch nach $|\underline{x}'|/|\underline{x}| \ll 1$.
In tiefster Näherung ist

$$\gamma^{\mu\nu}(t,\underline{x}) = -\frac{4G}{r} \int T^{\mu\nu}(t-r, \underline{x}')\, d^3x' \tag{79}$$

$(r = |\underline{x}|)$. Zunächst formen wir das Integral rechts für räumliche Indizes um. Dazu benutzen wir $T^{\mu\nu}{}_{,\nu} = 0$, welche Gleichung die folgende Identität impliziert

$$\int T^{kl} d^3x = \frac{1}{2}\frac{\partial^2}{\partial t^2} \int T^{00} x^k x^l d^3x \tag{80}$$

<u>Beweis:</u> Aus

$$0 = \int x^k \partial_\nu T_\mu{}^\nu d^3x = \frac{\partial}{\partial t}\int x^k T_\mu{}^0 d^3x + \int x^k \partial_l T_\mu{}^l d^3x$$

folgt durch partielle Integration des letzten Terms

$$\int T_\mu{}^k d^3x = \frac{\partial}{\partial t}\int T_\mu{}^0 x^k d^3x \tag{81}$$

Weiter gilt mit dem Gauss'schen Satz

$$\frac{\partial}{\partial t}\int T^{00} x^k x^l d^3x = \int \partial_\nu (T^{\nu 0} x^k x^l)\, d^3x = \int T^{\nu 0}\partial_\nu (x^k x^l)\, d^3x$$
$$= \int (T^{k0} x^l + T^{l0})\, d^3x$$

Daraus und aus (81) folgt

$$\frac{1}{2}\frac{\partial^2}{\partial t^2}\int T^{00} x^k x^l d^3x = \frac{1}{2}\frac{\partial}{\partial t}\int (T^{k0} x^l + T^{l0} x^k) = \int T^{kl} d^3x \qquad \square$$

Aus (79) und (80) erhalten wir mit $T^{00} \simeq \rho$

$$\gamma^{kl}(t,\underline{x}) = -\frac{2G}{r}\left[\frac{\partial^2}{\partial t^2}\int \rho(\underline{x}')\,x'^k x'^l\, d^3x'\right]_{t-r} \tag{82}$$

Dies drücken wir durch den Quadrupoltensor

$$Q_{kl} = \int (3x'^k x'^l - r'^2 \delta_{kl})\,\rho(\underline{x}')\,d^3x' \tag{83}$$

aus:

$$\gamma_{kl}(t,\underline{x}) = -\frac{2G}{r}\,\frac{1}{3}\left[\frac{\partial^2}{\partial t^2}Q_{kl} + \delta_{kl}\frac{\partial^2}{\partial t^2}\int r'^2 \rho(\underline{x}')\,d^3x'\right]_{t-r} \tag{84}$$

Dieser Ausdruck genügt, um den "Energiefluss" zu berechnen. In grossen Entfernungen von der Quelle kann man eine Welle als lokal eben betrachten. Für eine ebene Welle in der x^1-Richtung, $h_{\mu\nu}(t-x^1)$, ist der Energiestrom in der x^1-Richtung

$$t^{01} = \frac{1}{16\pi G}\left[(\dot{h}_{23})^2 + \frac{1}{4}(\dot{h}_{22}-\dot{h}_{33})^2\right], \tag{85}$$

wie in der nachstehenden Uebungsaufgabe gezeigt wird. Nun ist $h_{23} = \gamma_{23}$ $h_{22} - h_{33} = \gamma_{22} - \gamma_{33}$. Deshalb trägt der zweite Term in (84) zur Ausstrahlung nicht bei und der erste Term gibt in der x^1-Richtung

$$t^{01} = \frac{G}{36\pi}\,\frac{1}{r^2}\left[(\dddot{Q}_{23})^2 + \frac{1}{4}(\dddot{Q}_{22} - \dddot{Q}_{33})^2\right] \tag{86}$$

Mit dem Einheitsvektor $\underline{n} = (1,0,0)$ in der x^1-Richtung können wir, wegen $Q_{kk} = 0$, auch schreiben

$$t^{0s}n^s = \frac{G}{36\pi}\,\frac{1}{r^2}\left[\frac{1}{2}\dddot{Q}_{kl}\dddot{Q}_{kl} - \dddot{Q}_{kl}\dddot{Q}_{km}n^l n^m + \frac{1}{4}(\dddot{Q}_{kl}n^k n^l)^2\right] \tag{87}$$

Diese Formel gilt natürlich auch für eine beliebige Richtung $\underline{n}$. Die abgestrahlte Energie pro Raumwinkel und Zeiteinheit in Richtung $\underline{n}$ ist gleich $r^2 t^{0s} n^s$, d.h.

$$\boxed{\frac{dI}{d\Omega} = \frac{G}{36\pi}\left[\frac{1}{2}\dddot{Q}_{kl}\dddot{Q}_{kl} - \dddot{Q}_{kl}\dddot{Q}_{km}n^l n^m + \frac{1}{4}(\dddot{Q}_{kl}n^k n^l)^2\right]} \tag{88}$$

Wir interessieren uns für die totale Energieabstrahlung.

Mit den folgenden Mittelwerten

$$\frac{1}{4\pi}\int n^l n^m \, d\Omega = \frac{1}{3}\delta_{lm}$$

$$\frac{1}{4\pi}\int n^k n^l n^m n^r \, d\Omega = \frac{1}{15}\left(\delta_{kl}\delta_{mr} + \delta_{km}\delta_{lr} + \delta_{kr}\delta_{lm}\right) \tag{89}$$

ergibt sich für den Energieverlust

$$-\frac{dE}{dt} = \frac{G}{45c^5}\dddot{Q}_{kl}\dddot{Q}_{kl} \tag{90}$$

(A. Einstein)

Im Gegensatz zur Elektrodynamik tritt hier als tiefster Multipol die Quadrupolstrahlung auf. Dies beruht natürlich auf dem Spin 2 Charakter des Gravitationsfeldes. Die Herleitung der Quadrupolformel (90) im Rahmen der linearisierten Theorie könnte freilich irreführend sein. Bis jetzt gibt es keine befriedigende Herleitung der Strahlungsformel, welche auf einem konsequenten (fehlerkontrollierten) Approximationsschema beruht. Möglicherweise ist die Formel (90) aber besser als deren Herleitung. Darauf weisen auch die Beobachtungen des binären Pulsars 1913+16 hin (siehe unten).

* * *

<u>Uebungsaufgabe: Energie und Impuls einer ebenen Welle</u>

Betrachte in der linearisierten Theorie eine (nicht notwendigerweise harmonische) Welle in der x^1-Richtung: $h_{\mu\nu}(x^1-t)$. Zeige, dass sich innerhalb der Hilbert-Eichung eine Eichung finden lässt, sodass höchstens h_{23} und $h_{22} = -h_{33}$ von Null verschieden sind. Berechne den Energie-Impuls Komplex $t^{\mu\nu}_{L-L}$ der Welle in dieser speziellen Eichung.

<u>Lösung</u>

Aus der Hilbert-Bedingung $\gamma_\mu{}^\nu{}_{,\nu} = 0$ folgt $\gamma'_\mu{}^0 = \gamma'_\mu{}^1$.

Bis auf irrelevante Integrationskonstanten (wir interessieren uns nur für das Wechselfeld) gilt diese Gleichung auch für die Felder. Deshalb ist

$$\gamma_0{}^0 = \gamma_0{}^1, \gamma_1{}^0 = \gamma_1{}^1, \gamma_2{}^0 = \gamma_2{}^1, \gamma_3{}^0 = \gamma_3{}^1 \Longrightarrow \gamma_0^0 = \gamma_1^1$$

Unabhängig sind noch $\gamma_0^{\,0}, \gamma_0^{\,2}, \gamma_0^{\,3}, \gamma_2^{\,2}, \gamma_2^{\,3}, \gamma_3^{\,3}$.

Bei Umeichungen mit $\xi^\kappa(x^1-t)$ ($\Longrightarrow \Box\xi^\kappa = 0$) ist $\xi_\lambda{}^{,\lambda} = \xi_0' + \xi_1'$ und folglich gelten die Transformationsgesetze

$$\gamma_{00} \longrightarrow \gamma_{00} + 2\xi_0' \quad , \quad \gamma_{02} \longrightarrow \gamma_{02} + \xi_2' \quad , \quad \gamma_{03} \longrightarrow \gamma_{03} + \xi_3'$$

$$\gamma_{22} \longrightarrow \gamma_{22} - \xi_0' - \xi_1' \quad , \quad \gamma_{23} \longrightarrow \gamma_{23} \quad , \quad \gamma_{33} \longrightarrow \gamma_{33} - \xi_0' - \xi_3' \tag{91}$$

Unter diesen bleiben γ_{23} und $\gamma_{22} - \gamma_{33}$ invariant. Durch geeignete Wahl von ξ_μ können wir γ_{00}, γ_{02}, γ_{03} und $\gamma_{22} + \gamma_{33}$ offensichtlich zum Verschwinden bringen.

In dieser Eichung berechnen wir nun die Energie-Impuls 3-Formen (II.6.9). Wir führen die Rechnung in einer orthonormierten Basis durch. In der linearisierten Theorie hat eine solche die Form

$$\theta^\alpha = dx^\alpha + \varphi^\alpha{}_\beta dx^\beta \tag{92}$$

wobei

$$\varphi_{\alpha\beta} + \varphi_{\beta\alpha} = h_{\alpha\beta} \tag{93}$$

ist. Die letzte Gleichung bestimmt nur den symmetrischen Anteil von $\varphi_{\alpha\beta}$. Unter infinitesimalen lokalen Lorentztransformationen ändert sich $\varphi_{\alpha\beta}$ um einen antisymmetrischen Zusatz. Wir können deshalb $\varphi_{\alpha\beta}$ symmetrisch wählen, $\varphi_{\alpha\beta} = \frac{1}{2} h_{\alpha\beta}$.

Da

$$d\theta^\alpha = \varphi^\alpha{}_{\beta,\gamma} dx^\gamma \wedge dx^\beta \simeq \varphi^\alpha{}_{\beta,\gamma}\, \theta^\gamma \wedge \theta^\beta$$

findet man für die Zusammenhangsformen in erster Ordnung in $\varphi_{\alpha\beta}$

$$\omega^\alpha{}_\beta = (\varphi^\alpha{}_{\gamma,\beta} - \varphi_{\beta\gamma}{}^{,\alpha})\, dx^\gamma \tag{94}$$

Speziell für unsere ebene Welle sind die $\varphi_{\alpha\beta}$ nur Funktionen von $u = x^1-t$ und damit gilt

$$\varphi_{\alpha\gamma,\beta} = \varphi'_{\alpha\beta} n_\beta \quad , \quad n_\beta = (-1, +1, 0, 0)$$

Deshalb ist

$$\omega_{\alpha\beta} = \phi_\alpha n_\beta - \phi_\beta n_\alpha \quad , \quad \phi_\alpha := \varphi'_{\alpha\gamma} dx^\gamma \tag{95}$$

Wir notieren (da nur φ_{23}, $\varphi_{22} = -\varphi_{33}$ von Null verschieden sind)

$$n^\alpha \phi_\alpha = 0 \quad , \quad n^\alpha n_\alpha = 0 \tag{96}$$

Daraus folgt $\omega_{\sigma\beta}\wedge\omega^{\sigma}{}_{\gamma}=0$ und deshalb verschwindet der erste Term in den Landau-Lifschitz Formen (II.6.9):

$$*t^{\alpha}_{L-L}=-\frac{1}{16\pi G}\eta^{\alpha\beta\gamma\delta}\left(\omega_{\sigma\beta}\wedge\omega^{\sigma}{}_{\gamma}\wedge\theta_{\delta}-\omega_{\beta\gamma}\wedge\omega_{\sigma\delta}\wedge\theta^{\sigma}\right)$$

Mit (95) erhalten wir damit

$$*t^{\alpha}_{L-L}=-\frac{1}{16\pi G}\cdot 2\,\eta^{\alpha\beta\gamma\delta}\,\phi_{\beta}n_{\gamma}\wedge(\underbrace{\phi_{\sigma}n_{\delta}-\phi_{\delta}n_{\sigma}}_{\text{symm. in }\gamma,\delta})\wedge\theta^{\sigma}$$

$$=-\frac{1}{8\pi G}\eta^{\alpha\beta\gamma\delta}\phi_{\beta}\wedge\phi_{\delta}\wedge n_{\gamma}\underbrace{n_{\sigma}\theta^{\sigma}}_{du}$$

d.h.

$$*t^{\alpha}_{L-L}=-\frac{1}{8\pi G}n_{\gamma}\eta^{\alpha\beta\gamma\delta}\phi_{\beta}\wedge\phi_{\delta}\wedge du \tag{97}$$

Daraus ergibt sich für $\alpha = 0$:

$$*t^{0}_{L-L}=\frac{1\cdot 2}{8\pi G}n_{1}\eta^{0213}\phi_{2}\wedge\phi_{3}\wedge du$$

$$=-\frac{1}{4\pi G}\phi_{2}\wedge\phi_{3}\wedge du$$

$$=-\frac{1}{4\pi G}\left[\varphi'_{22}dx^{2}+\varphi'_{23}dx^{3}\right]\wedge\left[\varphi'_{32}dx^{2}+\varphi'_{33}dx^{3}\right]\wedge du$$

$$=-\frac{1}{4\pi G}\left[\varphi'_{22}\varphi'_{33}-(\varphi'_{23})^{2}\right]dx^{2}\wedge dx^{3}\wedge du$$

Mit $\theta^{\mu}\wedge *t^{\alpha}=t^{\alpha\mu}\eta$ kommt

$$t^{00}_{L-L}=t^{01}_{L-L}=\frac{1}{16\pi G}\left[(h'_{23})^{2}+\frac{1}{4}(h'_{22}-h'_{33})^{2}\right] \tag{98}$$

wobei $h'_{22} = - h'_{33}$ benutzt wurde. Diese Ausdrücke bleiben aber unter den Umeichungen (91) invariant !

*   *   *

Abstrahlung eines binären Sternsystems

Als Beispiel berechnen wir den Strahlungsverlust eines Doppelsternsystems. Wir führen die Rechnung in den Einheiten $G = c = 1$ durch. Die beiden Massen seien m_1, m_2. Die grosse Halbachse a und die Exzentrizität e lassen sich durch die totale Energie E $(E < 0)$ und den Drehimpuls L wie folgt ausdrücken:

$$a = -m_1 m_2 / 2E \tag{99}$$

$$e^2 = 1 + \frac{2EL^2(m_1+m_2)}{m_1^3 m_2^3} \tag{100}$$

Deshalb ist

$$\frac{da}{dt} = \frac{m_1 m_2}{2E^2} \frac{dE}{dt} \tag{101}$$

$$\frac{de}{dt} = \frac{m_1+m_2}{m_1^3 m_2^3} \left(L^2 \frac{dE}{dt} + 2EL \frac{dL}{dt} \right) \tag{102}$$

Bezeichnet r den Abstand der beiden Massen, so ist (siehe die Figur)

$$r = \frac{a(1-e^2)}{1+e\cos\theta} \tag{103}$$

und

$$r_1 = \frac{m_2}{m_1+m_2} r$$

$$r_2 = \frac{m_1}{m_1+m_2} r$$

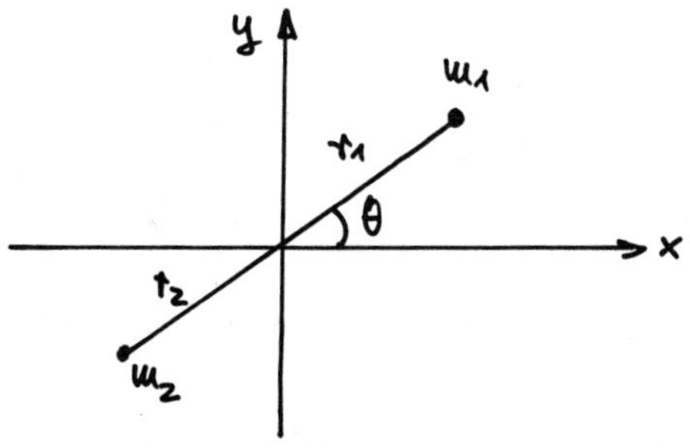

Deshalb gilt für die Komponenten des Trägheitstensors

$$I_{k\ell} = \int \rho(\underline{x})\, x^k x^\ell\, d^3x$$

$$I_{xx} = m_1 x_1^2 + m_2 x_2^2 = \frac{m_1 m_2}{m_1 + m_2}\, r^2 \cos^2\theta$$

$$I_{yy} = \frac{m_1 m_2}{m_1 + m_2}\, r^2 \sin^2\theta$$

$$I_{xy} = \frac{m_1 m_2}{m_1 + m_2}\, r^2 \sin\theta \cos\theta$$

$$I := I_{xx} + I_{yy} = \frac{m_1 m_2}{m_1 + m_2}\, r^2$$

(104)

Der Drehimpuls ist $L = \frac{m_1 m_2}{m_1 + m_2}\, r^2 \dot\theta$ und folglich ist mit (99), (100)

$$\dot\theta = \frac{[(m_1+m_2)a(1-e^2)]^{1/2}}{r^2} \qquad (105)$$

Mit (103 folgt daraus

$$\dot r = e \sin\theta \left[\frac{m_1+m_2}{a(1-e^2)} \right]^{1/2} \qquad (106)$$

Nun berechnen wir die wiederholten Zeitableitungen von $I_{k\ell}$, wobei wir die Ausdrücke mit (103), (105) und (106) vereinfachen. Die Ergebnisse sind

$$\dot I_{xx} = \frac{-2 m_1 m_2\, r \cos\theta \sin\theta}{[(m_1+m_2)a(1-e^2)]^{1/2}} \qquad (107)$$

$$\ddot I_{xx} = \frac{-2 m_1 m_2}{a(1-e^2)} (\cos 2\theta + e \cos^3\theta) \qquad (108)$$

$$\dddot I_{xx} = \frac{2 m_1 m_2}{a(1-e^2)} (2 \sin 2\theta + 3e \cos^2\theta \sin\theta)\, \dot\theta \qquad (109)$$

$$\dot I_{yy} = \frac{2 m_1 m_2}{[(m_1+m_2)a(1-e^2)]^{1/2}}\, r(\sin\theta\cos\theta + e\sin\theta) \qquad (110)$$

$$\ddot{I}_{yy} = \frac{2m_1m_2}{a(1-e^2)}\left(\cos 2\theta + e\cos\theta + e\cos^3\theta + e^2\right) \tag{111}$$

$$\dddot{I}_{yy} = \frac{-2m_1m_2}{a(1-e^2)}\left(2\sin^2\theta + e\sin\theta + 3e\cos^2\theta\sin\theta\right)\dot{\theta} \tag{112}$$

$$\dot{I}_{xy} = \frac{m_1m_2r\left(\cos^2\theta - \sin^2\theta + e\cos\theta\right)}{\left[(m_1+m_2)a(1-e^2)\right]^{1/2}} \tag{113}$$

$$\ddot{I}_{xy} = \frac{-2m_1m_2}{a(1-e^2)}\left(\sin 2\theta + e\sin\theta + e\sin\theta\cos^2\theta\right) \tag{114}$$

$$\dddot{I}_{xy} = \frac{-2m_1m_2}{a(1-e^2)}\left(2\cos 2\theta - e\cos\theta + 3e\cos^3\theta\right)\dot{\theta} \tag{115}$$

$$\dddot{I} = \dddot{I}_{xx} + \dddot{I}_{yy} = \frac{-2m_1m_2e\sin\theta\;\dot{\theta}}{a(1-e^2)} \tag{116}$$

Die Formel (90) kann auch so geschrieben werden

$$-\frac{dE}{dt} = \frac{1}{5}\left(\dddot{I}_{kl}\dddot{I}_{kl} - \frac{1}{3}\dddot{I}^2\right)$$

$$= \frac{1}{5}\left(\dddot{I}_{xx}^2 + 2\dddot{I}_{xy}^2 + \dddot{I}_{yy}^2 - \frac{1}{3}\dddot{I}^2\right)$$

Mit den obigen Ausdrücken erhalten wir

$$-\frac{dE}{dt} = \frac{8m_1^2m_2^2}{15a^2(1-e^2)^2}\left[12(1+e\cos\theta)^2 + e^2\sin^2\theta\right]\dot{\theta}^2$$

Diesen Ausdruck mitteln wir über eine Periode. Nach dem 3. Keplerschen Gesetz ist die Umlaufzeit

$$T = \frac{2\pi a^{3/2}}{(m_1+m_2)^{1/2}} \tag{117}$$

Damit ist

$$-\left\langle\frac{dE}{dt}\right\rangle = \frac{1}{T}\int_0^T -\frac{dE}{dt}\,dt = \frac{1}{T}\int_0^{2\pi} -\frac{dE}{dt}\,\frac{1}{\dot\theta}\,d\theta$$

$$= \frac{32}{5}\,\frac{m_1^2 m_2^2 (m_1+m_2)}{a^5(1-e^2)^{7/2}}\left(1+\frac{73}{24}e^2+\frac{37}{96}e^4\right) \tag{118}$$

Daraus und aus (101) folgt

$$\left\langle\frac{da}{dt}\right\rangle = \frac{2a^2}{m_1\cdot m_2}\left\langle\frac{dE}{dt}\right\rangle$$

$$= -\frac{64}{5}\,\frac{m_1 m_2 (m_1+m_2)}{a^3(1-e^2)^{7/2}}\left(1+\frac{73}{24}e^2+\frac{37}{96}e^4\right) \tag{119}$$

Für die Aenderung der Umlaufszeit ergibt sich mit (117)

$$\dot T/T = \frac{3}{2}\,\dot a/a = -\frac{96}{5}\,\frac{1}{a^4}\,m_1 m_2 (m_1+m_2)\,f(e) \tag{120}$$

wobei

$$f(e) = \left(1+\frac{73}{24}e^2+\frac{37}{96}e^4\right)(1-e^2)^{-7/2} \tag{121}$$

Ersetzen wir a in (120) durch T, so ist auch

$$\boxed{\dot T/T = -\frac{96}{5}\,\frac{m_1 m_2}{(T/2\pi)^{8/3}(m_1+m_2)^{1/3}}\,f(e)} \tag{122}$$

Kürzlich ist es gelungen, diese Formel an einem bemerkenswerten binären System zu verifizieren. Dieses besteht aus einem Pulsar (PSR 1913+16) und einem kompakten Partner, welcher entweder ein weisser Zwerg, ein Neutronenstern oder ein schwarzes Loch ist. Nach fünfjähriger Beobachtung ist es gelungen, neben Keplerschen Parametern auch post-Keplersche Parameter (z.B. die Periheldrehung) zu bestimmen. Aus diesen kann man schliessen (siehe Kap. V), dass $m_1 \simeq m_2 \simeq 1.4\ M_\odot$ sind. Benutzt man dies in (122), sowie

$$T = 27906.980(2)\ \mathrm{s}\,, \quad e = 0.617$$

so erhält man

$$\dot{T}_{theor} = (-2.38 \pm 0.02) \times 10^{-12} \tag{123}$$

Die Beobachtungen haben den Wert

$$\dot{T}_{beob} = (-2.5 \pm 0.3) \times 10^{-12} \tag{124}$$

ergeben[29].

Berechne die Energieabstrahlung (118) des Systems in erg/s.

* * *

K A P I T E L V

DIE POST-NEWTONSCHE NAEHERUNG

Für die meisten astrophysikalischen Systeme (ausgenommen Schwarze Löcher) liefert die Newtonsche Theorie schon eine gute erste Näherung. Das ist sicher wahr für das Planetensystem, aber auch für exotische Objekte wie z.B. den binären Pulsar PSR 1913+16. In solchen Fällen genügt es, die von der allgemeinen Relativitätstheorie vorausgesagten Effekte in einer konsistenten post-Newtonschen Näherung zu studieren, d.h. auf einer Näherungsstufe, in welcher die Gravitationsstrahlung noch keine Rolle spielt.

1. Die Feldgleichungen in der post-Newtonschen Näherung

In dieser Näherung ist der kleine Parameter

$$\varepsilon \sim \frac{\bar{v}}{c} \sim (G\bar{M}/c^2\bar{r})^{1/2} \tag{1.1}$$

wobei $\bar{M}$, $\bar{r}$ und $\bar{v}$ typische Werte der Massen, Abstände und Geschwindigkeiten der beteiligten Körper sind. (Im zweiten Ausdruck benutzen wir das Virialtheorem.) Aus den Ergebnissen von § IV.2 folgt, dass die Metrik folgende Entwicklung in ε hat:

$$\begin{aligned} g_{00} &= 1 + \overset{(2)}{g}_{00} + \overset{(4)}{g}_{00} + \dots \\ g_{ij} &= -\delta_{ij} + \overset{(2)}{g}_{ij} + \overset{(4)}{g}_{ij} + \dots \\ g_{0i} &= \overset{(3)}{g}_{0i} + \overset{(5)}{g}_{0i} + \dots \end{aligned} \tag{1.2}$$

mit (c = 1)

$$\overset{(2)}{g}_{00} = 2\phi \quad , \quad \overset{(2)}{g}_{ij} = 2\phi\,\delta_{ij} \tag{1.3}$$

dabei bedeutet $\overset{(n)}{g}_{\mu\nu}$ den Term der Ordnung ε^n in $g_{\mu\nu}$.

Die g_{0i} enthalten nur ungerade Potenzen von ε, da sie unter der Zeitumkehrtransformation $t \longrightarrow -t$ das Vorzeichen wechseln müssen. An dieser Stelle sollte man die Gleichungen (2) und (3) als möglichen Ansatz betrachten, der noch gerechtfertigt werden muss, indem zu zeigen ist, dass er zu konsistenten Lösungen der Feldgleichungen führt. Wir werden im folgenden sehen, dass eine konsistente post-Newtonsche Näherung die Bestimmung von g_{00} bis $O(\varepsilon^4)$, g_{0i} bis $O(\varepsilon^3)$ und g_{ij} bis $O(\varepsilon^2)$ verlangt.

Aus $g^{\mu\lambda} g_{\lambda\nu} = \delta^\mu{}_\nu$ finden wir leicht

$$
\begin{aligned}
g^{00} &= 1 + \overset{(2)}{g}{}^{00} + \overset{(4)}{g}{}^{00} + \overset{(6)}{g}{}^{00} + \ldots \\
g^{ij} &= -\delta_{ij} + \overset{(2)}{g}{}^{ij} + \overset{(4)}{g}{}^{ij} + \ldots \\
g^{0i} &= \overset{(3)}{g}{}^{0i} + \overset{(5)}{g}{}^{0i} + \ldots
\end{aligned} \tag{1.4}
$$

mit

$$
\overset{(2)}{g}{}^{00} = -\overset{(2)}{g}_{00}\,, \quad \overset{(2)}{g}{}^{ij} = -\overset{(2)}{g}_{ij}\,, \quad \overset{(3)}{g}{}^{0i} = \overset{(3)}{g}_{0i}\,, \qquad \text{etc.} \tag{1.5}
$$

Wenn man die Christoffelsymbole

$$
\Gamma^\mu{}_{\nu\lambda} = \tfrac{1}{2} g^{\mu\rho} \left(g_{\rho\nu,\lambda} + g_{\rho\lambda,\nu} - g_{\nu\lambda,\rho} \right)
$$

ausrechnet, sollte man beachten, dass

$$
\partial/\partial x^i \sim 1/\bar{r}\,, \quad \partial/\partial x^0 \sim \bar{v}/\bar{r} \sim \varepsilon/\bar{r}
$$

Einsetzen der Entwicklungen von $g_{\mu\nu}$ und $g^{\mu\nu}$ führt dann zu

$$
\Gamma^\mu{}_{\nu\lambda} = \overset{(2)}{\Gamma}{}^\mu{}_{\nu\lambda} + \overset{(4)}{\Gamma}{}^\mu{}_{\nu\lambda} + \ldots \quad \text{für } \Gamma^i{}_{00}, \Gamma^i{}_{jk}, \Gamma^0{}_{0i} \tag{1.6}
$$

$$
\Gamma^\mu{}_{\nu\lambda} = \overset{(3)}{\Gamma}{}^\mu{}_{\nu\lambda} + \overset{(5)}{\Gamma}{}^\mu{}_{\nu\lambda} + \ldots \quad \text{für } \Gamma^i{}_{0j}, \Gamma^0{}_{00}, \Gamma^0{}_{ij} \tag{1.7}
$$

dabei bedeutet $\overset{(n)}{\Gamma}{}^\mu{}_{\nu\lambda}$ den Term der Ordnung $\varepsilon^n/\bar{r}$ in $\Gamma^\mu{}_{\nu\lambda}$.

Die expliziten Ausdrücke, welche wir benötigen werden, lauten

$$\overset{(2)}{\Gamma}{}^{i}{}_{00} = \frac{1}{2}\overset{(2)}{g}_{00,i}$$

$$\overset{(4)}{\Gamma}{}^{i}{}_{00} = \frac{1}{2}\overset{(4)}{g}_{00,i} - \overset{(3)}{g}_{0i,0} + \frac{1}{2}\overset{(2)}{g}_{ij}\overset{(2)}{g}_{00,j}$$

$$\overset{(3)}{\Gamma}{}^{i}{}_{0j} = -\frac{1}{2}\left[\overset{(3)}{g}_{i0,j} + \overset{(2)}{g}_{ij,0} - \overset{(3)}{g}_{0j,i}\right]$$

$$\overset{(2)}{\Gamma}{}^{i}{}_{jk} = -\frac{1}{2}\left[\overset{(2)}{g}_{ij,k} + \overset{(2)}{g}_{ik,j} - \overset{(2)}{g}_{jk,i}\right]$$

$$\overset{(3)}{\Gamma}{}^{0}{}_{00} = \frac{1}{2}\overset{(2)}{g}_{00,0}$$

$$\overset{(2)}{\Gamma}{}^{0}{}_{0i} = \frac{1}{2}\overset{(2)}{g}_{00,i}$$

(1.8)

Als nächstes berechnen wir den Ricci-Tensor:

$$R_{\mu\nu} = \Gamma^{\alpha}{}_{\mu\nu,\alpha} - \Gamma^{\alpha}{}_{\mu\alpha,\nu} + \Gamma^{\rho}{}_{\mu\nu}\Gamma^{\alpha}{}_{\rho\alpha} - \Gamma^{\rho}{}_{\mu\alpha}\Gamma^{\alpha}{}_{\rho\nu}$$

Mit (1.6) und (1.7) erhalten wir die Entwicklung

$$R_{00} = \overset{(2)}{R}_{00} + \overset{(4)}{R}_{00} + \cdots$$

$$R_{0i} = \overset{(3)}{R}_{0i} + \overset{(5)}{R}_{0i} + \cdots$$

$$R_{ij} = \overset{(2)}{R}_{ij} + \overset{(4)}{R}_{ij} + \cdots$$

(1.9)

mit folgenden Ausdrücken für die $\overset{(n)}{R}_{\mu\nu}$ (Terme der Ordnung $\varepsilon^{n}/\bar{r}^{2}$ von $R_{\mu\nu}$) in den Christoffelsymbolen:

$$\overset{(2)}{R}_{00} = \overset{(2)}{\Gamma}{}^{i}{}_{00,i}$$

$$\overset{(4)}{R}_{00} = \overset{(4)}{\Gamma}{}^{i}{}_{00,i} - \overset{(3)}{\Gamma}{}^{i}{}_{0i,0} + \overset{(2)}{\Gamma}{}^{i}{}_{00}\overset{(2)}{\Gamma}{}^{j}{}_{ij} - \overset{(2)}{\Gamma}{}^{0}{}_{0i}\overset{(2)}{\Gamma}{}^{i}{}_{00}$$

$$\overset{(3)}{R}_{0i} = \overset{(2)}{\Gamma}{}^{0}{}_{0i,0} + \overset{(3)}{\Gamma}{}^{j}{}_{0i,j} - \overset{(3)}{\Gamma}{}^{0}{}_{00,i} - \overset{(3)}{\Gamma}{}^{j}{}_{0j,i}$$

$$\overset{(2)}{R}_{ij} = \overset{(2)}{\Gamma}{}^{k}{}_{ij,k} - \overset{(2)}{\Gamma}{}^{0}{}_{i0,j} - \overset{(2)}{\Gamma}{}^{k}{}_{ik,j} \tag{1.10}$$

Indem wir die Ausdrücke (1.8) für die Christoffelsymbole einsetzen, erhalten wir

$$\overset{(2)}{R}_{00} = \frac{1}{2}\Delta\overset{(2)}{g}_{00} \tag{1.11}$$

$$\overset{(4)}{R}_{00} = \frac{1}{2}\Delta\overset{(4)}{g}_{00} - \overset{(3)}{g}_{0i,0i} + \frac{1}{2}\overset{(2)}{g}_{ii,00} + \frac{1}{2}\overset{(2)}{g}_{ij}\overset{(2)}{g}_{00,ij} + \frac{1}{2}\overset{(2)}{g}_{ij,j}\overset{(2)}{g}_{00,i} - \frac{1}{4}\overset{(2)}{g}_{00,i}\overset{(2)}{g}_{jj,i} - \frac{1}{4}\overset{(2)}{g}_{00,i}\overset{(2)}{g}_{00,i} \tag{1.12}$$

$$\overset{(3)}{R}_{0i} = \frac{1}{2}\overset{(2)}{g}_{jj,0i} - \frac{1}{2}\overset{(3)}{g}_{j0,ij} - \frac{1}{2}\overset{(2)}{g}_{ij,0j} + \frac{1}{2}\Delta\overset{(3)}{g}_{0i} \tag{1.13}$$

$$\overset{(2)}{R}_{ij} = -\frac{1}{2}\overset{(2)}{g}_{00,ij} + \frac{1}{2}\overset{(2)}{g}_{kk,ij} - \frac{1}{2}\overset{(2)}{g}_{ik,kj} - \frac{1}{2}\overset{(2)}{g}_{kj,ki} + \frac{1}{2}\Delta\overset{(2)}{g}_{ij} \tag{1.14}$$

Wir haben noch die Freiheit, vier "Eichbedingungen" zu verlangen. Die folgende Wahl erweist sich als zweckmässig: Wir setzen $g_{\alpha\beta} = \eta_{\alpha\beta} + h_{\alpha\beta}$ und fordern

$$h_{0k,k} - \frac{1}{2}h_{kk,0} = O(\varepsilon^5/\bar{T}) \tag{1.15}$$

$$h_{jk,k} + \frac{1}{2} h_{,j} = O(\epsilon^4/\mp) \tag{1.16}$$

wobei $h = h_{\alpha\beta}\eta^{\alpha\beta} = h_{oo} - h_{\ell\ell}$

Durch Einsetzen von (1.2) in die Eichbedingungen erhalten wir

$$\overset{(3)}{g}_{ok,k} - \frac{1}{2}\overset{(2)}{g}_{kk,o} = 0 \tag{1.17}$$

$$\frac{1}{2}\overset{(2)}{g}_{oo,i} + \overset{(2)}{g}_{ij,j} - \frac{1}{2}\overset{(2)}{g}_{jj,i} = 0 \tag{1.18}$$

Die zweite Gleichung ist mit (1.3) automatisch erfüllt. (Wir kamen zur Gleichung (1.3), indem wir bereits die Eichbedingung (1.18)verlangten.) Leiten wir nun (1.18) nach x^k ab,

$$\frac{1}{2}\overset{(2)}{g}_{oo,ik} + \overset{(2)}{g}_{ij,jk} - \frac{1}{2}\overset{(2)}{g}_{jj,ik} = 0$$

vertauschen i mit k und addieren die beiden Gleichungen, so ergibt sich

$$\overset{(2)}{g}_{oo,ik} + \overset{(2)}{g}_{ij,jk} + \overset{(2)}{g}_{kj,ji} - \overset{(2)}{g}_{jj,ik} = 0 \tag{1.19}$$

Damit vereinfacht sich $\overset{(2)}{R}_{ij}$ in Gleichung (1.14) zu

$$\boxed{\overset{(2)}{R}_{ij} = \frac{1}{2}\Delta\overset{(2)}{g}_{ij}} \tag{1.20}$$

Als nächstes benützen wir (1.17) um $\overset{(4)}{R}_{oo}$ zu vereinfachen. Aus Gleichung (1.17) folgt

$$\overset{(3)}{g}_{oi,io} - \frac{1}{2}\overset{(2)}{g}_{ii,oo} = 0$$

und somit

$$\overset{(4)}{R}_{oo} = \frac{1}{2}\Delta\overset{(4)}{g}_{oo} + \frac{1}{2}\overset{(2)}{g}_{ij}\overset{(2)}{g}_{oo,ij} + \frac{1}{2}\overset{(2)}{g}_{ij,j}\overset{(2)}{g}_{oo,i} - \frac{1}{4}\overset{(2)}{g}_{oo,i}\overset{(2)}{g}_{oo,i} - \frac{1}{4}\overset{(2)}{g}_{oo,i}\overset{(2)}{g}_{jj,i} \tag{1.21}$$

Hier setzen wir (1.3) ein, und erhalten schliesslich

$$\overset{(4)}{R}_{00} = \frac{1}{2}\Delta \overset{(4)}{g}_{00} + 2\phi\,\Delta\phi - 2(\nabla\phi)^2 \tag{1.22}$$

Falls wir die Eichbedingung (1.17) ebenfalls in (1.13) benützen, dann erhalten wir

$$\overset{(3)}{R}_{0i} = \frac{1}{4}\overset{(2)}{g}_{jj,0i} - \frac{1}{2}\overset{(2)}{g}_{ij,0j} + \frac{1}{2}\Delta \overset{(3)}{g}_{0i} \tag{1.23}$$

Oder, mit (1.3)

$$\overset{(3)}{R}_{0i} = \frac{1}{2}\Delta \overset{(3)}{g}_{0i} + \frac{1}{2}\phi_{,0i} \tag{1.24}$$

Der Energie-Impuls Tensor hat die Entwicklung

$$\begin{aligned} T^{00} &= \overset{(0)}{T}{}^{00} + \overset{(2)}{T}{}^{00} + \dots \\ T^{i0} &= \overset{(1)}{T}{}^{i0} + \overset{(3)}{T}{}^{i0} + \dots \\ T^{ij} &= \overset{(2)}{T}{}^{ij} + \overset{(4)}{T}{}^{ij} + \dots \end{aligned} \tag{1.25}$$

wobei $\overset{(n)}{T}{}^{\mu\nu}$ den Term der Ordnung $\varepsilon^n \bar{M}/\bar{r}^3$ in $T^{\mu\nu}$ bedeutet.
Für die Feldgleichungen benötigen wir

$$S_{\mu\nu} := T_{\mu\nu} - \frac{1}{2} g_{\mu\nu} T^{\lambda}{}_{\lambda} \tag{1.26}$$

Benützen wir (1.2), so erhalten wir mit (1.25) folgende Entwicklungen

$$\begin{aligned} S_{00} &= \overset{(0)}{S}_{00} + \overset{(2)}{S}_{00} + \dots \\ S_{i0} &= \overset{(1)}{S}_{i0} + \overset{(3)}{S}_{i0} + \dots \\ S_{ij} &= \overset{(0)}{S}_{ij} + \overset{(2)}{S}_{ij} + \dots \end{aligned} \tag{1.27}$$

mit

$$\overset{(0)}{S}_{00} = \frac{1}{2}\overset{(0)}{T}{}^{00}$$

$$\overset{(2)}{S}_{00} = \frac{1}{2}\left[\overset{(2)}{T}{}^{00} + 2\overset{(2)}{g}_{00}\overset{(0)}{T}{}^{00} + \overset{(2)}{T}{}^{ii}\right]$$

$$\overset{(1)}{S}_{0i} = -\overset{(1)}{T}{}^{0i}$$

$$\overset{(0)}{S}_{ij} = \frac{1}{2}\delta_{ij}\overset{(0)}{T}{}^{00} \tag{1.28}$$

Die Feldgleichungen

$$R_{\mu\nu} = 8\pi G\, S_{\mu\nu}$$

lauten mit unseren Ausdrücken für $\overset{(n)}{R}_{\mu\nu}$ und $\overset{(n)}{S}_{\mu\nu}$ (beachte: $GM/r \sim \varepsilon^2$):

$$\Delta\overset{(2)}{g}_{00} = 8\pi G\,\overset{(0)}{T}{}^{00} \tag{1.29}$$

$$\Delta\overset{(4)}{g}_{00} = -\overset{(2)}{g}_{ij}\overset{(2)}{g}_{00,ij} - \overset{(2)}{g}_{ij,j}\overset{(2)}{g}_{00,i} + \frac{1}{4}\overset{(2)}{g}_{00,i}\overset{(2)}{g}_{00,i} + \frac{1}{4}\overset{(2)}{g}_{00,i}\overset{(2)}{g}_{jj,i}$$
$$+ 8\pi G\left[\overset{(2)}{T}{}^{00} + 2\overset{(2)}{g}_{00}\overset{(0)}{T}{}^{00} + \overset{(2)}{T}{}^{ii}\right] \tag{1.30}$$

$$\Delta\overset{(3)}{g}_{0i} = -\frac{1}{2}\overset{(2)}{g}_{jj,0i} + \overset{(2)}{g}_{ij,0j} - 16\pi G\,\overset{(1)}{T}{}^{i0} \tag{1.31}$$

$$\Delta\overset{(2)}{g}_{ij} = 8\pi G\,\delta_{ij}\overset{(0)}{T}{}^{00} \tag{1.32}$$

Die beiden Gleichungen zweiter Ordnung (1.29) und (1.32) werden natürlich von (1.3) mit

$$\phi = -G\int \frac{\overset{(0)}{T}{}^{00}(t,\underline{x}')}{|\underline{x}-\underline{x}'|}\, d^3x' \tag{1.33}$$

erfüllt. Nach (1.22) und (1.24) lauten die Feldgleichungen in dritter und vierter Ordnung

$$\Delta \overset{(3)}{g}_{0i} = -16\pi G \overset{(1)}{T}{}^{i0} - \Phi_{,0i} \tag{1.34}$$

$$\Delta \overset{(4)}{g}_{00} = 8\pi G \left[\overset{(2)}{T}{}^{00} + 4\Phi \overset{(0)}{T}{}^{00} + \overset{(2)}{T}{}^{ii} \right] - 4\Phi\Delta\Phi + 4(\nabla\Phi)^2 \tag{1.35}$$

Nun benutzen wir $\Delta\Phi = 4\pi G \overset{(0)}{T}{}^{00}$ und

$$(\nabla\Phi)^2 = \frac{1}{2}\Delta(\Phi^2) - \Phi\,\Delta\Phi$$

um (1.35) folgendermassen umzuschreiben

$$\Delta(\overset{(4)}{g}_{00} - 2\Phi^2) = 8\pi G \left[\overset{(2)}{T}{}^{00} + \overset{(2)}{T}{}^{ii} \right] \tag{1.36}$$

Wir definieren das Potential Ψ durch

$$\boxed{\overset{(4)}{g}_{00} = 2\Phi^2 + 2\Psi} \tag{1.37}$$

Ψ erfüllt also die Gleichung

$$\Delta\Psi = 4\pi G \left[\overset{(2)}{T}{}^{00} + \overset{(2)}{T}{}^{ii} \right] \tag{1.38}$$

Da $\overset{(4)}{g}_{00}$ in Unendlichen verschwinden muss, ist die Lösung

$$\Psi = -G \int \frac{d^3x'}{|\underline{x}-\underline{x}'|} \left[\overset{(2)}{T}{}^{00}(\underline{x}',t) + \overset{(2)}{T}{}^{ii}(\underline{x}',t) \right] \tag{1.39}$$

Weiter definieren wir die Potentiale ζ_i und χ durch

$$\zeta_i(\underline{x},t) = -4G \int \frac{d^3x'}{|\underline{x}-\underline{x}'|} \overset{(1)}{T}{}^{i0}(\underline{x}',t) \tag{1.40}$$

$$\chi(\underline{x},t) = -\frac{G}{2} \int d^3x' \, |\underline{x}-\underline{x}'| \, \overset{(0)}{T}{}^{00}(\underline{x}',t) \tag{1.41}$$

Diese erfüllen dann

$$\Delta \zeta_i = 16\pi G \overset{(1)}{T}{}^{i0} \tag{1.42}$$

$$\Delta \chi = \phi \tag{1.43}$$

Von (1.34) erhalten wir

$$\boxed{\overset{(3)}{g}_{i0} = -\zeta_i - \frac{\partial^2 \chi}{\partial t \partial x^i}} \tag{1.44}$$

Die Eichbedingung (1.17) lautet (mit (1.3), (1.42) und (1.43))

$$\underline{\nabla} \cdot \underline{\zeta} + 4 \frac{\partial \phi}{\partial t} = 0 \tag{1.45}$$

Später werden wir sehen, dass diese Bedingung auch aus den Erhaltungsbedingungen folgt, welchen $T^{\mu\nu}$ genügt.
Nun drücken wir auch noch die Christoffelsymbole (1.8) durch ϕ, ζ_i, χ und ψ aus:

$$\begin{aligned}
\overset{(2)}{\Gamma}{}^i_{00} &= \frac{\partial \phi}{\partial x^i} \\
\overset{(4)}{\Gamma}{}^i_{00} &= \frac{\partial}{\partial x^i}(2\phi^2 + \psi) + \frac{\partial \zeta_i}{\partial t} + \frac{\partial^3 \chi}{\partial t^2 \partial x^i} \\
\overset{(3)}{\Gamma}{}^i_{0j} &= -\delta_{ij} \frac{\partial \phi}{\partial t} + \frac{1}{2}\left(\frac{\partial \zeta_i}{\partial x^j} - \frac{\partial \zeta_j}{\partial x^i}\right) \\
\overset{(3)}{\Gamma}{}^0_{00} &= \frac{\partial \phi}{\partial t} \\
\overset{(2)}{\Gamma}{}^0_{0i} &= \frac{\partial \phi}{\partial x^i} \\
\overset{(2)}{\Gamma}{}^i_{jk} &= -\delta_{ij} \frac{\partial \phi}{\partial x^k} - \delta_{ik} \frac{\partial \phi}{\partial x^j} + \delta_{jk} \frac{\partial \phi}{\partial x^i}
\end{aligned} \tag{1.46}$$

Wir zeigen nun, dass aus $T^{\mu\nu}{}_{;\nu} = 0$ die Eichbedingung (1.45) folgt.
Ausgeschrieben lautet dieser "Erhaltungssatz"

$$T^{\mu\nu}{}_{,\nu} = -\Gamma^\mu_{\nu\lambda} T^{\lambda\nu} - \Gamma^\nu_{\nu\lambda} T^{\mu\lambda} \tag{1.47}$$

Da alle Γ's mindestens von der Ordnung $\varepsilon^2/\bar{r}$ sind, bekommen wir in niedrigster Ordnung

$$\frac{\partial \overset{(0)}{T}{}^{00}}{\partial t} + \frac{\partial \overset{(1)}{T}{}^{i0}}{\partial x^i} = 0 \tag{1.48}$$

also folgern wir mit (1.42)

$$\Delta\left(\underline{\nabla}\cdot\underline{\xi} + 4\frac{\partial\phi}{\partial t}\right) = 0$$

Da ϕ und ξ_i im Unendlichen verschwinden, schliessen wir, dass (1.45) gilt.

In der nächsten Approximation erhalten wir von (1.47) und (1.46)

$$\frac{\partial \overset{(1)}{T}{}^{i0}}{\partial t} + \frac{\partial \overset{(2)}{T}{}^{ij}}{\partial x^j} = -\frac{\partial \phi}{\partial x^i}\overset{(0)}{T}{}^{00} \tag{1.49}$$

Es gibt aber keine weiteren Erhaltungssätze, die nur Terme von $T^{\mu\nu}$ beinhalten, welche zur Berechnung der Felder in post-Newtonscher Näherung gebraucht werden. Weiterhin enthalten die Erhaltungssätze (1.48) und (1.49) den metrischen Tensor $g_{\mu\nu}$ nur über das Newtonsche Potential.

Für ein Teilchen in einem äusseren post-Newtonschen Feld (ϕ, ξ_i, χ, ψ) folgt die Bewegungsgleichung aus

$$\delta\int\left(\frac{d\tau}{dt}\right)dt = 0$$

Mit $v^i = dx^i/dt$ gilt

$$\begin{aligned}\left(\frac{d\tau}{dt}\right)^2 &= g_{\mu\nu}\frac{dx^\mu}{dt}\frac{dx^\nu}{dt}\\ &= 1 - \underline{v}^2 + \overset{(2)}{g}_{00} + \overset{(4)}{g}_{00} + 2\overset{(3)}{g}_{0i}v^i + \overset{(2)}{g}_{ij}v^iv^j\end{aligned}$$

Daraus folgt für $L := 1 - d\tau/dt$

$$\begin{aligned}L &= \frac{1}{2}\underline{v}^2 + \frac{1}{8}(\underline{v}^2)^2 - \frac{1}{2}\overset{(2)}{g}_{00} - \frac{1}{2}\overset{(4)}{g}_{00} - \overset{(3)}{g}_{0i}v^i - \frac{1}{2}\overset{(2)}{g}_{ij}v^iv^j + \frac{1}{8}(\overset{(2)}{g}_{00})^2 - \frac{1}{4}\overset{(2)}{g}_{00}\underline{v}^2\\ &= \frac{1}{2}\underline{v}^2 - \phi + \frac{1}{8}(\underline{v}^2)^2 - \frac{1}{2}\phi^2 - \psi - \frac{3}{2}\phi\underline{v}^2 + v^i\left(\xi_i + \frac{\partial^2\chi}{\partial t\,\partial x^i}\right)\end{aligned} \tag{1.50}$$

Die zur Lagrangefunktion L gehörenden Eulergleichungen ergeben die Bewegungsgleichungen eines Probekörpers. In 3-dimensionaler Schreibweise haben diese folgende Gestalt:

$$\frac{d\underline{v}}{dt} = -\underline{\nabla}(\phi + 2\phi^2 + \psi) - \frac{\partial \underline{\xi}}{\partial t} - \frac{\partial^2}{\partial t^2}\underline{\nabla}\chi + \underline{v}\wedge(\underline{\nabla}\wedge\underline{\xi}) + 3\underline{v}\frac{\partial\phi}{\partial t} + 4\underline{v}(\underline{v}\cdot\underline{\nabla})\phi - v^2\underline{\nabla}\phi \tag{1.51}$$

---

2. Asymptotische Felder

Weit weg von einer isolierten Energie- und Impulsverteilung können wir den "Coulomb-Nenner" wie üblich entwickeln

$$\frac{1}{|\underline{x}-\underline{x}'|} = \frac{1}{r} + \underline{x}\cdot\underline{x}'/r^3 + \cdots$$

mit $r = |\underline{x}|$. Wir erhalten dann

$$\phi = -\frac{G\overset{(0)}{M}}{r} - \frac{G\underline{x}\cdot\overset{(0)}{\underline{D}}}{r^3} + O\left(\frac{1}{r^3}\right) \tag{2.1}$$

$$\xi_i = -4\frac{G\overset{(1)}{P}{}^i}{r} - 2G\frac{x^j}{r^3}\overset{(1)}{J}_{ji} + O\left(\frac{1}{r^3}\right) \tag{2.2}$$

$$\psi = -\frac{G\overset{(2)}{M}}{r} - \frac{G\underline{x}\cdot\overset{(2)}{\underline{D}}}{r^3} + O\left(\frac{1}{r^3}\right) \tag{2.3}$$

wobei

$$\overset{(0)}{M} = \int \overset{(0)}{T}{}^{00}\,d^3x \tag{2.4}$$

$$\overset{(0)}{\underline{D}} = \int \underline{x}\,\overset{(0)}{T}{}^{00}\,d^3x \tag{2.5}$$

$$\overset{(1)}{P}{}^i = \int \overset{(1)}{T}{}^{i0}\,d^3x \tag{2.6}$$

$$\overset{(1)}{J}_{ij} = 2\int x^i\,\overset{(1)}{T}{}^{j0}\,d^3x \tag{2.7}$$

$$\overset{(2)}{M} = \int \left(\overset{(2)}{T}{}^{00} + \overset{(2)}{T}{}^{ii} \right) d^3x \tag{2.8}$$

$$\overset{(2)}{\underline{D}} = \int \underline{x} \left(\overset{(2)}{T}{}^{00} + \overset{(2)}{T}{}^{ii} \right) d^3x \tag{2.9}$$

Von Gleichung (14.8), welche die Massenerhaltung ausdrückt, bekommen wir

$$\frac{d\overset{(0)}{M}}{dt} = 0 \tag{2.10}$$

$$\frac{d\overset{(0)}{\underline{D}}}{dt} = \overset{(1)}{\underline{P}} \tag{2.11}$$

Wir wollen uns nun auf den Fall eines zeitunabhängigen Energie-Impulstensors spezialisieren. Dann reduziert sich (1.48) auf

$$\frac{\partial}{\partial x^i} \overset{(1)}{T}{}^{i0} = 0$$

Mittels partieller Integration erhalten wir aus dieser Gleichung

$$0 = \int x^i \frac{\partial}{\partial x^j} \overset{(1)}{T}{}^{j0} d^3x = - \overset{(1)}{P}{}^i$$

$$0 = 2 \int x^i x^j \frac{\partial}{\partial x^k} \overset{(1)}{T}{}^{k0} = - \overset{(1)}{J}_{ij} - \overset{(1)}{J}_{ji}$$

also verschwindet $\overset{(1)}{\underline{P}}$ und $\overset{(1)}{J}_{ij}$ ist antisymmetrisch. Somit können wir setzen

$$\overset{(1)}{J}_{ij} = \varepsilon_{ijk} \overset{(1)}{J}_k \tag{2.12}$$

wobei

$$\overset{(1)}{J}_k = \frac{1}{2} \varepsilon_{ijk} \overset{(1)}{J}_{ij} = \int \varepsilon_{ijk} x^i \overset{(1)}{T}{}^{j0} d^3x \tag{2.13}$$

den Drehimpulsvektor bezeichnet. Aus diesen Ergebnissen und (2.2) schliessen wir

$$\boxed{\underline{\xi} = \frac{2G}{r^3} (\underline{x} \wedge \underline{J}) + O(1/r^3)} \tag{2.14}$$

Um die Metrik in eine bequemere Form zu bringen, führen wir eine Eichtransformation aus

$$t_{\text{alt}} = t_{\text{neu}} + \frac{\partial \chi}{\partial t} \quad , \quad \underline{x}_{\text{alt}} = \underline{x}_{\text{neu}} \tag{2.15}$$

Dies führt zu

$$g_{00} \longrightarrow g_{00} + 2\frac{\partial^2 \chi}{\partial t^2} \, , \quad g_{0i} \longrightarrow g_{0i} + \frac{\partial^2 \chi}{\partial t \partial x^i} \tag{2.16}$$

In der neuen Eichung erhalten wir aus (1.44) und (1.57)

$$\overset{(3)}{g}_{0i} = - \xi_i \tag{2.17}$$

$$\overset{(4)}{g}_{00} = 2\Phi^2 + 2\Psi + 2\frac{\partial^2 \chi}{\partial t^2} \tag{2.18}$$

und damit, bis zur vierten Ordnung

$$\begin{aligned} g_{00} &= 1 + 2\Phi + 2\Psi + 2\frac{\partial^2 \chi}{\partial t^2} + 2\Psi + \cdots \\ &= 1 + 2\left(\Phi + \Psi + \frac{\partial^2 \chi}{\partial t^2}\right) + 2\left(\Phi + \Psi + \frac{\partial^2 \chi}{\partial t^2}\right)^2 + O(\varepsilon^6) \end{aligned} \tag{2.19}$$

Für das physikalisch interessante Feld $\Phi + \Psi + \frac{\partial^2 \chi}{\partial t^2}$ bekommen wir aus (1.38) und (1.43)

$$\Delta\left(\Phi + \Psi + \frac{\partial^2 \chi}{\partial t^2}\right) = 4\pi G\left(\overset{(0)}{T}{}^{00} + \overset{(2)}{T}{}^{00} + \overset{(2)}{T}{}^{ii} + \frac{1}{4\pi G}\frac{\partial^2 \Phi}{\partial t^2}\right)$$

Asymptotisch folgt daraus

$$\Phi + \Psi + \frac{\partial^2 \chi}{\partial t^2} = -\frac{GM}{r} - \frac{G\,\underline{x}\cdot\underline{D}}{r^3} + O\left(\frac{1}{r^3}\right) \tag{2.20}$$

wobei *)

*) Der Term $\partial^2\Phi/\partial t^2$ trägt nichts zu M bei, weil er gleich $-\frac{1}{4}\nabla\cdot(\partial\underline{\xi}/\partial t)$ ist (vgl. 1.45), und somit nach Integration verschwindet.

$$M = \int \left(\overset{(0)}{T}{}^{00} + \overset{(2)}{T}{}^{00} + \overset{(2)}{T}{}^{ii} \right) d^3x \tag{2.21}$$

$$\underline{D} = \int \underline{x} \left(\overset{(0)}{T}{}^{00} + \overset{(2)}{T}{}^{00} + \overset{(2)}{T}{}^{ii} + \frac{1}{4\pi G} \frac{\partial^2 \phi}{\partial t^2} \right) d^3x \tag{2.22}$$

Wir können (2.20) in folgende Form bringen

$$\phi + \psi + \frac{\partial^2 \chi}{\partial t^2} = - \frac{GM}{|\underline{x} - \underline{D}/M|} + O\left(\frac{1}{r^3}\right) \tag{2.23}$$

Dies zeigt uns, dass wir das Koordinatensystem stets so wählen können, dass $\underline{D} = 0$ gilt. Dann hat die Metrik die Form (benutze (2.19), (2.23), (2.17) und (2.14))

$$\boxed{\begin{aligned} g_{00} &= 1 - \frac{2GM}{r} + 2 \frac{G^2 M^2}{r^2} + O\left(\frac{1}{r^3}\right) \\ g_{0i} &= 2G \varepsilon_{ijk} \frac{J^j x^k}{r^3} + O\left(\frac{1}{r^3}\right) \\ g_{ij} &= -\left(1 + \frac{2GM}{r}\right) \delta_{ij} + O\left(\frac{1}{r^2}\right) \end{aligned}} \tag{2.24}$$

Dies stimmt mit (IV.4.69) überein. (Vgl. auch die Diskussion dieser Ergebnisse in §IV.4).

3. Die post-Newtonschen Potentiale für ein System von Punktteilchen

Aus den Erfahrungen in der Elektrodynamik ist zu erwarten, dass Punktteilchen mit den Einsteinschen Feldgleichungen nicht verträglich sind. Auf dem Niveau der (ersten) post-Newtonschen Näherung ergeben sich aber keine ernsthaften Schwierigkeiten. Die auftretenden Divergenzen können durch eine naheliegende "Massenrenormierung" absorbiert werden. (Man vergleiche das folgende mit der Herleitung der Lagrange-Funktion für die Wechselwirkung eines Systems geladener Teilchen bis zur Ordnung $1/c^2$.)

In der speziellen Relativitätstheorie lautet der Energie-Impulstensor eines Systems von Punktteilchen

$$T^{\mu\nu}(\underline{x},t) = \sum_a m_a \int \frac{dx_a^\mu}{d\tau_a}\frac{dx_a^\nu}{d\tau_a}\,\delta^4(x - x_a(\tau_a))\,d\tau_a$$

Da $\sqrt{-g}\,d^4x$ ein invariantes Mass ist, ist $\frac{1}{\sqrt{-g}}\,\delta^4(x-y)$ eine invariante Distribution. Daraus schliessen wir, dass der Energie-Impulstensor für ein System von Punktteilchen in der ART die folgende Form hat:

$$\begin{aligned} T^{\mu\nu}(\underline{x},t) &= \frac{1}{\sqrt{-g}}\sum_a m_a \int \frac{dx_a^\mu}{d\tau_a}\frac{dx_a^\nu}{d\tau_a}\,\delta^4(x - x_a(\tau_a))\,d\tau_a \\ &= \frac{1}{\sqrt{-g}}\sum_a m_a \frac{dx_a^\mu}{dt}\frac{dx_a^\nu}{dt}\left(\frac{d\tau_a}{dt}\right)^{-1}\delta^3(\underline{x} - \underline{x}_a(t)) \end{aligned} \tag{3.1}$$

Man findet leicht die Entwicklung

$$-g = 1 + \overset{(2)}{g} + \overset{(4)}{g} + \cdots \tag{3.2}$$

mit

$$\overset{(2)}{g} = \overset{(2)}{g}_{00} - \overset{(2)}{g}_{ii} = -4\phi \tag{3.3}$$

Indem man dies in (3.1) benutzt und sich erinnert, dass $d\tau/dt = 1 - L$, wobei L durch (1.50) gegeben ist, erhält man

$$\overset{(0)}{T}{}^{00} = \sum_a m_a \delta^3(\underline{x}-\underline{x}_a)$$

$$\overset{(2)}{T}{}^{00} = \sum_a m_a \left(\tfrac{1}{2} v_a^2 + \Phi\right) \delta^3(\underline{x}-\underline{x}_a)$$

$$\overset{(1)}{T}{}^{i0} = \sum_a m_a v_a^i \delta^3(\underline{x}-\underline{x}_a)$$

$$\overset{(2)}{T}{}^{ij} = \sum_a m_a v_a^i v_a^j \delta^3(\underline{x}-\underline{x}_a)$$

(3.4)

Man sieht leicht ein, dass die Erhaltungssätze (1.48) und (1.49) erfüllt sind, falls jedes Teilchen dem Newtonschen Bewegungsgesetz gehorcht

$$\frac{d\underline{v}_a}{dt} = -\nabla\Phi(\underline{x}_a) \tag{3.5}$$

Natürlich gilt

$$\Phi(\underline{x},t) = -G\sum_a \frac{m_a}{|\underline{x}-\underline{x}_a|} \tag{3.6}$$

Aus (1.38) und (3.4) erhalten wir

$$\Delta\Psi = 4\pi G \sum_a m_a \left(\Phi_a' + \tfrac{3}{2}\underline{v}_a^2\right) \delta^3(\underline{x}-\underline{x}_a)$$

Auf der rechten Seite ersetzten wir die nicht definierten Newtonschen Potentiale an den Positionen $\underline{x}_a$ durch

$$\Phi_a' = -G \sum_{b\neq a} \frac{m_b}{|\underline{x}_a-\underline{x}_b|} \tag{3.7}$$

was als Massenrenormierung interpretiert werden kann.
Damit wird

$$\Psi = -G\sum_a \frac{m_a\Phi_a'}{|\underline{x}-\underline{x}_a|} - \frac{3G}{2}\sum_a \frac{m_a v_a^2}{|\underline{x}-\underline{x}_a|} \tag{3.8}$$

Aus (1.40) und (3.4) erhalten wir

$$\zeta_i = -4G\sum_a \frac{m_a v_a^i}{|\underline{x}-\underline{x}_a|} \tag{3.9}$$

und (1.41) gibt

$$\chi = -\frac{G}{2} \sum_a m_a |\underline{x} - \underline{x}_a| \qquad (3.10)$$

Gebrauchen wir (3.9) und (3.10), so finden wir mit (1.44)

$$\overset{(3)}{g}_{0i} = \frac{G}{2} \sum_a \frac{m_a}{|\underline{x} - \underline{x}_a|} \left[7 v_a^i + (\underline{v}_a \cdot \underline{n}_a) n_a^i \right] \qquad (3.11)$$

wobei

$$\underline{n}_a = (\underline{x} - \underline{x}_a)/|\underline{x} - \underline{x}_a|$$

Zusammenfassung:

Für späteren Gebrauch fassen wir die wichtigen Formeln zusammen.

Der kleine Parameter in der PN-Approximation ist

$$\varepsilon \sim \bar{v}/c \sim (G\bar{M}/rc^2)^{1/2}$$

Metrik:

$$\begin{aligned} g_{00} &= 1 + \overset{(2)}{g}_{00} + \overset{(4)}{g}_{00} + \overset{(6)}{g}_{00} + \cdots \\ g_{ij} &= -\delta_{ij} + \overset{(2)}{g}_{ij} + \overset{(4)}{g}_{ij} + \cdots \\ g_{0i} &= \overset{(3)}{g}_{0i} + \overset{(5)}{g}_{0i} + \cdots \end{aligned} \qquad (3.12)$$

In der ersten PN-Approximation werden nur die Terme bis zur gestrichelten Linie berücksichtigt. Ihre Werte sind

$$\overset{(2)}{g}_{00} = 2\phi \;, \quad \overset{(4)}{g}_{00} = 2\phi^2 + 2\psi$$

$$\overset{(2)}{g}_{ij} = 2\delta_{ij}\phi \;, \quad \overset{(3)}{g}_{0i} = -\zeta_i - \frac{\partial^2 \chi}{\partial t \partial x^i} \qquad (3.13)$$

wobei

$$\phi = -G \sum_a \frac{m_a}{|\underline{x}-\underline{x}_a|} \tag{3.14}$$

$$\zeta_i = -4G \sum_a \frac{m_a v_a^i}{|\underline{x}-\underline{x}_a|} \tag{3.15}$$

$$\chi = -\frac{G}{2} \sum_a m_a |\underline{x}-\underline{x}_a| \tag{3.16}$$

$$\psi = -G \sum_a \frac{m_a \phi_a'}{|\underline{x}-\underline{x}_a|} - 3G \sum_a \frac{m_a v_a^2}{|\underline{x}-\underline{x}_a|} \tag{3.17}$$

mit

$$\phi_a' = -G \sum_{b \neq a} \frac{m_b}{|\underline{x}_a-\underline{x}_b|} \tag{3.18}$$

Daraus folgt Gleichung (3.11), d.h.

$$\overset{(3)}{g}_{0i} = \frac{G}{2} \sum_a \frac{m_a}{|\underline{x}-\underline{x}_a|} \left[7 v_a^i + (\underline{v}_a \cdot \underline{n}_a) n_a^i \right] \tag{3.19}$$

4. Die Einstein-Infeld-Hoffman Gleichungen

Die Lagrangefunktion L_a des Teilchens a im Feld der andern Teilchen ist gemäss (1.5), (3.14), (3.17) und (3.19)

$$
\begin{aligned}
L_a = {} & \frac{1}{2} v_a^2 + \frac{1}{8} v_a^4 + G \sum_{b \neq a} \frac{m_b}{r_{ab}} \\
& - \frac{1}{2} G^2 \sum_{b,c \neq a} \frac{m_b m_c}{r_{ab} r_{ac}} - G^2 \sum_{b \neq a} \sum_{c \neq a,b} \frac{m_b m_c}{r_{ab} r_{bc}} \\
& + \frac{3}{2} v_a^2 G \sum_{b \neq a} \frac{m_b}{r_{ab}} + \frac{3G}{2} \sum_{b \neq a} \frac{m_b v_b^2}{r_{ab}} \\
& - \frac{G}{2} \sum_{b \neq a} \frac{m_b}{r_{ab}} \left[7 \underline{v}_a \cdot \underline{v}_b + (\underline{v}_a \cdot \underline{n}_{ab})(\underline{v}_b \cdot \underline{n}_{ab}) \right]
\end{aligned}
\tag{4.1}
$$

wobei

$$
r_{ab} = | \underline{x}_a - \underline{x}_b | \quad , \quad \underline{n}_{ab} = (\underline{x}_a - \underline{x}_b) / r_{ab}
$$

Die volle Lagrangefunktion L des N-Teilchen-Systems muss ein symmetrischer Ausdruck in $(m_a, \underline{x}_a, \underline{v}_a ; a = 1, \ldots\ldots N)$, mit der Eigenschaft $\lim_{m_a \to 0} L/m_a = L_a$ sein. Die letzte Bedingung bedeutet, dass sich im Grenzfall $m_a \to 0$ das Teilchen a im Feld der anderen Teilchen auf einer Geodäte bewegt.

Man findet leicht, dass L eindeutig durch den folgenden Ausdruck gegeben ist

$$
\begin{aligned}
L = {} & \sum_a \frac{1}{2} m_a v_a^2 + \sum_a \frac{1}{8} m_a v_a^4 + \frac{1}{2} \sum_{\substack{a,b \\ (a \neq b)}} \frac{m_a m_b}{r_{ab}} \\
& + \frac{3G}{2} \sum_a m_a v_a^2 \sum_{b \neq a} \frac{m_b}{r_{ab}} \\
& - \sum_{\substack{a,b \\ (a \neq b)}} \frac{G m_a m_b}{4 r_{ab}} \left[7 \underline{v}_a \cdot \underline{v}_b + (\underline{v}_a \cdot \underline{n}_{ab})(\underline{v}_b \cdot \underline{n}_{ab}) \right] \\
& - \frac{G^2}{2} \sum_a \sum_{b \neq a} \sum_{c \neq a} \frac{m_a m_b m_c}{r_{ab} r_{ac}}
\end{aligned}
\tag{4.2}
$$

Die zugehörigen Eulergleichungen sind die Einstein-Infeld-Hoffman (EIH) Gleichungen. Sie lauten folgendermassen

$$\begin{aligned}\dot{\underline{v}}_a = -\sum_{b\neq a} m_b(\underline{x}_{ab}/r_{ab}^3)\Big[1-4\sum_{c\neq a} m_c/r_{ac} \, + \\ + \sum_{c\neq a,b} m_c\Big(-\frac{1}{r_{bc}}+\underline{x}_{ab}\cdot\underline{x}_{bc}/2r_{bc}^3\Big) - 5m_a/r_{ab} + v_a^2 \\ - 4\,\underline{v}_a\cdot\underline{v}_b + 2v_b^2 - \frac{3}{2}(\underline{v}_b\cdot\underline{x}_{ab}/r_{ab})^2\Big] \\ - \frac{7}{2}\sum_{b\neq a}(m_b/r_{ab})\sum_{c\neq a,b} m_c\,\underline{x}_{bc}/r_{bc}^3 \\ + \sum_{b\neq a} m_b(\underline{x}_{ab}/r_{ab}^3)\cdot(4\underline{v}_a-3\underline{v}_b)(\underline{v}_a-\underline{v}_b)\end{aligned} \qquad (4.3)$$

Das 2-Körperproblem in der post-Newtonschen Näherung

Für zwei Teilchen reduziert sich Gleichung (4.2) auf $(r=r_{12}, \underline{n}=\underline{n}_{12})$:

$$\begin{aligned}L = \frac{m_1}{2}v_1^2 + \frac{m_2}{2}v_2^2 + \frac{Gm_1m_2}{r} + \frac{1}{8}(m_1v_1^4+m_2v_2^4) \\ + G\frac{m_1m_2}{2r}\big[3(v_1^2+v_2^2) - 7\,\underline{v}_1\cdot\underline{v}_2 - (\underline{v}_1\cdot\underline{n})(\underline{v}_2\cdot\underline{n})\big] \\ - \frac{G^2}{2}\frac{m_1m_2(m_1+m_2)}{r^2}\end{aligned} \qquad (4.4)$$

Aus den zugehörigen EIH-Gleichungen folgt, dass der Massenschwerpunkt

$$\underline{X} = (m_1^*\underline{x}_1 + m_2^*\underline{x}_2)/m_1^*+m_2^* \qquad (4.5)$$

mit

$$m_a^* = m_a + \frac{1}{2}m_av_a^2 - \frac{1}{2}\frac{m_am_b}{r_{ab}} \qquad (a\neq b) \qquad (4.6)$$

keine Beschleunigung erfährt, d.h.

$$\frac{d^2}{dt^2}\underline{X} = 0 \qquad (4.7)$$

Wählen wir $\underline{X} = 0$, so ist

$$\underline{x}_1 = \left[\frac{m_2}{m} + \frac{\mu\,\delta m}{2m^2}\left(v^2 - \frac{m}{r}\right)\right]\underline{x}$$

$$\underline{x}_2 = \left[-\frac{m_1}{m} + \frac{\mu\,\delta m}{2m^2}\left(v^2 - \frac{m}{r}\right)\right]\underline{x} \qquad (4.8)$$

mit

$$\underline{x} = \underline{x}_1 - \underline{x}_2\,,\quad \underline{v} = \underline{v}_1 - \underline{v}_2\,,\quad m = m_1 + m_2\,,\quad \delta m = m_1 - m_2$$

$$\mu = \frac{m_1 m_2}{m}. \qquad (4.9)$$

Für die Relativbewegung erhalten wir aus (4.4) mit (4.8) nach Division durch μ

$$L = L_0 + L_1$$

$$L_0 = \frac{1}{2}v^2 + \frac{Gm}{r}$$

$$L_1 = \frac{1}{8}\left(1 - \frac{3\mu}{m}\right)v^4 + \frac{Gm}{2r}\left[3v^2 + \frac{\mu}{m}v^2 + \frac{\mu}{m}\left(\underline{v}\cdot\underline{x}/r\right)^2\right] - \frac{G^2m^2}{2r^2} \qquad (4.10)$$

Die entsprechenden Eulergleichungen lauten

$$\dot{\underline{v}} = -\frac{Gm}{r^3}\,\underline{x}\left[1 - \frac{Gm}{r}\left(4 + \frac{2\mu}{m}\right) + \left(1 + \frac{3\mu}{m}\right)v^2 - \frac{3\mu}{2m}\left(\frac{\underline{v}\cdot\underline{x}}{r}\right)^2\right] + \frac{Gm}{r^3}\,\underline{v}\,(\underline{v}\cdot\underline{x})\left(4 - \frac{2\mu}{m}\right) \qquad (4.11)$$

Im Newtonschen Grenzfall wählen wir diejenige Lösung, welche einer Keplerbahn in der Ebene $z = 0$ mit dem Periastron auf der x-Achse entspricht. In üblichen Notationen gilt für $G = 1$:

$$\underline{x} = r(\cos\varphi, \sin\varphi, 0) \tag{4.12}$$

$$r = \frac{p}{1+e\cos\varphi} \tag{4.13}$$

$$r^2 \frac{d\varphi}{dt} = \sqrt{mp} \tag{4.14}$$

Die post-Newtonsche Lösung bekommt man auf folgende Art:
Wir schreiben

$$r^2 \frac{d\varphi}{dt} = |\underline{x} \wedge \underline{v}| = \sqrt{mp}\,(1+\delta h) \tag{4.15}$$

$$\underline{v} = \frac{d\underline{x}}{dt} = \sqrt{\frac{m}{p}}\,(-\sin\varphi, e+\cos\varphi, 0) + \delta\underline{v} \tag{4.16}$$

Indem wir Gleichung (4.15) in die Identität

$$\frac{d}{dt}\left[r^2 \frac{d\varphi}{dt}\right] = |\underline{x} \wedge \dot{\underline{v}}|$$

einsetzen und für $\dot{\underline{v}}$ (4.11) verwenden, erhalten wir

$$\frac{d}{dt}\delta h = \frac{m}{r^3}\left(4-\frac{2\mu}{m}\right)|\underline{v}\cdot\underline{x}| = \left(4-\frac{2\mu}{m}\right)\sqrt{\frac{m}{p}}\,\frac{m}{r^2}\,\underbrace{e\sin\varphi}_{-\frac{(\cos\varphi)^{\cdot}\,r^2}{\sqrt{mp}}}$$

$$= -\frac{me}{p}\left(4-\frac{2\mu}{m}\right)(\cos\varphi)^{\cdot}$$

also

$$r^2 \frac{d\varphi}{dt} = \sqrt{mp}\left[1-\frac{me}{p}\left(4-\frac{2\mu}{m}\right)\cos\varphi\right] \tag{4.17}$$

Falls man (4.16) in (4.11) einsetzt, findet man mittels einer einfachen Integration

$$\underline{v}=\sqrt{\frac{m}{p}}\,\Big[\!\Big[-\sin\varphi\,\underline{e}_x+(e+\cos\varphi)\,\underline{e}_y+\frac{m}{p}\Big\{\underline{e}_x\Big[-3e\varphi+\Big(3-\frac{\mu}{m}\Big)\sin\varphi$$

$$-\Big(1+\frac{21\mu}{8m}\Big)e^2\sin\varphi+\frac{1}{2}\Big(1-\frac{2\mu}{m}\Big)e\sin 2\varphi-\Big(\frac{\mu}{8m}\Big)e^2\sin 3\varphi\Big]$$

$$+\underline{e}_y\Big[-\Big(3-\frac{\mu}{m}\Big)\cos\varphi-\Big(3-\frac{31\mu}{8m}\Big)e^2\cos\varphi-\frac{1}{2}\Big(1-\frac{2\mu}{m}\Big)e\cos 2\varphi$$

$$+\frac{\mu}{8m}e^2\cos 3\varphi\Big]\Big\}\Big]\!\Big] \tag{4.18}$$

Setzt man nun (4.17) und (4.18) in die Identität

$$\frac{d}{d\varphi}\,\frac{1}{r}=-\,\frac{1}{r^2\,d\varphi/dt}\,(\underline{x}\cdot\underline{v}/r)$$

ein und integriert bezüglich φ , so erhält man für die Bahn wieder die Formel (4.12) mit

$$p/r=1+e\cos\varphi+\frac{m}{p}\Big[-\Big(3-\frac{\mu}{m}\Big)+\Big(1+\frac{9\mu}{4m}\Big)e^2$$

$$+\frac{1}{2}\Big(7-\frac{2\mu}{m}\Big)e\cos\varphi+\underline{3e\varphi\sin\varphi}$$

$$-\frac{\mu}{4m}e^2\cos 2\varphi \tag{4.19}$$

Der unterstrichene Term führt zur Periheldrehung

$$\delta\varphi=\frac{6\pi m}{p} \tag{4.20}$$

Dies ist derselbe Ausdruck wie bei der Schwarzschild Lösung, aber m bedeutet nun die Summe der beiden Massen.

Die Resultate dieses Abschnitts sind wichtig für die Analyse des binären Pulsars PSR 1913+16.

Das Resultat (4.20) kann mittels der Hamilton-Jacobi Theorie schneller erhalten werden. Die zu (4.4) gehörende Hamiltonfunktion lautet:

$$H = H_0 + H_1 \tag{4.21}$$

wo H_0 die Hamiltonfunktion des ungestörten Problems ist

$$H_0 = \frac{1}{2m_1} p_1^2 + \frac{1}{2m_2} p_2^2 - \frac{G m_1 m_2}{r} \tag{4.22}$$

und

$$H_1 = - L_1 \tag{4.23}$$

Im letzten Ausdruck muss L_1 durch die Positionen und Impulse ausgedrückt werden. (Es genügt $\underline{p}_a = m_a \underline{v}_a$ zu setzen.)

Gleichung (4.23) folgt aus einem allgemeinen Resultat der Störungstheorie *).

Einsetzen von (4.4) führt zu

$$H_1 = -\frac{1}{8}\left(\frac{p_1^4}{m_1^3} + \frac{p_2^4}{m_2^3}\right) - \frac{G}{2r}\left[3\left(\frac{m_2}{m_1} p_1^2 + \frac{m_1}{m_2} p_2^2\right) - 7\, \underline{p}_1 \cdot \underline{p}_2 - (\underline{p}_1 \cdot \underline{n})(\underline{p}_2 \cdot \underline{n})\right] + \frac{G^2}{2} \frac{m_1 m_2 (m_1 + m_2)}{r^2} \tag{4.24}$$

*) Sei $L(q, \dot{q}, \lambda)$ eine Lagrangefunktion, welche von einem Parameter λ abhängt. Die kanonischen Impulse sind $p = \partial L / \partial \dot{q}$ und es sei angenommen, dass diese Gleichungen für jedes λ eindeutig nach $\dot{q}$ aufgelöst werden können: $\dot{q} = \varphi(q, p, \lambda)$. Nun ist $H(q,p,\lambda) = p\varphi(q,p,\lambda) - L(q, \varphi(q,p,\lambda), \lambda)$ und somit

$$\frac{\partial H}{\partial \lambda} = p \frac{\partial \varphi}{\partial \lambda} - \frac{\partial L}{\partial \dot{q}} \frac{\partial \varphi}{\partial \lambda} - \frac{\partial L}{\partial \lambda} = - \frac{\partial L}{\partial \lambda}$$

Für die Relativbewegung gilt $\underline{p}_1 = - \underline{p}_2 \equiv \underline{p}$ und

$$H_{rel} = \frac{1}{2}\left(\frac{1}{m_1}+\frac{1}{m_2}\right)p^2 - \frac{Gm_1m_2}{r} - \frac{p^4}{8}\left(\frac{1}{m_1^3}+\frac{1}{m_2^3}\right)$$

$$- \frac{G}{2r}\left[3p^2\left(\frac{m_2}{m_1}+\frac{m_1}{m_2}\right)+7p^2+(\underline{p}\cdot\underline{n})^2\right]+\frac{G^2m_1m_2(m_1+m_2)}{r^2} \tag{4.25}$$

Wir benützen Polarwinkel und betrachten die Bewegung in der Ebene $\vartheta = \pi/2$. Mit der Ersetzung $p^2 \longrightarrow p_r^2 + p_\varphi^2/r^2$, wobei $p_\varphi = L = \text{const.}$, lautet die Gleichung $H(p_r, r) = E$ *)

$$H_{rel}(p_r, r) = \frac{1}{2}\left(\frac{1}{m_1}+\frac{1}{m_2}\right)\left(p_r^2+\frac{L^2}{r^2}\right) - \frac{Gm_1m_2}{r}$$

$$-\frac{1}{8}\left(\frac{1}{m_1^3}+\frac{1}{m_2^3}\right)\left(\frac{2m_1m_2}{m_1+m_2}\right)^2\left(E+\frac{Gm_1m_2}{r}\right)^2$$

$$-\frac{G}{2r}\left[3\left(\frac{m_2}{m_1}+\frac{m_1}{m_2}\right)+7\right]\frac{2m_1m_2}{m_1+m_2}\left(E+\frac{Gm_1m_2}{r}\right)$$

$$-\frac{G}{2r}p_r^2 + G^2\frac{m_1m_2(m_1+m_2)}{2r^2} = E \tag{4.26}$$

Die Lösung dieser Gleichung für p_r hat die Form

$$p_r^2 = -\frac{L^2}{r^2} + \frac{L^2}{r^2}\frac{G}{2r}\frac{2m_1m_2}{m_1+m_2} + A + \frac{B}{r} + \frac{C}{r^2} \tag{4.27}$$

*) In den Störungstermen können wir p^2 durch

$$\frac{2m_1m_2}{m_1+m_2}\left(E+\frac{Gm_1m_2}{r}\right)$$ ersetzen.

Nun wählen wir eine neue radiale Variable r' derart, dass

$$\frac{L^2}{r^2}\left(1-\frac{G}{r}\frac{m_1 m_2}{m_1+m_2}\right)=\frac{L^2}{r'^2}$$

also, bis auf höhere Ordnungen,

$$r'=r+\frac{G}{2}\frac{m_1 m_2}{m_1+m_2} \tag{4.28}$$

Der Term proportional zu $1/r'^2$ im Ausdruck für p_r^2 ist gleich $-L^2+B\frac{G}{2}m_1m_2/(m_1+m_2)+C$, wobei nur Terme niedrigster Ordnung in B berücksichtigt zu werden brauchen.

Eine einfache Rechnung zeigt, dass (mit neuen Konstanten A,B)

$$p_r^2=A+\frac{B}{r'}-\left(L^2-6G^2m_1^2m_2^2\right)\frac{1}{r'^2}$$

Die Hamilton-Jacobi Funktion S lautet somit

$$S=S_r+S_\varphi-Et=S_r+L\varphi-Et \tag{4.29}$$

wobei

$$S_r=\int\sqrt{A+\frac{B}{r}-\left(L^2-6G^2m_1^2m_2^2\right)\frac{1}{r^2}}\,dr \tag{4.30}$$

Die Bahngleichung folgt aus $\frac{\partial S}{\partial L}$ = konst, oder

$$\varphi+\frac{\partial S_r}{\partial L}=\text{konst.}$$

Zwischen dem ersten und dem zweiten Periheldurchgang haben wir die Aenderung

$$\Delta\varphi=-\frac{\partial}{\partial L}\Delta S_r \tag{4.31}$$

Ohne die Korrekturterme zu L^2 in (4.30) wäre die Bahn eine Kepler-Ellipse und

$$\frac{\partial}{\partial L}\Delta S_r^{(0)}=\Delta\varphi^{(0)}=2\pi \tag{4.32}$$

Da

$$\Delta S_r = \Delta S_r^{(0)} - 6G^2 m_1^2 m_2^2 \frac{\partial}{\partial(L^2)} \Delta S_r^{(0)}$$

$$= \Delta S_r^{(0)} - \frac{3G^2 m_1^2 m_2^2}{L} \underbrace{\frac{\partial}{\partial L} \Delta S_r^{(0)}}_{-2\pi}$$

$$= \Delta S_r^{(0)} + \frac{6\pi G^2 m_1^2 m_2^2}{L} \qquad (4.33)$$

folgt aus (4.31), (4.32) und (4.33):

$$\Delta\varphi = 2\pi - \frac{\partial}{\partial L}\left(\frac{6\pi G^2 m_1^2 m_2^2}{L}\right)$$

$$= 2\pi + \frac{6\pi G^2 m_1^2 m_2^2}{L^2}$$

also ist die Perihelanomalie

$$\boxed{\delta\varphi = \frac{6\pi G^2 m_1^2 m_2^2}{L^2} = \frac{6\pi G(m_1+m_2)}{c^2 a(1-e^2)}} \qquad (4.34)$$

was mit (4.20) übereinstimmt.

Für den binären Pulsar ist die gemessene Periastronänderung [29]

$$\dot{\omega} = 4.226 \pm 0.002 \text{ Grad/Jahr} \qquad (4.35)$$

Indem man die bekannten Bahnelemente einsetzt, erhält man als allgemeinrelativistische Voraussage

$$\dot{\omega}_{ART} = 2.11 \left(\frac{m_1+m_2}{M_\odot}\right)^{2/3} \text{ Grad/Jahr} \qquad (4.36)$$

Falls $\dot{\omega}_{\text{beobachtet}} = \dot{\omega}_{ART}$ dann wäre

$$\underline{m_1 + m_2 = 2.85\, M_\odot} \qquad (4.37)$$

5. Präzession eines Kreisels in der PN-Näherung

Die Transportgleichung für den Kreiselspin ist (vgl. (I.10.8)):

$$\nabla_u S = -(S,a)u \,, \quad (S,u) = 0 \,, \quad a := \nabla_u u \tag{5.1}$$

Wir interessieren uns für die Aenderung der Komponenten von S relativ zu einem mitbewegtem System. Zuerst bestimmen wir den Zusammenhang zwischen diesen Komponenten ($\underline{\mathcal{S}}$) und den Koordinatenkomponenten S^μ (in der Eichung (1.17), (1.18)). Wir rechnen bis zur dritten Ordnung.
In einer genügenden Genauigkeit lautet die Metrik (vgl. (3.13)):

$$g = (1+2\Phi)dt^2 - (1-2\Phi)\delta_{ij}\, dx^i dx^j + 2h_i dt dx^i \tag{5.2}$$

wobei

$$h_i = -\xi_i - \frac{\partial^2 \chi}{\partial t \partial x^i} \tag{5.3}$$

Hier ist es nützlich, eine orthonormale Basis von 1-Formen einzuführen:

$$\begin{aligned} \tilde{\theta}^0 &= (1+\Phi)dt + h_i dx^i \\ \tilde{\theta}^j &= (1-\Phi)dx^j \end{aligned} \tag{5.4}$$

Den mitbewegten Rahmen $\hat{\theta}^\mu$ erhält man mittels eines boosts. Wir benötigen die 3-er Geschwindigkeit $\tilde{v}_j$ des Kreisels bezüglich $\tilde{\theta}^\mu$. Falls $\tilde{u}^\mu$ die zugehörige 4-er Geschwindigkeit bedeutet, bekommen wir mit (5.4)

$$\tilde{v}_j = \frac{\tilde{u}^j}{\tilde{u}^0} = \frac{\langle \tilde{\theta}^j, u\rangle}{\langle \tilde{\theta}^0, u\rangle} = \frac{(1-\Phi)u^j}{(1+\Phi)u^0 + h_i u^i} \simeq (1-2\Phi)\frac{u^j}{u^0}$$

somit

$$\tilde{v}_j = (1-2\Phi)v_j \tag{5.5}$$

wobei v_j die Koordinatengeschwindigkeit bedeutet.
In genügender Näherung ist der Zusammenhang zwischen $\tilde{S}^\mu := \langle \tilde{\theta}^\mu, S\rangle$ und $\underline{\mathcal{S}}$

$$\tilde{S}^\mu = \left(\tilde{v}_j \mathcal{S}^j,\ \mathcal{S}^i + \frac{1}{2}\tilde{v}_i(\tilde{v}_j \mathcal{S}^j)\right)$$

aber

$$\tilde{S}^i = \langle \tilde{\theta}^i, S\rangle = (1-\Phi)S^i$$

Also ist in der geforderten Genauigkeit

$$S^i = (1+\phi)\mathcal{S}^i + \frac{1}{2} v_i (v_k \mathcal{S}^k) \qquad (5.6)$$

Die kovarianten Komponenten S_i erhält man durch Multiplikation mit $-(1-2\phi)$:

$$S_i = (1-\phi)\mathcal{S}_i + \frac{1}{2} v_i (v_k \mathcal{S}_k) \qquad (5.7)$$

(beachte, dass $\mathcal{S}_i = -\mathcal{S}^i$). Als nächstes leiten wir die Bewegungsgleichungen für die S_i ab und übersetzen diese mittels (5.7) in eine Gleichung für $\underline{\mathcal{S}}$.

In Komponenten ausgeschrieben lautet (5.1)

$$\frac{dS_\mu}{d\tau} = \Gamma^\lambda_{\mu\nu} S_\lambda u^\nu - a^\lambda S_\lambda g_{\mu\nu} u^\nu \qquad (5.8)$$

Nun setzen wir $\mu = i$, multiplizieren mit $d\tau/dt$ und benützen

$$S_0 = -v_i S_i \qquad (5.9)$$

was aus $(S,u) = 0$ folgt. Damit wird

$$\begin{aligned}\frac{dS_i}{dt} = {} & \Gamma^j_{i0} S_j - \Gamma^0_{i0} v_j S_j + \Gamma^j_{ik} v_k S_j - \Gamma^0_{ik} v_k v_j S_j \\ & -(g_{0i} + g_{ik} v_k)(-a^0 v_j S_j + a^j S_j)\end{aligned} \qquad (5.10)$$

Bis zur dritten Ordnung erhalten wir (mit $a_0 = -v_i a_i$) :

$$\frac{dS_i}{dt} = [\overset{(3)}{\Gamma}{}^j_{i0} - \overset{(2)}{\Gamma}{}^0_{i0} v_j + \overset{(2)}{\Gamma}{}^j_{ik} v_k] S_j + v_i a^j S_j \qquad (5.11)$$

Die Christoffelsymbole sind durch (1.46) gegeben. Für $\underline{S} = (S_1, S_2, S_3)$ finden wir

$$\begin{aligned}\frac{d}{dt}\underline{\mathcal{S}} = {} & \frac{1}{2}\underline{\mathcal{S}} \wedge (\underline{\nabla} \wedge \underline{\xi}) - \underline{\mathcal{S}}\frac{\partial\phi}{\partial t} - 2(\underline{v}\cdot\underline{\mathcal{S}})\underline{\nabla}\phi \\ & - \underline{\mathcal{S}}(\underline{v}\cdot\underline{\nabla}\phi) + \underline{v}(\underline{\mathcal{S}}\cdot\underline{\nabla}\phi) + \underline{v}(\underline{a}\cdot\underline{\mathcal{S}})\end{aligned} \qquad (5.12)$$

wo $\underline{a} = (a^1, a^2, a^3)$ ist.

Bis zur geforderten Ordnung können wir (5.7) invertieren

$$\underline{\mathcal{S}} = (1+\Phi)\,\underline{S} - \frac{1}{2}\,\underline{v}\,(\underline{v}\cdot\underline{S}) \tag{5.13}$$

Wir wissen (vgl. (I.10.22)), dass $\underline{\mathcal{S}}^2$ = konst ist. Die Aenderung von $\underline{\mathcal{S}}$ ist bis zur dritten Ordnung durch

$$\dot{\underline{\mathcal{S}}} = \dot{\underline{S}} + \underline{S}\left(\frac{\partial\Phi}{\partial t} + \underline{v}\cdot\underline{\nabla}\Phi\right) - \frac{1}{2}\,\dot{\underline{v}}(\underline{v}\cdot\underline{S}) - \frac{1}{2}\,\underline{v}(\dot{\underline{v}}\cdot\underline{S})$$

$$\dot{\underline{v}} \rightarrow \underline{a} - \underline{\nabla}\Phi$$

$$= \dot{\underline{S}} + \underline{S}\left(\frac{\partial\Phi}{\partial t} + \underline{v}\cdot\underline{\nabla}\Phi\right) + \frac{1}{2}\,\underline{\nabla}\Phi\,(\underline{v}\cdot\underline{S}) + \frac{1}{2}\,\underline{v}\,(\underline{S}\cdot\underline{\nabla}\Phi) - \frac{1}{2}\,\underline{a}\,(\underline{v}\cdot\underline{S}) - \frac{1}{2}\,\underline{v}\,(\underline{S}\cdot\underline{a}) \tag{5.14}$$

gegeben.
Nun substituieren wir (5.12) und finden bis zur geforderten Ordnung

$$\dot{\underline{\mathcal{S}}} = \underline{\Omega} \wedge \underline{\mathcal{S}} \tag{5.15}$$

mit der Präzessionswinkelgeschwindigkeit

$$\boxed{\underline{\Omega} = -\frac{1}{2}(\underline{v}\wedge\underline{a}) - \frac{1}{2}\,\underline{\nabla}\wedge\underline{\xi} - \frac{3}{2}\,\underline{v}\wedge\underline{\nabla}\Phi} \tag{5.16}$$

Der erste Term ist die Thomaspräzession, welche bei einer geodätischen Bewegung verschwindet. Der dritte Term ist die geodätische Präzession, während der zweite Term die Lense-Thirring Präzession darstellt (vgl. (I.10.33) und den Schluss von § IV.4).

Ein Kreisel auf einer Bahn um die Erde

Als erste Anwendung von Gleichung (5.16) betrachten wir einen Kreisel auf einer Kreisbahn um die Erde.
Zuerst benötigen wir das Potential $\underline{\xi}$. Ein sphärisch symmetrisches System, welches mit der Winkelgeschwindigkeit $\underline{\omega}$ (r) rotiert, hat die Impulsdichte

$$\overset{(1)}{T}{}^{i0}(\underline{x},t) = \overset{(0)}{T}{}^{00}(r)\,[\underline{\omega}(r)\wedge\underline{x}]_i \tag{5.17}$$

Gebrauchen wir dies in (1.40), so erhalten wir

$$\underline{\xi}(\underline{x}) = -4G\int\frac{d^3x'}{|\underline{x}-\underline{x}'|}\,\underline{\omega}(r')\wedge\underline{x}'\,\overset{(0)}{T}{}^{00}(r')\,d^3x' \tag{5.18}$$

Die Winkelintegration gibt

$$\int d\Omega' \frac{\underline{x}'}{|\underline{x}-\underline{x}'|} = \begin{cases} \dfrac{4\pi r'^2}{3r^3}\,\underline{x}\,, & \text{für } r' < r \\[2ex] \dfrac{4\pi}{3r'}\,\underline{x}\,, & \text{für } r' > r \end{cases} \tag{5.19}$$

Somit lautet das äussere Feld

$$\underline{\underline{\xi}}(\underline{x}) = \frac{16\pi G}{3r^3}\,\underline{x} \wedge \int \underline{\omega}(r') \overset{(0)}{T}{}^{00}(r')\,r'^4\,dr' \tag{5.20}$$

Anderseits ist der Drehimpuls

$$\begin{aligned} \underline{J} &= \int [\underline{x}' \wedge (\underline{\omega}(r') \wedge \underline{x}')] \overset{(0)}{T}{}^{00}(r')\,d^3x' \\ &= \int [r'^2\underline{\omega}(r') - \underline{x}'(\underline{x}'\cdot\underline{\omega}(r'))] \overset{(0)}{T}{}^{00}(r')\,d^3x' \\ &= \frac{8\pi}{3} \int \underline{\omega}(r') \overset{(0)}{T}{}^{00}(r')\,r'^4\,dr' \end{aligned} \tag{5.21}$$

Der Vergleich mit (5.20) zeigt, dass

$$\underline{\underline{\xi}}(\underline{x}) = \frac{2G}{r^3}(\underline{x} \wedge \underline{J}) \tag{5.22}$$

Dies stimmt mit (2.14) überein, aber hier gilt die Formel überall ausserhalb der Kugel.
Setzen wir (5.22) und $\Phi = -\frac{GM}{r}$ in (5.16) ein, so kommt

$$\underline{\Omega} = \frac{G}{r^3}\left[-\underline{J} + \frac{3(\underline{J},\underline{x})\underline{x}}{r^2}\right] + \frac{3GM\;\underline{x}\wedge\underline{v}}{2r^3} \tag{5.23}$$

Der letzte von $\underline{J}$ unabhängige Term beschreibt die geodätische Präzession.
Es sei $\underline{n}$ die Normale der Bahnebene. Dann gilt

$$\underline{v} = -\left(\frac{GM}{r^3}\right)^{1/2} \underline{x} \wedge \underline{n} \tag{5.24}$$

und die Präzessionsrate, gemittelt über einen Umlauf, ist

$$\langle\underline{\Omega}\rangle = \frac{G}{2r^3}[\underline{J} - \underline{n}(\underline{n}\cdot\underline{J})] + \frac{3(GM)^{3/2}\,\underline{n}}{2r^{5/2}} \tag{5.25}$$

Für die Erde und für $r \simeq R_\oplus$ erhalten wir

$$\frac{\text{Lense-Thirring}}{\text{geodätische Pr.}} \simeq \frac{J_\oplus G}{3(M_\oplus G)^{3/2} R_\oplus^{1/2}} = 6.5 \times 10^{-3} \tag{5.26}$$

Wir sehen also, dass der hauptsächliche Effekt eine Präzession um den Bahndrehimpuls mit der gemittelten Winkelgeschwindigkeit

$$|\langle \underline{\Omega} \rangle| \simeq \frac{3 G M_\oplus^{3/2}}{2 r^{5/2}} \simeq 8.4 \left(\frac{R_\oplus}{r}\right)^{5/2} \text{sec/Jahr} \tag{5.27}$$

ist. Dies könnte in den kommenden Jahren messbar werden.

Präzession des binären Pulsars

Als interessante Anwendung von (5.16) bestimmen wir nun $\underline{\Omega}$ für den binären Pulsar. Das Feld des Begleiters (Index 2) ist (vgl.(3.14),(3.15))

$$\phi(\underline{x}) = -\frac{G m_2}{|\underline{x} - \underline{x}_2|}, \quad \underline{\zeta}(\underline{x},t) = -4 G m_2 \frac{\underline{v}_2}{|\underline{x} - \underline{x}_2|} \tag{5.28}$$

Mit (5.16) finden wir

$$\underline{\Omega} = -2 G m_2 \frac{\underline{x} \wedge \underline{v}_2}{r^3} + \frac{3}{2} G m_2 \frac{\underline{x} \wedge \underline{v}_1}{r^3}$$

wobei $\underline{x} = \underline{x}_1 - \underline{x}_2, \; r = |\underline{x}|$.

Da

$$\underline{v}_1 = \frac{m_2}{m_1 + m_2} \dot{\underline{x}}, \quad \underline{v}_2 = -\frac{m_1}{m_1 + m_2} \dot{\underline{x}}$$

erhalten wir

$$\underline{\Omega} = (\underline{L}/\mu) \left\{ 2 G m_2 \frac{m_1}{m_1 + m_2} + \frac{3}{2} G m_2 \frac{m_2}{m_1 + m_2} \right\} \frac{1}{r^3} \tag{5.29}$$

wobei $\underline{L}$ der Drehimpuls ist:

$$\underline{L} = \mu \, \underline{x} \wedge \dot{\underline{x}}, \quad \mu = \frac{m_1 m_2}{m_1 + m_2}$$

Nun mitteln wir $\underline{\Omega}$ über eine Periode

$$\langle\underline{\Omega}\rangle = \hat{\underline{L}}\{\cdots\}\,\frac{L}{\mu}\,\frac{1}{T}\int_0^{2\pi}\frac{1}{r^3}\,\frac{1}{\dot{\varphi}}\,d\varphi$$

Benützen wir

$$L = \mu r^2\dot{\varphi}\ ,\quad r = \frac{a(1-e^2)}{1+e\cos\varphi}$$

so bekommen wir

$$\begin{aligned}\underline{\Omega} &= \hat{\underline{L}}\{\cdots\}\,\frac{1}{T}\int_0^{2\pi}\frac{1}{r}\,d\varphi\\ &= \hat{\underline{L}}\{\cdots\}\,\frac{1}{a(1-e^2)}\,\frac{1}{T}\int_0^{2\pi}(1+e\cos\varphi)\,d\varphi\end{aligned}$$

also

$$\langle\underline{\Omega}\rangle = \hat{\underline{L}}\cdot\frac{3\pi G m_2}{T}\,\frac{1}{a(1-e^2)}\left[\frac{m_2}{m_1+m_2} + \frac{4}{3}\,\frac{m_1}{m_1+m_2}\right] \tag{5.30}$$

geodätische Präzession (erster Term) Lense-Thirring (zweiter Term)

Wir vergleichen dies mit der Perihelbewegung

$$\dot{\omega} = \frac{6\pi G(m_1+m_2)}{Ta(1-e^2)c^2} \tag{5.31}$$

und erhalten

$$|\langle\underline{\Omega}\rangle|/\dot{\omega} = \frac{1}{2}\,\frac{m_2\left(1+\frac{1}{3}\,\frac{m_1}{m_1+m_2}\right)}{m_1+m_2} \tag{5.32}$$

Für $m_1 \simeq m_2 \simeq \frac{1}{2}(m_1+m_2)$ ist

$$|\langle\underline{\Omega}\rangle|/\dot{\omega} \simeq \frac{7}{24} \tag{5.33}$$

Dies ist möglicherweise messbar.

* * *

TEIL 3:

RELATIVISTISCHE ASTROPHYSIK

Der Terminus "Relativistische Astrophysik" wurde 1963 geprägt, kurz nachdem die Quasare entdeckt wurden. Die ungewöhnlichen Eigenschaften dieser Objekte gaben sofort Anlass zu für damalige Begriffe recht exotischen Hypothesen. Aber auch relativ konventionelle Erklärungsversuche machten deutlich, dass für das Verständnis der Quasare die ART möglicherweise eine wesentliche Rolle spielen wird.

Inzwischen ist die Relativistische Astrophysik zu einem umfangreichen Gebiet angewachsen, welches sich ausserordentlich schnell entwickelt. Nach der Entdeckung der Quasare folgten in kurzen Abständen weitere bedeutsame astronomische Entdeckungen. In diesem letzten Teil befassen wir uns mit einigen theoretischen Aspekten der Astrophysik kompakter Objekte.

K A P I T E L VI

NEUTRONENSTERNE

Einleitung

Genügend massereiche Sterne ($10\, M_\odot \lesssim M \lesssim 60\, M_\odot$) entwickeln im Laufe ihrer Evolution eine "Zwiebelschalen"-Struktur. Diese besteht aus einem Fe-Ni Kern, welcher von konzentrischen Schalen aus ^{28}Si, ^{16}O, ^{20}Ne, ^{12}C, ^{4}He und H umgeben ist. In den inneren Zonen gibt es auch Beimischungen von ^{24}Mg, ^{32}S und anderen Elementen. (Für eine neuere evolutive Rechnung verweise ich auf [30].)

Der "Eisen"-Kern erreicht schliesslich eine Masse von etwa $1.6\, M_\odot$ mit einer Elektronenhäufigkeit Y_e (Zahl der Elektronen/Nukleon) von 0.43 - 0.44. (Die Zeitskalen sind genügend lang, dass die Elemente in der Nähe von Eisen durch Elektroneneinfang merklich neutronisiert werden.) Mit weiter ansteigender Temperatur werden schliesslich die Elemente der Eisengruppe durch Photodesintegration in α-Teilchen aufgebrochen. (Man beachte, dass im thermodynamischen Gleichgewicht die <u>freie</u> Energie minimal ist; mit steigender Temperatur wird deshalb der Entropieanteil in $F = U - TS$ wesentlich.) Diese Dissoziation von Eisen in Helium kostet viel innere Energie und reduziert den adiabatischen Index unterhalb den kritischen Wert 4/3 und der Sterncore wird instabil. In den späten Evolutionsphasen eines massereichen Sternes werden auch die Neutrinoverluste ganz gewaltig. Die Neutrino-Luminosität erreicht schliesslich - bevor das Sterninnere zu kollabieren beginnt - Werte von etwa $(7\text{-}8) \times 10^{48}$ erg/sec $\sim 2 \times 10^{15}\, L_\odot$. Dies ist weit mehr als die optische Leuchtkraft einer ganzen Galaxie.

Zu Beginn des Kollapses der inneren Region haben die zentralen Temperaturen und Dichten typisch folgende Werte (vgl. [30]):

$$T_c = \begin{cases} 8.3 \times 10^9\ \text{K} & \text{für } M = 15\, M_\odot \\ 8.3 \times 10^9\ \text{K} & \text{für } M = 25\, M_\odot \end{cases}$$

$$\rho_c = \begin{cases} 6.0 \times 10^9\ \text{g/cm}^3 & \text{für } M = 15\, M_\odot \\ 3.5 \times 10^9\ \text{g/cm}^3 & \text{für } M = 25\, M_\odot \end{cases}$$

Nachdem der Sterncore instabil geworden ist, kollabiert er auf Kerndichten und bildet einen heissen ($T \sim 10$ MeV) Neutronenstern (oder ein schwarzes Loch). Die freiwerdende gravitative Energie beträgt etwa $0.1\, M_{core} \cdot c^2 \simeq 10^{53}$ erg. Diese wird sehr schnell hauptsächlich durch Neutrinos abgestrahlt. (Bei sehr asymmetrischem Kollaps spielt möglicherweise auch die Gravitationsstrahlung anfänglich eine Rolle.) Spätestens nach einigen Minuten ist deshalb die Materie im Innern des Neutronensterns praktisch in ihrem Grundzustand. (Auf Grund der hohen Dichten fällt die Temperatur wesentlich unter die Entartungstemperaturen der Elektronen, Protonen und Neutronen.) Die Hülle explodiert wahrscheinlich (mindestens in gewissen Fällen) als Supernova. Darüber wissen wir aber, trotz ausgedehnter Computerstudien, wenig Zuverlässiges. Da bei den komplizierten hydrodynamischen Vorgängen vermutlich Rotation und Magnetfelder eine wichtige Rolle spielen, sind die bisherigen sphärisch symmetrischen Modellrechnungen wenig aussagekräftig.

Die Beobachtungen des berühmten Krebs-Nebels mit dem Pulsar im Zentrum zeigen uns aber, dass bei der Explosion eines Sternes wenigstens in gewissen Fällen ein Neutronenstern gebildet wird. (Ein weiteres Beispiel dafür ist der Vela-Pulsar.)

§1. Abschätzungen und Grössenordnungen

Die allgemeine Richtung der Sternevolution kann auf einfache Weise verstanden werden. A s Ausgangspunkt benutzen wir den Virialsatz *)

$$E_G + 3\int P\,dV = 0 \qquad (1)$$

(E_G : Gravitationsenergie). Der Druck der Elektronen ist

$$P_e \simeq P_e^{(T=0)} + n_e kT \qquad (4)$$

(n_e : Zahl der Elektronen pro Volumeneinheit). Dies ist eine einfache Interpolation zwischen Maxwell-Boltzmann und entartetem Verhalten. Nun ist

$$P_e^{(T=0)} = (\gamma - 1)\, u_e^{(T=0)} \qquad (5)$$

wo $u_e^{(T=0)}$ die Nullpunktsenergiedichte der Elektronen ist und

$$4/3 \leq \gamma \leq 5/3 \qquad (6)$$

Die untere Schranke in dieser Ungleichung entspricht dem extrem relativistischen Fall und die obere dem nichtrelativisten Limes. Ferner ist

*) Die Gleichung für das hydrostatische Gleichgewicht lautet

$$dP/dr = -\rho(r)\,GM(r)/r^2 \qquad (2)$$

wo M(r) die Masse innerhalb einer konzentrischen Kugel mit dem Radius r ist. Offensichtlich gilt

$$dM/dr = 4\pi r^2 \rho \qquad (3)$$

Indem wir Gl.(2) mit $\frac{4\pi r^3}{3}$ multiplizieren und über den Stern integrieren, erhalten wir

$$\int \frac{4\pi}{3} r^3\, dP = -\frac{1}{3}\int \frac{GM(r)}{r}\, dM(r)$$

und nach einer partiellen Integration Gl.(1).

$$u_e^{(T=0)} = n_e m_e c^2 \left[\sqrt{1+x^2} - 1 \right] \tag{7}$$

mit

$$x = \bar{p}/m_e c \simeq \frac{\hbar}{m_e c} n_e^{1/3} = \lambda\!\!\!^{-}_e n_e^{1/3} \simeq \lambda\!\!\!^{-}_e \frac{N_e^{1/3}}{R} \tag{8}$$

(N_e: totale Anzahl der Elektronen, R: Radius des Sterns).

In (8) haben wir die Unschärferelation für den mittleren Impuls p_e der Elektronen und das Pauli-Prinzip benutzt. (Bei T=0 gibt es pro de Broglie Kubus $(\hbar/\bar{p})^3$ ein Elektron.) Bezeichnet N die Gesamtzahl aller Sorten von Teilchen, $N = N_e/Y_e$ (μ: mittleres Molekulargewicht), so erhalten wir aus dem Virialsatz

$$-\frac{GM^2}{R} + 3Nk\bar{T} + 3(\gamma-1) N_e m_e c^2 \left[\sqrt{1+x^2} - 1\right] \simeq 0 \tag{9}$$

Aber $M = \frac{N_e}{Y_e} m_N$ (m_N: Nukleonmasse). Mit den Definitionen

$$N_0 := \left(\frac{\hbar c}{G m_N^2}\right)^{3/2}, \quad N_{eo}^{1/3} = N_0^{1/3} Y_e \tag{10}$$

und (8) erhalten wir aus (9)

$$\boxed{\frac{k\bar{T}}{m_e c^2} \simeq \frac{1}{3}\mu Y_e \left\{ \left(\frac{N_e}{N_{eo}}\right)^{2/3} x + \left(1 - \sqrt{1+x^2}\right) \right\}} \tag{11}$$

(Wir haben dabei $3(\gamma-1)$ durch 1 ersetzt; siehe Gl. (6).)

Aus dieser Formel können wir die folgenden interessanten Schlüsse ziehen:

(i) Mit wachsendem x, d.h. wachsender Dichte, erreicht kT ein Maximum solange $N_e < N_{eo}$ ist und nimmt dann wieder monoton ab. Der Wert T = 0 wird für

$$x \sim 2 (N_e/N_{eo})^{2/3}$$

erreicht, wenn N_e/N_{eo} genügend klein ist, sodass $x \ll 1$ wird. Nach Gl. (8) ist dann der Sternradius

$$R \simeq \lambda\!\!\!^{-}_e N_e^{1/3} \frac{1}{2} (N_{eo}/N_e)^{2/3} = \frac{1}{2} Y_e^2 \lambda\!\!\!^{-}_e N_0^{1/3} \left(\frac{N_0}{N_e}\right)^{1/3} \tag{12}$$

Hier tritt als charakteristische Länge

$$l_e := \lambda\!\!\!^{-}_e N_0^{1/3} = 5 \times 10^8 \, cm \tag{13}$$

auf, welche vergleichbar zum Radius der Erde, $R_\oplus = 6.4 \times 10^8$ cm, ist. Aus (12) ergibt sich die folgende Masse-Radius Beziehung, solange die Elektronen nichtrelativistisch sind

$$R \simeq \frac{1}{2} l_e \left(\frac{N_0 m_N}{M}\right)^{1/3} Y_e^{5/3} \tag{14}$$

Numerisch ist

$$N_0 m_N = 1.85 M_\odot \tag{15}$$

Im andern Extremfall, $x \gg 1$, reduziert sich Gl. (11) auf

$$x \cdot \left[1 - \frac{1}{Y_e^2} (N_e/N_0)^{2/3} + \frac{1}{2x^2} + \cdots\right] \simeq 1 - 3\mu Y_e \frac{kT}{m_e c^2}$$

Für $T \simeq 0$ bedeutet dies

$$1 - \frac{1}{Y_e^2} (N_e/N_0)^{2/3} \gtrsim 0$$

oder

$$M \lesssim Y_e^2 N_0 m_N \tag{16}$$

Dies ist die berühmte Chandrasekhar Grenze. Eine genaue Rechnung gibt

$$\begin{aligned} M_{Ch} &= 5.76\, Y_e^2 M_\odot \\ &= 1.44\, M_\odot \quad \text{für } Y_e = \frac{1}{2} \end{aligned} \tag{17}$$

Die Existenz dieser Grenzmasse ist eine wichtige Konsequenz von spezieller Relativitätstheorie und Quantenmechanik.

(ii) Für $M > M_{Ch}$ wächst die Temperatur unbegrenzt. Wir erwarten deshalb, dass der Stern in eine Instabilität laufen wird.

(iii) Die maximale Temperatur für $M < M_{Ch}$ ist für $x \ll 1$ ungefähr gegeben durch

$$\left(\frac{kT}{mc^2}\right)_{max} \simeq \frac{1}{6} \mu Y_e \left(\frac{N_e}{N_{e0}}\right)^{4/3} = \frac{1}{6} \mu Y_e^{-5/3} \left(\frac{M}{N_0 m_N}\right)^{4/3} \tag{18}$$

Dies zeigt, dass die maximale Temperatur von der Grössenordnung $m_e c^2$ ist.

Man beachte auch, dass im nichtrelativistischen Fall mit wachsender Dichte immer ein kaltes Gleichgewicht möglich ist.

* * *

Historische Bemerkungen (siehe auch [31])

Durch die Arbeiten von W. Adams war um 1925 eindeutig gesichert, dass Sirius B eine enorme Dichte von etwa $10^6 g/cm^3$ hat. Dank der neuen Quantenmechanik wurde nun sehr schnell klar, in welchem Zustand sich die Materie in einem weissen Zwerg befindet.

Am 26. August 1926 wurde die Dirac'sche Arbeit, welche die Fermi-Dirac Verteilung enthält, der Royal Society durch Fowler mitgeteilt. Bereits am 3. November unterbreitete Fowler der Royal Society eine eigene Arbeit, in welcher er die Quantenstatistik von identischen Teilchen systematisch darstellte und dabei die bekannte Darwin-Fowler Methode entwickelte. Kurz darauf, am 10. Dezember, trug er der Royal Astronomical Society eine neue Arbeit mit dem Titel 'Dense Matter' vor. Darin machte er klar, dass das Elektronengas in Sirius B im Sinne der Fermi-Dirac Statistik stark entartet ist. Diese Arbeit von Fowler schliesst mit folgenden Worten:

> "The black-dwarf material is best likenend to a single gigantic molecule in its lowest quantum state. On the Fermi-Dirac statistics, its high density can be achieved in one and only one way, in virtue of a correspondingly great energy content. But this energy can no more be expended in radiation than the energy of a normal atom or molecule. The only difference between black dwarf matter and a normal molecule is that the molécule can exist in a free state while the black-dwarf matter can only so exist under very high external pressure."

Da Fowler die Elektronen nichtrelativistisch behandelte, fand er für jede Masse eine Gleichgewichtskonfiguration (siehe oben). Da aber

$$\rho = \frac{n_e}{Y_e} m_N = \frac{1}{Y_e}\left(p_F^3/3\pi^2\hbar^3\right) m_N \tag{19}$$

finden wir

$$\rho = Bx^3 \quad , \quad x := p_F/m_e c \tag{20}$$

$$B = \frac{8\pi m_e^3 c^3 m_N}{3h^3}\frac{1}{Y_e} = 0.97\times 10^6 \frac{1}{Y_e}\ (g/cm^3) \tag{21}$$

Das zeigt, dass die Impulse der Elektronen in weissen Zwergen vergleichbar zu $m_e c$ sind. Dies wurde 1930 von Chandrasekhar bemerkt und er entdeckte bei einer relativistischen Behandlung der Elektronen die Grenzmasse (17). (Diese Zahl wurde unabhängig von Landau 1932 abgeschätzt.) Im Jahre 1934 leitete Chandrasekhar die exakte Masse-Radius Beziehung für vollständig entartete Konfigurationen ab. (Diese Theorie findet man z.B. in seinem klassischen Buch.) Er beschliesst seine Arbeit mit folgender Aussage:

> "The life-history of a star of small mass must be essentially different from the life-history of a star of large mass. For a star of small mass, the natural white-dwarf stage is an initial step towards complete extinction. A star of large mass cannot pass into the white-dwarf stage and one is left speculating on other possibilities."

Diese Schlussfolgerung fand aber nicht den Beifall der damals tonangebenden Astrophysiker. In einem Kommentar schreibt Eddington zunächst ganz folgerichtig:

> "Chandrasekhar shows that a star of mass greater than a certain limit remains a perfect gas and can never cool down. The star has to go on radiating and radiating and contracting and contracting, until, I suppose, it gets down to a few kilometers radius when gravity becomes strong enough to hold the radiation and the star can at last find peace."

Wäre Eddington bei dieser Aussage stehengeblieben, so hätte er als erster die Existenz von schwarzen Löchern vorausgesagt. Er nahm aber diese Schlussfolgerung nicht ernst und fährt fort:

> "I felt driven to the conclusion that this was almost a <u>reductio ad absurdum</u> of the relativistic degeneracy formula. Various accidents may intervene to save the star, but I want more protection than that. I think that there should be a law of nature to prevent the star from behaving in this absurd way."

Es ist erstaunlich, dass Baade und Zwicky bereits 1934 das Schicksal von massereichen Sternen voraussagten. Ich zitiere aus ihrer Arbeit (Phys.Rev. <u>45</u>, 128 (1934)):

> "With all reserve we suggest the view that supernovae represent the transitions from ordinary stars into <u>neutron stars</u>, which in their final stages consist of extremely closely packed neutrons."

Sehr bemerkenswert ist auch die folgende Erinnerung von L. Rosenfeld. An dem Tage im Jahre 1932, als in Kopenhagen die Entdeckung des Neutrons bekannt wurde, verbrachte er mit Bohr und Landau den Abend mit Diskussionen der möglichen Implikationen dieser wichtigen Entdeckung. Während dieses gleichen Abends fasste Landau die Möglichkeit von kalten dichten Sternen ins Auge, welche hauptsächlich aus Neutronen bestehen. "Unheimliche Sterne" soll er sie genannt haben. (Die Idee wurde aber erst 1937 publiziert.)

Die erste Modellrechnung von Neutronensternen wurde 1939 durch Oppenheimer und Volkoff im Rahmen der ART durchgeführt. In dieser wurde die Materie durch ein ideales entartetes Neutronengas beschrieben.

In der Folge nahm das theoretische Interesse an Neutronensternen ab, da keine relevanten Beobachtungen gemacht wurden. Für zwei Jahrzehnte war Zwicky einer der wenigen, welche die wahrscheinliche Rolle von Neutronensternen in der Evolution von massiven Sternen ernst nahmen.

Das Interesse erwachte erst wieder Ende der 50-iger und anfangs der 60-iger Jahre. Mit der Entdeckung der Pulsare im Jahre 1967, und speziell eines Pulsars im Zentrum des Krebs-Nebels, wurde klar, dass Neutronensterne in Supernova Ereignissen durch den Kollaps des Sterncores auf Kerndichten gebildet werden können.

* * *

Die groben Eigenschaften eines Neutronensterns können leicht abgeschätzt werden. Wir müssen lediglich in den Formeln für weisse Zwerge die Elektronenmasse durch die Neutronenmasse ersetzen (und Y_e, μ gleich Eins setzen). Aus (16) erhalten wir speziell die Grenzmasse,

$$M \lesssim N_0 m_N \tag{22}$$

Der Radius eines typischen Neutronensterns ist nach (14), solange N/N_0 nicht nahe bei Eins ist,

$$R \sim \lambda\!\!\!^{-}_N N_0^{1/3} (N_0/N)^{1/3} \tag{23}$$

Die lineare Dimension eines Neutronensterns ist also m_e/m_N mal kleiner als die eines weissen Zwerges. Wir notieren noch

$$\lambda\!\!\!^{-}_N N_0^{1/3} = 2.7 \times 10^5 \text{ cm} \tag{24}$$

Im Gegensatz zu den weissen Zwergen erhalten wir eine maximale Masse für Neutronensterne, da die kinetische Energie der Neutronen ebenfalls zur gravitativen Masse eines Neutronensterns beiträgt. Im Virialtheorem sollte man setzen

$$E_G \simeq - \frac{GM^2}{R} \quad , \quad M = M_0 + U/c^2 \tag{25}$$

wo $M_0 = Nm_N$ ist und U die Nullpunktsenergie der Neutronen bezeichnet.

Für kalte Konfigurationen bekommen wir dann

$$-\left(\frac{N}{N_0}\right)^{2/3} x(1+x^2) + \sqrt{1+x^2} - 1 \cong 0 \tag{26}$$

Für $x \gg 1$ gibt dies

$$N/N_0 \cong 1/x^2 \quad , \quad M \cong N_0 m_N / x^2 \tag{27}$$

Folglich nimmt M für $x \gg 1$ mit wachsendem x ab. Man findet die maximale Masse für $x \cong 0.8$.

§ 2. Relativistische Sternstrukturgleichungen

Für $M \sim N_0 m_N$ ist $R \sim \lambda_N N_0^{1/3}$ und folglich $GM/Rc^2 \sim 1$. Deshalb ist die ART quantitativ wichtig.

Für einen sphärisch symmetrischen statischen Stern hat die Metrik die Form (siehe S.253)

$$g = e^{2a(r)} dt^2 - \left[e^{2b(r)} dr^2 + r^2 (d\vartheta^2 + \sin^2\vartheta \, d\varphi^2) \right] \tag{1}$$

Relativ zur orthonormierten Basis

$$\theta^0 = e^a dt \ , \quad \theta^1 = e^b dr \ , \quad \theta^2 = r d\vartheta \ , \quad \theta^3 = r \sin\vartheta \, d\varphi \tag{2}$$

hat der Energie-Impuls-Tensor die Gestalt

$$(T^{\mu\nu}) = \begin{pmatrix} \rho & & & 0 \\ & p & & \\ & & p & \\ 0 & & & p \end{pmatrix} \tag{3}$$

wo ρ die totale Energie-Massendichte und p den Druck bezeichnen. Der zu (1) gehörige Einstein-Tensor wurde in § III.1 berechnet, mit dem Resultat

$$\begin{aligned} G^0{}_0 &= \frac{1}{r^2} - e^{-2b}\left(\frac{1}{r^2} - \frac{2b'}{r}\right) \\ G^1{}_1 &= \frac{1}{r^2} - e^{-2b}\left(\frac{1}{r^2} + \frac{2a'}{r}\right) \\ G^2{}_2 = G^3{}_3 &= -e^{-2b}\left(a'^2 - a'b' + a'' + \frac{a'-b'}{r}\right) \end{aligned} \tag{4}$$

alle andern Komponenten = 0

Die Feldgleichungen geben (c = 1)

$$\frac{1}{r^2} - e^{-2b}\left(\frac{1}{r^2} - \frac{2b'}{r}\right) = 8\pi G \rho \tag{5}$$

$$\frac{1}{r^2} - e^{-2b}\left(\frac{1}{r^2} + \frac{2a'}{r}\right) = -8\pi G P \tag{6}$$

Mit der Bezeichnung $u/r := e^{-2b}$ lautet Gl.(5): $u' = -8\pi G \rho r^2 + 1$.
Integriert gibt dies $u = r - 2G \cdot M(r)$, wobei

$$M(r) = 4\pi \int_0^r \rho(r') r'^2 dr' \tag{7}$$

Folglich gilt

$$\boxed{e^{-2b(r)} = 1 - \frac{2GM(r)}{r}} \tag{8}$$

Wenn wir (6) von (5) subtrahieren, erhalten wir

$$e^{-2b}(a' + b') = 4\pi G(\rho + P) r \tag{9}$$

und deshalb

$$a = -b + 4\pi G \int_\infty^r dr' e^{2b(r')} r' (\rho + P) \tag{10}$$

Wenn also ρ und P bekannt sind, dann können wir das g-Feld bestimmen.
Eine weitere nützliche Beziehung folgt aus dem "Erhaltungssatz" $D{*}T^\alpha = 0$. Gl.(3) gibt

$$*T^\alpha = q^\alpha \eta^\alpha \quad \text{(keine Summe !)}, \tag{11}$$

mit $q^0 = \rho$, $q^i = -P$. Nun ist

$$\begin{aligned} D{*}T^\alpha &= d(q^\alpha \eta^\alpha) + \sum_\beta \omega^\alpha{}_\beta \wedge (q^\beta \eta^\beta) \\ &= dq^\alpha \wedge \eta^\alpha + \sum_\beta \omega^\alpha{}_\beta \wedge \eta^\beta q^\beta + q^\alpha \underbrace{d\eta^\alpha}_{-\sum_\beta \omega^\alpha{}_\beta \wedge \eta^\beta} \\ &= dq^\alpha \wedge \eta^\alpha + \sum_\beta \omega^\alpha{}_\beta \wedge \eta^\beta (q^\beta - q^\alpha) = 0 \end{aligned}$$

Für $\alpha = 1$ gibt dies, wenn wir die Zusammenhangsformen (III.1.6) benutzen,

$$dP \wedge \eta^1 = \omega^1{}_0 \wedge \eta^0 \, (\rho + P)$$

oder

$$\frac{dP}{dr} e^{-b} \underbrace{\theta^1 \wedge \eta^1}_{-\eta} = a' e^{-b} \underbrace{\theta^0 \wedge \eta^0}_{\eta} \, (\rho + P)$$

d.h.

$$\boxed{a' = -\frac{P'}{\rho + P}} \tag{12}$$

Auf der andern Seite ergibt sich aus (9), (8) und (7)

$$a' = \frac{G}{1 - 2GM(r)/r} \left[\frac{M(r)}{r^2} + 4\pi r P \right] \tag{13}$$

Vergleichen wir dies mit (12), so erhalten wir die Tolman, Oppenheimer, Volkoff (TOV) - Gleichung:

$$\boxed{-P' = \frac{G(\rho + P)\left[M(r) + 4\pi r^3 P\right]}{r^2 (1 - 2GM(r)/r)}} \tag{14}$$

(TOV-Gleichung)

Beim Sternradius R verschwindet der Druck. Ausserhalb des Sterns ist das metrische Feld durch die Schwarzschild-Lösung gegeben. Die gravitative Masse ist

$$M = M(R) = \int_0^R \rho \, 4\pi r^2 dr \tag{15}$$

Die TOV-Gleichung verallgemeinert die Gleichung

$$-P' = \frac{G \rho M(r)}{r^2} \tag{16}$$

der Newtonschen Theorie. Der Druckgradient gegen das Zentrum nimmt in der ART auf drei Weisen zu:

(i) Zu $M(r)$ kommt noch ein Term proportional zu P hinzu, da <u>Druck auch Gravitation erzeugt</u>.

(ii) Die Dichte ρ wird ersetzt durch $\rho + P$, da Gravitation auch auf P wirkt.

(iii) Die Gravitationskraft nimmt stärker als $\frac{1}{r^2}$ zu; $\frac{1}{r^2}$ wird ersetzt durch $\frac{1}{r^2}(1 - 2GM(r)/r)^{-1}$.

Diese Aenderungen werden uns zum Schluss führen (siehe Abschnitt 6), dass keine beliebig massereichen Neutronensterne existieren können, auch wenn die Zustandsgleichung bei hohen Dichten sehr steif wird.

Um kalte Sternmodelle zu konstruieren, benötigt man eine Zustandsgleichung $P(\rho)$. Dann sind alle Eigenschaften des Sterns durch die zentrale Dichte ρ_c bestimmt.

Wir fassen die relevanten Gleichungen zusammen:

$$-P' = G(\rho + P)\,\frac{M(r) + 4\pi r^3 P}{r^2(1 - 2GM(r)/r)} \tag{17a}$$

$$M' = 4\pi r^2 \rho \tag{17b}$$

$$a' = G\,\frac{M(r) + 4\pi r^3 P}{r^2(1 - 2GM(r)/r)} \tag{17c}$$

Aus (7) entnehmen wir die Anfangsbedingung

$$M(0) = 0 \tag{18a}$$

Die beiden weiteren Randbedingungen lauten

$$P(0) = P(\rho_c)\ , \quad e^{a(R)} = 1 - 2GM/R \tag{18b}$$

Interpretation von M

Wir vergleichen M in Gl.(15) mit der Masse $M_0 = Nm_N$ (N: totale Zahl der Nukleonen (Baryonen)) des Sterns. Wenn J den Baryonstrom bezeichnet, dann ist

$$N = \int_{t=\mathrm{const}} *J \tag{19}$$

Mit $J = J_\mu \theta^\mu$, $*J = J_\mu \eta^\mu$ erhalten wir

$$N = \int_{t=\mathrm{const}} J_0 \eta^0 = \int_{t=\mathrm{const}} J^0\, \theta^1 \wedge \theta^2 \wedge \theta^3$$

oder mit (2)

$$N = \int_0^R J^0 \, 4\pi r^2 e^{b(r)} dr$$

Die Komponente J^0 bezüglich der Basis (2) ist aber Baryonzahldichte

$$n := U_\mu J^\mu = J^0 \tag{20}$$

da die Vierergeschwindigkeit $U_\mu = (1,0,0,0)$ ist. Deshalb gilt

$$N = \int_0^R 4\pi r^2 e^{b(r)} n(r) dr = \underline{\int_0^R \frac{4\pi r^2}{\sqrt{1-2GM(r)/r}} n(r) dr} \tag{21}$$

Die invariante innere Energiedichte ist definiert durch

$$\varepsilon(r) := \rho(r) - m_N n(r) \tag{22}$$

und die gesamte innere Energie entsprechend durch

$$E := M - m_N N \tag{23}$$

Mit Gl.(20) können wir E wie folgt zerlegen

$$E = T + V \tag{24}$$

wobei

$$T = \int_0^R \frac{4\pi r^2}{\sqrt{1-2GM(r)/r}} \varepsilon(r) dr \tag{25}$$

$$V = \int_0^R 4\pi r^2 \left[1 - \frac{1}{\sqrt{1-2GM(r)/r}}\right] \rho(r) dr \tag{26}$$

Um den Zusammenhang mit der Newtonschen Theorie zu finden, entwickeln wir die Wurzeln in (25) und (26) unter der Annahme $GM(r)/r \ll 1$:

$$T = \int_0^R 4\pi r^2 \left[1 + \frac{GM(r)}{r} + \dots\right] \varepsilon(r) dr \tag{27}$$

$$V = -\int_0^R 4\pi r^2 \left[\frac{GM(r)}{r} + \frac{3G^2M^2(r)}{2r^2} + \dots \right] \rho(r)\,dr \tag{28}$$

Die führenden Terme in T und V sind die Newtonschen Werte für die innere und die gravitative Energie des Sterns.

* * *

Uebung: Man löse die Sternstrukturgleichungen für einen Stern mit uniformer Dichte (ρ = const.) und zeige, dass die Masse begrenzt ist gemäss

$$M < \frac{4}{9}\left(\frac{1}{3\pi\rho}\right)^{1/2}$$

§3. Stabilität

Eine Gleichgewichtslösung ist nur physikalisch relevant, wenn sie auch stabil ist.
Bei der Untersuchung der Stabilität einer Gleichgewichtskonfiguration beschränkt man sich meistens auf eine lineare Analyse. Dazu betrachtet man zeitabhängige Störungen und linearisiert alle Gleichungen, denen das System gehorcht um die vorgegebene Gleichgewichtslösung. Wenn die Frequenzen der zugehörigen Normalschwingungen alle negative Imaginärteile haben, dann ist das System stabil. (Daran dürften die Nichtlinearitäten auf Grund von allgemeinen Sätzen nichts ändern.) Ist hingegen der Imaginärteil für eine Schwingung positiv, so wächst diese exponentiell an und man erwartet, dass das System instabil ist.

Für sphärisch symmetrische (kalte) Konfigurationen betrachtet man in einem ersten Schritt nur <u>radiale</u> Störungen, welche ausserdem <u>adiabatisch</u> sind. Dies ist vernünftig, da die hydrodynamischen Zeitskalen meistens viel kürzer sind als die charakteristischen Zeiten für den Energietransport. In diesem Fall erhält man ein Eigenwertproblem (vom Sturm-Liouville Typ) für ω^2, da die Gleichungen für adiabatische Störungen zeitumkehrinvariant sind (keine Dissipation). Das Gleichgewicht ist stabil, wenn $\omega_0^2 > 0$ für die tiefste Frequenz ω_0 gilt.

Mit dem Rayleigh-Ritzschen Variationsprinzip und einfachen Versuchsfunktionen kann man oft einfache <u>hinreichende</u> Kriterien für Instabilität finden. Eine detaillierte Herleitung der Eigenwertgleichung für radiale adiabatische Pulsationen von relativistischen Sternen findet man z.B. in [14], Kapitel 26.

Oft ist es möglich, allein anhand der Gleichgewichtslösung zu entscheiden, ob sie bezüglich radialen adiabatischen Pulsationen stabil ist. Wir beweisen hier nur die nachstehende Proposition 1 und verweisen im übrigen auf [32].

Wir betrachten nur kalte Materie. Für eine gegebene Zustandsgleichung gibt es dann eine 1-parametrige Familie von Gleichgewichtslösungen. Als zweckmässigen Parameter benutzen wir die zentrale Dichte ρ_c.

<u>Proposition 1:</u> Bei jedem kritischen Punkt der Funktion $M(\rho_c)$ ändert genau eine radiale adiabatische Normalschwingung ihre Stabilität und es gibt anderswo keine Stabilitätsänderungen.

<u>"Beweis":</u> Aendert für eine gegebene Gleichgewichtskonfiguration ein radialer Mode seine Stabilität (Durchgang der Frequenz ω durch Null),

so bedeutet das, dass infinitesimal benachbarte Gleichgewichtskonfigurationen existieren, in welche jene übergeführt werden kann, ohne die Zahl der Baryonen oder die gravitative Masse (Energie) zu ändern. Also gilt beim Nulldurchgang von einem ω : $M'(\rho_c) = N'(\rho_c) = 0$. Nach der folgenden Proposition 2 impliziert aber $M'(\rho_c)=0$ bereits $N'(\rho_c)=0$. □

Proposition 2: Für eine radiale adiabatische Variation einer kalten Gleichgewichtslösung gilt die folgende Gleichung

$$\delta M = \frac{\rho + P}{n} e^a \delta N \tag{1}$$

Speziell folgt $\delta N = 0$ aus $\delta M = 0$.

Beweis: Aus (2.15) und (2.20) erhalten wir $(m(r) := GM(r))$

$$\delta M = \int_0^\infty 4\pi r^2 \delta\rho(r)\, dr \tag{2}$$

$$\delta N = \int_0^\infty 4\pi r^2 \left[1 - \frac{2m(r)}{r}\right]^{-1/2} \delta n(r)\, dr + \int_0^\infty 4\pi r \left[1 - \frac{2m(r)}{r}\right]^{-3/2} n(r)\, \delta m(r)\, dr \tag{3}$$

Für eine adiabatische Aenderung ist

$$\delta(\rho/n) + P\delta(1/n) = T\delta s = 0 \tag{4}$$

oder

$$\delta n = \frac{n}{P+\rho}\delta\rho \tag{5}$$

Natürlich ist (in diesem Beweis sei $G = 1$)

$$\delta m(r) = \int_0^r 4\pi r'^2 \delta\rho(r')\, dr' \tag{6}$$

Die beiden letzten Beziehungen setzen wir nun in (3) ein und vertauschen in einem Term die Reihenfolge der r und r' Integrationen:

$$\delta N = \int_0^\infty 4\pi r^2 \left\{ \left[1 - \frac{2m(r)}{r}\right]^{-1/2} \frac{n(r)}{P(r)+\rho(r)} + \int_r^\infty 4\pi r' n(r') \cdot \left[1 - \frac{2m(r')}{r'}\right]^{-3/2} dr' \right\} \delta\rho(r)\, dr \tag{7}$$

Nun behaupte ich, dass der Ausdruck in der geschweiften Klammer unabhängig von r ist. Um dies zu zeigen, bilden wir seine Ableitung nach r :

$$\frac{d}{dr}\{\ldots\} = \left[\frac{n'}{P+\rho} - \frac{n(P'+\rho')}{(P+\rho)^2}\right]\left[1-\frac{2m(r)}{r}\right]^{-1/2} +$$

$$+\frac{n}{P+\rho}\left[4\pi r\rho - \frac{m(r)}{r^2}\right]\left[1-\frac{2m(r)}{r}\right]^{-3/2} - 4\pi r n\left[1-\frac{2m(r)}{r}\right]^{-3/2}$$

Für kalte Materie gilt nach (5)

$$n' = \frac{n}{P+\rho}\,\rho' \qquad (8)$$

Benutzen wir dies, so ergibt sich

$$\frac{d}{dr}\{\ldots\} = -\frac{n}{P+\rho}\left[1-\frac{2m(r)}{r}\right]^{-1/2}\left\{\frac{P'}{P+\rho} + \left(1-\frac{2m(r)}{r}\right)^{-1}\frac{1}{r^2}\left(4\pi r^3 P + m\right)\right\}$$

Die rechte Seite verschwindet aber auf Grund der TOV-Gleichung.

Die konstante geschwungene Klammer in (7) rechnet man am besten an der Sternoberfläche $r = R$ $(P = 0)$ aus:

$$\{\ldots\} = \frac{n(R)}{\rho(R)}\left[1-\frac{2M}{R}\right]^{-1/2} = \frac{n}{\rho+P}\,e^{-a}\,\Big|_{\text{Sternradius}}$$

Nun ist aber $\frac{\rho+P}{n}e^{a}$ unabhängig von r . Diese Behauptung ist gleichbedeutend mit $\ln(\rho+P) - \ln n + a$ = const, und also äquivalent zu

$$\frac{\rho'+P'}{\rho+P} - \frac{n'}{n} + a' = 0$$

Aber diese Gleichung ist auf Grund von (2.12) und (8) richtig. □

---

§ 4. Das Innere von Neutronensternen

4.1. Eine grobe Uebersicht

Figur 4.1 zeigt einen Querschnitt durch einen typischen Neutronenstern. Unterhalb einer Atmosphäre von nur einigen Metern *) Dicke befindet sich die äussere Kruste, welche aus einem Gitter von vollständig ionisierten Kernen und einem hochentarteten relativistischen Elektronengas

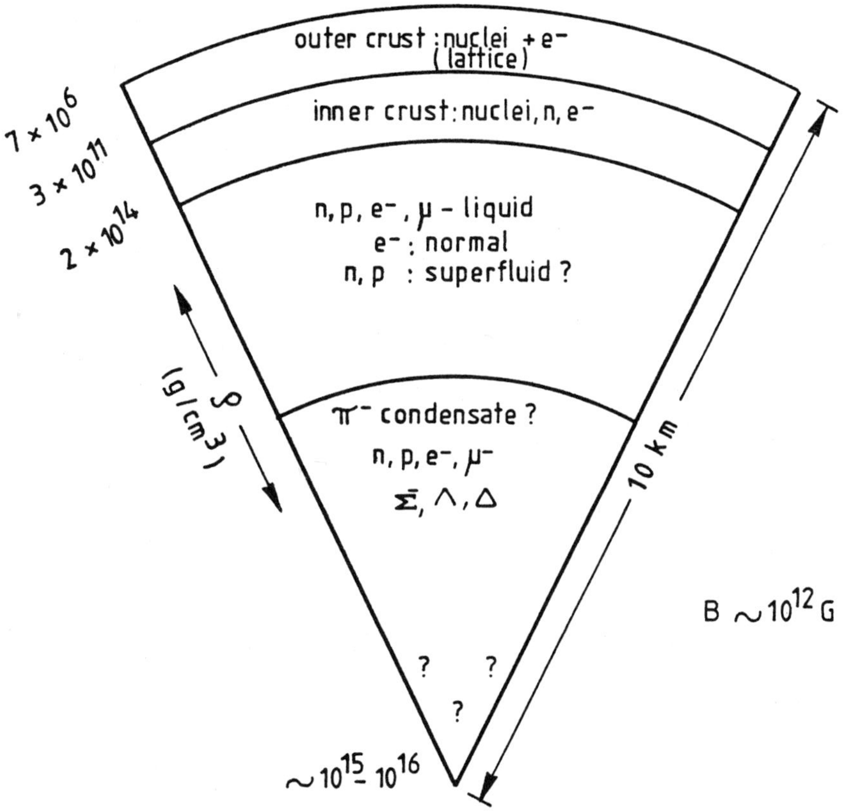

Fig. 4.1. Querschnitt durch einen typischen Neutronenstern.

*) Schätze die Druckskalenhöhe für ein ideales Gas ab !

besteht. In dieser Schicht steigt die Dichte ρ von 7×10^6 g/cm^3 bis auf etwa 3×10^{11} g/cm^3 und ihre Dicke ist typisch ein Kilometer. ("Realistische" Dichteprofile zeigen wir in §5.)

Die innere Kruste beginnt bei $\rho \sim 3 \times 10^{11}$ g/cm^3 und erstreckt sich wieder $\sim$ 1 km, bis eine Massendichte $\rho \sim 2 \times 10^{14}$ g/cm^3 erreicht ist. Sie enthält, neben zunehmend neutronenreichen Kernen (β-Gleichgewicht) und entarteten relativistischen Elektronen, auch ein hochentartetes Neutronengas, welches möglicherweise superfluid ist. (Darauf werden wir in §7 genauer eingehen.)

Die innere Flüssigkeit besteht vor allem aus Neutronen, welche in einem gewissen Dichtebereich möglicherweise superfluid sind, mit einigen Prozent von (supraleitenden ?) Protonen und normalen Elektronen, welche das β-Gleichgewicht aufrecht erhalten (vgl. Abschnitt 4.2).

Der zentrale core, die Region innerhalb weniger km vom Zentrum enthält neben Hyperonen vielleicht auch ein π-Kondensat (vgl. §7) und für die massereichsten Neutronensterne in der Nähe des Zentrums möglicherweise sogar eine Quark-Phase.

4.2. Ideale Mischung von Neutronen, Protonen und Elektronen

Diese kurze Uebersicht zeigt, dass die Physik im Innern von Neutronensternen ausserordentlich komplex ist. Insbesondere ist es sehr schwierig, zuverlässige Zustandsgleichungen zu berechnen.

Um ein grobes Gefühl von den Grössenordnungen zu erhalten, diskutieren wir jetzt eine ideale Mischung von Nukleonen und Elektronen im β-Gleichgewicht.

Energiedichte, Anzahldichte und Druck eines idealen Fermigases bei $T = 0$ sind gegeben durch $(c = 1)$:

$$\rho = \frac{8\pi}{(2\pi\hbar)^3} \int_0^{p_F} \sqrt{p^2+m^2}\; p^2 dp \tag{1}$$

$$n = \frac{8\pi}{(2\pi\hbar)^3} \int_0^{p_F} p^2 dp \tag{2}$$

$$P = \frac{1}{3} \frac{8\pi}{(2\pi\hbar)^3} \int_0^{p_F} \frac{p^2}{\sqrt{p^2+m^2}}\; p^2 dp \tag{3}$$

Die Gleichgewichtsreaktionen

$$e^- + p \longrightarrow n + \nu_e$$
$$n \longrightarrow p + e^- + \bar{\nu}_e$$

erhalten die Baryonzahldichte $n_n + n_p$ und halten die Ladungsneutralität $n_e = n_p$ aufrecht.

Die chemischen Gleichgewichtsbedingungen lauten allgemein

$$\mu_n = \mu_p + \mu_e \tag{4}$$

wobei μ_i (i = n,p,e) die chemischen Potentiale der drei Fermi-Gase sind.

Für ein <u>ideales</u> Gas bei T = 0 gilt

$$\mu = \varepsilon_F = \sqrt{p_F^2 + m^2} = \sqrt{\Lambda^2 n^{2/3} + m^2} \tag{5}$$

wobei

$$\Lambda = (3\pi^2 \hbar^3)^{1/3} \tag{6}$$

Benutzen wir dies in der Gleichgewichtsbedingung (4), so können wir das Verhältnis n_p/n_n als Funktion von n_n bestimmen. Eine kleine Rechnung gibt

$$\frac{n_p}{n_n} = \frac{1}{8}\left\{\frac{1 + \dfrac{2(m_n^2 - m_p^2 - m_e^2)}{\Lambda^2 n_n^{2/3}} + \dfrac{(m_n^2 - m_p^2)^2 - 2m_e^2(m_n^2 + m_p^2) + m_e^4}{\Lambda^4 n_n^{4/3}}}{1 + \dfrac{m_n^2}{\Lambda^2 n_n^{4/3}}}\right\}^{3/2} \tag{7}$$

Es sei $Q = m_n - m_p$. Da $Q, m_e \ll m_n$, können wir den Ausdruck (7) vereinfachen

$$\frac{n_p}{n_n} \simeq \frac{1}{8}\left\{\frac{1 + \dfrac{4Q}{m_n}\left(\dfrac{\rho_0}{m_n n_n}\right)^{2/3} + \dfrac{4(Q^2 - m_e^2)}{m_n^2}\left(\dfrac{\rho_0}{m_n n_n}\right)^{4/3}}{1 + (\rho_0/m_n n_n)^{2/3}}\right\}^{3/2} \tag{8}$$

wo

$$\rho_0 := m_n^4/\Lambda^3 = 6.11 \times 10^{15}\ g/cm^3 \tag{9}$$

Wir berechnen auch den Fermi-Impuls der Elektronen

$$p_{F,e}^2 = \Lambda^2 n_e^{2/3} = \Lambda^2 n_p^{2/3} = m_n^2 \left(\frac{m_n n_n}{\rho_0}\right)^{2/3} \left(\frac{n_p}{n_n}\right)^{2/3}$$

$$= \frac{\frac{m_n^2}{4}\left(\frac{m_n n_n}{\rho_0}\right)^{4/3} + Q m_n \left(\frac{m_n n_n}{\rho_0}\right)^{2/3} + Q^2 - m_e^2}{1 + (m_n n_n/\rho_0)^{2/3}} \tag{10}$$

Aus dieser Gleichung geht hervor, dass $p_{F,e}$ (für $n_n > 0$) grösser ist als der maximale Impuls des Elektrons im β-Zerfall des Neutrons ($p_{max} \simeq \sqrt{Q^2 - m_e^2} = 1.19$ MeV) . Deshalb sind die Neutronen stabil.

Das Proton-Neutron Verhältnis (8) ist gross für kleine n_n und nimmt mit wachsendem n_n ab, bis es den minimalen Wert für

$$\rho \simeq \rho_0 \left[\frac{4(Q^2 - m_e^2)}{m_n^2}\right]^{3/4} = 1.28 \times 10^{-4} \rho_0 \tag{11}$$

erreicht, wo

$$(n_p/n_n)_{min} \simeq \left(\frac{Q + \frac{1}{2}(Q^2 - m_e^2)^{1/2}}{m_n}\right)^{3/2} = 0.002 \tag{12}$$

Danach nimmt n_p/n_n wieder monoton zu und nähert sich dem asymptotischen Wert 1/8.

Als typisches Beispiel erhält man für $\rho \simeq m_n n_n = 0.107\ \rho_0$ die Werte $n_p/n_n = 0.013$ und $p_{F,e} = 105$ MeV/c. Oberhalb dieser Dichte werden die Müonen stabil.

In der Fig. 4.2 ist die gravitative Masse eines Neutronensterns für ein ideales Neutronengas als Funktion der zentralen Dichte aufgetragen (Oppenheimer und Volkoff, 1939).

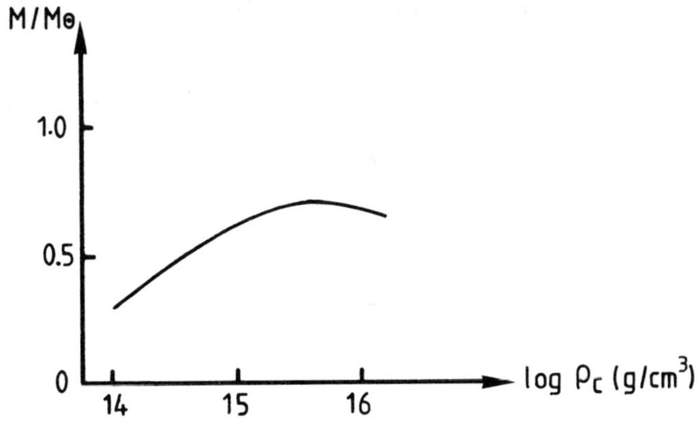

Fig. 4.2. Der Graph $M(\rho_c)$ für ein ideales Neutronengas.

Die maximale Masse ist

$$M_m = 0.71\, M_\odot \tag{13}$$

welche bei der Dichte

$$\rho_m = 4 \times 10^{15}\, g/cm^3 \tag{14}$$

erreicht wird. Der zugehörige Radius ist

$$R_m = 9.6\ km \tag{15}$$

Für $\rho > \rho_m$ wird der Stern nach der Proposition 1 in § 3 unstabil. (Für $\rho \ll \rho_m$ ist der Stern stabil, wie eine Newtonsche Stabilitätsanalyse zeigt; der adiabatische Index ist 5/3, wesentlich oberhalb des kritischen Wertes 4/3.)

* * *

Uebungsaufgabe: In den letzten Jahren hat sich gezeigt, dass Galaxien (und Haufen von Galaxien) wesentlich massereicher sind als man glaubte. Es macht den Anschein, dass ein Grossteil (oder sogar der Hauptteil) der Masse in ausgedehnten Halos von dunkler Materie steckt. Wahrscheinlich handelt es sich dabei um massearme Sterne, deren Leuchtkraft deshalb gering ist. Es ist aber nicht ausgeschlossen, dass die galaktischen Halos aus massiven Neutrinos bestehen. Für eine Neutrinomasse $m_\nu \sim 10\,\mathrm{eV}$ gibt es zur Zeit experimentelle (Tritium-Zerfall) und theoretische Gründe, welche allerdings noch nicht überzeugend sind. Möglicherweise gibt es aber Neutrinosterne.

Man zeige, dass die Massen und Radien entarteter Neutrinosterne durch Multiplikation mit $(m_n/m_\nu)^2$ aus den entsprechenden Grössen für Neutronensterne erhalten werden. Dies zeigt, dass man für $m_\nu \sim 10$ eV leicht die nötigen galaktischen Halos mit Neutrinos machen kann.

* * *

§ 5. Modelle für Neutronensterne

Für realistische Modelle von Neutronensternen (Masse-Radius Beziehung, Dichteprofile, etc.) benötigen wir eine zuverlässige Zustandsgleichung durch alle in Abschnitt 4.1 skizzierten Schichten. Mit wachsender Dichte stellt dies ein zunehmend schwierigeres Problem dar. In der Nähe von Kerndichten und darüber wird nicht nur das Vielkörperproblem sehr anspruchsvoll, sondern wir stossen auch auf prinzipielle Schwierigkeiten, da nicht klar ist, wie die hadronischen Wechselwirkungen zu beschreiben sind.

Es ist hier nicht der Ort, die zahlreichen verschiedenartigen Anstrengungen zu beschreiben, welche in der Vergangenheit zur Beschaffung einer realistischen Zustandsgleichungen unternommen wurden. Ich begnüge mich mit einem Hinweis auf die Uebersichtsartikel [33] und [34], und auf die darin zitierten Arbeiten.

Fig. 5.1 zeigt als Illustration einige "realistische" Zustandsgleichungen oberhalb Kerndichten. Zum Vergleich ist auch die Zustandsgleichung (H) für ein ideales entartetes Neutronengas aufgetragen. Wie man sieht, weichen die verschiedenen Zustandsgleichungen erheblich voneinander ab, was als Mass für den Grad der Unsicherheit angesehen werden kann.

In Fig. 5.2 sind die gravitativen Massen als Funktion der zentralen Dichte ρ_c für die verschiedenen Zustandsgleichungen von Fig. 5.1 wiedergegeben. Wieder stellen nur die aufsteigenden Aeste stabile Konfigurationen dar. Die maximale Masse ist in allen Fällen kleiner als 2.5 $M_\odot$. (Siehe auch die Ergebnisse in [36])

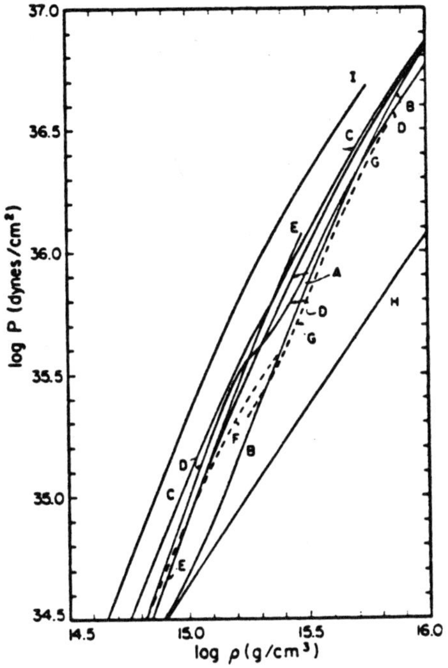

Fig. 5.1. Verschiedene "realistische" Zustandsgleichungen oberhalb Kerndichten (aus [35]).

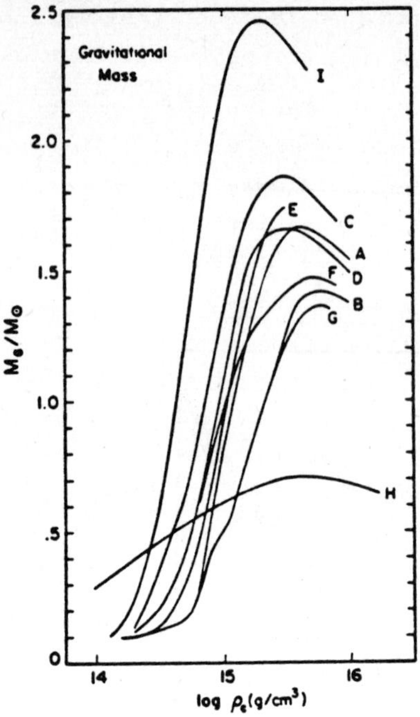

Fig. 5.2. Gravitative Masse als Funktion der zentralen Dichte für die Zustandsgleichungen von Fig. 5.1 (aus [35]).

In Fig. 5.3 sind typische Dichteprofile gezeigt.

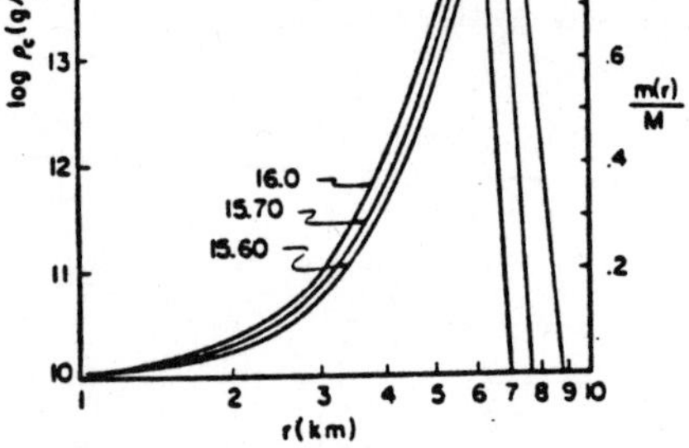

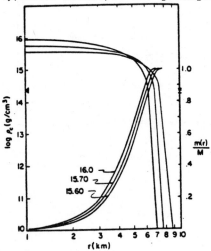

Fig. 5.3. Dichteprofile (linke Skala) und Massenbruchteil (rechte Skala) als Funktion des Abstandes vom Zentrum für die Zustandsgleichung B in Fig. 5.1 (aus [35]).

Interessant ist auch der Unterschied in den Ergebnissen zwischen Newtonscher Theorie und ART. Dieser wird in Fig. 5.4 für eine der Zustandsgleichungen gezeigt.

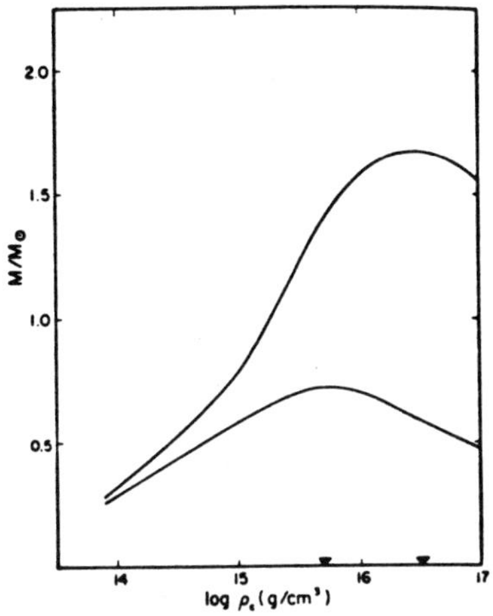

Fig. 5.4. Newtonsche Gravitation versus ART (aus [35]).

§6. Schranken für die Masse von nichtrotierenden Neutronensternen

Der Wert der maximal möglichen Masse, M_{max}, eines nichtrotierenden Neutronensterns ist zumindest in zweierlei Hinsicht sehr interessant. Zunächst ist er von evolutiver Bedeutung. Wäre z.B. M_{max} relativ klein ($\simeq$ 1.5 $M_\odot$), dann könnten schwarze Löcher beim core-Kollaps von massiven Sternen häufig gebildet werden (vgl. die Einleitung zu diesem Kapitel). Seine Grösse spielt aber auch eine zentrale Rolle für den astronomischen Nachweis von schwarzen Löchern. Wenn es gelingt, ein sehr kompaktes Objekt zu finden, von dem man überzeugend nachweisen kann, dass es nicht allzuschnell rotiert und dass seine Masse sicher grösser als M_{max} ist, dann hat man einen ernsthaften Kandidaten für ein schwarzes Loch gefunden. Argumente dieser Art werden bei der Identifikation der Röntgenquelle Cygnus X-1 mit einem schwarzen Loch benutzt. (Dies werden wir in Kapitel VIII diskutieren.)

In Anbetracht der grossen Unsicherheiten der Zustandsgleichung bei hohhen Dichten ist es sehr wichtig, zuverlässige Schranken für M_{max} zu finden. Solche werden wir in diesem Kapitel herleiten. (Siehe auch [28].) Dabei nehmen wir an, dass die Zustandsgleichung unterhalb einer gewissen Dichte ρ_0 (welche vom Fortschritt der Physik abhängt) einigermassen bekannt ist; für $\rho > \rho_0$ sollen hingegen nur sehr allgemeine Bedingungen erfüllt sein.

6.1. Grundlegende Annahmen

Für die Materie innerhalb von nichtrotierenden Neutronensternen machen wir die folgenden minimalen Annahmen

(M 1) Der Energie-Impuls-Tensor wird durch die Energie-Massendichte und einen isotropen Druck p beschrieben, welcher einer Zustandsgleichung $p(\rho)$ genügt (vgl. (2.3)). (Spannungen, welche sich z.B. durch die Verlangsamung der Rotation aufgebaut haben, werden vernachlässigt.)

(M 2) Die Dichte ρ ist positiv

$$\rho \geq 0$$

(M 3) Die Materie ist mikroskopisch stabil,

$$\frac{dp}{d\rho} \geq 0$$

Da der Druck bei kleinen Dichten sicher positiv ist, folgt aus (M3):

$$p \geq 0 \tag{1}$$

(M 4) Die Zustandsgleichung ist bekannt für $\rho \leq \rho_0$.

Für ρ_0 dürfen wir einen Wert wählen, welcher nicht wesentlich unterhalb von Kerndichten ist.

Manche Autoren nehmen auch $dp/d\rho \leq 1$ an, da $(dp/d\rho)^{1/2}$ die Phasengeschwindigkeit von Schallwellen ist. Die Materie in Neutronensternen ist aber dispersiv und absorptiv und deshalb ist $(dp/d\rho)^{\frac{1}{2}}$ keine Signalgeschwindigkeit. Die Kausalität verlangt also nicht, dass $dp/d\rho \leq 1$ ist. Auf der andern Seite erfüllen aber die meisten "realistischen" Zustandsgleichungen diese Ungleichung. Obschon wir diese "Kausalitätsannahme" nicht machen, werden wir gelegentlich die Implikationen dieser zusätzlichen Einschränkung angeben.

Die grundlegenden Gleichungen von § 2, auf denen die folgenden Deduktionen beruhen, wollen wir nochmals aufschreiben (G = c = 1).

Metrik:

$$g = e^{2a(r)} dt^2 - \frac{dr^2}{1-2m(r)/r} - r^2(d\vartheta^2 + \sin^2\vartheta\, d\varphi^2) \tag{2}$$

Strukturgleichungen:

$$-\frac{dp}{dr} = (\varrho + p)\, \frac{m + 4\pi r^3 p}{r^2(1-2m/r)} \tag{3a}$$

$$\frac{dm}{dr} = 4\pi r^2 \varrho \tag{3b}$$

$$\frac{da}{dr} = \frac{m + 4\pi r^3 p}{r^2(1-2m/r)} \tag{3c}$$

Randbedingungen (ϱ_c: zentrale Dichte) :

$$p(r=0) = p(\varrho_c) =: p_c \tag{4a}$$

$$m(0) = 0 \tag{4b}$$

$$e^{a(R)} = 1 - 2M/R \tag{4c}$$

wobei R der Sternradius ist (wo der Druck verschwindet) und M:= m(R) die gravitative Masse des Sterns bezeichnet.

Ein Blick auf (3a) führt zur Erwartung

$$2m(r)/r < 1 \tag{5}$$

Dies lässt sich wie folgt begründen. Ausgehend vom Zentrum des Sterns sei r_* die erste Stelle, wo $2m(r_*) = 1$ wird. In der Nähe von r_* wird aus der TOV-Gleichung (3a)

$$\frac{1}{\varrho + p} \cdot \frac{dp}{dr} = \frac{1}{2(r_* - r)}\, \frac{1 + 8\pi r_*^2 p(r_*)}{1 - 8\pi r_*^2 \varrho(r_*)} + O(1) \tag{*}$$

Die linke Seite dieser Gleichung ist die logarithmische Ableitung der relativistischen E thalpie η , definiert durch

$$\eta = \frac{\rho + p}{n} \qquad (6)$$

wo n Baryonzahldichte ist. Dies folgt sofort aus dem 1. Hauptsatz der Thermodynamik

$$d\rho/dn = (\rho + p)/n \qquad (7)$$

Wenn wir also die Gl.(*) integrieren und benutzen, dass die rechte Seite negativ ist, so erhalten wir $\eta(r_*) = 0$. Ein Blick auf Gl.(6) zeigt aber, dass dies für eine realistische Zustandsgleichung nicht möglich ist.

Aus unseren Annahmen können wir auch schliessen, dass die Dichte nach aussen nicht zunimmt. Tatsächlich gilt nach (3a)

$$\frac{d\rho}{dr} = \frac{d\rho}{dp}\frac{dp}{dr} = -\left(\frac{dp}{d\rho}\right)^{-1}(\rho + p)\frac{m + 4\pi r^3 p}{r^2(1 - 2m/r)}$$

Die Grössen ρ , p, $dp/d\rho$ sind nach (M2) und (M3) positiv und die Positivität des letzten Faktors folgt aus (5) und

$$m(r) = \int_0^r \rho\, 4\pi r^2 dr \qquad (8)$$

Dies zeigt $d\rho/dr \leq 0$.

Damit können wir den Stern in zwei Teile zerlegen:
Die <u>Hülle</u> ist der Teil, wo $\rho < \rho_0$ $(r > r_0)$ und also die Zustandsgleichung bekannt ist. Den inneren Bereich $\rho > \rho_0$ $(r < r_0)$ nennen wir den <u>Kern</u>. Dort werden nur die allgemeinen Einschränkungen (M1)-(M4) vorausgesetzt.
Die Masse M_0 des Kerns ist

$$M_0 = \int_0^{r_0} \rho\, 4\pi r^2 dr \qquad (9)$$

Wenn M_0 spezifiziert ist, können die Strukturgleichungen (3a) und (3b) von r_0 an nach aussen integriert werden. Die zugehörigen Anfangsbedingungen sind: $p(r_0) = p(\rho_0) =: p_0$, $m(r_0) = M_0$. Die totale Masse, M, des Sterns ist

$$M = M_0 + M_{\text{Hülle}}(r_0, M_0) \qquad (10)$$

Die Masse der Hülle, $M_{Hülle}$, können wir als bekannte Funktion von r_o und M_o ansehen (da in der Hülle die Zustandsgleichung bekannt ist).

Die folgende Strategie führt zu Schranken für M : (1) Bestimme den Wertebereich für (M_o, r_o) , welcher auf Grund der Annahmen (M1) - (M4) erlaubt ist. (Diesen Bereich der möglichen Kerne werden wir das <u>erlaubte Gebiet</u> in der (r_o, M_o) - Ebene nennen.) (2) Suche das Maximum der Funktion M in Gl.(10) über dem erlaubten Bereich der Variablen r_o und M_o .

6.2. Einfache Schranken für die erlaubten Kerne

Eine einfache, aber nicht optimale Schranke für das erlaubte Gebiet erhält man wie folgt. Gl.(5) gibt für $r = r_o$

$$M_0 < \frac{1}{2} r_0 \tag{11}$$

und eine nach aussen nicht zunehmende Dichte hat die Ungleichung

$$M_0 \geqslant \frac{4\pi}{3} r_0^3 \rho_0 \tag{12}$$

zur Folge. Diese beiden Ungleichungen führen auf folgende Schranken

$$M_0 < \frac{1}{2}\left(\frac{3}{8\pi\rho_0}\right)^{1/2} \quad , \quad r_0 < \left(\frac{3}{8\pi\rho_0}\right)^{1/2} \tag{13}$$

Das folgende numerische Beispiel zeigt, dass diese nicht uninteressant sind: Für $\rho_0 = 5 \times 10^{14}$ g/cm^3 gibt (13) $M_o \lesssim 6\ M_\odot$, $r_o < 18$ km .

6.3. Der erlaubte Bereich der Kerne

Um den erlaubten Bereich der Kerne genau zu bestimmen, studieren wir jetzt die Grösse

$$\Sigma(r) = e^{Q(r)} \tag{14}$$

welche überall positiv und endlich ist; $\Sigma(r)$ kann nur im Zentrum im Grenzfall verschwinden, wenn dort der Druck unendlich gross wird. Dies folgt aus Gl.(3c), welche ohne Divergenzen von der Oberfläche nach innen mit der Randbedingung (4c) integriert werden kann.

Aus den Strukturgleichungen (3a) - (3c) kann man die folgende Differentialgleichung gewinnen, welche $\zeta(r)$ und m(r) miteinander verknüpft:

$$(1-2m/r)^{1/2}\frac{1}{r}\frac{d}{dr}\left[\left(1-\frac{2m}{r}\right)^{1/2}\frac{1}{r}\frac{d\zeta}{dr}\right]=\frac{\zeta}{r}\frac{d}{dr}\left(\frac{m}{r^3}\right) \tag{15}$$

(Die Richtigkeit dieser Gleichung kann leicht verifiziert werden.) Da ρ nach aussen nicht zunimmt, nimmt auch die mittlere Dichte mit r nicht zu. Deshalb ist die rechte Seite von (15) nicht positiv. Mit Hilfe der neuen unabhängigen Variablen

$$\xi=\int_0^r dr\, r\,(1-2m/r)^{-1/2} \tag{16}$$

lässt sich die resultierende Ungleichung sehr einfach schreiben:

$$d^2\zeta/d\xi^2 \leq 0 \tag{17}$$

Mit dem Mittelwertsatz schliessen wir auf

$$\frac{d\zeta}{d\xi} \leq \frac{\zeta(\xi)-\zeta(0)}{\xi} \tag{18}$$

Diese Ungleichung ist optimal, da das Gleichheitszeichen für einen Stern mit konstanter Dichte gilt (Uebungsaufgabe). Wegen $\zeta(0)\geq 0$ ist

$$\frac{1}{\zeta}\frac{d\zeta}{d\xi} \leq \frac{1}{\xi} \tag{19}$$

Das Gleichheitszeichen wird für einen Stern konstanter Dichte angenommen, wenn der Druck im Zentrum divergiert.

Durch a(r) und r ausgedrückt, lautet die Ungleichung (19):

$$\left(1-\frac{2m}{r}\right)^{1/2}\frac{1}{r}\frac{da}{dr} \leq \left[\int_0^r dr\, r\left(1-\frac{2m}{r}\right)^{-1/2}\right]^{-1} \tag{20}$$

Darin schätzen wir die rechte Seite optimal ab. Da m/r^3 nach aussen nicht zunimmt, so ist $2\frac{m(r')}{r'}\geq\frac{2m(r)}{r}\left(\frac{r'}{r}\right)^2$ für alle $r'\leq r$ und deshalb gilt

$$\int_0^r dr'\, r' \left(1-\frac{2m(r')}{r'}\right)^{-1/2} \geq \int_0^r dr'\, r' \left(1-\frac{2m(r)}{r^3}\, r'^2\right)^{-1/2}$$

$$= \frac{r^3}{2\, m(r)} \left[1-\left(1-\frac{2m(r)}{r}\right)^{1/2}\right] \tag{21}$$

Das Gleichheitszeichen gilt wieder für einen Stern von uniformer Dichte.

Benutzen wir noch für die linke Seite von (20) die Strukturgleichung (3c), so folgt

$$\frac{m+4\pi r^3 p}{r^3(1-2m/r)^{1/2}} \leq \frac{2m(r)}{r^3} \left[1-\left(1-\frac{2m(r)}{r}\right)^{1/2}\right]^{-1}$$

Dies gibt die folgende Schranke für $m(r)/r$:

$$\frac{m(r)}{r} \leq \frac{2}{9}\left\{1-6\pi r^2 p(r) + \left[1+6\pi r^2 p(r)\right]^{1/2}\right\} \tag{22}$$

Wir wissen, dass das Gleichheitszeichen für einen Stern mit uniformer Dichte und unendlichem zentralem Druck gilt.

Eine erste interessante Konsequenz von Gl.(22) ergibt sich für $r = R$ $(p(R) = 0)$:

$$2M/R \leq 8/9 \tag{23}$$

Für die Oberflächen-Rotverschiebung bedeutet dies

$$\boxed{z_{\text{Oberfläche}} \leq 2} \tag{24}$$

Am Rande des Kerns ausgewertet gibt Gl.(22)

$$\boxed{M_0 \leq \frac{2}{9} r_0 \left[1-6\pi r_0^2 p_0 + (1+6\pi r_0^2 p_0)^{1/2}\right]} \tag{25}$$

Dies stellt die optimale Verbesserung von (11) dar. Die Ungleichung (12), d.h.

$$M_0 \geq \frac{4\pi}{3} r_0^3 \rho_0 \tag{26}$$

ist natürlich bereits optimal. Die beiden Bedingungen (25) und (26) bestimmen das erlaubte Gebiet in der (r_o, M_o) - Ebene für Kerne, welche (M1) - (M4) erfüllen.

Dieses wird in Fig. 6.1 dargestellt.

Der Kern mit der grössten Masse ergibt sich für die steifste Zustandsgleichung, d.h. für inkompressible Materie mit konstanter Dichte ρ . Sogar dann ist die Masse des Kerns ($\rho \leq \rho_o$) beschränkt.

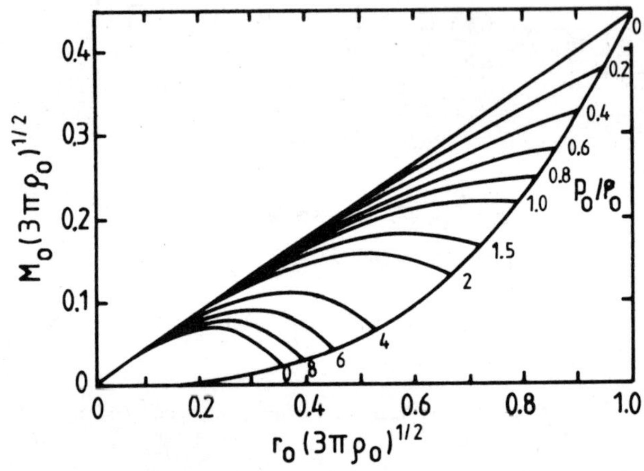

Fig. 6.1. Das erlaubte Gebiet für die Kerne in der (r_o, M_o)-Ebene. Die untere Kurve wird durch Gl.(26) und die obere durch Gl.(25) für $p_o = 0$ bestimmt.

Solange ρ_o nicht wesentlich grösser ist als die Kerndichte, so ist sicher $p_o \ll \rho_o$ (vgl. §5) und deshalb gilt mit guter Genauigkeit

$$M_o < \frac{4}{9}\left(\frac{1}{3\pi\rho_o}\right)^{1/2} \quad , \quad r_o < \left(\frac{1}{3\pi\rho_o}\right)^{1/2} \tag{27}$$

(Man vergleiche dies mit der groben Schranke (13).)

6.4. Obere Schranke für die gesamte gravitative Masse

Als Illustration wählen wir $\rho_0 = 5.1 \times 10^{14}$ g/cm^3 und verwenden eine Zustandsgleichung, welche auf Baym, Bethe, Pethick und Sutherland (BBPS) zurückgeht (siehe [37]). Für diese ist $p_0 = 7.4 \times 10^{33}$ dyn/cm^3, und also $p_0/\rho_0 = 0.016 \ll 1$. (Es sei daran erinnert, dass die Kerndichte $\rho_{Kern} = 2.8 \times 10^{14}$ g/cm^3 ist.) Das erlaubte Gebiet, welches diesen Werten von ρ_0 und p_0 entspricht, ist in Fig. 6.2 dargestellt. Gleichzeitig sind Niveaulinien konstanter Gesamtmasse angegeben. (Diese ist nach (10) eine Funktion von M_0 und r_0.) Die optimale obere Schranke ist 5 $M_\odot$. (Würde man zusätzlich $dp/d\rho \ll 1$ verlangen, so

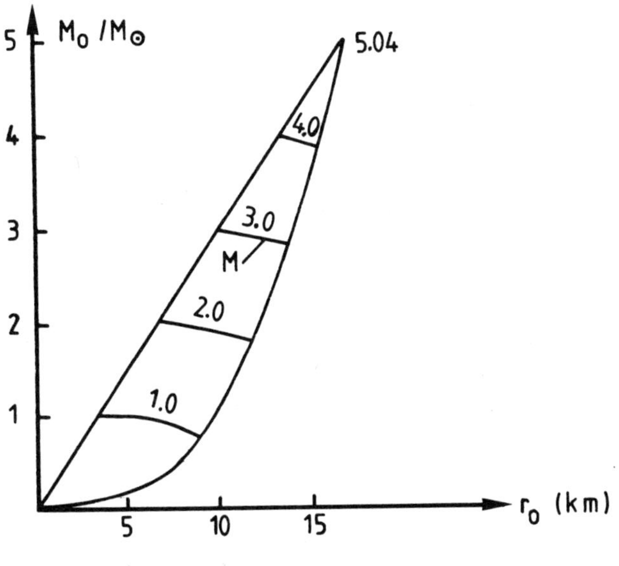

Fig. 6.2. Die Funktion $M(r_0, M_0)$ für die BBPS Zustandsgleichung und $\rho_0 = 5 \times 10^{14}$ g/cm^3. Das erlaubte Gebiet ist ebenfalls gezeigt. Die optimale Schranke ist 5 $M_\odot$ (nach [28]).

würde man stattdessen 3 $M_\odot$ erhalten. Dies erklärt auch, warum für "realistische" Zustandsgleichungen 3 $M_\odot$ eine obere Grenze darstellen.)

Die Rechnung zeigt, dass der Beitrag von der Hülle zur Massenschranke weniger als 1 % beträgt. Man beachte auch, dass die Schranke beim maximal möglichen Wert der Masse des Kerns auftritt. Man kann zeigen (siehe

[28]), dass dies wahr ist, solange $p_0 \ll \rho_0$ ist. In sehr guter Näherung erhalten wir deshalb aus (27)

$$M \leq \frac{4}{9}\left(\frac{1}{3\pi\rho_0}\right)^{1/2} \tag{28}$$

oder

$$M \leq 6.8 \left(\frac{\rho_{Kern}}{\rho_0}\right)^{1/2} M_\odot \tag{29}$$

(Unter der zusätzlichen "Kausalitätsannahme" $\frac{dp}{d\rho} \leq 1$ würde der Faktor 6.8 durch 4.0 ersetzt.)

§ 7. Kühlung von Neutronensternen

7.1. Einleitung

Wenn der zentrale Eisen-Nickel Kern ($M_{core} \simeq 1.5\ M_\odot$) eines massereichen Sterns instabil wird und auf Kerndichten kollabiert, werden etwa 10 % seiner Ruheenergie, d.h. $\simeq 10^{53}$ erg freigesetzt. Ein Grossteil dieser Energie wird in kurzer Zeit durch Neutrinos abgestrahlt. *)

*) Beim Kollaps werden die Neutrinos anfänglich vor allem durch Elektroneneinfang gebildet. Sehr bald wird die mittlere freie Weglänge der Neutrinos aber so kurz, dass diese beim weiteren Kollaps gefangen bleiben, und es entsteht ein stark entartetes Neutrinogas. Dieses diffundiert anschliessend in Sekunden aus dem core und gibt Anlass zu einem gigantischen Neutrinopuls. Ein weiterer Teil der Energie wird durch Schockerhitzung in Wärme verwandelt, wobei die Temperatur auf ~ 10 MeV ansteigt. Auch ein Grossteil dieser Energie wird durch Paarannihilationsprozesse (wie $e^- + e^+ \rightarrow \nu + \bar{\nu}$, $\gamma + e \rightarrow e + \nu + \bar{\nu}$) in Form von Neutrinos, in weniger als einer Minute abgestrahlt.-

(Vgl. z.B. [38], sowie die dort zitierten Arbeiten.) Die Innentemperatur des Neutronensterns sinkt deshalb in kurzer Zeit von $\sim$ 10 MeV auf $\sim$ 1 MeV. Dann ist die Materie praktisch in ihrem Grundzustand. (Die Fermienergien der Neutronen, Protonen und Elektronen sind sehr viel grösser.) Die Neutrinoemission dominiert die weitere Kühlung des Neutronensterns, bis die Innentemperatur auf etwa 10^8K (mit einer zugehörigen Oberflächentemperatur von $\sim 10^6$K) gesunken ist. Danach beginnt auch die Photonenemission eine Rolle zu spielen.

Wir werden sehen, dass die Kühlungskurven (Oberflächentemperatur als Funktion der Zeit) von verschiedenen interessanten Aspekten der Physik der Neutronensterne abhängen. Besonders wichtig sind die Zustandsgleichung bei hohen Dichten, sowie die mögliche Existenz eines Pion-Kondensats in der zentralen Region des Neutronensterns. Aber auch Magnetfelder und eine eventuelle Superfluidität der Nukleonen sind von einer gewissen Bedeutung.

Beobachtungen des Krebs-Pulsars während Mondverdunkelungen haben gezeigt, dass die effektive Oberflächentemperatur, T_s , kleiner ist als 3.0×10^6K. Da das Alter des Krebs-Pulsars bekannt ist, liefert diese obere Limite eine wichtige Einschränkung für Neutronenstern-Modelle.

Mit Hilfe des Einstein-Observatoriums ist es gelungen, auch obere Grenzen für die Temperatur der thermischen Emission von mutmasslichen Neutronensternen in jungen Supernova-Ueberresten zu bestimmen. Die Schranken in Tabelle 1 sind aus [39] entnommen.

Tabelle 1

(mutmassliche) Neutronensterne in historischen Supernova-Ueberresten

Name	Alter (Jahre)	Distanz (kpc)	T (10^6K)
Cas A	300	2.8	<1.5
Kepler	376	8.0	<2.1
Tycho	408	3.0	<1.8
Krebs	926	2.0	<3.0
SN 1006	974	1.0	<1.0

In der Nähe des Zentrums des Ueberrestes jeder historischen Supernova würde man eigentlich einen Pulsar erwarten. Es ist überraschend, dass dies nur beim Krebs-Nebel so ist. Aus den Beobachtungen müssen wir schliessen, dass entweder in den andern Supernova Explosionen keine Neutronensterne *) gebildet wurden, oder dass diese sich so schnell abgekühlt haben, dass ihre gegenwärtigen Temperaturen unterhalb der angegebenen Grenzen liegen. (Es sei noch darauf hingewiesen, dass diese Grenzen auf Grund von interstellarer Röntgenabsorption eine Unsicherheit von etwa 50 % haben.)

Zur Bestimmung der Kühlungskurve benötigen wir die gesamte innere Energie des Sterns und die totale Leuchtkraft, beide als Funktionen der inneren Temperatur. Ferner müssen wir die Beziehung zwischen Innentemperatur und Oberflächentemperatur kennen.

7.2. Thermische Eigenschaften von Neutronensternen

A. Grundgleichungen

In der nichtrelativistischen Theorie lautet die Gleichung für das thermische Gleichgewicht (Energie-Bilanz)

$$\frac{dL}{dr} = -4\pi r^2 n T \frac{ds}{dt}$$

Darin ist die totale Luminosität L die Summe der Neutrinoluminosität, L_ν, und der Beiträge, L_γ, von Strahlung und Wärmeleitung. T ist die lokale Temperatur, n die Baryonzahldichte und s bezeichnet die spezifische Entropie pro Baryon.

Die relativistische Verallgemeinerung dieser Gleichung schreibt sich wie folgt

$$\frac{d}{dr}\left(L e^{2\Phi}\right) = -\frac{4\pi r^2}{(1-2GM/rc^2)^{1/2}} n e^{\Phi} T \frac{ds}{dt} \tag{1}$$

*) Ein Neutronenstern wird nicht als Pulsar in Erscheinung treten, wenn die gerichtete Strahlung nicht unsere Richtung überstreicht oder wenn das Magnetfeld (oder die Rotation) zu klein ist.

Dabei haben wir den metrischen Koeffizienten von dt^2 mit $e^{2\Phi}$ (statt e^{2a} in (6.2)) bezeichnet. (Eine einfache Herleitung der Gl.(1) findet man in [32], § 3.2.5.) Der Gradient der Neutrinoluminosität ist gegeben durch

$$\frac{d}{dr}\left(L_\nu e^{2\Phi}\right) = \frac{4\pi r^2}{(1-2GM/rc^2)^{1/2}}\, n e^{2\Phi} q_\nu \tag{2}$$

wobei q_ν die Neutrinoemissivität pro Baryon ist.
Für thermische Neutrinoenergien $\lesssim$ 1 MeV ist die mittlere freie Weglänge der Neutrinos wesentlich grösser als der Sternradius (vgl. Abschnitt 7.3). Deshalb wird der Temperaturgradient innerhalb des Sterns durch den Energiefluss L_γ von Strahlung und Wärmeleitung bestimmt. Die bekannte nichtrelativistische Gleichung für den thermischen Energietransport lautet (konsultiere ein Buch über Astrophysik, z.B. [40]):

$$\frac{dT}{dr} = \frac{-3\kappa\rho}{4acT^3}\,\frac{L_\gamma}{4\pi r^2}$$

wobei κ die totale Opazität ist: $\kappa^{-1} = \kappa^{-1}_{\text{Strahlung}} + \kappa^{-1}_{\text{Wärmel.}}$;

a bezeichnet die Stephan-Boltzmann Konstante. Die relativistische Verallgemeinerung lautet (vgl. [32], § 3.2.7):

$$\frac{d}{dr}\left(T e^{\Phi}\right) = \frac{-3\kappa\rho}{4acT^3}\,\frac{L_\gamma e^{\Phi}}{4\pi r^2 (1-2GM/rc^2)^{1/2}} \tag{3}$$

Die entartete Materie im Innern von Neutronensternen hat eine sehr hohe Leitfähigkeit und deshalb führt Gl.(3) auf Te^{Φ} = const., ausser für eine dünne Hülle (von einigen Metern Dicke). (Die Konstanz von Te^{Φ} folgt auch sehr einfach aus der Formel für die gravitative Rotverschiebung.) Der allgemein relativistische Faktor e^{Φ} ist potentiell wichtig, da die Neutrinoemissivitäten eine starke Temperaturabhängigkeit ($\propto T^n$, n = 6,8; siehe Abschnitt 7.3) haben.

Bei bekannten "Materialgrössen" bestimmen die Gl.(1) - (3) die Beziehung zwischen der Oberflächentemperatur T_s und $T' := Te^{\Phi}$ im Innern, wenn wir noch die photosphärische Randbedingung (siehe [32], § 3.3)

$$P_s = \frac{2}{3}\,\frac{GM}{R^2 e^{\Phi_s}}\,\frac{1}{\kappa_s(P_s,T_s)}$$
$$L_{\gamma,s} = 4\pi R^2 \sigma T_s^4 \tag{4}$$

verlangen. Es ist vielleicht noch wichtig darauf hinzuweisen, dass sich die hydrostatischen Strukturgleichungen von den thermischen Gleichungen (1) - (3) praktisch vollständig entkoppeln, da die Zustandsgleichung bei $T = 0$ verwendet werden darf.

B. Beziehung zwischen Oberflächen- und Innentemperatur

Fig. 7.1 zeigt ein typisches Temperaturprofil für einen Neutronenstern mit $M = 1.25\ M_{\odot}$. Dieses stammt aus der Arbeit [41]. (Darin werden auch die verwendeten Opazitäten und die Zustandsgleichung diskutiert.)

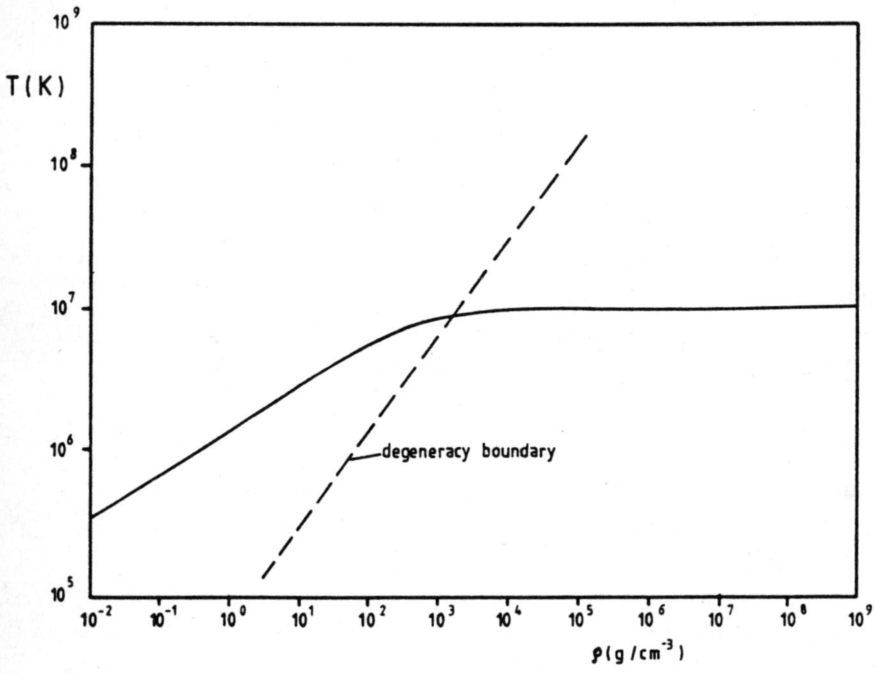

Fig. 7.1. Ein typisches Profil in der (ϱ, T)-Ebene für $M = 1.25\ M_{\odot}$, eine steife Zustandsgleichung (PPS) und Magnetfeld $B = 0$. Die Oberflächentemperatur ist $10^{5.5}$ K . (Adaptiert von [41].)

In Fig. 7.2 zeigen wir die Beziehung zwischen der Oberflächentemperatur T_s und der Innentemperatur an der Grenze zwischen core und Hülle für zwei Zustandsgleichungen und die Magnetfelder $B = 0$, 10^{12} G . Die durch die Magnetfelder verursachten Effekte auf die Opazität sind nur sehr grob in Rechnung gestellt.

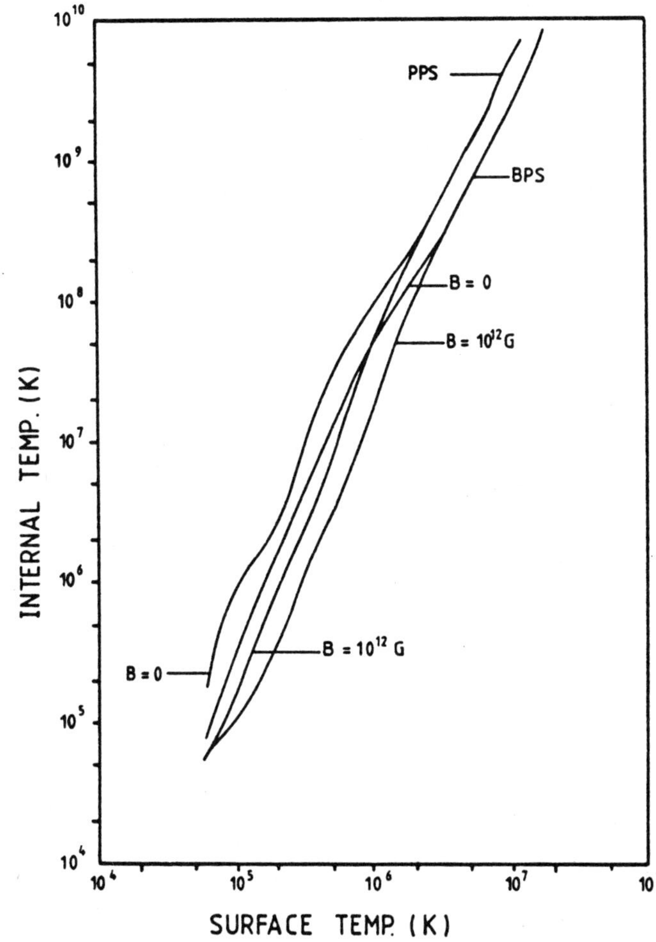

Fig. 7.2. Beziehung zwischen Oberflächentemperatur und der Innentemperatur am Rand des cores für $M = 1.25\ M_\odot$ und zwei Zustandsgleichungen (BPS) und (PPS) und $B = 0, 10^{12}$ G. BPS ist eine relativ weiche und PPS eine ziemlich steife Zustandsgleichung. (Adaptiert von Ref. [41].)

C. Spezifische Wärmen

Ohne Superfluidität dominiert die innere Energie der Neutronen. Nach der Landauschen Theorie der (normalen) Fermi-Flüssigkeiten ist die spezifische Wärme der stark entarteten Fermionen durch das Gesetz des idealen Gases gegeben, wenn darin die Masse durch die effektive Masse m* der Quasiteilchen ersetzt wird:

$$C(T) = \frac{\pi^2}{3} \frac{k_B^2 T}{n} \mathcal{D}(\varepsilon_F) \qquad (5)$$

Dabei ist $\mathcal{D}(\varepsilon_F)$ die Zustandsdichte an der Fermi Grenze:

$$\mathcal{D}(\varepsilon_F) = 3n \cdot \frac{\varepsilon_F}{p_F^2} = \begin{cases} \dfrac{3nm^*}{p_F^2} & \text{(nichtrelativistisch)} \\ \dfrac{3n}{\varepsilon_F} & \text{(extrem relativistisch)} \end{cases} \qquad (6)$$

Für $\rho \gg 10^6\ \mathrm{g/cm^3}$ sind die Elektronen immer extrem relativistisch, aber die Nukleonen bleiben nichtrelativistisch. Der Fermiimpuls der Neutronen ist durch ihre Anzahldichte bestimmt, welche ihrerseits durch die Zustandsgleichung gegeben ist. *) Der Fermiimpuls der Protonen (oberhalb $\rho \sim 10^{14}\ \mathrm{g/cm^3}$, wo die Kerne dissoziiert sind) wird durch die Bedingung des β-Gleichgewichts bestimmt (vgl. Abschnitt 4.2).

*) Aus der Thermodynamik folgt

$$T ds = 0 = d(\rho/n) + P\, d(1/n)$$

d.h.

$$\frac{d\rho}{dn} = \frac{P+\rho}{n}, \quad \frac{d\ln\rho}{d\ln n} = \frac{P+\rho}{\rho}$$

Wenn wir $\rho(n)$ kennen, so sind $P(n)$ und damit $P(\rho)$ bestimmt.

Grobe Werte sind (berechne diese für ein ideales Gemisch):

$$p_F(n) \simeq (340\ \mathrm{MeV}/c)\cdot(\rho/\rho_0)^{1/3}$$
$$p_F(p) = p_F(e) \simeq (85\ \mathrm{MeV}/c)\cdot(\rho/\rho_0)^{2/3} \qquad (7)$$

Von jetzt an bezeichnet ρ_0 immer die Dichte von Kernmaterie: $\rho_0 = 2.8 \times 10^{14}\ \mathrm{g/cm^3}$. Die Landau-Parameter m_n^* und m_p^* können im Prinzip mikroskopisch berechnet werden, aber ihre numerischen Werte sind sehr unsicher. In den numerischen Ergebnissen von [41] wird $m_p^*/m_p = 1$ und

$$\frac{m_n^*}{m_n} = \mathrm{Min}\left[1,\ 0.885\left(\frac{\rho}{\rho_0}\right)^{-0.032},\ 0.815\left(\frac{\rho}{\rho_0}\right)^{-0.135}\right] \qquad (8)$$

verwendet.

Wenn die Nukleonen superfluid sind, so ändert sich die spezifische Wärme unterhalb der Uebergangstemperatur T_c. (Für $T \ll T_c$ fällt sie wie $e^{-\Delta_0/kT}$, wobei Δ_0 die Energielücke bei $T = 0$ ist.) Diese, aus der Supraleitung bekannte Aenderung wird in Fig. 7.3 gezeigt.

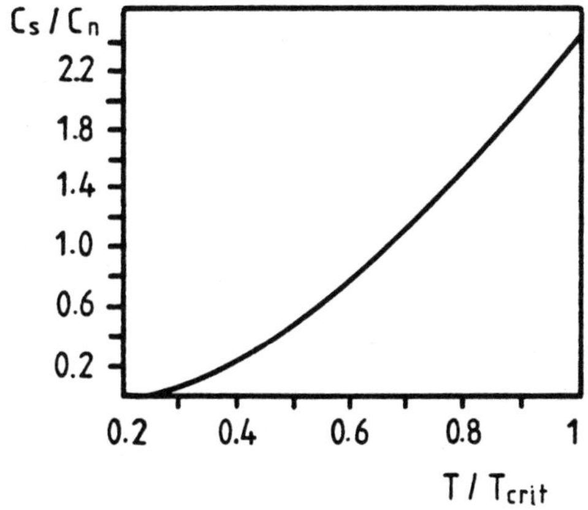

Fig. 7.3. Superfluide spezifische Wärme, c_s, in Einheiten der normalen spezifischen Wärme als Funktion der Temperatur in Einheiten der kritischen Temperatur.

Unterhalb $\varrho \sim 10^{14}$ g/cm^3 können auch die Ionen einen merklichen Beitrag zur inneren Energie beisteuern. Für den Grossteil der Kruste ist die Schmelztemperatur für das Ionengitter so hoch, dass die Ionen schon sehr früh ein Gitter bilden. Die spezifische Wärme ist dann

$$c_v(\text{Ionen}) = 3k n_{\text{Ionen}} D(\theta_D/T) \tag{9}$$

wobei die Debeye-Funktion die folgenden Grenzwerte hat:

$$D(x) = \begin{cases} 1 \,, & x \ll 1 \\ \dfrac{4\pi^4}{5x^3} \,, & x \gg 1 \end{cases} \tag{10}$$

Die Debeye Temperatur θ_D ist relativ nahe bei $T_p = \hbar \cdot \omega_p / k_B$, ω_p = Plasmafrequenz der Ionen. Genauer findet man $\theta_D \simeq 0{,}45\ T_p$.

D. Superfluidität

Superfluidität von Neutronen und auch von Protonen kann wie in Supraleitern und in Kernen durch Paarungs-Wechselwirkungen zustandekommen. Bei relativ kleinen Dichten ist die $^1S_0$- Wechselwirkung hauptsächlich attraktiv und kann zu einer s-Wellen Paarung führen. Bei höheren Dichten ($k_F > 1.6$ fm^{-1}) wird die $^1S_0$-Wechselwirkung repulsiv, hingegen wird die $^3P_2$-Wechselwirkung attraktiv, so dass p-Wellen Superfluidität zustandekommen kann.
Es ist schwierig, die Energielücken zuverlässig zu berechnen, da diese z.B. exponentiell von der Stärke der Wechselwirkung und den effektiven Massen abhängen. Fig. 7.4 zeigt ein typisches Resultat, zusammen mit den zugehörigen Uebergangstemperaturen.

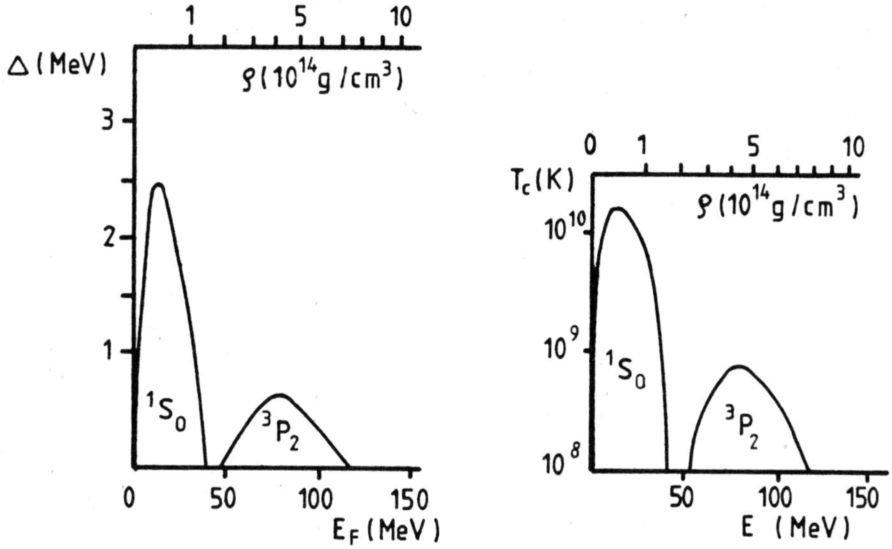

Fig. 7.4. Dichteabhängigkeit der $^1S_0$- und $^3P_2$- Energielücken und Uebergangstemperaturen. (Adaptiert von Ref. [42].)

Diese Ergebnisse sollten als vernünftige Schätzungen eingestuft werden. Sie deuten an, dass die p-Wellen-Energielücken deutlich kleiner sind als für S-Wellen. (Wenn die Protonen superfluid sind, dann sind sie natürlich auch supraleitend. Die Resultate von Fig. 7.4 deuten an, dass der Ginzburg-Landau Parameter für die Protonen viel grösser als $1/\sqrt{2}$ ist und deshalb bilden diese einen Typ II Supraleiter.)

Wir haben bereits darauf hingewiesen, dass die spezifische Wärme der Nukleonen unterhalb der Uebergangstemperatur von (5) abweicht. In Abschnitt 7.3 werden wir sehen, dass die Energielücken in den Anregungsspektren der Nukleonen an den Fermigrenzen auch die inneren Neutrinoprozesse unterdrücken.

Fig. 7.5 zeigt die Beiträge zur spezifischen Wärme für Neutronensternmaterie bei $\rho = 10^{14}$ g/cm^3. (Die beiden Zustandsgleichungen BPS und PPS sind unterhalb ρ_0 identisch.)

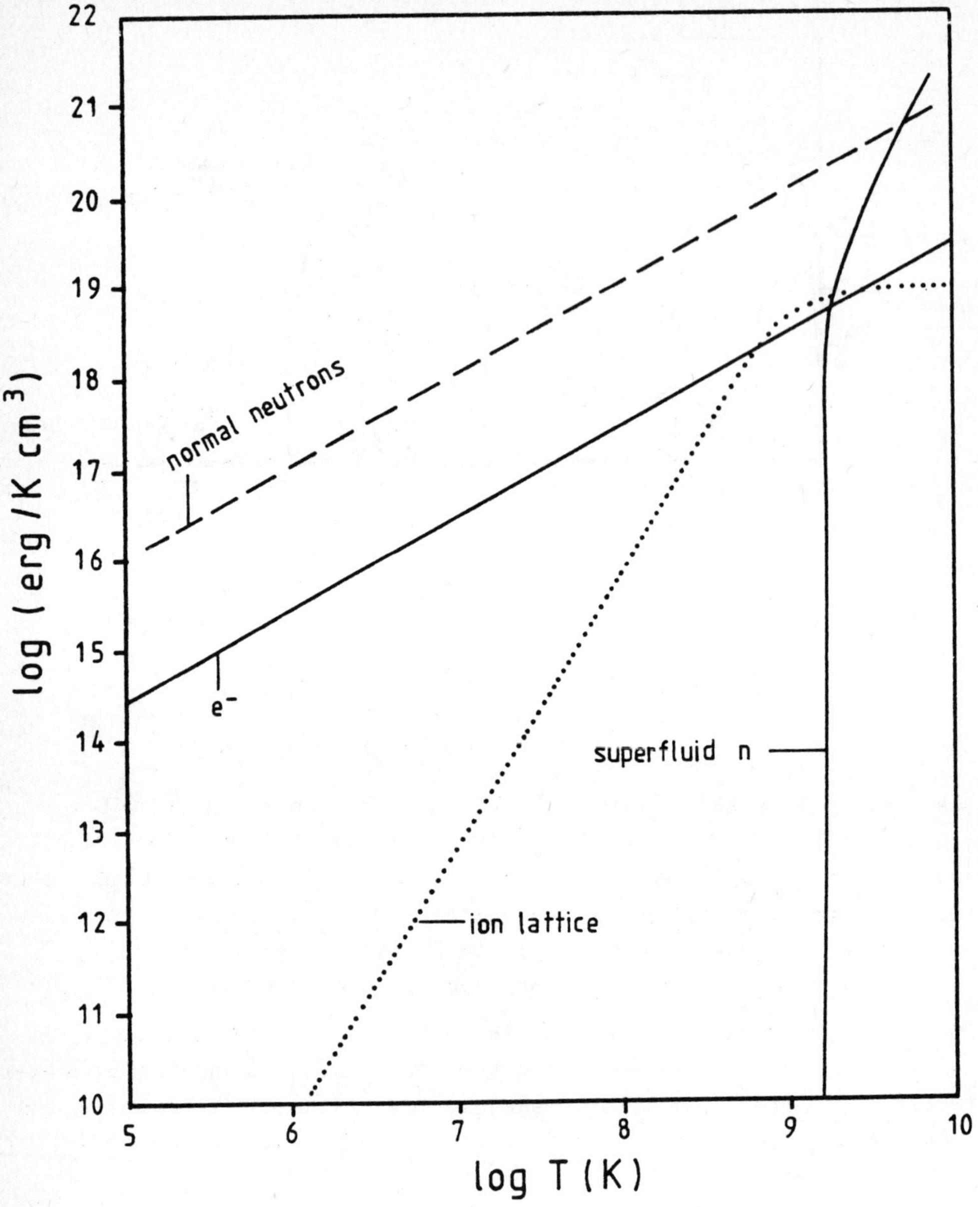

Fig. 7.5. Beiträge zur spezifischen Wärme für $\varrho = 10^{14} g/cm^3$. (Von Ref. [41].)

7.3 Neutrino-Abstrahlung

In diesem Abschnitt diskutieren wir die wichtigsten Neutrino-Emissionsprozesse.

A. Elektron-Ionen Bremsstrahlung

In der Kruste ist der dominante Neutrinoprozess die Neutrino-Bremsstrahlung bei der Coulomb-Streuung von Elektronen:

$$e^- + (Z,A) \longrightarrow e^- + (Z,A) + \nu + \bar{\nu} \tag{11}$$

Die Berechnung dieses Prozesses stellt keine prinzipiellen Probleme, solange man mit einer Genauigkeit innerhalb eines Faktors 2 zufrieden ist. Natürlich muss man Abschirmungskorrekturen für das dichte Plasma in der Kruste des Neutronensterns anbringen. In [43] wurden noch weitere Vielkörpereffekte in Rechnung gestellt. Das folgende Resultat [44]

$$\varepsilon_{\text{Ionen}} = (2.1 \times 10^{20} \, \text{erg-cm}^{-3}\text{-s}^{-1}) \, \frac{Z^2}{A} \, \frac{\rho}{\rho_0} \, T_9^{\,6} \tag{12}$$

ist genügend genau. Der Wert des Faktors $\frac{Z^2}{A}$ durch die Kruste wird wohl am zuverlässigsten in [45] berechnet.

B. Modifizierter URCA-Prozess und Nukleon-Nukleon Bremsstrahlung

In Abwesenheit eines Pion-Kondensats sind die dominanten Neutrinoprozesse im Innern:

- modifizierter URCA-Prozess: $n + n \longrightarrow n + p + e^- + \bar{\nu}_e$ (13)

- Neutrino-Bremsstrahlung in Nukleon-Nukleon Stössen (auf Grund neutraler Stromwechselwirkungen):

$$n + n \longrightarrow n + n + \nu + \bar{\nu} \tag{14}$$

$$n + p \longrightarrow n + p + \nu + \bar{\nu} \tag{15}$$

Bevor wir auf diese Prozesse näher eingehen, will ich zunächst klar machen, warum die normalen URCA-Prozesse

$$n \longrightarrow p + e^- + \bar{\nu}_e \,, \qquad e^- + p \longrightarrow n + \nu_e$$

in entarteter Materie ineffektiv werden.

Das β-Gleichgewicht verlangt für die chemischen Potentiale $\mu_n = \mu_p + \mu_e$. Die Neutronen, welche auf Grund des Pauli-Prinzips überhaupt zerfallen können, befinden sich innerhalb $\sim kT$ von der Fermi-Fläche und dasselbe gilt für das Proton und das Elektron im Endzustand des Zerfalls. Da nun die Fermi-Impulse der Protonen und Elektronen klein sind im Vergleich zum Fermi-Impuls der Neutronen (vgl. Gl.(7), sind die Impulse aller Teilchen im Endzustand klein. Dies zeigt, dass der URCA-Prozess durch Energie- und Impulserhaltung stark unterdrückt wird. Dies ist nicht mehr so, wenn - wie in (13) - ein weiteres Neutron am Prozess beteiligt ist, welches Impuls und Energie aufnehmen kann. Denselben Effekt hätte auch ein Pion-Kondensat.

Die Rechnungen [46] sind für alle drei Prozesse (13), (14) und (15) sehr ähnlich. Als Beispiel bespreche ich die Neutron-Neutron Bremsstrahlung (14) in einigem Detail.

Wir müssen die Feynman-Diagramme in Fig. 7.6 auswerten.

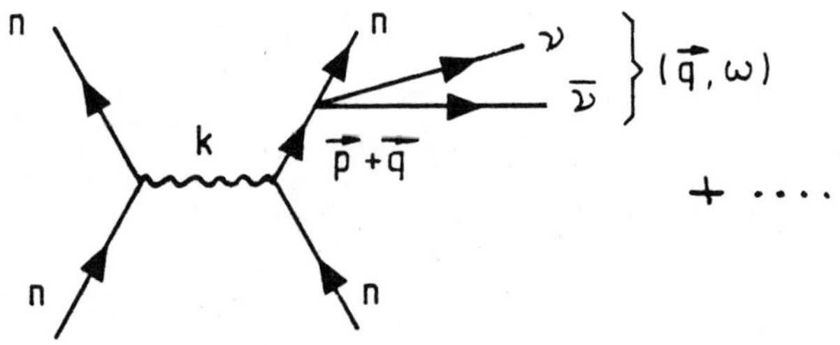

Fig. 7.6. Feynman-Diagramme für n-n-Bremsstrahlung. Die Punkte deuten jene Diagramme an, in denen das Neutrinopaar an den übrigen äusseren Beinen angehängt ist.

Die Amplitude für diesen Prozess ist ein Produkt von drei Faktoren: Dem T-Matrixelement für die Streuung von Nukleonen auf der Massenschale (off-shell Effekte sind klein) in der Nähe der Fermi-Energie, einem Nukleonen-Propagator und einem Strahlungsmatrixelement.

Für den schwachen Vertex gibt das Standard SU(2) x U(1) - Modell die folgende 4-Fermi-Wechselwirkung für jeden Neutrino Typ (N = p,n) :

$$\mathcal{L}_{\text{schwach}} = \frac{G_F}{2\sqrt{2}} \bar{N}\gamma^\alpha (g_N - g_N'\gamma_5) N \, \bar{\nu}\gamma_\alpha (1-\gamma_5)\nu \tag{16}$$

wo

$$g_N = \begin{cases} -1 & (N=n) \\ 1-4\sin^2\theta_W & (N=p) \end{cases}$$

$$g_N' = \begin{cases} -g_A & (N=n) \\ g_A & (N=p) \end{cases} ; \quad g_A \simeq 1.24 \tag{17}$$

Für die Nukleonen benutzen wir eine nichtrelativistische Approximation. Der Nukleonenpropagator in Fig. 7.6 ist

$$G(\vec{p}\pm\vec{q}, E_p\pm\omega) = \frac{1}{E_{\vec{p}}\pm\omega - E_{\vec{p}\pm\vec{q}}} \tag{18}$$

($\pm$: $\genfrac{}{}{0pt}{}{\text{aus}}{\text{ein}}$ - laufendes Neutron)

Die Neutrinos sind thermisch: $\omega \sim kT$. Wir entwickeln G in Potenzen von $1/m_n$ und behalten nur den Term tiefster Ordnung

$$G(\vec{p}\pm\vec{q}, E_p\pm\omega) \simeq \pm \frac{1}{\omega} \tag{19}$$

(Rückstosskorrekturen zur ν- Luminosität sind $\sim (p_F/m_n)^2 \sim$ 20 % .)

Nun müssen wir die n-n Wechselwirkung betrachten.
Der langreichweitige Anteil wird durch den 1-Pionaustausch (OPE) Beitrag dominiert. Da die beteiligten Nukleonen auf ein schmales Energieband in der Nähe der Fermioberfläche beschränkt sind, ist es naheliegend, den kurzreichweitigen Anteil mit nuklearen Fermi-Flüssigkeitsparametern zu beschreiben.

Der OPE trägt auf Grund der langen Reichweite und seines Tensorcharakters am meisten zur Neutrinoluminosität bei. Die lange Reichweite ist wesentlich, weil der mittlere Abstand zwischen benachbarten Teilchen in Neutronenstern-Materie relativ gross, nämlich 2.2 fm ist. Der Tensorcharakter erweist sich als wesentlich auf Grund der Struktur der schwachen Wechselwirkung (16), (17). Man beachte auch, dass die OPE-Wechselwirkung im Landau Limes $k = 0$ verschwindet. Deshalb liegt beim skizzierten Procedere keine offensichtliche Doppelzählung vor.

Die Landau-Parameter sind für die Materie in Neutronensternen nicht gut bekannt. Glücklicherweise ist dies für unser Problem nicht sehr wesentlich, da der OPE-Beitrag für die Neutrinoluminosität ausschlaggebend ist. In der Approximation (19) für den Nukleonenpropagator geschieht folgendes:

(i) Die Vektorbeiträge der schwachen Wechselwirkung heben sich weg und zwar sowohl für den OPE als auch für die Landau-Wechselwirkung. Dies gilt für alle drei Prozesse (13), (14) und (15).

(ii) Für die n-n Bremsstrahlung gibt die Landau-Wechselwirkung auch keinen Beitrag zum axialen Teil der schwachen Wechselwirkung. (Dies ist für die beiden andern Prozesse nicht der Fall.)

Damit trägt nur der OPE zur n-n Bremsstrahlung bei. Die Luminosität pro Volumen ist allgemein (vgl. Fig. 7.6)

$$\mathcal{E}_\nu = \int \prod_{i=1}^{4} \frac{d^3p_i}{(2\pi)^3} \frac{d^3q_1}{(2\pi)^3} \frac{d^3q_2}{(2\pi)^3} (2\pi)^4 \delta^4(P_f - P_i) \cdot$$

$$\frac{1}{s} \Big(\sum_{\text{Spins}} |M|^2 \Big) \omega \cdot \mathcal{S} \tag{20}$$

wo s ein Symmetriefaktor ist (gleich dem Produkt der Zahl der identischen einlaufenden Teilchen und der Zahl der identischen auslaufenden Teilchen) und $\mathcal{S}$ das Produkt der statistischen Fermi-Dirac Faktoren bezeichnet.

Da die Neutronen sehr nahe an der Fermi-Fläche sind und die Neutrinos thermisch sind, kann man das Phasenraumintegral in guter Näherung in Winkel- und Energieintegrale faktorisieren. Die gesamte Temperaturabhängigkeit ist im folgenden Energieintegral enthalten:

$$I_{\nu\bar{\nu}} = \int_0^\infty d\omega\, \omega^4 \int \prod_{i=1}^{4} dE_i\, \delta(\omega - E_1 - E_2 + E_3 + E_4)\, \mathcal{S} \tag{21}$$

Die Potenz von ω im Integranden hat den folgenden Ursprung:

- Lepton Matrixelement: ω^2
- Nukleon Propagator: $1/\omega^2$
- Phasenraum: $\omega^3 d\omega$
- Energieverlust: ω

Durch Einführung von dimensionslosen Variablen erhält man

$$I_{\nu\nu} = (kT)^8 \int \prod_{i=1}^{4} dx_i \, \frac{1}{e^{x_i}+1} \, \delta\Big(\sum_{i=1}^{4} x_i - y\Big)$$

$$= \frac{41}{60480} (2\pi)^8 (kT)^8 \qquad (22)$$

In [46] werden verschiedene Korrekturen untersucht (ρ - Austausch, Unterdrückung der kurzreichweitigen Anteile des OPE-Beitrages, etc.) mit dem folgenden numerischen Resultat für die Prozesse (13), (14) und (15):

$$\varepsilon_{nn} = (7.8 \times 10^{19}\, \mathrm{erg\text{-}cm^{-3}\text{-}s^{-1}}) \left(\frac{m_n^*}{m_n}\right)^4 \left(\frac{\rho}{\rho_0}\right)^{1/3} T_9^8$$

$$\varepsilon_{np} = (7.5 \times 10^{19}\, \mathrm{erg\text{-}cm^{-3}\text{-}s^{-1}}) \left(\frac{m_n^*}{m_n}\right)^2 \left(\frac{m_p^*}{m_p}\right)^2 \left(\frac{\rho}{\rho_0}\right)^{2/3} T_9^8$$

$$\varepsilon_{URCA} = (2.7 \times 10^{21}\, \mathrm{erg\text{-}cm^{-3}\text{-}s^{-1}}) \left(\frac{m_n^*}{m_n}\right)^3 \frac{m_p^*}{m_p} \left(\frac{\rho}{\rho_0}\right)^{2/3} T_9^8 \qquad (23)$$

Aus diesen Ausdrücken entnimmt man, dass der modifizierte URCA-Prozess (für normale Nukleonen) dominiert. Man beachte auch die relativ starke Abhängigkeit von der effektiven Masse.

C. Neutrinoemission in Anwesenheit eines π-Kondensats

Im Inneren eines Neutronensterns ist der Unterschied der chemischen Potentiale von Neutronen und Protonen nach Gl.(7) von der Grössenordnung

$$\mu_n - \mu_p = \mu_e \sim 100\ \mathrm{MeV} \qquad (24)$$

d.h. vergleichbar mit der Masse des Pions. Man kann deshalb vermuten, dass die Selbstenergie der π-Mesonen auf Grund der Wechselwirkung mit den Nukleonen der Umgebung (repulsive s-Wellen, attraktive p-Wellen) möglicherweise dazu ausreicht, dass die π^-- Mesonen spontan erzeugt werden. Als Bosonen werden sie den energetisch günstigsten Mode makroskopisch besetzen. Ein solcher Zustand entspricht einem nichtverschwindenden Erwartungswert des Pion-Feldes (weshalb eine globale Eichsymmetrie spontan gebrochen wird); im normalen Grundzustand, ohne Pionen, verschwindet dieser Erwartungswert.

Verschiedene Rechnungen deuten an, dass bei ungefähr doppelter Kerndichte die Kondensation des geladenen π-Feldes in Neutronenstern-Materie einsetzt. Möglicherweise ist aber die kritische Dichte wesentlich höher (oder es gibt überhaupt keine Kondensation). Für gute Uebersichtsartikel verweise ich auf [47] und [48].

Ich zeige nun mit einem einfachen Argument, dass ein π-Kondensat die Neutrinokühlung des Neutronensterns wesentlich beschleunigen würde.

Im kondensierten Zustand sind die nukleonischen Quasiteilchen kohärente Superpositionen von Neutronen und Protonen (d.h. die Protonen und Neutronen werden im Isospinraum rotiert). Die Neutronenkomponente eines solchen Quasiteilchens u kann nun einen β-Zerfall machen, wodurch ein reiner Protonzustand entsteht, welcher einen nichtverschwindenden Ueberlapp mit dem Quasiteilchen im Endzustand des Prozess

$$u \longrightarrow u' + e^- + \bar{\nu}_e \tag{25}$$

hat. In diesem Zerfall nimmt das Quasiteilchen Energie und Impuls (μ_π, $\underline{k}$) von den kondensierten Pionen auf, und deshalb ist der Prozess (25) - im Gegensatz zum URCA-Prozess - nicht mehr unterdrückt, sofern $k_F(u) \lesssim k/2$ ist. Diese Bedingung ist jedoch erfüllt, da der Wellenvektor k des Pionmodes typisch $\sim$ 400 MeV/c ist.

Ohne detaillierte Rechnungen kann man einsehen, dass der Prozess (25) ein sehr wichtiger Kühlungsmechanismus ist. Um dies zu zeigen, vergleichen wir (25) mit dem modifizierten URCA-Prozess (vgl. die folgenden Feynman-Diagramme).

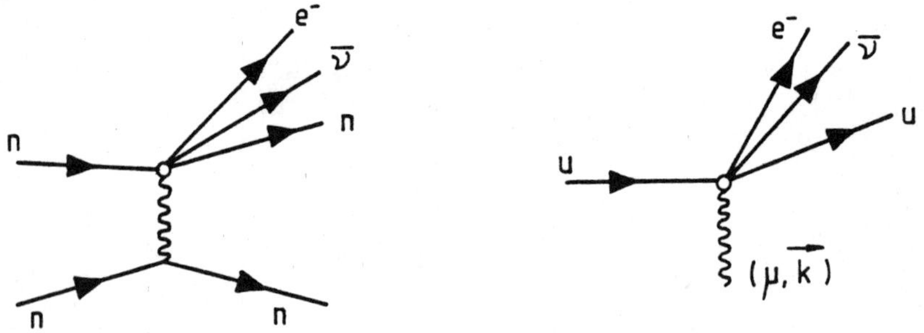

Man erwartet

$$\frac{\varepsilon_\pi}{\varepsilon_{URCA}} \sim \frac{n_\pi}{n_n} \times \text{ Verhältnis der Phasenraum-Faktoren}$$

wobei n_π ein Mass für die π-Kondensation ist.
Technisch ist $n_\pi/n_n \sim \theta^2$, wo θ der Winkel ist, welcher die chirale Rotation vom normalen in den kondensierten Zustand beschreibt. Da das Zuschauer-Neutron im modifizierten URCA-Prozess zu einem zusätzlichen Phasenraum-Reduktionsfaktor $(kT/E_F)^2$ Anlass gibt, erwarten wir

$$\frac{\varepsilon_\pi}{\varepsilon_{URCA}} \sim \theta^2 (E_F/kT)^2 \sim \theta^2 \frac{10^6}{T_9^2} \tag{26}$$

Dies wird durch eine detaillierte Rechnung bestätigt.
Man findet [49]

$$\varepsilon_\pi \simeq (2.1 \times 10^{27} \text{erg-cm}^{-3}\text{-s}^{-1})\, \theta^2 T_9^6 \tag{27}$$

Dies gibt

$$\frac{\varepsilon_\pi}{\varepsilon_{URCA}} \simeq 0.8 \times 10^6\, \theta^2 / T_9^6 \tag{28}$$

in Uebereinstimmung mit unserer Abschätzung (26).

In Abschnitt 7.4 werden wir die potentiell wichtige Rolle von ε_π für die Kühlung diskutieren.

D. Neutrinoprozesse für superfluide Nukleonen

Die Lücken in den Anregungsspektren der Nukleonen an den Fermi-Flächen unterdrücken die inneren Prozesse (13), (14) und (15), da die Zahl der thermischen Exitationen reduziert wird. Für (14) ist der Reduktionsfaktor $\exp(-2\Delta_n/kT)$ und für (13) und (15) ist dieser gleich $\exp(-(\Delta_n+\Delta_p)/kT)$. (Die Temperaturabhängigkeit der Energielücken ist ungefähr $\Delta(T) \simeq \Delta(0)(1 - T/T_c)^{\frac{1}{2}}$.)

In [50] wurde darauf hingewiesen, dass für superfluide Neutronen zwei Quasiteilchen Anregungen in Neutrino-Paare zerfallen können. Ein aufgebrochenes "Cooper-Paar" rekombiniert, mit anderen Worten, und geht in das Kondensat über. (In gewöhnlichen Supraleitern erfolgt diese Rekombination durch Phonon- und Photonemission.) Es ist eine hübsche Uebungsaufgabe in BCS-Theorie die zugehörige Emissivität zu berechnen. *)
In einem gewissen Temperaturintervall kann dieser Prozess wichtiger werden als die Bremsstrahlung in der Kruste.

*) s. nächste Seite.

7.4 Kühlungskurven

Nun sind wir in der Lage, Kühlungskurven zu berechnen. Zuerst mache ich eine einfache Abschätzung. Wir betrachten einen homogenen Stern (ρ = const.) von normalen Nukleonen ohne π-Kondensat. Dann dominiert der modifizierte URCA-Prozess und die innere Temperatur ändert sich gemäss (wir ignorieren die ART für den Moment)

$$-\frac{dT}{dt} \simeq \frac{\varepsilon_{URCA}}{c_n} \tag{29}$$

wo c_n die spezifische Wärme der normalen Neutronen ist. Benutzen wir (23), (5), (6) und (7), sowie $m^*_p/m_p = 1$, $m^*_n/m_n = 0.8$, so erhalten wir aus (29)

$$-\frac{dT_9}{dt} = 1.1 \times 10^{-8}\, T_9^7 \left(\frac{\rho}{\rho_0}\right)^{1/3} \tag{30}$$

unabhängig von M . Aus dieser Differentialgleichung erhalten wir für die Kühlungszeit Δt von einer Anfangstemperatur T(i) bis zu einer

*) Das nichtrelativistische Neutronen-Feld ist

$$\psi(\underline{x}) = \sum_{\underline{k}} (a_{\underline{k}\uparrow}\chi_\uparrow + a_{\underline{k}\downarrow}\chi_\downarrow)\, e^{i\underline{k}\cdot\underline{x}}$$

Die Bogoliubov-Transformation auf die Quasiteilchen lautet

$$a_{\underline{k}\uparrow} = u_k \alpha_{\underline{k}} + v_k \beta^*_{-\underline{k}}\,, \quad a_{\underline{k}\downarrow} = u_k \beta_{-\underline{k}} - v_k \alpha^*_k$$

Deshalb ist z.B. das Fermi-Matrixelement

$$|\langle \text{Grundzust.}|\, \psi^*\psi\, |\underbrace{\underline{k},\underline{k}'}_{\text{quasi-Teilchen}}\rangle|^2 = (u_k v_{k'} + u_{k'} v_k)^2$$

Endtemperatur $T(f)$:

$$\Delta t(T(i) \longrightarrow T(f)) = (1.58 \times 10^{7}\, s)\left(\frac{\rho_0}{\rho}\right)^{1/3}\left[T_9^{-6}(f) - T_9^{-6}(i)\right] \qquad (31)$$

Als Beispiel wählen wir $T(i) = 10$ MeV , $\rho/\rho_0 = 1$. Dann ist

$$\log \Delta t(s) = 7.2 - 6 \log T_9(f) \qquad (32)$$

Dieses Resultat ist in Fig. 7.7 aufgetragen, wobei noch die Beziehung zwischen Innen- und Oberflächentemperatur von Fig. 7.2 benutzt wurde. Für das Alter des Krebs-Pulsars ($t = 2.9 \times 10^{10}$ sec) erhält man $T_9(f) = 0.286$, entsprechend einer Oberflächentemperatur $T_s \simeq 2.0 \times 10^{6}$ K , welche etwas tiefer ist als die beobachtete obere Schranke.

Allgemein relativistische Korrekturen für die Kühlungskurven wurden in [51] studiert. Für ein homogenes Modell können sie analytisch berechnet werden. Das Resultat für die Temperatur T_∞ , welche von einem entfernten Beobachter bestimmt wird, ist ebenfalls in Fig. 7.7 angegeben.

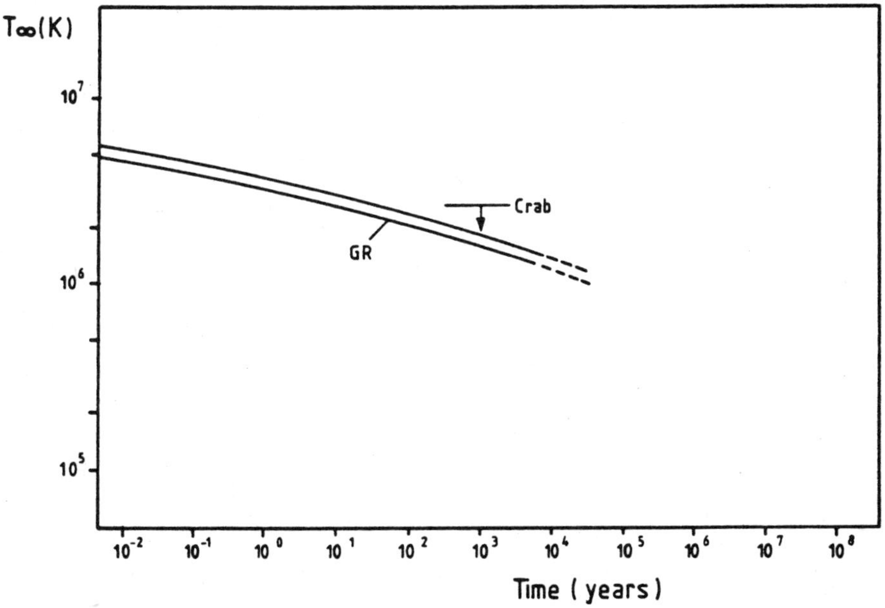

Fig. 7.7. Beobachtete Temperatur T_∞ als Funktion der Zeit für ein homogenes Sternmodell mit normalen Nukleonen und ohne Pionkondensat. Die untere Kurve schliesst allgemein relativistische Korrekturen ein.

Fig. 7.8 zeigt die Resultate [41] für ein Sternmodell mit $M = 1.25\ M_{\odot}$, welches auf der steifen PPS-Zustandsgleichung beruht. Dabei wurde $B = 0$ gesetzt und angenommen, dass die Nukleonen nicht superfluid sind. Für die ersten paar tausend Jahre stimmt diese Kurve praktisch vollständig mit der unteren Kurve von Fig. 7.7 überein. Die oberen Grenzen, welche in der Tabelle 1 aufgeführt wurden, sind in Fig. 7.8 ebenfalls angegeben. Man sieht, dass die theoretische Kurve ohne exotische Materie mit den Beobachtungen verträglich ist, ausgenommen vielleicht für SN 1006 .

Fig. 7.8. Beobachtete Temperatur T_{∞} als Funktion der Zeit für ein Sternmodell mit $M = 1.25\ M_{\odot}$, basierend auf der PPS-Zustandsgleichung, $B = 0$ und ohne Superfluidität. (Adaptiert von [41]). Die oberen Grenzen von Tabelle 1 werden ebenfalls gezeigt.

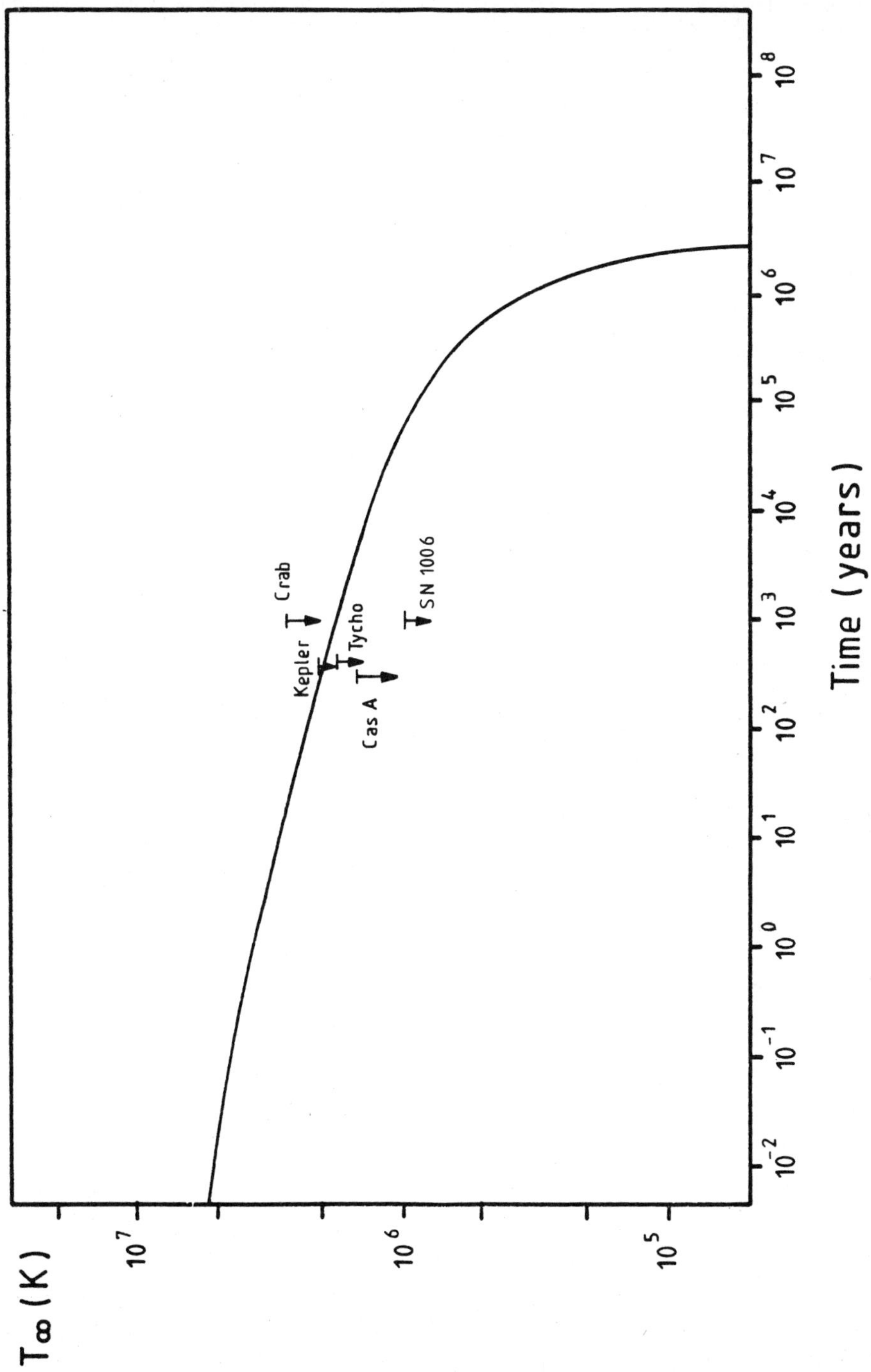
T∞ (K)
10^7
10^6
10^5
Time (years)
10^-2
10^-1
10^0
10^1
10^2
10^3
10^4
10^5
10^6
10^7
10^8
Crab
Kepler
Tycho
Cas A
SN 1006

In Fig. 7.9 sieht man, wie stark die Resultate von Fig. 7.8 geändert werden, wenn Magnetfelder und/oder Superfluidität berücksichtigt werden.

Fig. 7.10 zeigt die Kühlungskurven für ein gleichmassives Sternmodell, welches aber auf der weichen PBS-Zustandsgleichung beruht. Die verschiedenen Kurven entsprechen unterschiedlichen Annahmen über π-Kondensation, Magnetfelder und Superfluidität. In den unteren vier Kurven ist eine π-Kondensation für $\rho > 2\rho_0$ angenommen. Da für die weiche Zustandsgleichung die zentrale Dichte hoch ist (2.7×10^{15} g/cm^3), spielt in diesem Fall die π-Kondensation, wie erwartet, eine dramatische Rolle. Für die steife Zustandsgleichung ist die zentrale Dichte lediglich 3.8×10^{14} g/cm^3 und es ist deshalb unwahrscheinlich, dass ein π-Kondensat entsteht.

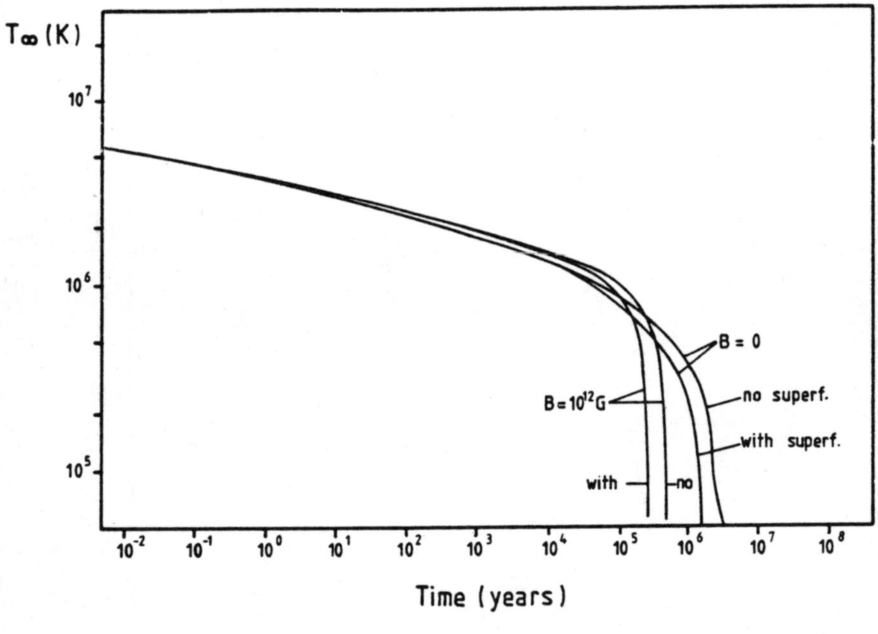

Fig. 7.9. Variationen des Resultats von Fig. 7.8, wenn Magnetfelder und/oder Superfluidität berücksichtigt werden.

Die Superfluidität spielt eine wichtigere Rolle für die steife Zustandsgleichung, da dann ein beträchtlicher Anteil im relevanten Dichtebereich ist.

Magnetfelder wurden, wie schon früher betont, nur grob berücksichtigt und die Resultate dafür haben nur eine qualitative Bedeutung.

Die Abhängigkeit von der Gesamtmasse ist nicht stark, wie man von der homogenen Modellrechnung (s. oben) erwartet.

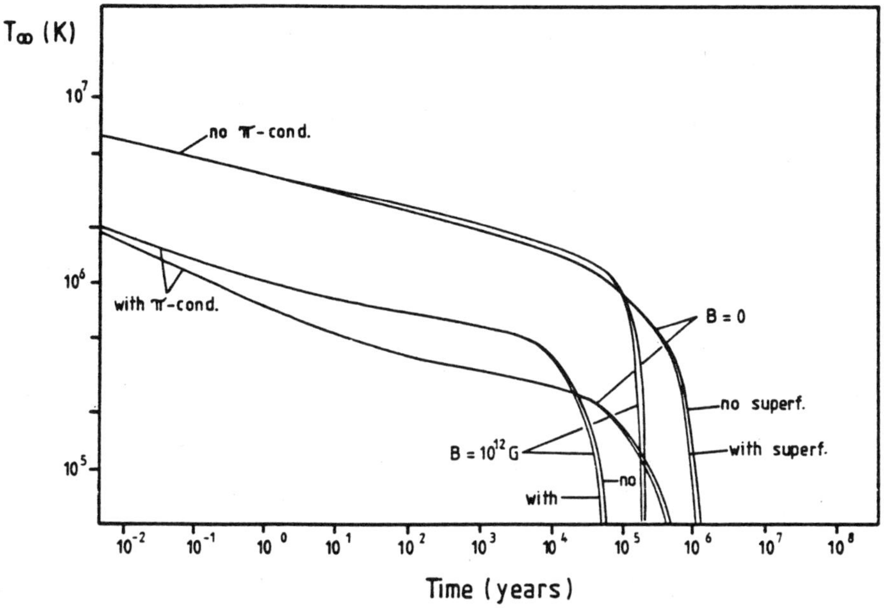

Fig. 7.10. Beobachtete Temperatur T_∞ als Funktion der Zeit für ein Sternmodell mit $M = 1.25\ M_\odot$, basierend auf der weichen BPS-Zustandsgleichung, unter verschiedenen Annahmen über π-Kondensation, Magnetfelder und Superfluidität. (Adaptiert von [44].)

Zur Zeit sind die oberen Schranken (Tabelle 1) für die Temperaturen konsistent mit Neutronenstern-Modellen ohne exotische Materie (π-Kondensation, Quark-Phase, etc.). Dies könnte sich erst ändern, wenn es möglich würde, diese oberen Limiten drastisch zu senken.

Ich habe die Kühlung von Neutronensternen deshalb so ausführlich besprochen, um an einem Beispiel zu illustrieren, wie verschiedenartige physikalische Disziplinen bei astrophysikalischen Problemen meist gleichzeitig zur Anwendung kommen.

K A P I T E L VII

R O T I E R E N D E S C H W A R Z E L O E C H E R

Einleitung

Alle Sterne rotieren mehr oder weniger schnell. Falls sich beim Gravitationskollaps ein Horizont bildet, wird deshalb nie ein Schwarzschild-Loch entstehen. Man wird erwarten, dass sich der Horizont auf Grund von Gravitationsstrahlung rasch einem stationären Zustand nähert. Die Geometrie des stationären schwarzen Loches wird aber nicht mehr sphärisch symmetrisch sein.

Die stationären schwarzen Löcher sind uns alle bekannt. Ueberraschenderweise bilden diese lediglich eine drei-parametrige Familie, welche wir unten in analytischer Form angeben werden. Die drei Parameter in dieser Kerr-Newman Familie sind die Masse, der Drehimpuls und die elektrische Ladung. Diese Grössen können im Prinzip alle durch einen asymptotischen Beobachter bestimmt werden.

Wenn also die Materie hinter einem Horizont verschwindet, so sieht man von ihren individuellen Charakteristiken im Aussenraum fast nichts mehr. Insbesondere lässt sich nicht sagen, wieviele Baryonen hinter dem Horizont verschwunden sind. *) Es geht demnach eine ungeheure Information

*) Dafür ist aber wesentlich, dass die Baryonzahl nicht zu einer ungebrochenen lokalen Symmetrie gehört. (Sonst müsste sie sich, wie die elektrische Ladung, im Aussenfeld äussern.) Dafür spricht aber ein bekanntes Argument von Yang und Lee: Das zu B gehörige masselose Eichboson müsste ungeheuer schwach an die Materie koppeln, sonst ergäbe sich ein Widerspruch zum Eötvos-Dicke-Experiment (Uebungsaufgabe).

verloren. Masse, Drehimpuls und elektrische Ladung charakterisieren das Feld im Aussenraum vollständig. Dies veranlasste J.A. Wheeler zur Bemerkung "A black hole has no hair", und die obige Aussage wird häufig als das "no hair-Theorem" bezeichnet. Sein Beweis ist schwierig und dieser wurde erst im Laufe einer Reihe von Jahren erbracht, wobei verschiedene Autoren (Israel, Carter, Hawking, Robinson) wichtige Bausteine geliefert haben. (Im geladenen Fall ist der Beweis noch nicht vollständig erbracht; für eine eingehende Diskussion und Referenzen auf die Originalliteratur verweise ich auf [21], Kaptel VI.)

Bis jetzt gibt es leider keinen physikalisch sehr natürlichen Weg, um zur Kerr-Newman Lösung zu gelangen. Diese wurde ursprünglich [52] mehr oder weniger zufällig gefunden und ihre physikalische Bedeutung wurde erst später erkannt. In den kurzen Mitteilungen [53] wurde gezeigt, wie man die Kerr-Newman Lösung durch eine komplexe Koordinatentransformation aus der Schwarzschild Lösung, bzw. der Reissner-Nordström Lösung (geladene Schwarzschild Lösung), erraten kann. Die Kerr-Newman Familie findet man auch in einer systematischen Studie [54] von algebraisch entarteten Lösungen der Einstein-Maxwell Gleichungen.

Der physikalisch bis jetzt natürlichste Weg zur Kerr-Lösung (Ladung gleich Null) zu gelangen, wird in [21], Abschnitt 7.4. beschrieben.

Die Schwarzschild-Lösung ist natürlich in der Kerr-Familie enthalten. Sie ist die einzige statische Lösung. Als Korollar des "no hair" Theorems ergibt sich deshalb die Aussage: Jedes statische ungeladene schwarze Loch ist ein Schwarzschild-Loch und ist also automatisch sphärisch symmetrisch. (Dieser Satz von Israel war historisch der Ausgangspunkt für die Entwicklung, welche zum "no-hair"-Theorem führte.)

1. Analytische Form der Kerr-Newman Familie (G = c = 1)

Wir geben die Lösung in den sog. Boyer-Linquist Koordinaten $(t, r, \vartheta, \varphi)$ an. Sie enthält drei Parameter M, a, Q, welche wir weiter unten interpretieren werden. Im Folgenden benutzen wir häufig die Abkürzungen:

$$\Delta = r^2 - 2Mr + a^2 + Q^2 \quad , \quad \rho^2 = r^2 + a^2\cos^2\vartheta \tag{1}$$

Die Metrik lautet

$$g = \frac{\Delta}{\rho^2}\left[dt - a\sin^2\vartheta\, d\varphi\right]^2 - \frac{\sin^2\vartheta}{\rho^2}\left[(r^2+a^2)d\varphi - a\,dt\right]^2 - \frac{\rho^2}{\Delta}dr^2 - \rho^2 d\vartheta^2 \tag{2}$$

und das elektromagnetische Feld ist gegeben durch

$$F = Q\rho^{-4}(r^2 - a^2\cos^2\vartheta)\,dr \wedge [dt - a\sin^2\vartheta\, d\varphi]$$
$$+ 2Q\rho^{-4}ar\cos\vartheta\sin\vartheta\, d\vartheta \wedge [(r^2+a^2)d\varphi - a\,dt] \tag{3}$$

Spezialfälle sind

Q = a = 0	:	Schwarzschild-Lösung
a = 0	:	Reissner-Nordström-Lösung
Q = 0	:	Kerr-Lösung

2. Asymptotische Felder, g-Faktor des schwarzen Loches

Um die Parameter M, a und Q zu interpretieren, bestimmen wir die asymptotische Form der Felder. Die führenden Terme in einer Entwicklung nach Potenzen von 1/r geben für die Metrik

$$g = [1 - \frac{2M}{r} + O(\frac{1}{r^2})]\,dt^2 + [\frac{4aM}{r}\sin^2\vartheta + O(\frac{1}{r^2})]\,dt\,d\varphi$$
$$- [1 + O(\frac{1}{r})][dr^2 + r^2(d\vartheta^2 + \sin^2\vartheta\, d\varphi^2)] \tag{4}$$

Führen wir "Cartesische" Koordinaten

$$x = r\sin\vartheta\cos\varphi, \quad y = r\sin\vartheta\sin\varphi, \quad z = r\cos\vartheta$$

ein, dann wird g von der allgemeinen Form (IV.69). Dort wurde durch Bildung der Flussintegrale für Energie und Drehimpuls gezeigt, dass M die gesamte Masse (Energie) und

$$S = a\,M \tag{5}$$

der totale Drehimpuls ist (welcher mit einem Kreiselkompass bestimmt werden kann).

Die asymptotische Form der elektrischen und magnetischen Feldkomponenten in den r, ϑ und φ Richtungen sind

$$E_{\hat{r}} = E_r = F_{rt} = \frac{Q}{r^2} + O\left(\frac{1}{r^3}\right)$$

$$E_{\hat{\vartheta}} = \frac{E_\vartheta}{r} = \frac{1}{r} F_{\vartheta t} = O\left(\frac{1}{r^4}\right)$$

$$E_{\hat{\varphi}} = \frac{E_\varphi}{r \sin\vartheta} = \frac{F_{\varphi t}}{r \sin\vartheta} = 0 \qquad (6)$$

$$B_{\hat{r}} = F_{\hat{\vartheta}\hat{\varphi}} = \frac{F_{\vartheta\varphi}}{r^2 \sin\vartheta} = \frac{2Qa}{r^3} \cos\vartheta + O\left(\frac{1}{r^4}\right)$$

$$B_{\hat{\vartheta}} = F_{\hat{\varphi}\hat{r}} = \frac{F_{\varphi r}}{r \sin\vartheta} = \frac{Qa}{r^3} \sin\vartheta + O\left(\frac{1}{r^4}\right)$$

$$B_{\hat{\varphi}} = F_{\hat{r}\hat{\vartheta}} = \frac{F_{r\vartheta}}{r} = 0 \qquad (7)$$

Das elektrische Feld ist asymptotisch radial und das zugehörige Gausssche Flussintegral *) ist $4\pi Q$. Dies zeigt, dass Q die Ladung des schwarzen Loches ist.

*) Allgemein ist

$$Q = \int_\Sigma {}^*J = -\frac{1}{4\pi} \int_\Sigma d\,{}^*F = -\frac{1}{4\pi} \oint {}^*F \quad ,$$

Σ : raumartige Hyperfläche.

Das B-Feld ist asymptotisch ein Dipolfeld mit dem Dipolmoment

$$\mu = Qa = \frac{Q}{M} S =: g\left(\frac{Q}{2M} S\right) \tag{8}$$

Man erhält also das vollständig unerwartete Resultat:

$$\boxed{g = 2} \tag{9}$$

wie beim Elektron !

3. Symmetrien von g

Die metrischen Koeffizienten sind unabhängig von t und φ . Dies bedeutet, dass

$$K = \frac{\partial}{\partial t}\,, \quad \tilde{K} = \frac{\partial}{\partial \varphi} \tag{10}$$

Killingfelder sind $(L_K g = L_{\tilde{K}}\, g = 0)$.
Die Skalarprodukte der Killingfelder sind

$$\begin{aligned}
(K,K) &= g_{tt} = 1 - \frac{2Mr - Q^2}{\rho^2} \\
(K,\tilde{K}) &= g_{t\varphi} = -\frac{(2Mr - Q^2)\,a \sin^2\vartheta}{\rho^2} \\
(\tilde{K},\tilde{K}) &= g_{\varphi\varphi} = -\frac{\left[(r^2+a^2)^2 - \Delta a^2 \sin^2\vartheta\right]}{\rho^2}\,\sin^2\vartheta
\end{aligned} \tag{11}$$

Diese Skalarprodukte haben eine intrinsische Bedeutung. Die Formeln zeigen, dass die Boyer-Linquist Koordinaten in hohem Masse adaptiert sind. Sie bilden die natürliche Verallgemeinerung der Schwarzschild-Koordinaten.

4. Statische Grenze und stationäre Beobachter

Ein Beobachter, der sich längs einer Weltlinie mit konstanten r, ϑ und uniformer Winkelgeschwindigkeit bewegt, sieht eine sich unverändernde Raum-Zeit Geometrie (stationärer Beobachter). Seine Winkelgeschwindigkeit, die im Unendlichen gemessen wird, ist

$$\Omega = \frac{d\varphi}{dt} = \frac{\dot{\varphi}}{\dot{t}} = \frac{u^\varphi}{u^t} \qquad u\text{: 4er-Geschwindigkeit} \tag{12}$$

Die 4er-Geschwindigkeit des stationären Beobachters ist proportional zu einem Killing-Feld:

$$u = u^t\left(\frac{\partial}{\partial t} + \Omega \frac{\partial}{\partial \varphi}\right) = \frac{K + \Omega \tilde{K}}{\| K + \Omega \tilde{K} \|} \tag{13}$$

Natürlich muss $K + \Omega \tilde{K}$ zeitartig sein:

$$g_{tt} + 2\Omega g_{t\varphi} + \Omega^2 g_{\varphi\varphi} > 0$$

Die linke Seite verschwindet für

$$\Omega = \frac{-g_{t\varphi} \pm \sqrt{g_{t\varphi}^2 - g_{tt} g_{\varphi\varphi}}}{g_{\varphi\varphi}}$$

Es sei $\omega = -g_{t\varphi}/g_{\varphi\varphi}$; dann gilt

$$\Omega_{min} = \omega - \sqrt{\omega^2 - g_{tt}/g_{\varphi\varphi}} \tag{14}$$

$$\Omega_{max} = \omega + \sqrt{\omega^2 - g_{tt}/g_{\varphi\varphi}} \tag{15}$$

Beachte, dass

$$\omega = \frac{a(2Mr - Q^2)}{(r^2+a^2)^2 - \Delta a^2 \sin^2\vartheta} \tag{16}$$

Wir nehmen $a > 0$ an. Offensichtlich ist $\Omega_{min} = 0$ genau dann, wenn $g_{tt} = 0$ ist, d.h. für

$$\boxed{(K,K) = 0 : \quad r = r_0(\vartheta) := M + \sqrt{M^2 - Q^2 - a^2\cos^2\vartheta}} \tag{17}$$

Wir setzen voraus, dass $M^2 > Q^2 + a^2$ ist; andernfalls liegt eine nackte Singularität vor (siehe unten).

Ein Beobachter ist statisch (relativ zu den "Fixsternen"), wenn $\Omega = 0$, d.h. $u \propto K$ ist. Statische Beobachter existieren nur ausserhalb der statischen Grenze $\{r = r_0(\vartheta)\}$. An der statischen Grenze wird K lichtartig. Dort müsste sich ein Beobachter also mit Lichtgeschwindigkeit bewegen, um relativ zu den Fixsternen in Ruhe zu bleiben.

Wir betrachten noch die Rotverschiebung, welche ein asymptotischer Beobachter für das Licht von einer ruhenden Quelle $\left(u = \frac{K}{\|K\|}\right)$ ausserhalb der statischen Grenze feststellt. Wir hatten die Formel

$$\frac{\nu_e}{\nu_0} = \frac{(K,K)_0}{(K,K)_e} \simeq \frac{1}{(K,K)_e} \longrightarrow \infty \quad \text{an der statischen Grenze} \tag{18}$$

5. Horizont, Ergo-Sphäre

Ω_{min} und Ω_{max} fallen für $\omega^2 = g_{tt}/g_{\varphi\varphi}$ zusammen.
Dann ist

$$\Omega_{min} = \Omega_{max} =: \Omega_H = \omega$$

Da nach Definition $\omega^2 = g_{t\varphi}^2/g_{\varphi\varphi}^2$, gilt in dieser Situation
$g_{\varphi\varphi}\, g_{tt} = g_{t\varphi}^2$, oder

$$-\frac{(\Delta - a^2\sin^2\vartheta)}{\rho^2}\,\frac{[(r^2+a^2)^2 - \Delta a^2\sin^2\vartheta]\sin^2\vartheta}{\rho^2} = \frac{a^2\sin^4\vartheta}{\rho^4}(\Delta - r^2 - a^2)^2$$

Dies ist gleichbedeutend mit

$$\boxed{\Delta = 0} \tag{19}$$

d.h.

$$r = r_+ := M + \sqrt{M^2 - a^2 - Q^2} \tag{20}$$

Wir werden in Abschnitt 8 sehen, dass diese Fläche ein Horizont ist, sofern $M^2 > a^2 + Q^2$ ist. Das Gebiet zwischen der statischen Grenze und diesem Horizont ist die sog. Ergo-Sphäre (aus Gründen, die noch klar werden). Die statische Grenze und der Horizont berühren einander an den

Polen (vgl. Fig. 1).

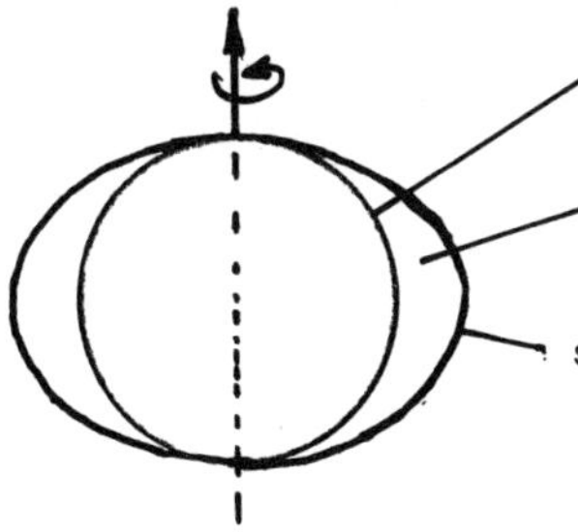

Fig. 1. Schnitt durch Rotationsachse einer Kerr-Newman Lösung

Innerhalb der Ergosphäre ist K raumartig. "Alle Pferde des Königs" können es nicht verhindern, dass ein Beobachter um das Loch rotieren muss. Für $a = Q = 0$ (Schwarzschild-Lösung) verschwindet die Ergosphäre.

Nach dem bereits Angeführten ist die Winkelgeschwindigkeit Ω_H am Horizont

$$\Omega_H = \omega\Big|_{\Delta=0} = \frac{a(2Mr_+ - Q^2)}{(r_+^2+a^2)^2}$$

oder, mit dem Ausdruck (20)

$$\boxed{\Omega_H = \frac{a}{r_+^2+a^2}} \tag{21}$$

Die statische Grenze ist zeitartig (die Normalenvektoren sind raumartig), ausser an den Polen. Deshalb kann man diese Fläche in <u>beiden</u> Richtungen durchqueren.

6. Koordinatensingularität am Horizont, Kerr-Koordinaten

Für $\Delta = 0$ sieht die Kerr-Metrik in den Boyer-Linqvist-Koordinaten singulär aus. Dies ist aber wieder lediglich eine Koordinaten-"Singularität", wie wir durch eine Koordinaten-Transformation auf die sogenannten Kerr-Koordinaten zeigen. Diese neuen Koordinaten sind Verallgemeinerungen der Eddington-Finkelstein Koordinaten und durch die folgenden Gleichungen definiert:

$$d\tilde{V} = dt + (r^2 + a^2)\frac{dr}{\Delta}$$

$$d\tilde{\varphi} = d\varphi + a\frac{dr}{\Delta} \qquad (22)$$

(Man beachte, dass die äusseren Differentiale der rechten Seiten verschwinden.) Die Metrik schreibt sich in den neuen Koordinaten $(\tilde{V}, r, \vartheta, \tilde{\varphi})$ so:

$$g = [1 - \rho^{-2}(2Mr - Q^2)]\, d\tilde{V}^2 - 2dr\, d\tilde{V} - \rho^2 d\vartheta^2$$

$$- \rho^{-2}[(r^2+a^2) - \Delta a^2 \sin^2\vartheta]\sin^2\vartheta\, d\tilde{\varphi}^2 + 2a\sin^2\vartheta\, d\tilde{\varphi}\, dr$$

$$+ 2a\rho^{-2}(2Mr - Q^2)\sin^2\vartheta\, d\tilde{\varphi}\, d\tilde{V} \qquad (23)$$

Dieser Ausdruck ist beim Horizont $\Delta = 0$ regulär. Anstelle von $\tilde{V}$ wird häufig auch $\tilde{t} := \tilde{V} - r$ verwendet. Die Killing-Felder K und $\tilde{K}$ lauten in den Kerr-Koordinaten

$$K = \left(\frac{\partial}{\partial \tilde{t}}\right)_{r,\vartheta,\tilde{\varphi}}, \qquad \tilde{K} = \left(\frac{\partial}{\partial \tilde{\varphi}}\right)_{\tilde{t},r,\vartheta} \qquad (24)$$

7. Singularität der Kerr-Newman Metrik

Die Kerr-Newman Metrik hat eine echte Singularität, welche für $M^2 > a^2 + Q^2$ innerhalb eines Horizonts liegt. Diese hat eine etwas komplizierte Struktur. Für eine detaillierte Diskussion verweise ich auf das Buch von Hawking und Ellis [15], Abschnitt S.6, wo auch die maximale analytische Fortsetzung der Kerr-Lösung besprochen wird. Da diese Aspekte keine astrophysikalische Bedeutung haben, gehen wir nicht näher darauf ein.

8. Struktur der Lichtkegel

Die Struktur der Lichtkegel hilft sehr zur Veranschaulichung der Raum-Zeit-Geometrie. Wir wollen diese in der Aequatorebene genauer anschauen (vgl. Fig. 2). Jeder Punkt in dieser Ebene stellt eine Integralkurve des Killing-Feldes K dar. In Fig. 2 sind die Wellenfronten von Lichtsignalen eingezeichnet, die, von den markierten Punkten ausgehend, zu einer etwas späteren Zeit gebildet werden.

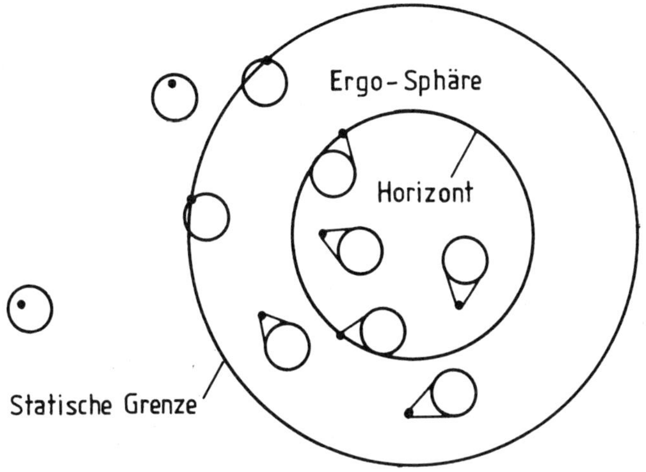

Fig. 2. Struktur der Lichtkegel in der Aequatorebene eines Kerr-Newman Loches.

Wir notieren die folgenden Tatsachen:

(i) Da K ausserhalb der statischen Grenze zeitartig ist, liegen die emittierenden Punkte innerhalb der Wellenfronten.

(ii) An der statischen Grenze wird K lichtartig; deshalb liegt der Emissionspunkt auf der Wellenfront.

(iii) Innerhalb der Ergo-Sphäre ist K raumartig und folglich liegen die emittierenden Punkte ausserhalb der Wellenfronten.

(iv) Bei $r = r_+$ ist K immer noch raumartig, aber die Wellenfronten zu einem Emissionspunkt auf dieser Fläche liegen ganz innerhalb der Fläche, bis auf einen Berührungspunkt (Uebungsaufgabe). Dies zeigt, dass die Fläche $\{r = r_+\}$ ein <u>Horizont</u> ist. Man zeige auch, dass der Horizont eine lichtartige Fläche ist, welche bezüglich K und $\tilde{K}$ invariant ist.

9. Penrose-Mechanismus

Da K innerhalb der Ergo-Sphäre raumartig ist, kann man im Prinzip Energie aus dem schwarzen Loch extrahieren, wodurch die Winkelgeschwindigkeit verringert wird und damit die Ergo-Sphäre kleiner wird.

Man stelle sich z.B. ein Stück Materie vor, welches von weit weg in die Ergosphäre fällt (vgl. Fig. 3) und dort in zwei Bruchstücke so zerfällt, dass folgendes gilt:

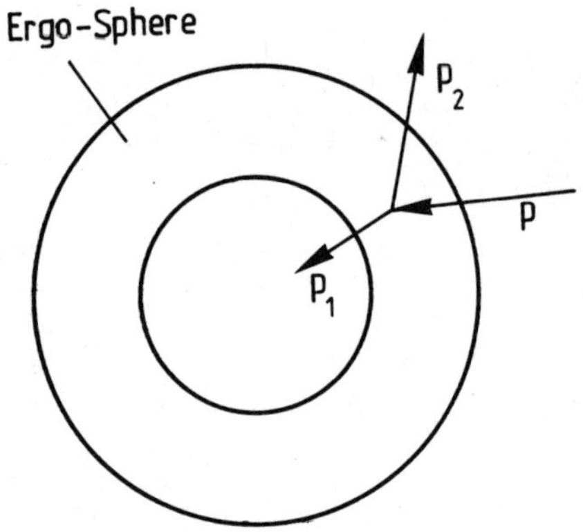

Fig. 3. Penrose-Mechanismus.

$E_1 := (p_1, K) < 0$, wobei p, p_1 und p_2 die jeweiligen 4er-Impulse bezeichnen; $p = p_1 + p_2$. Nun ist wesentlich, dass (p,K) längs einer Geodäte konstant ist, denn es gilt:

$$\nabla_u(u,K) = (\underbrace{\nabla_u u}_{0}, K) + (u, \nabla_u K) = u^\mu u^\nu K_{\mu;\nu}$$
$$= \frac{1}{2} u^\mu u^\nu (K_{\mu;\nu} + K_{\nu;\mu}) = 0 .$$

Das Skalarprodukt (p,K) ist zudem die asymptotische Energie des Teilchens. Da $E := (p,K) = (p_1,K) + (p_2,K)$, sehen wird, dass $E_2 := (p_2,K) > E$ ist. Deshalb kann das zweite Bruchstück die Ergo-Sphäre verlassen und eine grössere Energie wegtragen als sie das einfallende Stück Materie hatte. (Dieser Prozess löst ein für allemal gleichzeitig das Energie- und das Abfallproblem.)

10. Der 2. Hauptsatz der Physik der schwarzen Löcher

Die allgemeinste Form des sog. 2. Hauptsatzes wurde von Hawking bewiesen. Dieser lautet

2. Hauptsatz: Bei allen (klassischen) Wechselwirkungen von Strahlung und Materie mit schwarzen Löchern kann die gesamte Fläche der Ränder dieser Löcher (gebildet durch ihre Horizonte) nie abnehmen.

Einen Beweis dieses Satzes findet man im Buch von Hawking und Ellis [15].

Die Einschränkung auf "klassische" Wechselwirkungen bedeutet, dass wir die Aenderungen der Quantentheorie der Materiefelder in den starken äusseren Gravitationsfeldern eines schwarzen Loches nicht in Rechnung stellen. Für makroskopische schwarze Löcher ist dies auch vollumfänglich gerechtfertigt. (Sollte es aber Minilöcher geben, so wären Quanteneffekte - wie z.B. spontane Strahlung - wesentlich.)

Der zweite Hauptsatz impliziert speziell, dass beim Zusammenstoss von zwei schwarzen Löchern und ihrer Verschmelzung zu einem einzigen Loch dessen Oberfläche grösser ist als die Summe der Oberflächen der Ereignishorizonte der beiden ursprünglichen Löcher (vgl. Fig. 4).

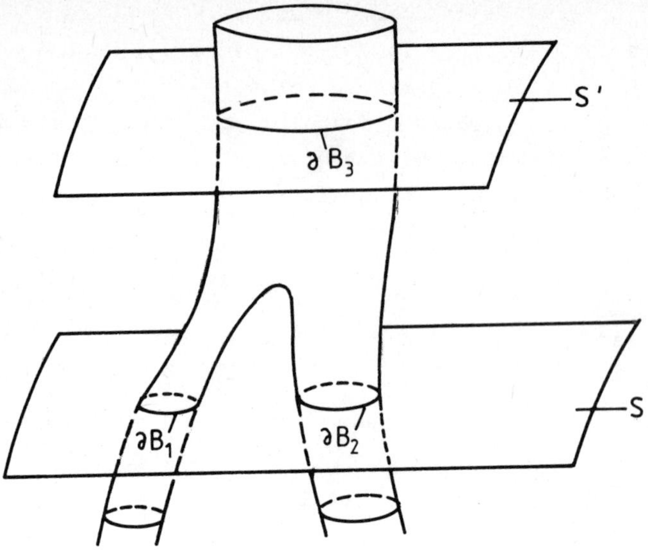

$$A(\partial B_1) + A(\partial B_2) \leq A(\partial B_3)$$

Fig. 4. Illustration des 2. Hauptsatzes. (Verschmelzung von zwei schwarzen Löchern.)

Anwendungen: Für ein Kerr-Newman Loch findet man für die Oberfläche leicht (Uebungsaufgabe):

$$A = 4\pi(r_+^2 + a^2) = 4\pi\left[\left(M + \sqrt{M^2 - a^2 - Q^2}\right)^2 + a^2\right] \qquad (25)$$

Wir setzen

$$A = 16\pi M_{irr}^2 \qquad (26)$$

Damit können wir (25) in der folgenden interessanten Form schreiben

$$M^2 = \left(M_{irr} + \frac{Q^2}{4M_{irr}}\right)^2 + \frac{S^2}{4M_{irr}} \qquad (27)$$

↑ "elektromagnetische Selbstenergie" (zu $\frac{Q^2}{4M_{irr}}$) — "Rotationsenergie" (zu $\frac{S^2}{4M_{irr}}$)

Die "irreduzible Masse" M_{irr} kann nach dem 2. Hauptsatz bei Wechselwirkungen eines einzelnen Loches mit Materie und Strahlung nicht abnehmen. Deshalb ist die maximale Energieextraktion für $Q = 0$:

$$\Delta M = M - M_{irr} \, ; \quad \frac{\Delta M}{M} = 1 - \frac{1}{\sqrt{2}}\left[1 + \sqrt{1 - a^2/M^2}\,\right]^{1/2} \qquad (28)$$

Da $a^2 \leq M^2$ bedeutet dies

$$\boxed{\frac{\Delta M}{M} \leq 1 - \frac{1}{\sqrt{2}}} \qquad (29)$$

Nun betrachten wir zwei Kerr-Löcher, welche zusammenstossen und zu einem einzelnen Loch verschmelzen (vgl. Fig. 4), welches schliesslich stationär wird. Der 2. Hauptsatz führt zur Ungleichung

$$M\left(M + \sqrt{M^2 - a^2}\right) \geq M_1\left(M_1 + \sqrt{M_1^2 - a_1^2}\right) + M_2\left(M_2 + \sqrt{M_2^2 - a_2^2}\right)$$

Also gilt

$$\varepsilon := \frac{M_1 + M_2 - M}{M_1 + M_2} < \frac{1}{2} \qquad (30)$$

Ist speziell $M_1 = M_2 =: \frac{1}{2}\mathfrak{M}$, $a_1 = a_2 = a = 0$, dann gilt $M^2 \geq 2(\frac{1}{2}\mathfrak{M})^2$, d.h. $M > \mathfrak{M}/\sqrt{2}$, und folglich

$$\boxed{\varepsilon \leq 1 - \frac{1}{\sqrt{2}} = 0.293} \qquad (31)$$

Grundsätzlich kann also sehr viel Energie freigesetzt werden.

* * *

Man muss sich fragen, ob die Kerr-Lösung stabil ist. Die lineare Störungstheorie dieser Lösung wird von Chandrasekhar ausführlich in [21], Kapitel 7, entwickelt.

11. Bemerkungen zum realistischen Kollaps

Ueber den realistischen Kollaps lässt sich nicht viel Zuverlässiges sagen. Zwar sind auch für den nichtsphärischen Fall Computersimulationen in Vorbereitung, aber es wird noch einige Zeit dauern, bis uns diese ein zutreffendes Bild geben werden und Fragen der folgenden Art beantworten können: Wann wird (wenn überhaupt) aus dem core einer Supernova-Explosion ein schwarzes Loch entstehen ? Wieviel Masse wird aus den äusseren Schichten des kollabierenden Sternes ausgestossen ? Wieviel Gravitationsstrahlung und wieviel Neutrino-Strahlung wird dabei entstehen ? Wie hängen die Antworten auf diese Fragen von der Masse und vom Drehimpuls des Sterns im präsupernoven Stadium ab ? Welches ist der Einfluss der Magnetfelder ?

Zur Zeit lassen sich etwa die folgenden qualitativen Bemerkungen zum realistischen Kollaps machen:

(1) Die Bildung von gefangenen Flächen *) ist ein stabiles Phänomen.

*) Dies ist eine geschlossene raumartige zweidimensionale Fläche mit der Eigenschaft, dass sowohl die dazu normal einlaufenden, als auch die normal auslaufenden zukunftsorientierten Nullgeodäten konvergieren. Dies bedeutet folgendes: Stellt man sich vor, dass diese zweidimensionale Fläche instantan aufleuchtet, dann würden die Flächen der einlaufenden und der auslaufenden Wellenfronten abnehmen. Die auslaufende Wellenfront würde damit nach endlicher affiner Distanz vollständig zusammenschrumpfen und damit natürlich auch die von der gefangenen Fläche eingeschlossene Materie.

Man gebe Beispiele von gefangenen Flächen für die Schwarzschild- und die Kerr-Lösung an.

Aus der Stabilität der Cauchy-Entwicklung (vgl. [15], § 7.5) folgt nämlich, dass sich eine gefangene Fläche immer noch bilden wird, wenn die Abweichung vom sphärisch symmetrischen Kollaps nicht zu gross ist.

Gemäss einem allgemeinen Theorem von Hawking und Penrose [15] muss dann auch eine Singularität entstehen. Nach der (unbewiesenen) Hypothese der "kosmischen Zensur" sollte diese hinter einem Horizont verborgen sein. Wenn dies so ist, so wäre demnach nicht nur die Entstehung von Singularitäten, sondern auch die Bildung von Horizonten ein stabiles Phänomen.

(2) Gefangene Flächen, und damit Singularitäten und Horizonte, werden vermutlich dann gebildet, wenn eine Massenansammlung so kompakt ist, dass der Umfang in jeder Richtung kleiner als $\sim 2\pi\ (2\ GM/c^2)$ ist. Die gefangene Fläche ist dann innerhalb des Horizonts.

(3) Störungsrechnungen deuten darauf hin, dass sich ein formiertes dynamisches schwarzes Loch sehr schnell (in $\sim 10^{-3}$ s $(M/M_{\odot})$) einem stationären Zustand nähert. Dafür sind die Emission von Gravitationswellen, aber auch deren teilweise Absorption durch das schwarze Loch wesentlich. Danach ist das Loch ein Mitglied der Kerr-Newman Familie und somit durch Masse, Drehimpuls und elektrische Ladung (welche in Wirklichkeit praktisch verschwinden dürfte) charakterisiert. Dies sind die einzigen Merkmale, die von der Vorgeschichte übrigbleiben. Es gibt aber keine zuverlässigen Rechnungen für die bei diesem Relaxationsprozess emittierte Gravitationsstrahlung.

Zusammenfassend lässt sich also folgendes sagen: Geleitet durch das sphärisch symmetrische Bild, eine Mischung von strengen mathematischen Deduktionen, physikalischen Argumenten, Extrapolationen von störungstheoretischen Rechnungen und blindem Vertrauen haben wir ein grobes Bild vom realistischen Kollaps gewonnen. Es bleibt der Zukunft überlassen, dieses zuverlässiger und detaillierter zu gestalten.

* * *

Wenn ein schwarzes Loch von Materie umgeben ist,die z.B. von einem normalen Stern stammt, welcher mit dem schwarzen Loch ein enges binäres System bildet, dann wird diese von ihm angesaugt und dabei so sehr erhitzt, dass eine starke Röntgenquelle entstehen kann. Diese Bemerkung leitet zum nächsten Kapitel über, in welchem wir unter anderem die Gründe diskutieren werden, welche für die Existenz eines schwarzen Loches in der Röntgenquelle Cyg X-1 sprechen.

K A P I T E L   VIII

B I N A E R E   R O E N T G E N Q U E L L E N

1. Kurze Geschichte der Röntgen-Astronomie

Die aus dem Weltraum kommende Röntgenstrahlung wird von der Erdatmosphäre vollständig absorbiert. Deshalb konnte sich die Röntgenastronomie erst entwickeln, als es möglich wurde, Messinstrumente mit Ballons in die oberen Schichten der Erdatmosphäre zu tragen oder mit Raketen in den Raum hinaus zu schiessen. Zunächst richtete man die Röntgendetektoren auf die Sonne und so wurde 1948 erstmals die solare Röntgenstrahlung nachgewiesen.

Mit wesentlich verbesserten Detektoren wurde im Juli 1962 erstmals eine Punktquelle ausserhalb des Sonnensystems entdeckt. Diese befindet sich im Sternbild Skorpion und deshalb bekam sie den Namen Sco X-1.

Das "Röntgenfenster" wurde aber erst richtig geöffnet als die NASA den berühmten Satelliten UHURU am 12. Dezember 1970 von der Küste von Kenia aus startete. (Uhuru bedeutet auf Kisuaheli "Freiheit"; dieser Name wurde gewählt, weil der Start am Unabhängigkeitstag des jungen Staates erfolgte.) Innerhalb von weniger als zwei Jahren fand man mit diesem Röntgensatelliten ungefähr hundert galaktische und etwa fünfzig extragalaktische Röntgenquellen. (Der Spektralbereich von UHURU betrug 2-20 keV.) Einige der Punktquellen zeigten periodische, schnell wiederkehrende Röntgenblitze (Röntgenpulsare). Ein berühmtes Beispiel ist Herkules X-1 mit der Periode $P = 1.24$ s . Dieser Zeitabstand wird aber nicht streng eingehalten, sondern ändert sich mit einer Periode von 1.70017 Tagen, was darauf zurückzuführen ist, dass Her X-1 Mitglied eines engen Binärsystems ist. Wir kennen heute zahlreiche Systeme dieser Art, bei denen auch der optische Partner eindeutig identifiziert ist.
Mit UHURU wurde auch die völlig irregulär und sehr rasch fluktuierende Röntgenquelle Cyg X-1 entdeckt, welche wahrscheinlich ein schwarzes Loch beherbergt (vgl. Abschnitt 5).

Mit Hilfe von weiteren Satelliten (ANS, SAS-3, OSO-8, etc.) entdeckten die Astronomen in den Jahren 1975 und 1976 eine neue Klasse von Röntgenquellen, die sog. Burster. Bei diesen handelt es sich um kurzzeitige Ausbrüche von Röntgenstrahlung aus Quellen nahe dem Zentrum unserer Galaxie oder in Kugelsternhaufen. Diese wiederholen sich in unregelmässigen Abständen, die zwischen mehreren Stunden und einigen Tagen betragen. Typischerweise erreicht die Intensität bei einem solchen Ausbruch nach wenigen Sekunden ihr Maximum und fällt danach etwa innerhalb einer Minute auf ihren alten Wert zurück. In einem Ausbruch werden etwa 10^{39} erg abgestrahlt. (Dies ist etwa gleichviel wie die Sonne in ungefähr zwei Wochen aussendet.)

Die Instrumente, mit denen die erwähnten Satelliten ausgerüstet waren, besassen alle nur eine relativ geringe Empfindlichkeit, so dass sie nur die stärksten Quellen erfassen konnten. Mit dem Start des "Einstein-Observatoriums" im November 1978 haben die Astronomen nun ein Röntgenteleskop zur Verfügung, das etwa so empfindlich ist wie optische und Radioteleskope in ihrem jeweiligen Spektralbereich. Damit wurde in etwa 15 Jahren im Röntgenbereich eine Entwicklung vollzogen, die vergleichbar ist zum Fortschritt der optischen Astronomie von Galileis Fernrohr bis zum Fünf-Meter-Hale-Reflektor auf dem Mount Palomar. (Vgl. den populären Aufsatz [56] von R. Giaconni.)

2. Intermezzo: Zur Mechanik in Binärsystemen

Da, wie wir sehen werden, nicht nur die Röntgenpulsare, sondern auch die Burster und die Röntgenquelle Cyg X-1 ihren Sitz in engen Doppelsternsystemen haben, muss ich einige Vorbemerkungen mechanischer Natur einschieben.

Die beiden Komponenten des Binärsystems mögen sich, der Einfachheit halber, um einander in Kreisbahnen bewegen. Die Bahnperiode P und die Winkelgeschwindigkeit Ω sind durch das 3. Keplersche Gesetz gegeben:

$$\Omega^2 = \left(\frac{2\pi}{P}\right)^2 = G\,\frac{M_1+M_2}{R^3} \qquad (1)$$

wobei R den Abstand zwischen den Schwerpunkten der beiden Sterne mit Massen M_1 und M_2 bezeichnet. Wir betrachten zunächst ein einzelnes Gasteilchen im Feld der beiden Massen (restringiertes 3-Körperproblem). Seine Bewegung beschreibt man am Zweckmässigsten im mitrotierenden

System:

$$\dot{\underline{v}} = -\underline{\nabla}\psi - 2\underline{\Omega}\wedge\underline{v} \qquad (2)$$

Darin ist $\underline{v}$ die Geschwindigkeit und ψ ist die Summe von Newtonschem- und Gravitationspotential:

$$\psi(\underline{x}) = -\frac{GM_1}{r_1} - \frac{GM_2}{r_2} - \frac{1}{2}(\underline{\Omega}\wedge\underline{x})^2 \qquad (3)$$

Die Gleichgewichtslagen im mitrotierenden System sind deshalb gerade die kritischen Punkte von ψ. Davon gibt es fünf (Lagrange), wobei drei kollinear mit M_1 und M_2 sind und zwei, bei geeigneter Wahl der Masstäbe, äquilateral liegen. Die drei kollinearen Gleichgewichtslagen sind überdies hyperbolisch und also unstabil. (Bei genügend kleinem Massenverhältnis können die äquilateralen Gleichgewichtslagen stabil werden.)
Durch skalare Multiplikation von (2) mit $\underline{v}$ findet man das Jacobi-Integral:

$$\frac{1}{2}\underline{v}^2 + \psi = \text{const.} \qquad (4)$$

Bei der Bewegung des Teilchens kann ψ offensichtlich nicht über den Wert dieses Integrals anwachsen. Deshalb ist die Struktur der Aequipotentialflächen von ψ sehr wichtig. Diese, sowie die 5 Gleichgewichtslagen, sind in Fig. 1 gezeigt. Besonders wichtig ist die Aequipotentialfläche durch den inneren Lagrangepunkt L_1 (kritische Roche-Grenze). Innerhalb dieser kritischen Fläche sind die Aequipotentialflächen, welche die beiden Massenzentren umschliessen, disjunkt; ausserhalb ist dies aber nicht mehr der Fall. Die kritische Roche-Grenze begrenzt also das Maximalvolumen (Roche-Volumen) eines Sterns. Wenn dieses überschritten wird, so fliessen Teile der Hülle auf den andern Stern über.
Für ein Gas lautet die Navier-Stokes Gleichung im mitrotierenden System

$$D_t\underline{v} = -\underline{\nabla}\psi - 2\underline{\Omega}\wedge\underline{v} - \frac{1}{\rho}\underline{\nabla}p + \text{Reibungsterme} \qquad (5)$$

wobei $D_t\underline{v}$ die hydrodynamische Ableitung des Geschwindigkeitsfeldes bezeichnet. In einer stationären Situation ($\underline{v} = 0$ im mitrotierenden System) erhält man erwartungsgemäss

$$\underline{\nabla}p = -\rho\underline{\nabla}\psi \qquad (6)$$

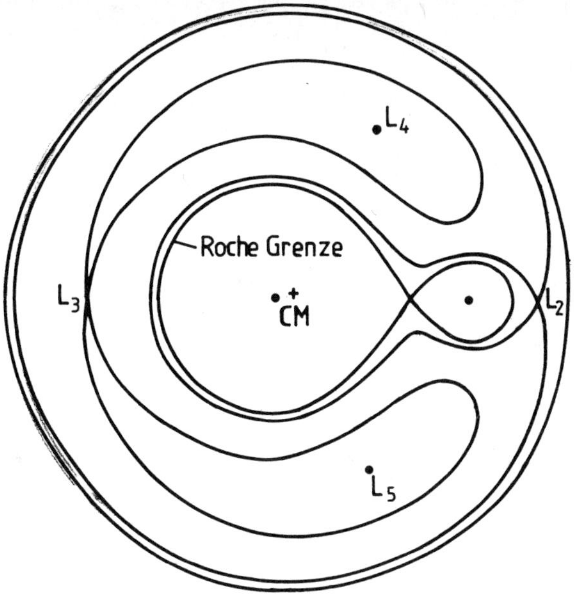

Fig. 1. Niveaulinien in der Bahnebene, Gleichgewichtslagen und Roche-Grenze des restringierten 3-Körperproblems.

Deshalb sind die Flächen gleichen Druckes, insbesondere die Sternoberfläche, Aequipotentialflächen von ϕ .

Man stelle sich nun eine Situation vor, in welcher der massereichere Stern in einem engen Doppelsystem während einer Evolutionsphase (Riesenstadium) die Roche-Grenze ausfüllt. Wenn dies passiert, wird Materie durch den inneren Lagrange-Punkt in das Roche-Volumen des Partners überfliessen. Dieser Mechanismus wird im folgenden eine wichtige Rolle spielen.

3. Röntgenpulsare

Wir kennen heute etwa fünfzig kompakte galaktische Röntgenquellen mit $L_X > 10^{34}$ erg/s, welche auch optisch identifiziert sind. Etwa zwanzig dieser Quellen sind Röntgenpulsare und zweifelsfrei als Doppelsternsysteme identifiziert worden, wobei der Begleiter fast immer ein heller O- oder B-Stern ist, der etwa die zehn- bis zwanzigfache Masse der Sonne hat. Her X-1 fällt in dieser Beziehung aus dem Rahmen; die Masse des optischen Begleiters beträgt nur etwa 2 $M_{\odot}$.
Die qualitative Interpretation der Röntgenpulsare dürfte feststehen. Der Begleiter des normalen Sternes ist ein Neutronenstern und dieser saugt überströmendes Gas an. Da sich beide Sterne schnell umeinander bewegen, sammelt sich die Materie in einer ebenfalls rotierenden Akkretionsscheibe *) an. Durch viskose Dissipation wird sie erhitzt und fällt schliesslich in Spiralbahnen auf die Oberfläche des Neutronensterns, wobei etwa 10 % der Ruheenergie freigesetzt werden. Nun wird ein Neutronenstern häufig ein sehr starkes Magnetfeld $B \sim 10^{12}$ G besitzen, da bei der Bildung eines Neutronensterns durch core-Kollaps der magnetische Fluss der sehr gut leitenden Sternmaterie erhalten bleibt; man erhält deshalb Verstärkungsfaktoren für B von der Grössenordnung 10^{10}. Ein so starkes Feld leitet das Plasma zu den magnetischen Polen ab, wo durch die herunterstürzende Materie zwei "heisse Flecken" von intensiver Röntgenstrahlung entstehen. Die Dipolachse des Feldes wird im allgemeinen nicht mit der Rotationsachse zusammenfallen und deshalb rotieren die heissen Flecken mit dem Stern. Damit drehen sich auch die beiden von ihnen ausgehenden Röntgenlichtkegel, ähnlich wie der Lichtstrahl eines Leuchtturmes, und wenn diese die Richtung nach der Erde überstreichen, erscheint uns der Stern als Röntgenpulsar **). In vielen Fällen wird die Röntgenstrahlung vom optischen Begleiter mit der Umlaufszeit des Systems periodisch verdunkelt.
Diese Interpretation wird stark gestützt durch die Beobachtung [57]

*) accrescere: mehr und mehr anwachsen.

**) siehe nächste Seite.

einer Spektrallinie im Röntgenspektrum von Her X-1 bei 58 keV (vgl. Fig. 2). Sehrwahrscheinlich entspricht diese dem Uebergang zwischen dem ersten angeregten Landau-Niveau und dem Grundzustand (Zyklotronübergang). Wenn diese Interpretation zutrifft, muss die Feldstärke von Her X-1 etwa 5×10^{12} G betragen. Leider ist es bis jetzt nicht gelungen, entsprechende Linien für andere Systeme nachzuweisen.
Die beobachteten Röntgenluminositäten sind $L_X \simeq 10^{36} - 10^{38}$ erg/s . Für eine thermische Strahlung dieser Grösse aus so kleinen Dimensionen muss die Temperatur etwa $(1-3) \times 10^7$ K sein, d.h. die Röntgenstrahlen müssen, wie beobachtet, in das keV-Gebiet fallen.
Der Materiefluss, der nötig ist, um die beobachtete Röntgenluminosität auszulösen, kann in engen binären Systemen leicht aufrechterhalten werden. Mögliche Mechanismen sind:

(i) Sternwind. Winde von O- oder B-Sternen haben eine Stärke von etwa $10^{-6}\ M_\odot$/Jahr und dies kann leicht zu einer Akkretionsrate von $10^{-9} M_\odot$/Jahr auf den kompakten Begleiter führen. Da etwa 10 % der Ruheenergie in Strahlung verwandelt werden kann, reicht dies für die beobachtete Röntgenluminosität aus.

**) Die Ausdehnung der Magnetosphäre kann wie folgt abgeschätzt werden. Beim Alfvén-Radius r_A ist der magnetische Druck $B^2/8\pi$ vergleichbar zur Materie-Impulsflussdichte ρv_f^2 , wobei v_f die freie Fallgeschwindigkeit ist. Aus

$$B^2/8\pi \simeq \rho v_f^2 \ , \quad \frac{1}{2} v_f^2 = GM/r_A \ , \quad \rho v_f 4\pi r^2 = \dot{M}$$

erhält man für eine typische Akkretionsrate $\dot{M} = 10^{17}$ g/s , sowie $M = 1\ M_\odot$ und eine Polstärke $B_p = 5 \times 10^{12}$ G einen Alfvén-Radius $r_A \simeq 100\ R \simeq 10^8$ cm .

Da die Integralkurven eines Dipolfeldes die Gleichung $\frac{1}{r} \sin^2\theta = \text{const.}$ erfüllen, erwartet man für die Fläche der strahlenden Polkappe

$$F \simeq \pi (R \sin\theta_0)^2 \ , \quad \frac{1}{R} \sin^2\theta_0 = \frac{1}{r_A}$$

d.h.

$$F \simeq \pi R^2 (R/r_A)^2 \simeq 1\ \text{km}^2$$

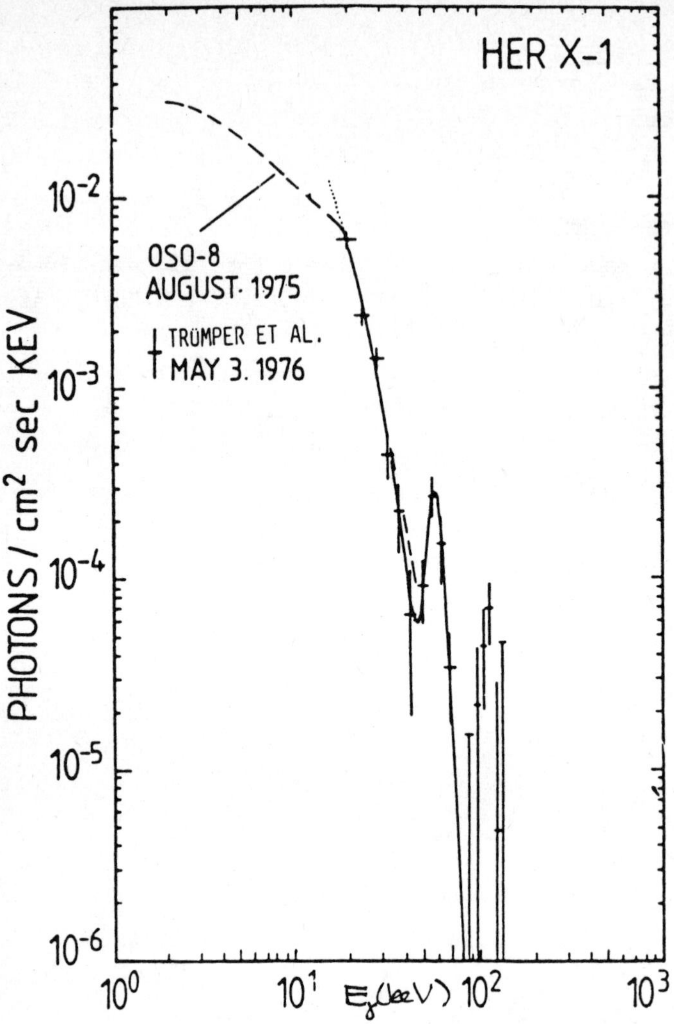

Fig. 2. Röntgenspektrum von Her X-1 [57] .

<u>(ii) Ueberströmung aus dem Roche-Volumen.</u> Der massive normale Begleiter kann sich als roter oder blauer Superriese über die kritische Roche-Grenze aufblähen. Dabei wird ein beachtlicher Massentransfer von $(10^{-6}-10^{-3})$ $M_\odot$/Jahr stattfinden. Da aber Kolonnendichten grösser als 1 g/cm^2 für keV-Röntgenstrahlung undurchsichtig sind, löscht dieser

Roche-Ueberfluss möglicherweise die Röntgenquelle aus.

(iii) Röntgenerhitzung. Ein Massentransfer kann auch dadurch induziert werden, dass die Röntgenstrahlung die äusseren Schichten des optischen Begleiters erhitzt. Ein solcher, sich selbst aufrechterhaltender Mechanismus ist vielleicht in der Quelle Her X-1 am Werk.

Die Einzelheiten der Akkretion, die Umwandlung der potentiellen Energie in Strahlung, sowie deren Transport durch das über den heissen Flecken liegende Plasma sind sehr komplizierte Probleme, die noch lange nicht befriedigend gelöst sind. Wir begnügen uns hier mit einem Hinweis auf den Uebersichtsartikel [58].

Für fünf Röntgenpulsare ist es gelungen, die Masse des Neutronensterns ungefähr zu bestimmen. Obschon die Fehler recht gross sind, lässt sich doch sagen, dass diese zwischen 1-2 $M_\odot$ liegen und in keinem Fall 2.5 $M_\odot$ überschreiten [59]. Auf die Methode der Massenbestimmung werde ich im Zusammenhang mit Cyg X-1 noch eingehen.

Für den schon mehrfach erwähnten binären Radiopulsar PSR 1913+16 kennen wir die Masse sehr genau. Dies wurde deshalb möglich, weil es Taylor und Mitarbeitern gelungen ist [29], mit sehr präziser Vermessung der Ankunftszeiten der Radiopulse über Jahre hinweg, auch post-Keplersche Parameter des Systems (wie die Periheldrehung und die gravitative und transversale Dopplerverschiebung) zu bestimmen. Für beide Partner des Systems ergibt sich eine Masse in der Nähe von 1.4 $M_\odot$. (Vermutlich ist auch der Begleiter des Pulsars ein Neutronenstern.) Ich erinnere daran, dass dies auch die Masse des Fe-Ni-cores ist, der sich im präsupernoven Stadium eines massereichen Sternes bildet.

4. Burster

Die in Abschnitt 1 erwähnten Burster stellen eine ganz andere Klasse von Röntgenquellen dar. Wir werden unten einige Hauptgründe anführen, welche die folgende Interpretation dieser Objekte sehr stark stützen. (Für Einzelheiten verweise ich auf den Uebersichtsartikel [60].)

Wieder handelt es sich um sehr enge binäre Systeme mit einem Neutronenstern als Partner. Diesmal ist aber der optische Begleiter ein massearmer Stern von vielleicht (0.5-1.0) $M_\odot$. Wenn dieser ein roter Riese wird und sein kritisches Volumen ausfüllt, strömt Gas auf den Neutronenstern über und bildet wieder eine Akkretionsscheibe. Das kritische

Volumen ist tatsächlich nicht sehr gross (und kann deshalb vom massearmen Stern erreicht werden), da die Bahnperioden, in den Fällen wo man diese bestimmen konnte, (mit Ausnahmen) nur einige Stunden betragen. Die optische Strahlung des Systems stammt zum überwiegenden Teil aus der Akkretionsscheibe, denn man konnte nur in einigen Fällen im röntgenruhigen Stadium (neben den Emissionslinien) auch Absorptionslinien finden. Dies zeugt von der niedrigen Leuchtkraft des optischen Partners. In diesem Zusammenhang ist auch die bereits erwähnte Tatsache wichtig, dass die Röntgenquellen, die nicht pulsieren und keine Verfinsterungen zeigen, meist im galaktischen Zentrum und in Kugelhaufen, d.h. in alten Sternpopulationen, zu finden sind. Deshalb würde man erwarten, dass das Magnetfeld des Neutronensterns teilweise zerfallen ist *), oder dass die Dipolachse mit der Rotationsachse zusammenfällt. Dies passt umgekehrt dazu, dass diese Röntgenquellen nicht pulsieren. Die herunterstürzende Materie wird sich mehr oder weniger auf die ganze Oberfläche des Neutronensterns verteilen und die freiwerdende Gravitationsenergie wird in Form einer ungefähr konstanten Röntgenstrahlung wieder abgegeben. Diese wird vom optischen Partner, im Einklang mit den Beobachtungen, nicht verfinstert, weil die Scheibe für Röntgenstrahlung optisch dick ist und der kleine optische Stern deshalb im Röntgenschatten untertaucht.
Da die angehäufte Materie hauptsächlich aus H und He besteht, können unkontrollierte Kernfusionsprozesse gezündet werden. Tatsächlich steht ziemlich fest, dass die Röntgenausbrüche der Burster über dem konstanten Hintergrund (mit einer Ausnahme) auf thermonukleare Explosionen zurückzuführen sind. Ich will dies noch etwas näher erklären.

Unterhalb einer etwa 1 m dicken Schicht des angehäuften Wasserstoffs ist die Dichte bereits auf $\sim 10^{4-6}$ g/cm^3 angestiegen (bestätige dies

*) In der magnetohydrodynamischen Näherung ist die charakteristische Dissipationszeit eines Magnetfeldes $\tau \simeq \frac{4\pi\sigma}{c^2} R^2$. Setzt man hier typische Werte für die Leitfähigkeit σ ein (vgl. [61]), so erhält man zwar astronomisch lange Zeiten, aber für ganz alte Neutronensterne dürfte das Feld schon teilweise zerfallen sein.

durch eine Abschätzung). Wenn nun der core des Neutronensterns genügend heiss ist (~ einige 10^8K), so wird in einem Meter Tiefe der Wasserstoff bereits zu brennen beginnen. Deshalb entwickelt sich darunter, wie detaillierte Rechnungen zeigen, eine etwa gleich dicke Heliumschicht. Weiter unten ist auch Helium nicht mehr stabil bezüglich Fusion in Kohlenstoff. Deshalb brennen zumindest zwei dünne Schalen (vgl. Fig. 3). Diese sind, wie Schwarzschild und Härm in einem anderen Zusammenhang entdeckt haben, thermonuklear instabil. Die Existenz und die Stärke dieser Instabilität sind eine direkte Folge der sehr starken Temperaturabhängigkeit der thermonuklearen Reaktionsraten. In der vorliegenden

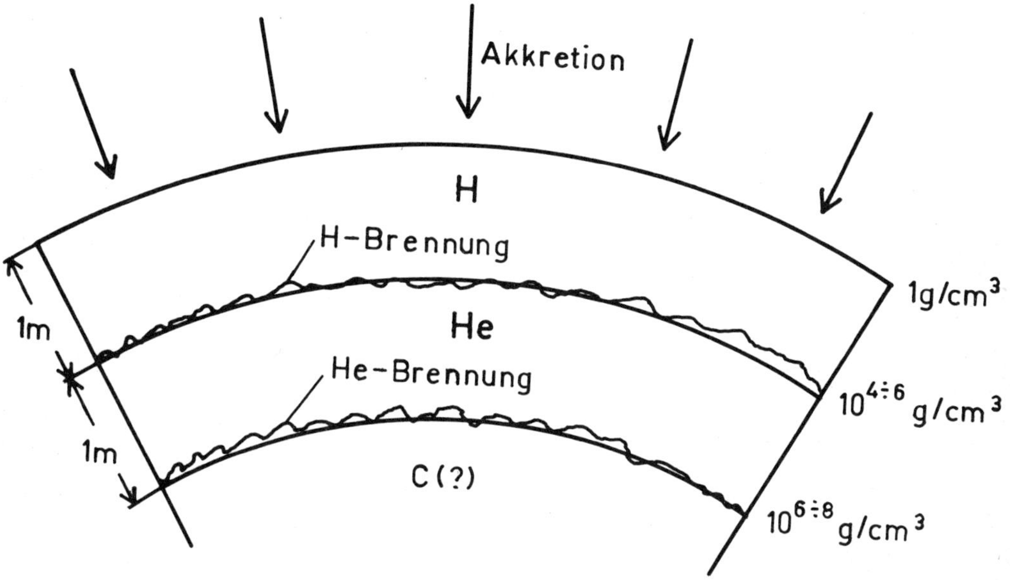

Fig. 3. Aeusserste Hülle des akkretierenden Neutronensterns.

Situation wird dies noch durch die teilweise Entartung des brennenden Materials verstärkt, da der Druck nicht so stark auf die ansteigende Temperatur reagiert.

Die p-p Kette ist nicht genügend temperaturempfindlich, um ein thermisches Weglaufen der wasserstoffbrennenden Schicht auszulösen. Der CNO-Zyklus wäre zwar dazu genügend temperaturabhängig, aber dieser saturiert bei hohen Reaktionsgeschwindigkeiten auf Grund der relativ langen Lebensdauern (~ 10^2 s) der β-instabilen Kerne ^{13}N, ^{14}O, ^{15}O und ^{17}F, welche am Zyklus beteiligt sind.

Hingegen ist die He-brennende Schale für einen weiten Bereich von Bedingungen instabil. Dies wird durch detaillierte Rechnungen bestätigt. Wenn sich etwa 10^{21} g Materie auf der Oberfläche angesammelt haben, entsteht ein Heliumblitz, bei dem praktisch alles brennbare Material aufgebraucht wird. Die meiste Energie wird dabei zur Photosphäre transportiert und in einem Röntgenausbruch abgestrahlt. Die berechneten Eigenschaften dieser Röntgenschauer (Anstiegszeit, maximale Luminosität, Abklingzeit, etc.) gleichen den beobachteten recht gut [60]. Für eine typische Akkretionsrate von 10^{17} g/s betragen die Zeitabstände zwischen den Ausbrüchen etwa 3 Stunden.

Weitere Beobachtungen stützen die Richtigkeit des diskutierten Modells. Bei der Abkühlphase eines Ausbruchs ist das Spektrum praktisch schwarz. Deshalb lässt sich aus der Luminosität und dem ungefähren Abstand der Röntgenquelle die emittierende Oberfläche bestimmen. Man erhält in allen Fällen [62] Radien um zehn Kilometer.

Es ist zudem gelungen nachzuweisen, dass fast gleichzeitig mit einem Röntgenblitz auch ein Ausbruch im optischen Bereich erfolgt. Das Maximum des letzteren erscheint aber um einige Sekunden verzögert. Die Interpretation liegt auf der Hand: Der Röntgenblitz erhitzt die Akkretionsscheibe und deshalb entsteht dort ein verzögertes optisches "Echo".

Schliesslich müssen wir noch auf eine, bis jetzt einzigartige Röntgenquelle hinweisen, nämlich den schnellen Burster MXB 1730-335. Dieser zeigt in seinen aktiven Perioden (welche sechs Monate auseinanderliegen) alle 3-4 Stunden Röntgenausbrüche der bereits beschriebenen und gedeuteten Art. Als Besonderheit emittiert er aber zusätzlich in schneller Folge eine zweite Art von Röntgenblitzen, oft mehrere Tausend in einem Tag. Man vermutet, dass diese auf gewisse Instabilitäten im Akkretionsfluss zurückzuführen sind, aber wirklich verstanden ist dieses "Garbenfeuer" nicht.

5. Cygnus X-1, ein schwarzes Loch ?

Cyg X-1 ist ebenfalls ein Röntgendoppelstern. Wir diskutieren im folgenden die Gründe, die dafür sprechen, dass in dieser kompakten Röntgenquelle vermutlich ein schwarzes Loch sitzt.

Zunächst stelle ich das System kurz vor. Wie schon erwähnt, handelt es sich wieder um ein spektroskopisches binäres System. Der optische Begleiter ist ein blauer Superriese der 9. Grössenklasse (V = 8.87, B-V = 0.81, U-B = - 0.30) und trägt die Bezeichnung HD-226868. Die

Bahnperiode beträgt 5.6 Tage und die Röntgenluminosität L_X ist etwa $10^4\ L_\odot$. *) Die Röntgenquelle fluktuiert chaotisch auf allen Zeitskalen zwischen 20 Sekunden und den kürzesten gegenwärtig auflösbaren Zeiten von etwa 10^{-2} s . Es zeigen sich keine Periodizitäten und es konnte auch keine eindeutige Röntgenverdunkelung beobachtet werden. Erwähnt sei auch noch, dass das Röntgenspektrum ungewöhnlich hart ist (entsprechend einer Temperatur von 3×10^8K) .

All dies spricht nicht sonderlich für Akkretion auf einen Neutronenstern. Das entscheidende Argument dagegen beruht aber auf der grossen Masse, welche man für das kompakte Objekt aus den Beobachtungen entnimmt. Darauf müssen wir jetzt näher eingehen.

Zunächst muss ich ein paar weitere mechanische Tatbestände besprechen.

Mit den Bezeichnungen in Fig. 4 definiert man die

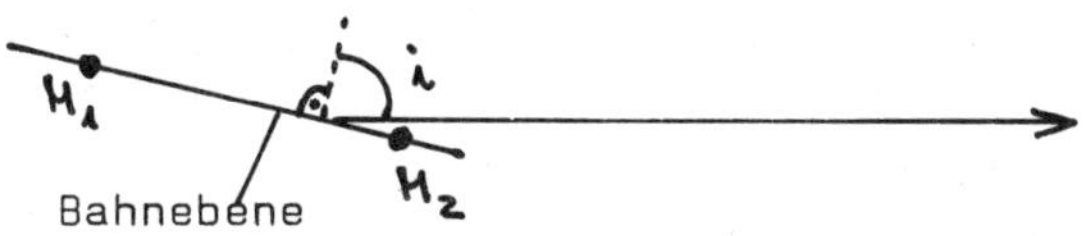

Fig. 4. Inklinationswinkel i .

sog. <u>Massenfunktion</u> des Systems durch

$$F(M_1, M_2, i) = M_1^3 \sin^3 i \,/\, (M_1 + M_2)^2 \qquad (7)$$

*) Wir vergleichen dies mit der <u>Eddington-Grenze</u>, bei welcher die Impulsübertragsrate der Strahlung auf das Gas gerade gleich der Gravitationsanziehung wird. Mit offensichtlichen Bezeichnungen gilt also

$$\sigma_{Th} \frac{L_{Edd}}{4\pi r^2 c} = \frac{GM}{r^2} m_p$$

d.h.

$$L_{Edd} = \frac{4\pi G M m_p c}{\sigma_T} = 1.3 \times 10^{38}\ (\mathrm{erg/s})\ \frac{M}{M_\odot}$$

Diese Gl. kann man auch so schreiben

$$M_X = F_X (1+q)^2 / \sin^3 i \qquad (8)$$

wobei $q = M_{opt}/M_X$ (M_X: Masse des Röntgensterns) und $F_X = F(M_X, M_{opt}, i)$ sind.

Aus dem 3. Keplerschen Gesetz erhält man sofort

$$F(M_1, M_2, i) = \frac{4\pi^2}{G \cdot P^2} (a_2 \sin i)^3 \qquad (9)$$

(a_1, a_2 bezeichnen die grossen Halbachsen der beiden Bahnen.) Berechnet man nun die Geschwindigkeit von M_2 in der Beobachtungsrichtung, so findet man für die halbe Summe der Beträge , v_2 , von Maximum und Minimum

$$v_2 = \frac{2\pi}{P} \frac{a_2 \sin i}{\sqrt{1-e^2}} \qquad (10)$$

wo e die Exzentrizität ist. In (9) eingesetzt gibt dies

$$F(M_1, M_2, i) = \frac{P}{2\pi G} (1-e^2)^{3/2} v_2^3 \qquad (11)$$

Bis auf die Exzentrizität enthält die rechte Seite nur direkt beobachtbare Grössen. Für v_2 beobachtet man 71 km/s . Zur Bestimmung von e benötigt man den genauen Verlauf der Geschwindigkeitskurve. Die Komponente in der Beobachtungsrichtung ist

$$(v_2)_{Beob} = \frac{M_1}{[(M_1+M_2)a(1-e^2)]^{1/2}} \sin i \cdot [e \cos\omega + \cos(v+\omega)] \qquad (12)$$

(v: wahre Anomalie, ω : Argument des Perizentrums). Aus einem Fit an die Beobachtungen erhält man für Cyg X-1 den kleinen Wert $e \simeq 0.06$ und damit aus (11)

$$F_X = 0.217 \pm 0.007 \qquad (13)$$

Mit diesem Wert der Massenfunktion könnten wir aus (8) leicht eine untere Schranke für M_X erhalten, wenn M_{opt} bekannt wäre. Bei Doppelsternen ist es aber gefährlich, aus dem Spektraltyp auf die Masse zu schliessen. Aus der Tatsache, dass es keine Röntgenverdunkelung gibt, können wir jedoch eine (konservative) untere Schranke bekommen, ohne irgendwelche Annahmen über den optischen Stern zu machen. (Das folgende Argument geht auf Paczýnski zurück.) Aus geometrischen Gründen muss für den Radius R_2 des optischen Sterns gelten: $R_2 \leq a \cos i$, $a=a_1+a_2$. Mit Hilfe von (10) kann man diese Ungleichung auch so schreiben:

$$x \leq (1+q) \frac{\cos i}{\sin i} \qquad (14)$$

wobei

$$x := \frac{R_2}{\frac{P}{2\pi} \cdot v_2}$$

ist. Nun notieren wir zunächst, dass nach Stephan-Boltzmann gilt (D: Distanz der Quelle) :

$$4\pi D^2 L_{beob} = 4\pi\sigma R_2^2 T_e^4$$

Mit den beobachteten Werten erhält man daraus

$$R_2/R_\odot \simeq 10\, d \quad , \quad d := D/1\,\mathrm{kpc} \qquad (15)$$

und somit

$$x = 1.27\, d \qquad (16)$$

Die Ungleichung (14) ist äquivalent zu

$$\sin^2 i \leq \frac{(1+q)^2}{x^2 + (1+q)^2}$$

Setzen wir dies in (8) ein, so ergibt sich

$$M_X = (1+q)^2 F_X / \sin^3 i \geq \frac{F_X}{1+q} \left[x^2 + (1+q)^2 \right]^{3/2} \qquad (17)$$

Das Minimum der rechten Seite bezüglich q findet man für $(1+q)^2 = \frac{x^2}{2}$ und deshalb ist mit (16)

$$\boxed{M_X \geq \frac{3\sqrt{3}}{2} F_X\, x^2 = 5.8\, M_\odot \left(\frac{D}{2.5\,\mathrm{kpc}} \right)^2} \qquad (18)$$

Durch Bestimmung der interstellaren Rötung für Sterne in Richtung von HD-226868, als Funktion des Abstandes, konnte man den Abstand von Cyg X-1 ungefähr bestimmen, mit dem Resultat $D \simeq (2-3)$ kpc . Auf diese Weise erhält man die ziemlich zuverlässige untere Schranke $M_X \gtrsim 5\ M_\odot$.

Genauere Bestimmungen benutzen auch die beobachteten optischen Lichtvariationen. Dies ist eine komplizierte Angelegenheit und ich muss auf die Spezialliteratur verweisen. (Diese findet man in [59] zitiert.) Es muss aber betont werden, dass ziemlich grosse Unsicherheiten in die Massenbestimmung eingehen. Als Beispiel sei erwähnt, dass die optische Geschwindigkeitskurve, welche aus den Absorptionslinien bestimmt wird, in verschiedener Weise gestört wird. Dazu gehören die Röntgenerhitzung der Photosphäre des optischen Partners, Gezeitendeformationen der Oberfläche dieses Sternes, sowie Emission und Absorption durch strömende Gase zwischen den beiden Sternen. Hinzu kommen erratische Variationen unbekannten Ursprungs.
In [59] wird das folgende Resultat angegeben

$$M_X = (9-15)\, M_\odot$$

Wenn dies zutrifft, so kann nach § VI.6 das kompakte Objekt in Cyg X-1 kein Noutronenstern sein.

Zusammenfassend lässt sich sagen, dass die Masse M_X sehrwahrscheinlich für einen Neutronenstern zu gross ist, aber gewisse Zweifel sind nach wie vor angebracht.

Zwei weitere Quellen, nämlich SML X-1 und Cir X-1, werden ebenfalls verdächtigt, schwarze Löcher zu enthalten. Für diese ist aber die Evidenz nicht so gut wie für Cyg X-1.

6. Evolution von binären Systemen

Wir wollen uns zum Schluss noch ein grobes Bild der evolutiven Vorgänge machen, welche zu einer binären Röntgenquelle führen könnten [63] .

Wir beginnen mit einem normalen engen Doppelsternsystem von zwei Sternen auf der oberen Hauptreihe, deren Massen 20 $M_\odot$, bzw. 8 $M_\odot$ betragen sollen. Die Bahnperiode sei 4.5 Tage.

Nach ungefähr 6 Mill. Jahren hat der massivere der beiden den Wasserstoff im Inneren verbrannt. (Massive Sterne leben intensiver, dafür aber weniger lang.) Der core zieht sich nun zusammen und der Wasserstoff brennt in einer Schale weiter. Dabei bläht sich die Hülle enorm auf. Als Einzelstern würde er ein roter Riese, aber im engen Doppelsternsystem beginnt die Hülle die kritische Roche-Grenze zu überfliessen. In einem kurzen Intervall von etwa 30'000 Jahren strömt praktisch die ganze Wasserstoffhülle auf den leichteren Stern über und es bleibt ein Heliumstern von ungefähr 5 $M_\odot$ übrig. Der ursprünglich masseärmere Stern ist jetzt ein sehr massereicher Hauptreihenstern von 23 $M_\odot$ geworden. Auf Grund der Drehimpulserhaltung hat sich nach diesem Austausch die Bahnperiode auf 11 Tage verlängert.

Die weitere Evolution des Helium-Sterns erfolgt relativ rasch. Nach vielleicht einer halben Million Jahren wird der core instabil und kollabiert, während ein Teil der Hülle möglicherweise als Supernova explodiert. Zurück bleibt ein Neutronenstern (Radiopulsar), oder ein schwarzes Loch.

Zu diesem Zeitpunkt hat sich der Partner noch nicht sehr weit entwickelt. Schliesslich wird aber auch er die Hauptreihe verlassen und nach etwa vier Mill. Jahren ein blauer Superriese mit einem starken Sternenwind werden. Akkretion eines Teils dieser Materie durch den kompakten Begleiter verwandelt diesen in eine starke Röntgenquelle. Dieses Stadium dauert nur etwa 40'000 Jahre. Danach überfliesst der Superriese die Roche-Grenze und dadurch wird möglicherweise die Röntgenquelle ausgelöscht. Der kompakte Stern kann nur einen kleinen Bruchteil des überströmenden Gases aufnehmen. Der Rest der Materie geht dem System verloren. So bleibt schliesslich ein Doppelsternsystem, bestehend aus einem Neutronenstern und einem Heliumstern von $\sim 6\ M_\odot$, mit einer Periode $P \simeq 0.2$ Tage.

Schliesslich wird auch dieser Heliumstern instabil. Ist damit eine starke Explosion verbunden, so wird vermutlich das System auseinandergerissen. Aber vielleicht ist es nicht unmöglich, dass das binäre System überlebt. Jedenfalls besteht der binäre Pulsar, wie schon erwähnt, vermutlich aus zwei Neutronensternen, welche ein sehr enges Doppelsystem bilden.

* * *

Die Erscheinungen in Doppelsternsystemen sind ausserordentlich mannigfaltig. Auch die gewöhnlichen Nova-Ausbrüche spielen sich in solchen ab. Bei diesen ist der kompakte Partner aber ein weisser Zwerg, und das Nova-Phänomen beruht auf einer (meist wiederkehrenden) Wasserstoff-Explosion der akkretierten Materie. Möglicherweise spielen sich auch gewisse Typ I - Supernova-Explosionen in Doppelsternsystemen ab, bei denen wieder ein Mitglied ein weisser Zwerg ist. Das bizarre Objekt

SS 433 zeigt erneut, dass uns die Phantasie fehlt, die in der Natur vorkommenden Phänomene vorauszusehen.

* * *

Die zu kurz geratenen Ausführungen dieses letzten Kapitels dürften trotzdem deutlich gemacht haben, dass sich die Astronomie mitten in einer unglaublich fruchtbaren Periode befindet. Wir werden in den kommenden Jahren zweifellos noch manche Ueberraschung erleben.

L I T E R A T U R - V E R Z E I C H N I S

Teil 1

Moderne Darstellungen für Physiker

[1] W. Thirring, Lehrbuch der Mathematischen Physik, Bd. 1, Springer 1977. Bd. 2, Springer 1978.

[2] Y. Choquet-Bruhat, C. De Witt-Morelle, M. Dillard-Bleick, Analysis, Manifolds and Physics, North-Holland 1978.

[3] G. von Westenholz, Differential Forms in Mathematical Physics, North-Holland 1978.

[4] R. Abraham, J.E. Marsden, Foundations of Mechanics, Second Edition, Benjamin 1978.

Kurze Auswahl von mathematischen Werken

[5] S. Kobayashi, K. Nomizu, Foundations of Differential Geometry, I, II, Interscience Publishers, 1963/69.

[6] Y. Matsushima, Differentiable Manifolds, Marcel Dekker Inc., New York, 1972.

[7] R. Sulanke, P. Wintgen, Differentialgeometrie und Faserbündel, Birkhäuser-Verlag, 1972.

[8] R.L. Bishop, R.J. Goldberg, Tensor Analysis on Manifolds, McMillan, N.Y., 1968.

Teil 2

Klassiker

[9] W. Pauli, Theory of Relativity, Pergamon Press 1958.

[10] H. Weyl, Raum-Zeit-Materie, Springer-Verlag 1970.

[11] A.S. Eddington, The Mathematical Theory of Relativity, Chelsea Publishing Company, 1975.

Neuere Bücher

[12] L. Landau, E. Lifschitz, Klassische Feldtheorie, Akademie Verlag, 1966.

[13] S. Weinberg, Gravitation and Cosmology, J. Wiley + Sons, 1972.

[14] C.W. Misner, K.S. Thorne, J.A. Wheeler, Gravitation. W.H. Freeman + Co, 1973.

[15] G. Ellis, S. Hawking, The large Scale Structure of Space-Time, Cambridge Univ. Press, 1973.

[16] R.U. Sexl, H.K. Urbantke, Gravitation und Kosmologie. BI-Hochschultaschenbuch, 1974.

[17] R. Adler, M. Bazin, M. Schiffer, Introduction to General Relativity, Second Edition, McGraw-Hill, 1975.

[18] J.L. Synge, Relativity, The General Theory. North Holland, 1971.

[19] W. Thirring, Lehrbuch der Mathematischen Physik, Bd. 2, Springer, 1978.

[20] J. Ehlers, Survey of General Relativity Theory; in Relativity, Astrophysics and Cosmology; Ed.W. Israel, Reidel 1973.

<u>Sammelbände zum hundertsten Geburtstag von A. Einstein</u>

[21] General Relativity, An Einstein centenary survey, Ed. S.W. Hawking, W. Israel, Cambridge Univ.Press, 1979.

[22] Einstein Commemorative Volume, Ed. A. Held, Plenum, 1980.

<u>Im Text zitierte weitere Literatur zu den Teilen 2 und 3</u>

[23] S. Deser, Gen.Rel. + Grav., <u>1</u>, 9 (1970).

[24] D. Lovelock, J.Math.Phys. <u>13</u>, 874 (1972).

[25] L. Rosenfeld, Mem.Roy.Acad.Belg.Cl.Sci., <u>18</u>, No.6 (1940).

[26] E.B. Formalont, R.A. Sramek,
Ap.J., <u>199</u>, 749 (1975)
Phys.Rev.Lett. <u>36</u>, 1475 (1976)
Comm.Astrophys. <u>7</u>, 19 (1977).

[27] R.D. Reasenberg et al., Ap.J. <u>234</u>, L 219 (1979).

[28] J.B. Hartle, Phys.Rep.,

[29] J.M. Weisberg, J.H. Taylor, Gen.Rel.+ Grav., <u>13</u>, 1 (1981).

[30] T.A. Weaver et al. Ap.J. <u>225</u>, 1021 (1978).

[31] S. Chandrasekhar, Am.Jour.Phys. <u>37</u>, 577 (1969).

[32] K.S. Thorne, in High Energy Astrophysics, lectures given at the Summer School at Les Houches, New York: Gordon + Breach), p. 259.

[33] V. Canuto, Ann.Rev.Astron.Ap., <u>12</u>, 167 (1974)
" " " " <u>13</u>, 335 (1975)

[34] G. Baym und C. Pethick, Ann.Rev.Nucl.Sci, <u>25</u>, 27 (1975)
" " " , Ann.Rev.Astron.Ap., <u>17</u>, 415 (1979).

[35] W.D. Arnett und R.L. Bowers, Ap.J.Supp., <u>33</u>, 415 (1977).

[36] B. Friedman und V.R. Pandharipande, Nucl.Phys., A 361, 502 (1981).

[37] G. Baym et al., Nucl. Phys. A 175, 225 (1971).
" " " Ap.J., 170, 99 (1972).

[38] N. Straumann, "Weak Interactions and Astrophysics", Proceedings of the GIFT Seminar on Electro-Weak Interactions, Peniscola (Spain), May 1980, erscheint in Springer Lect.Notes in Physics.

[39] D.J. Helfand et al., Nature 283, 337 (1980).

[40] H.Y. Chiu, Stellar Physics, Blaisdell Publishing Co., 1968, Kapitel 4.

[41] G. Glen und P. Sutherland, Ap.J. 239, 671 (1980).

[42] T. Takabuka, Prog.Theor.Phys., 48, 1517 (1517 (1972).

[43] G. Flowers, Ap.J. 180, 911 (1973),
" Ap.J. 190, 381 (1974).

[44] G.G. Testa, M.A. Ruderman, Phys.Rev. 180, 1227 (1969).

[45] J.W. Negele, D. Vautherin, Nucl.Phys., A 207, 298 (1973).

[46] B.L. Friman, O.V. Maxwell, Ap.J. 232, 541, (1979).

[47] G. Baym et al., in Mesons and Fields in Nuclei, Ed. M. Rho, D. Wilkinson, North-Holland, 1978.

[48] S.O. Bäckmann, W. Weise, in Mesons and Fields in Nuclei, Ed. M. Rho, D. Wilkinson, North-Holland 1978.

[49] O. Maxwell et al., Ap.J. 216, 77 (1977)

[50] M.A. Ruderman et al., Ap.J. 205, 541 (1976).

[51] Ch. Kindl, N. Straumann, Helv.Phys.Acta (1981).

[52] R.P. Kerr, Phys.Rev.Lett. 11, 237 (1963).

[53] E.T. Newman, A.I. Janis, J.Math.Phys. 6, 915 (1965).

[54] E.T. Newman et al., J.Math.Phys. 6, 918 (1965).

[55] G.C. Debney et al., J.Math.Phys. 10, 1842 (1969).

[56] R. Giaconni, Das Einstein-Röntgen-Observatorium, Spektrum der Wissenschaft, April 1980.

[57] J. Trümper et al., Ap.J.(Lett.) 219, L 105 (1978).

[58] G. Boerner, Phys.Rep. 60, 151 (1980).

[59] J.N. Bahcall, Ann.Rev.Astron.Ap., 16, 241 (1979).

[6o] W.H.G. Lewin, P.C. Joss, Space Science Reviews, 28, 3 (1981).

[61] E. Flowers, N. Itoh, Ap.J. 206, 218 (1976).

[62] J. van Paradijs, Nature 274, 650 (1978).

[63] Van den Heuvel, Enrico Fermi Summer School on Physics and Astrophysics of Neutron Stars and Black Holes, Course 65, North-Holland 1978.

J. Heidmann

Relativistic Cosmology

An Introduction

Translated from the French by S. Mitton, J. Mitton

1980. 45 figures, 6 tables. XV, 168 pages ISBN 3-540-10138-1

Contents: The Metagalaxy out to a Distance of One Gigaparsec: Distance Scale. The Distribution of Galaxies in Space. The Expansion of the Universe. Nearby Intergalactic Matter. The Density of the Universe. The Age of the Universe. – Spaces with Constant Curvature: Locally Euclidean Spaces. Locally Non-Euclidean Spaces. Spherical and Hyperbolic Spaces. – Model Universes: Uniform Relativistic Model Universes. Theory of Observations in the Relativistic Zone. The Cosmological Constant. Cosmological Horizons. – The Metagalaxy in the Relativistic Zone: The Hubble Diagram for Galaxies. Distant Intergalactic Material. Radio Galaxies and Quasars. The Cosmic Microwave Background. – Numerical Constants. – Bibliography. – Subject Index.

R. D. Richtmyer

Principles of Advanced Mathematical Physics I

1978. 45 figures. XV, 422 pages
(Texts and Monographs in Physics)
ISBN 3-540-08873-3

Contents: Hilbert Spaces. – Distributions; General Properties. – Local Properties of Distributions. – Tempered Distributions and Fourier Transforms. – L^2-Spaces. – Some Problems Connected with the Laplacian. – Linear Operators in a Hilbert Space. – Spectrum and Resolvent. – Spectral Decomposition of Self-Adjoint and Unitary Operators. – Ordinary Differential Operators. – Some Partial Differential Operators of Quantum Mechanics. – Compact, Hilbert-Schmidt, and Trace-Class Operators. – Probability; Measure. – Probability and Operators in Quantum Mechanics. – Problems of Evolution; Banach Spaces. – Well-Posed Initial-Value Problems; Semigroups. – Nonlinear Problems; Fluid Dynamics. – References. – Index.

R. D. Richtmyer

Principles of Advanced Mathematical Physics II

1981. 60 figures. XI, 322 pages
(Texts and Monographs in Physics)
ISBN 3-540-10772-X

Contents: Elementary group theory. – Continuous groups. – Group representations I: Rotations and spherical harmonics. – Group representations II: General; Rigid motions; Bessel functions. – Group representations and quantum mechanics. – Elementary theory of manifolds. – Covering manifolds. – Lie groups. – Metric and geodesics on a manifold. – Riemannian, pseudo-Riemannian, and affinely connected manifolds. – The extension of Einstein manifolds. – Bifurcations in hydrodynamic stability problems. – Invariant manifolds; Application to the Taylor problem. – The early onset of turbulence. – Generic properties of systems.

W. Rindler

Essential Relativity

Special, General, and Cosmological
Revised printing of the 2nd edition 1980.
44 figures, 1 table. XV, 284 pages
(Texts and Monographs in Physics)
ISBN 3-540-10090-3

From the reviews of the second edition: "...It is the book **par excellence** for the nonrelativist who is at home with mathematics. ...What gives the book its outstanding quality is Professor Rindler's profound understanding of the ideas behind the formulas and his remarkable ability to share this understanding with the reader.
In graceful prose he makes deep things simple. Under his guidance the basic concept come vividly to life and acquire a force of their own so that the mathematics takes on a secondary role. ...With its combination of substantial mathematics, insight, and physical down-to-earthedness, the book is a delight in every way..."

American Mathematical Monthly

Einstein Symposion Berlin

aus Anlaß der 100. Wiederkehr seines Geburtstages 25. bis 30. März 1979

Editors: H. Nelkowski, A. Hermann, H. Poser, R. Schrader, R. Seiler
1979. 35 figures, 6 tables. VIII, 550 pages
(273 pages in German)
(Lecture Notes in Physics, Volume 100)
ISBN 3-540-09718-X

Springer-Verlag
Berlin
Heidelberg
New York

Lecture Notes in Physics

Vol. 114: Stellar Turbulence. Proceedings, 1979. Edited by D. F. Gray and J. L. Linsky. IX, 308 pages. 1980.

Vol. 115: Modern Trends in the Theory of Condensed Matter. Proceedings, 1979. Edited by A. Pekalski and J. A. Przystawa. IX, 597 pages. 1980.

Vol. 116: Mathematical Problems in Theoretical Physics. Proceedings, 1979. Edited by K. Osterwalder. VIII, 412 pages. 1980.

Vol. 117: Deep-Inelastic and Fusion Reactions with Heavy Ions. Proceedings, 1979. Edited by W. von Oertzen. XIII, 394 pages. 1980.

Vol. 118: Quantum Chromodynamics. Proceedings, 1979. Edited by J. L. Alonso and R. Tarrach. IX, 424 pages. 1980.

Vol. 119: Nuclear Spectroscopy. Proceedings, 1979. Edited by G. F. Bertsch and D. Kurath. VII, 250 pages. 1980.

Vol. 120: Nonlinear Evolution Equations and Dynamical Systems. Proceedings, 1979. Edited by M. Boiti, F. Pempinelli and G. Soliani. VI, 368 pages. 1980.

Vol. 121: F. W. Wiegel, Fluid Flow Through Porous Macromolecular Systems. V, 102 pages. 1980.

Vol. 122: New Developments in Semiconductor Physics. Proceedings, 1979. Edited by F. Beleznay et al. V, 276 pages. 1980.

Vol. 123: D. H. Mayer, The Ruelle-Araki Transfer Operator in Classical Statistical Mechanics. VIII, 154 pages. 1980.

Vol. 124: Gravitational Radiation, Collapsed Objects and Exact Solutions. Proceedings, 1979. Edited by C. Edwards. VI, 487 pages. 1980.

Vol. 125: Nonradial and Nonlinear Stellar Pulsation. Proceedings, 1980. Edited by H. A. Hill and W. A. Dziembowski. VIII, 497 pages. 1980.

Vol. 126: Complex Analysis, Microlocal Calculus and Relativistic Quantum Theory. Proceedings, 1979. Edited by D. Iagolnitzer. VIII, 502 pages. 1980.

Vol. 127: E. Sanchez-Palencia, Non-Homogeneous Media and Vibration Theory. IX, 398 pages. 1980.

Vol. 128: Neutron Spin Echo. Proceedings, 1979. Edited by F. Mezei. VI, 253 pages. 1980.

Vol. 129: Geometrical and Topological Methods in Gauge Theories. Proceedings, 1979. Edited by J. Harnad and S. Shnider. VIII, 155 pages. 1980.

Vol. 130: Mathematical Methods and Applications of Scattering Theory. Proceedings, 1979. Edited by J. A. DeSanto, A. W. Sáenz and W. W. Zachary. XIII, 331 pages. 1980.

Vol. 131: H. C. Fogedby, Theoretical Aspects of Mainly Low Dimensional Magnetic Systems. XI, 163 pages. 1980.

Vol. 132: Systems Far from Equilibrium. Proceedings, 1980. Edited by L. Garrido. XV, 403 pages. 1980.

Vol. 133: Narrow Gap Semiconductors Physics and Applications. Proceedings, 1979. Edited by W. Zawadzki. X, 572 pages. 1980.

Vol. 134: $\gamma\gamma$ Collisions. Proceedings, 1980. Edited by G. Cochard and P. Kessler. XIII, 400 pages. 1980.

Vol. 135: Group Theoretical Methods in Physics. Proceedings, 1980. Edited by K. B. Wolf. XXVI, 629 pages. 1980.

Vol. 136: The Role of Coherent Structures in Modelling Turbulence and Mixing. Proceedings 1980. Edited by J. Jimenez. XIII, 393 pages. 1981.

Vol. 137: From Collective States to Quarks in Nuclei. Edited by H. Arenhövel and A. M. Saruis. VII, 414 pages. 1981.

Vol. 138: The Many-Body Problem. Proceedings 1980. Edited by R. Guardiola and J. Ros. V, 374 pages. 1981.

Vol. 139: H. D. Doebner, Differential Geometric Methods in Mathematical Physics. Proceedings 1981. VII, 329 pages. 1981.

Vol. 140: P. Kramer, M. Saraceno, Geometry of the Time-Dependent Variational Principle in Quantum Mechanics. IV, 98 pages. 1981.

Vol. 141: Seventh International Conference on Numerical Methods in Fluid Dynamics. Proceedings. Edited by W. C. Reynolds and R. W. MacCormack. VIII, 485 pages. 1981.

Vol. 142: Recent Progress in Many-Body Theories. Proceedings. Edited by J. G. Zabolitzky, M. de Llano, M. Fortes and J. W. Clark. VIII, 479 pages. 1981.

Vol. 143: Present Status and Aims of Quantum Electrodynamics. Proceedings, 1980. Edited by G. Gräff, E. Klempt and G. Werth. VI, 302 pages. 1981.

Vol. 144: Topics in Nuclear Physics I. A Comprehensive Review of Recent Developments. Edited by T.T.S. Kuo and S.S.M. Wong. XX, 567 pages. 1981.

Vol. 145: Topics in Nuclear Physics II. A Comprehensive Review of Recent Developments. Proceedings 1980/81. Edited by T. T. S. Kuo and S. S. M. Wong. VIII, 571-1.082 pages. 1981.

Vol. 146: B. J. West, On the Simpler Aspects of Nonlinear Fluctuating. Deep Gravity Waves. VI, 341 pages. 1981.

Vol. 147: J. Messer, Temperature Dependent Thomas-Fermi Theory. IX, 131 pages. 1981.

Vol. 148: Advances in Fluid Mechanics. Proceedings, 1980. Edited by E. Krause. VII, 361 pages. 1981.

Vol. 149: Disordered Systems and Localization. Proceedings, 1981. Edited by C. Castellani, C. Castro, and L. Peliti. XII, 308 pages. 1981.

Vol. 150: N. Straumann, Allgemeine Relativitätstheorie und relativistische Astrophysik. VII, 418 Seiten. 1981.